现代农业产业技术体系
防灾减灾技术手册

粮油作物篇

农业农村部科学技术司
财政部科教和文化司　　主编
农业农村部科技发展中心

中国农业大学出版社
China Agricultural University Press
·北京·

图书在版编目(CIP)数据

现代农业产业技术体系防灾减灾技术手册．粮油作物篇/农业农村部科学技术司，财政部科教和文化司，农业农村部科技发展中心主编． --北京：中国农业大学出版社，2024.12. --ISBN 978-7-5655-3268-9

Ⅰ. S-62

中国国家版本馆 CIP 数据核字第 2024FH5041 号

书　名	现代农业产业技术体系防灾减灾技术手册(粮油作物篇)		
作　者	农业农村部科学技术司　财政部科教和文化司　农业农村部科技发展中心　主编		
策划编辑	何美文	责任编辑	何美文
封面设计	李尘工作室		
出版发行	中国农业大学出版社		
社　址	北京市海淀区圆明园西路 2 号	邮政编码	100193
电　话	发行部 010-62733489,1190	读者服务部	010-62732336
	编辑部 010-62732617,2618	出　版　部	010-62733440
网　址	http://www.caupress.cn	E-mail	cbsszs@cau.edu.cn
经　销	新华书店		
印　刷	天津鑫丰华印务有限公司		
版　次	2024 年 12 月第 1 版　2024 年 12 月第 1 次印刷		
规　格	185 mm×260 mm　16 开本　25.75 印张　635 千字		
定　价	168.00 元		

图书如有质量问题本社发行部负责调换

编委会

前 言

现代农业产业技术体系自 2007 年建设以来,始终紧紧围绕国家农业科技需求,着力解决农业生产实际问题,积极参与防灾减灾和应急科技服务工作。体系专家密切关注农业生产情况,第一时间分析研判灾情发展趋势及影响,先后参与汶川地震、南方雨雪冰冻等灾后恢复生产技术指导服务以及非洲猪瘟防控、草地贪夜蛾防控等应急技术指导服务,累计投入逾 3 万人次,提出各类应急预案和技术解决方案近 1000 个,形成灾情调研报告 500 多份,为我国农业健康可持续发展、各类农产品稳产保供提供有力技术支撑。

为更好地应对灾害发生,保障农业生产安全,破解农业生产面临的掣肘问题,我们组织体系专家,通过系统梳理、经验总结、深入分析,按照作物、畜牧、水产等研究领域,根据灾害类型,从发生特点、典型症状、防控措施、应用区域等方面,编制《现代农业产业技术体系防灾减灾技术手册》。手册分为粮油作物篇、经济作物篇、畜牧水产篇三册。本册为粮油作物篇,包括水稻、玉米、小麦、大豆、大麦青稞、谷子高粱、燕麦荞麦、食用豆、马铃薯、甘薯、木薯、油菜、花生、特色油料。以期为广大农业生产者和相关技术人员提供更有效的防灾减灾技术指导,提高农业生产水平。

本书的出版得到了各方的大力支持,在此特别感谢胡培松、李新海、刘录祥、吴存祥、郭刚刚、刁现民、任长忠、陈新、金黎平、李强、李开绵、王汉中、张新友、张海洋等 14 位体系首席科学家及各体系专家们的辛勤付出,感谢在此过程中提供帮助的每一位工作人员。

由于编写时间仓促,书中难免存在遗漏、错误之处,恳请读者指正。

编委会

2024 年 8 月

目 录

第一章　水稻体系防灾减灾技术 ……………………………………… 1

一、水稻非生物灾害防灾减灾技术 ………………………………… 2

二、水稻生物灾害防灾减灾技术 …………………………………… 9

第二章　玉米体系防灾减灾技术 …………………………………… 28

一、玉米非生物灾害防灾减灾技术 ………………………………… 29

二、玉米生物灾害防灾减灾技术 …………………………………… 37

第三章　小麦体系防灾减灾技术 …………………………………… 59

一、小麦非生物灾害防灾减灾技术 ………………………………… 60

二、小麦生物灾害防灾减灾技术 …………………………………… 68

第四章　大豆体系防灾减灾技术 …………………………………… 88

一、东北大豆自然灾害防灾减灾技术 ……………………………… 89

二、黄淮海大豆自然灾害防灾减灾技术 …………………………… 93

三、西北大豆旱灾防灾减灾技术 …………………………………… 95

四、南方大豆自然灾害防灾减灾技术 ……………………………… 96

五、大豆病虫害防灾减灾技术 ……………………………………… 98

六、大豆冰雹灾害防灾减灾技术 …………………………………… 111

七、大豆灾后补种品种搭配防灾减灾技术 ………………………… 112

第五章　大麦青稞体系防灾减灾技术 ……………………………… 114

一、大麦青稞非生物灾害防灾减灾技术 …………………………… 115

二、大麦青稞生物灾害防灾减灾技术 ……………………………… 121

第六章　谷子高粱体系防灾减灾技术 ……………………………… 140

一、谷子防灾减灾技术 ……………………………………………… 141

二、高粱防灾减灾技术 ………………………………………… 164

三、糜子防灾减灾技术 ………………………………………… 188

第七章　燕麦荞麦体系防灾减灾技术　207

一、燕麦荞麦非生物灾害防灾减灾技术 ……………………… 208

二、燕麦荞麦生物灾害防灾减灾技术 ………………………… 212

第八章　食用豆体系防灾减灾技术　220

一、食用豆非生物灾害防灾减灾技术 ………………………… 221

二、食用豆生物灾害防灾减灾技术 …………………………… 230

第九章　马铃薯体系防灾减灾技术　245

一、马铃薯非生物灾害防灾减灾技术 ………………………… 246

二、马铃薯生物灾害防灾减灾技术 …………………………… 250

第十章　甘薯体系防灾减灾技术　265

一、甘薯非生物灾害防灾减灾技术 …………………………… 266

二、甘薯生物灾害防灾减灾技术 ……………………………… 278

第十一章　木薯体系防灾减灾技术　292

一、木薯非生物灾害防灾减灾技术 …………………………… 293

二、木薯生物灾害防灾减灾技术 ……………………………… 296

第十二章　油菜体系防灾减灾技术　307

一、油菜非生物灾害防灾减灾技术 …………………………… 308

二、油菜生物灾害防灾减灾技术 ……………………………… 319

第十三章　花生体系防灾减灾技术　342

一、花生非生物灾害防灾减灾技术 …………………………… 343

二、花生生物灾害防灾减灾技术 ……………………………… 351

第十四章　特色油料体系防灾减灾技术　361

一、向日葵防灾减灾技术 ……………………………………… 362

二、芝麻防灾减灾技术 ………………………………………… 377

三、胡麻防灾减灾技术 ………………………………………… 389

四、油棕、椰子防灾减灾技术 ………………………………… 400

第一章

水稻体系防灾减灾技术

一、水稻非生物灾害防灾减灾技术
  （一）水稻高温热害防灾减灾技术
  （二）水稻洪涝灾害防灾减灾技术
  （三）水稻低温冷害防灾减灾技术
  （四）水稻季节性干旱防灾减灾技术
  （五）水稻阴雨寡照灾害防灾减灾技术
二、水稻生物灾害防灾减灾技术
  （一）水稻稻瘟病防灾减灾技术
  （二）水稻细菌性病害防灾减灾技术

  （三）水稻纹枯病防灾减灾技术
  （四）水稻病毒病防灾减灾技术
  （五）稻曲病防灾减灾技术
  （六）水稻主要线虫病防灾减灾技术
  （七）稻飞虱防灾减灾技术
  （八）稻纵卷叶螟防灾减灾技术
  （九）二化螟防灾减灾技术
  （十）其他水稻害虫防灾减灾技术
  （十一）稻田杂草防灾减灾技术

一 水稻非生物灾害防灾减灾技术

（一）水稻高温热害防灾减灾技术

1. 发生特点

随着全球气候变暖,全国大部分地区极端高温事件发生频率呈升高趋势,导致水稻生长季内温度变幅加大,进而严重影响了水稻的安全生产。水稻对高温胁迫的敏感程度因生长阶段而异:开花期最敏感,灌浆期次之,营养生长期较弱。主要原因为开花期高温会导致花药开裂困难、花粉量减少、花粉活力下降,且会抑制花粉管伸长,影响正常授粉受精过程,以致结实率降低;灌浆期持续高温会导致植株早衰、有效灌浆期缩短,使得同化产物积累量下降,一方面会导致秕谷粒增多、千粒重下降而造成明显减产,另一方面会使水稻垩白粒率和垩白面积增大、整精米率下降、米粒疏松,致使稻米品质变劣。水稻高温热害主要发生在我国长江中下游稻区和西南稻区,但近年在华南稻区也有出现。7月上旬到8月下旬为高温灾害的高发期,水稻主要受害时期为双季早稻的灌浆结实期、单季中稻的拔节孕穗期及抽穗开花期和再生稻头季的抽穗灌浆期。

2. 典型症状

(1)穗分化期　此期长时间的高温使穗发育严重受阻,导致水稻颖花大量退化,水稻穗型变小,每穗粒数下降。单季中稻孕穗期如遇40℃以上高温天气,会使穗部颖花退化,甚至形成白穗,造成产量下降(图1-1)。

(2)孕穗开花期　此期遇到高温天气会引起结实率下降,尤其以单季中稻受高温天气影响最大,其中粳稻所受影响要大于籼稻。颖花开放时高温影响最为严重,花期遇38℃以上高温天气使水稻结实率下降10%～20%,遇40℃以上高温天气使结实率下降50%以上(图1-2)。

图1-1　高温导致颖花退化或白穗　　　　图1-2　高温导致结实率下降

(3)水稻灌浆结实期　此期遇35℃以上高温,籽粒易停止发育,形成半实粒,且易造成米粒质地疏松、腹白扩大、千粒重降低、米质变差。这就是人们常说的"高温逼熟"现象。

3. 防控措施

(1)做好高温预警预报　解决水稻高温热害问题首先要做好高温预警,各地区要结合本地区水稻生育期和气象部门预测,明确高温影响程度,提前储水,做好防范措施。

(2)选择耐热性水稻品种,并适期种植 结合各地出现极端高温的状况,开展耐高温水稻品种的筛选和合理布局,选择耐高温性能较好的品种。长江流域稻区双季早稻应选用中早熟的早籼品种,适当早播,使开花期在6月中下旬结束;而中稻可选用中晚熟的品种,适当延迟播种期,使籼稻开花期在8月下旬,粳稻开花期在8月下旬至9月上旬,避开及减轻高温易发期的危害。

(3)科学管理水分,合理施肥 若水稻生长关键期出现高温,应及时采取肥水措施减损稳产。一是田间灌深水以降低水稻冠层温度:可采用稻田灌深水,或日灌夜排模式,或长流水灌溉,以增加水稻腾发量,降低水稻冠层和叶片的温度。二是合理施肥:提早施肥以促进分蘖早生快发,降低生育后期叶片的含氮量,加快生育进程,增加水稻自身的耐旱和抗高温能力。三是根外追肥:喷施磷肥和钾肥,如3%过磷酸钙或0.2%磷酸二氢钾溶液,能显著增强水稻植株的抗高温能力,有效减轻高温危害。

(4)蓄养再生稻 对于在8月上旬抽穗扬花期遭遇高温热害严重的水稻,如果结实率和产量极低(每亩①产量在100 kg以下),可蓄养再生稻。割茬应越早越好,同时要加强再生稻田间管理,确保再生季水稻安全齐穗。主要措施包括:浅水湿润灌溉,及时追施腋芽肥,注意防治病虫害,抽穗后根外喷施0.2%磷酸二氢钾或3%过磷酸钙浸出液。如果9月15日前不能抽穗,可在破口期每亩用10 mL/kg"九二〇"(赤霉素)50 g兑水喷施,确保安全齐穗。

(5)改种其他作物 对于高温危害严重、产量极低的稻田,应改种其他作物,如蔬菜、红(绿)豆、秋荞麦、马铃薯、鲜食玉米等生育期较短的作物,并及时开展油菜、小麦等作物的冬种工作。

4. 应用区域

适用于长江中下游稻区、西南稻区及华南稻区。

5. 依托单位

①中国水稻研究所,张玉屏(0571-63371376),王丹英(0571-63379190)。

②四川省农业科学院水稻高粱研究所,徐富贤,0838-2560719。

③华中农业大学,熊栋梁,027-87288961。

④扬州大学,魏海燕,0514-87979234。

(二)水稻洪涝灾害防灾减灾技术

1. 发生特点

洪涝是一种季节性极强的自然灾害,常在每年6—8月发生。由于其发生具有随机性、突发性、迁移性、多样性和复杂性等特点,常给作物生产带来严重的危害。近年来,全球气候反常,洪涝灾害频繁发生。长江中下游地区是洪涝灾害的高发地区,农业生产受害越来越重。水稻洪涝灾害比较严重的省份主要有江西、湖北、湖南、四川、安徽及浙江等地。由于水稻的生长期恰逢雨季,在水稻孕穗期至成熟期,经常会出现连续降水或暴雨形成洪涝灾害,造成水稻受淹或被冲毁,导致减产甚至绝收。水稻被淹后所造成的损失,与水稻生育时期和受淹时长密切

---

① 注:1亩约为667 m²。

相关。

2. 典型症状

(1)苗期受淹导致秧苗烂死　淹水 4 d 内退水的,后期可通过补偿生长恢复因此影响不大;淹没 6 d 以上,叶片腐烂,秧苗部分死亡(图 1-3)。若退水后植株心叶未死,大部分稻苗可恢复生长。

图 1-3　苗期受淹水稻叶片腐烂

(2)分蘖期受淹导致抽穗期延迟　受淹后分蘖停止,退水后高位分蘖增多,抽穗期推迟 2～3 d。淹没 4 d 内产量损失较小,4 d 以上损失显著加大,直至绝收。

(3)穗分化期-孕穗期受淹穗发育受影响　淹没叶尖 2 d 以上就会严重影响幼穗分化,颖花发育受阻;没顶受淹 4 d 以上减产严重,直至绝收。

(4)开花结实期受淹结实率受影响　水稻开花期对受淹最为敏感,开花期没顶淹水 3 d 以上,产量减产 50% 以上;结实期受淹后,胚乳发育不良,秕粒率增多,粒重降低,淹没 5 d 内一般减产 20%～30%,超过 7 d 一般减产 50%～60%。

3. 防控措施

(1)尽早排水清淤　迅速组织人力、物力,采用机械排水或挖排水沟等方法,排除田间积水,使水稻叶片露出水面,尽量缩短受淹时间,减轻受灾损失。排水时应注意,高温烈日期间不能一次性将水排干,必须保留适当水层,使稻苗逐渐恢复生机。

(2)及时扶苗、洗苗　在排涝过程中应及时捞去漂浮物,减少其对稻苗的压伤及造成苗叶腐烂现象。在退水刚露苗尖时进行洗苗,可用竹竿来回振荡,洗去茎叶泥沙。若处于幼穗分化前期,可随退水方向泼水洗苗扶理,清除烂叶和黄叶。

(3)科学补肥　在排除积水清洗稻株后,及时叶面喷施磷酸二氢钾溶液和植物生长调节剂如芸苔素内酯等,使水稻植株恢复活力;每亩施尿素 5～10 kg 或复合肥 20～30 kg,以补充肥料供应。淹没时间短、稻苗受害轻的,施肥量可少些;反之,施肥量适当多些。

(4)综合防治病虫害　受涝受淹水稻植株抗病、抗虫能力减弱,加上雨后湿度大、温度高,易受病虫为害。退水后应及时防治水稻细菌性条斑病、白叶枯病、纹枯病和稻瘟病,同时加强防控稻纵卷叶螟和稻飞虱。

(5)因地制宜蓄养再生稻　对孕穗期、抽穗开花期受灾严重(没顶淹水 5 d 以上)的中稻,退水后若根茎仍有活力,可及时割去地上坏死部分按再生稻管理。同时,补施促芽肥,加强病虫害防治,力争再生稻高产。

(6)因时制宜改种其他作物　可根据具体情况改种玉米(含鲜食和青贮)、马铃薯、甘薯、豆类、蔬菜等作物,弥补经济损失。

4.应用区域

适用于全国水稻产区。

5.依托单位

①四川省农业科学院水稻高粱研究所,徐富贤,0838-2560719。

②湖南农业大学,唐启源,0731-84618076。

③中国水稻研究所,张玉屏,0571-63371376。

④吉林省农业科学院,侯立刚,0431-87063263。

⑤扬州大学,魏海燕,0514-87979234。

(三)水稻低温冷害防灾减灾技术

1.发生特点

水稻低温冷害是指水稻生长发育期间出现临界温度以下的低温,使水稻的生理活动受阻,导致发育延迟,或使生殖器官受损而导致减产的一种农业气象灾害。水稻从播种到成熟的各个阶段都有可能遭受低温冷害。东北稻区低温冷害分为延迟性冷害(即生育进程延迟)和障碍性冷害(即生育进程受阻),南方稻区水稻冷害主要是由倒春寒和寒露风引起的延迟性冷害。水稻延迟性冷害每年均有发生,障碍性冷害3～5年发生1次。倒春寒主要影响育秧,是引起烂种、烂芽、死苗的主要气象因素;初夏低温造成大田僵苗不发,分蘖和成穗不足;秋季寒露风造成抽穗包颈、黑壳、授粉困难,空粒、秕粒增加,粒重降低,产量下降,严重的可造成绝产。

2.典型症状

(1)移栽后低温秧苗发僵　低温使秧苗叶色暗绿、生长停滞,往往上部叶有水渍状病斑,并有死苗。

(2)孕穗期低温出现"翘穗头"　受害稻穗的穗数比正常稻穗的穗数少,枝梗也较少,籽粒达不到正常籽粒的一半,颖壳发生开裂,米粒外露,且发黑、发黄,穗直挺上翘,俗称"翘穗头"。

(3)穗分化期-抽穗期低温颖花退化和包颈　穗基部颖花退化或出现包颈现象(图1-4a),颖花开放受阻,每穗粒数减少,水稻产量显著降低。

(4)灌浆期低温灌浆充实度差　低温使水稻的干物质积累和运转变慢,籽粒灌浆不充实,空瘪粒和秕粒数增加(图1-4b),严重的籽粒颜色变褐色。

3.防控措施

(1)选用耐寒水稻品种　水稻品种间的耐寒性存在差异,选用耐寒品种是减轻低温冷害的有效途径。根据品种的耐寒性、适应性和丰产性,结合各地出现低温的状况,开展耐寒水稻品种的筛选和合理布局,从而减轻低温对水稻产量和品质的影响。

(2)做好低温灾害预警　在低温易发生的关键时间段和水稻易受低温危害的关键时期,开展低温灾害预测预警,做好防灾减灾预案和物资准备,及时开展低温灾害防控。

(3)加强肥水管理　一是在播种育秧期间应精选种子、保温育苗、增施磷肥和钾肥等,增强秧苗的生长活力和耐寒性;在寒潮期间灌水护苗,寒潮过后要慢慢排水,以防心叶卷筒,青枯死

图 1-4 低温导致颖花退化和空瘪粒增加

苗。二是移栽后适当露田,增施锌肥和磷肥,促进低温早发。三是寒露风来临前 1～2 d 灌深水 5～6 cm 护苗。

(4)采用抗寒剂强株健体促早熟 每 10 kg 种子加 2 g 水杨酸兑水 30 kg 浸种 24 h,可有效提高低温胁迫下水稻种子的发芽率和出苗率。出苗后喷施碧护、磷酸二氢钾等,均能一定程度增强秧苗的抗寒性。破口期或在寒露风来临 24 h 内喷施芸苔素内酯等调节剂,可提高水稻生育后期的耐寒能力。此外,叶面喷施磷酸二氢钾和水杨酸复配剂等,对增强水稻抗寒性和促进早熟有明显效果。

4. 应用区域

适用于全国水稻低温易发生区。

5. 依托单位

①吉林省农业科学院,侯立刚,0431-87063263。
②中国水稻研究所,张玉屏,0571-63371376。
③湖南农业大学农学院,唐启源,0731-84618076。

(四)水稻季节性干旱防灾减灾技术

1. 发生特点

我国水稻主产区季节性干旱时有发生,灌溉设施老化及气候异常引起的干旱成灾面积逐年上升。东北干旱区,一般春季出现干旱的概率为 66%、夏季为 50%;黄淮海干旱区,水稻生长季 3—10 月均可能出现干旱,以春旱为主;长江流域在 3—11 月均可能出现干旱,但主要集中在夏季和秋季,以 7—9 月出现概率最大,往往是暴雨过后出现的高温干旱;华南地区,干旱主要出现在秋末,水稻遇干旱相对较少;西南地区,干旱主要出现在冬春季节,影响水稻播种移栽。水稻季节性干旱在丘陵山区影响较大,在平原地区影响相对较小。水稻不同生育阶段干旱造成的损失不同,生殖生长期受干旱影响最大,移栽期次之。

2. 典型症状

(1)播种期干旱影响出苗 干旱缺水影响育秧和直播,成苗率下降,严重干旱对水稻种植面积有一定影响。

(2)分蘖期干旱影响分蘖发生 分蘖生长受到抑制,甚至一部分叶片受旱枯死(图 1-5)。

但若干旱持续时间不太长,恢复灌溉后,水稻能很快恢复生长,对产量影响相对较小。

(3)穗分化期-孕穗期干旱使水稻抽穗受阻 穗抽不出来,颖花数下降,空粒数增加,每穗粒数下降,水稻结实率降低,严重干旱会使产量下降50%以上。

(4)抽穗开花期干旱使结实率降低 干旱使叶片卷曲、变黄,水稻生长停滞,干物质积累减少,茎节伸长受阻,从而影响抽穗;孕穗后期,短时期的干旱就可导致水稻最上部节间缩短,造成包颈、白穗、抽穗不齐(图1-6)。

图1-5 分蘖期干旱影响分蘖发生

图1-6 抽穗开花期干旱导致白穗及抽穗不齐

(5)灌浆结实期干旱使粒重下降 干旱造成叶片过早枯黄,植株早衰,籽粒灌浆不实,瘪粒增多,千粒重下降,产量降低。

3. 防控措施

(1)播种期-苗期抗旱措施 对此期发生干旱区域,可根据当期的生态环境和种植制度选用抗旱性强的水稻品种,采用集中育秧,在水源相对好的地方建立育秧中心集中供秧,确保培育壮苗和秧苗供应。对于直播稻,可适当加大播种量,增加基本苗数。对于移栽稻,提高种植密度,确保有足够的有效穗数。对于水稻苗发生卷叶萎蔫,但夜间大部分叶片还能展开,心叶还保持绿色,根系活力仍较强的,应采取紧急抢救措施保苗。先进行湿润灌溉,遇降水后再浅水灌溉。复水后抓紧追施氮肥和复合肥,一般每亩施用纯氮5 kg左右。如苗数不足,复水后叶片转色不明显,叶色仍偏黄,应增加施肥量。

(2)穗分化期-开花期抗旱措施 对此期易发生干旱区域,可采用覆膜或秸秆覆盖种植水稻,减少水稻生长季节田间蒸发量。如遇高温干旱,尽可能地寻找水源,对水稻叶片喷水降温,并适当喷施叶面肥,减轻干旱危害程度;或使用以油菜素内酯为主成分的抗高温干旱制剂,在16:00—18:00对稻田进行均匀喷施,以制剂水溶液均匀布满叶片为宜。

(3)灌浆结实期抗旱措施 对此期干旱出现频率较高的地区,以节水灌溉为原则,引水灌溉,湿润稻田,补充水稻必要的水分,恢复水稻生长。

(4)加强病虫害防治措施 如果上一年秋冬连续干旱,并伴随温度偏高,害虫越冬基数大,必将导致下一年病虫害发生早、发生重,特别是螟虫和飞虱,需要加强测报,根据病虫害发生情况做好防治工作,确保水稻产量。

4. 应用区域

适用于全国水稻生产季节性干旱易发区。

5. 依托单位

①中国水稻研究所,张玉屏,0571-63371376。

②四川省农业科学院水稻高粱研究所,徐富贤,0838-2560719。

③扬州大学,魏海燕,0514-87979234。

④湖南农业大学农学院,唐启源,0731 84618076。

⑤吉林省农业科学院,侯立刚,0431-87063263。

(五)水稻阴雨寡照灾害防灾减灾技术

1. 发生特点

阴雨寡照是长江流域地区水稻的重要气象灾害之一,阴雨寡照灾害一般指日降水量≥0.1 mm连续7 d或以上,且平均日照时数≤1 h的灾害。湖南地方标准将连阴雨划分为3个等级:连阴雨天气持续7~9 d为轻度;10~12 d为中度;13 d或以上为重度。水稻是喜阳作物,阴雨寡照对水稻生长发育影响较大。早稻育秧期阴雨寡照影响秧苗素质,成熟期长期连阴雨常导致穗上发芽,对产量和品质影响极大。

2. 典型症状

(1)影响秧苗生长　一是低温寡照使水稻出叶后不能马上形成叶绿素,导致叶片黄化甚至白化,长期阴雨寡照可致秧苗"饥饿"死亡。二是连续阴雨寡照使秧苗徒长,叶片细长、厚度变薄,根系体积、干重和根系活力降低,若阴雨伴随低温其影响更大。同时,连阴雨天气灾害发生后,气温往往急剧上升、光照增强,容易造成如青枯死苗等二次伤害。分蘖期遇低温与阴雨寡照,容易造成僵苗不发,分蘖减少,同时延缓生育进程,推迟成熟。

(2)影响授粉灌浆　抽穗灌浆期是水稻产量形成的关键时期,阴雨寡照(常伴随低温)一方面显著减少水稻群体的干物质生产,改变干物质的分配与转运,减少向穗部的分配;另一方面影响水稻颖花的育性,花粉和受精质量下降,受精率降低,空(秕)粒增加,导致结实率和粒重降低而减产。

(3)增加倒伏风险　一是连阴雨天气造成搁田的效果差,土壤中有毒有害物质难以释放,不利于根系的生长,黄根多、白根少,根系活力下降;二是增加了田间病害发生的概率,水稻纹枯病、稻瘟病及生理性赤枯病发生风险加大;三是无效分蘖得不到控制,造成群体偏大郁闭,基部节间拉长,茎秆抗风雨能力下降,增加倒伏风险。

(4)影响水稻收获干燥　一是高温高湿条件下容易出现穗上发芽,影响产量和品质;二是不能及时收获,若出现倒伏收获就更难;三是收获后不能及时干燥,产量损失严重。

3. 防控措施

(1)做好灾害预警　与气象部门密切合作,开展水稻全生育期的天气预测预报,为品种选择及其配套栽培技术应用提供支持。同时,开展水稻生产关键时期(如育秧期、抽穗灌浆期)的气候事件跟踪预警,做好应急技术预案和物资准备。

(2)加强品种选择　生产上,按轻、中度连阴雨灾害的标准,采用人工模拟环境筛选耐性品种。在阴雨寡照灾害多发地区,选用耐密性好的品种,通过适当密植扩大群体,以提高光截获量和光能利用率,以穗数优势增加产量。种粮大户在大面积生产上,品种可适当多样化,安排好茬口,以降低阴雨寡照灾害的风险。

（3）人工补光和增施 CO_2 肥　育秧工厂可采用低功耗的发光二极管(light emitting diode，LED)灯或采用不同光质(如红光、蓝光)的光源进行补光(图 1-7)，同时可以通过采用人工补充 CO_2 肥或增加育秧基质中有机质含量来弥补阴雨寡照的影响。

图 1-7　补光育秧

（4）施用植物生长调节剂　于阴雨寡照灾害发生前后 48 h 内，喷施有利于水稻叶片光合作用、增强抗逆性的植物生长调节剂。例如，早稻秧苗期喷施含有芸苔素内酯、磷酸二氢钾、氨基酸等成分的植物生长调节剂(如碧护)，能一定程度增强秧苗抗逆性。晚稻喷施含有芸苔素内酯、赤霉素、磷酸二氢钾、中微量元素等成分的植物生长调节剂(如谷粒饱、芸乐收等)，能增强水稻抽穗灌浆能力。

（5）加强病虫害防治　低温阴雨寡照易导致病虫害的发生。秧苗期间容易发生绵腐病、黄枯死苗、青枯死苗等，分蘖期和孕穗期容易发生纹枯病、稻瘟病、二化螟等病虫危害，抽穗期容易发生稻曲病、稻瘟病、稻纵卷叶螟等病虫危害，应及时施药防治。

（6）及时收获　水稻成熟期，要对收获面积与批次、采收能力、干燥能力及天气做到了解和预判，及时安排人员和机械抢收、干燥，以减少灾害损失。

4. 应用区域

适用于全国水稻主产区。

5. 依托单位

①湖南农业大学农学院，唐启源，0731-84618076。

②四川省农业科学院水稻高粱研究所，徐富贤，0838-2560719。

③中国水稻研究所，张玉屏(0571-63371376)、王丹英(0571-63379190)。

 水稻生物灾害防灾减灾技术

（一）水稻稻瘟病防灾减灾技术

1. 发生特点

该病在水稻全生育期均可发生，适当温度(20～26 ℃)、寡照、连续多日高湿(包括连续阴雨、露、雾存在)会促使发病。由于日照不足和结露时间长,山区常发病严重。稻瘟病菌以分生孢子借助风雨传播到稻株上,萌发后侵入寄主组织,并向邻近细胞扩展致病。病斑上产生的分生孢子可造成多次再侵染。稻瘟病经常突发流行,以致药剂防治不及时,从而大面积成灾。除上述发病气候条件和稻瘟菌广泛存在外,感病品种是发病的必要条件。因此,建议避免种植感病品种。

2. 典型症状

据受害时期和部位不同,可分为苗瘟、叶瘟、叶枕瘟、节瘟、穗瘟、穗颈瘟、枝梗瘟和谷粒瘟,常见的是叶瘟和穗颈瘟(图 1-8)。典型的叶瘟病斑呈纺锤形,最外层黄色,内圈褐色,中央灰白色;病斑两端叶脉处可见向外延伸的褐色坏死线。病斑背面产生灰绿色霉层。病斑自外向内可分为中毒部、坏死部和崩溃部。穗颈瘟病斑初呈浅褐色小点,逐渐围绕穗颈、穗轴和枝梗向上下扩展,病部因品种不同呈黄白色、褐色或黑色。

a.叶瘟 b.节瘟 c.穗颈瘟 d.枝梗瘟 e.穗颈瘟造成白穗

图 1-8　水稻稻瘟症状

3. 防控措施

采取以抗病品种布局为核心、精准施药为辅助的绿色防控技术。

(1)选用抗病良种　利用抗病品种是经济有效的防控稻瘟病措施。品种抗瘟性因种植的地区不同,抗性水平可能差异较大。建议利用从当地田间分离的稻瘟菌菌株,采用室内划伤接种鉴定技术测定适合当地生产的水稻品种抗菌株谱。一般来说,抗病品种对适种地稻瘟菌群体的抗菌株谱高于 75%;如果群体抗菌株谱在 50%～70%,该品种为中抗品种。为了防控稻瘟病危害,建议种植抗病或中抗品种。

(2)精准施药　一般情况下,高度抗瘟品种可不施药,中抗品种适当用药,感病品种必须用药。如果已经感病或气候条件适合发病,秧田和大田分蘖期,施药各 1 次;破口期和齐穗期,分别施药 1 次;重病区未发生叶瘟的感病品种,水稻破口期也应施药预防 1 次。防治稻瘟病的杀菌剂种类较多,可选用 20%三环唑(700～1000 倍)、40%富士一号(800～1000 倍)、25%咪鲜胺(600～1000 倍)等药剂,一般 7～10 d 施药 1 次,感病品种连续用药 2 次可以达到良好的防效;也可选用 0.2%苯丙烯菌酮等低毒农药。

(3)种子消毒　结合浸种催芽,按每千克干稻种选用 24.1%肟菌·异噻胺种子处理悬浮剂 15～25 mL,或 12%甲·嘧·甲霜灵悬浮种衣剂 10 mL,或 11%氟环·咯·精甲种子处理悬浮剂 3～4 mL 等浸种。

（4）农业措施 科学施肥,过量施氮肥使得感病品种更容易发病。已知感病的优质品种,建议尽量减少氮肥施用量。施肥上,做到施足底肥、早施追肥,切忌偏施氮肥,水稻抽穗后不要再施速效氮肥。清洁田园,处理病稻草。在秧田薄膜揭开之前,将田埂和房前屋后堆积的病稻草用薄膜覆盖,以防病菌吸水、产孢和传播。整个生育期内不要将稻草裸露散放,有条件的地区应在水稻秧苗揭膜前销毁稻草。同时,有条件的地区可适当调整播期以避开有利于穗颈瘟发生的天气条件。

（5）注意事项 浸种药液要超过种子3～5 cm,浸种时间要充分,浸后冲洗干净。对于感病品种,要勤查田间病情,确保施药及时。施药时间以一天当中的早晚为宜,避免连雨天施药。

4. 应用区域

适用于全国水稻主产区。

5. 依托单位

中国农业大学,杨俊、彭友良,010-62732541。

（二）水稻细菌性病害防灾减灾技术

1. 发生特点

田间常见白叶枯病和细菌性条斑病,常在水稻生长中后期发生,属于突发、暴发性病害,具有传播途径多、增殖速度快、危害程度严重等特点,特别是台风、暴雨常易引起细菌性病害暴发流行。

2. 典型症状

白叶枯病的典型症状是叶片发病先从叶尖或叶缘开始,先出现暗绿色水浸状线状斑,很快沿线状斑形成黄白色病斑,然后沿叶缘两侧或中肋扩展,变成黄褐色,最后呈枯白色,病斑边界界限明显(图1-9a)。细菌性条斑病的典型症状是病部最初表现为暗绿色水渍状小斑,很快在叶脉间扩展为暗绿至黄褐色条斑,长可达1 cm以上,病斑上常溢出大量串珠状黄色菌脓,发病严重时条斑融合成不规则黄褐、红褐至枯白大斑。在病斑形状和透光性方面,"白叶枯长条状、不透明,细条病断续短条状、半透明"是区别上述两种主要水稻细菌性病害的重要特征(图1-9b)。

3. 防控措施

采取以抗病品种应用、种子消毒和精准施药为核心的"断源早控"绿色防控技术。

（1）选用抗病良种 选用适合当地生产的抗(耐)病水稻品种,加强品种轮换,避免单一品种的长期种植。白叶枯病可选用含 $xa5$、$Xa23$、$Xa7$ 等抗性基因的品种(组合)。根据品种特性、水稻种植区域及时期,选用适合的抗病品种。华南早稻可选恒丰优珍丝苗、贵优9822、白粤丝苗,华南沿海晚稻区可选用吉丰优1002、万丰优98丝苗等。长江中下游流域晚稻可选用恒丰优金丝苗、耕香优银占等。

（2）种子消毒 选用20%噻唑锌悬浮剂、20%噻菌铜悬浮剂或50%氯溴异氰尿酸可溶性粉剂300倍药液浸种。先用清水浸12 h,再用药剂浸12～24 h,用清水洗净后催芽播种。

（3）精准施药 移栽前喷药预防,带药下田。大田防控要做到"有一点治一片,有一片治一块",及时喷药,封锁发病中心。可选用20%噻唑锌悬浮剂400～500倍液或20%噻菌铜悬浮

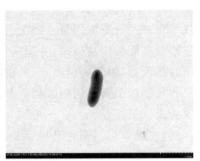

a.白叶枯病典型症状（左一、左二）、菌脓（右二）、菌体细胞（右一）

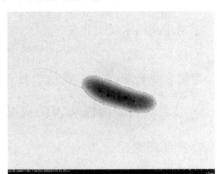

b.细菌性条斑病典型症状（左一、左二）、菌脓（右二）、菌体细胞（右一）

图 1-9　水稻白叶枯病和细菌性条斑病典型症状

剂 500～600 倍液进行防治，一般 7 d 左右施药 1 次，连续用药 2 次。对发病轻的田块可采用无人机飞防作业，但要严格控制高度；对已经发病严重的水稻田不建议采用无人机飞防作业，喷药液量要足。

（4）农业措施　合理轮作，包括水旱轮作、与其他经济作物轮作、水稻不同类型品种间的轮作等；健康栽培，加强种子调运的检疫，培育无病壮秧；合理密植，适当调整播期；科学管理水肥，严防串灌、漫灌、深灌、水淹，多施磷钾肥及中微量元素肥料，水稻中后期要严格控氮；彻底清洁田园，对老病区土壤撒施生石灰消毒；对受水淹田块，在洪水退后立即排干田水，施用速效氮肥和磷肥，使水稻快速恢复生长。

（5）注意事项　浸种药液要超过种子 3～5 cm，浸种时间要充分，浸后冲洗干净。在水稻分蘖期、孕穗期以及灌浆期等易感病生育期，密切监测病害发生，及时对初发病株或发病中心进行药剂喷施封锁。施药时，一定要用够药量、均匀细雾喷施。

4.应用区域

适用于全国水稻主产区。

5.依托单位

广东省农业科学院，陈深、冯爱卿、朱小源，020-87597562。

（三）水稻纹枯病防灾减灾技术

1.发生特点

水稻苗期至穗期该病均可发生，分蘖盛期至穗期受害较重，尤其以抽穗期前后危害大。病害的发生和危害受菌核基数、气象条件、栽培管理方式和品种抗性等因素的综合影响。田间遗留的菌核多,稻田初期发病较重。在适温(气温稳定在 22 ℃以上)、高湿条件下,菌核萌发长出菌丝,从叶鞘侵入。病菌侵入后,菌丝蔓延至附近叶鞘、叶片或邻近稻株进行再侵染。

2.典型症状

水稻纹枯病主要侵害叶鞘、叶片,严重时可侵入茎秆并蔓延至穗部。近水面处叶鞘先发病,形成椭圆形或云纹状的病斑,边缘呈褐色,中央呈灰绿色至灰白色。叶片上的病斑与叶鞘相似,但形状不规则,病斑外围常褪绿变黄。病害常从植株下部向上部蔓延。如果稻穗发病,受害较轻的穗,谷粒不实;受害较重时,常不能抽穗。在潮湿条件下,病部长出白色蛛丝状菌丝及扁球形的褐色菌核(图 1-10)。

| a.叶鞘症状 | b.叶片症状 | c.整穴发病 | d.产生菌核 |

图 1-10　水稻纹枯病典型症状

3.防控措施

采取以清除菌源为基础,加强栽培管理、种植抗病品种、适时药剂防治的绿色防控技术。

(1)清除菌源　在水稻收获时,尽可能"齐泥"割稻,减少田间菌核基数。本田在翻耕灌水耙田后,大多数菌核浮在水面,在插秧前用适合打捞菌核的工具,结合打捞"浪渣"捞菌核,并带出田外深埋或晒干后销毁,减少菌源。不用病稻草和未腐熟的病草直接还田。

(2)加强栽培管理　科学施肥,避免偏施氮肥和中后期大量施用氮肥。合理排灌,避免长期深灌及高湿环境,分蘖末期至拔节前进行适时排水晒田,降低田间湿度,促进根系生长,利于控制水稻纹枯病的危害程度。

(3)种植抗病品种　目前尚未发现对纹枯病免疫的品种,且不同水稻品种间的抗性有一定差异。现有的水稻品种多为感病品种,少数抗病,可因地选用抗性较好的品种。

(4)药剂防治　一般在水稻分蘖末期丛发病率达 5%时,或拔节至孕穗期丛发病率为 10%～15%时,采用药剂及时防治。病情严重时,间隔 10 d 左右再施药 1 次。可选用 5%井冈霉素水剂、(2.5%＋10 亿 CFU/g)井冈·蜡芽菌水剂、300 g/L 苯甲·丙环唑乳油、240 g/L 噻呋酰胺悬浮剂、4%噻呋酰胺·嘧菌酯展膜油剂等药剂,按照推荐剂量进行施用。

(5)注意事项　在病害初期或发病前施药,施药时药液要喷到稻株中下部。

4.应用区域

适用于全国水稻主产区。

5.依托单位

沈阳农业大学,魏松红,024-88487148。

（四）水稻病毒病防灾减灾技术

1.发生特点

近年我国发生的主要水稻病毒病害有南方水稻黑条矮缩病、水稻黑条矮缩病和水稻齿叶矮缩病等,均由昆虫介体传播,其流行涉及寄主、病毒、传毒介体、环境条件等多种因素,具有间歇性暴发流行的特点。

2.典型症状

南方水稻黑条矮缩病和水稻黑条矮缩病引起的症状相似,包括植株矮化、叶片浓绿、高位或低位分蘖、茎秆表面瘤状突起和倒生须根(图1-11a和b),叶鞘上常呈短条状,而叶背上的脉肿末端常呈逗点状,脉肿的颜色均初为蜡白色,后为黑褐色(一般在生长中后期出现)。水稻齿叶矮缩病引起的症状包括叶脉肿大,一般在叶背、叶鞘上均可产生,叶缘常缺刻呈锯齿状(图1-11c)。

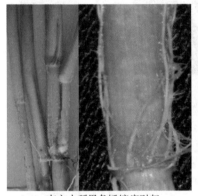  

a.南方水稻黑条矮缩病引起
的高位分蘖和倒生须根　　b.水稻黑条矮缩病引起的低
位分蘖和倒生须根　　c.水稻齿叶矮缩病引起的
叶尖卷曲和叶缘缺刻

图1-11　主要水稻病毒病典型症状

3.防控措施

种植抗(耐)病(虫)品种,以控制传毒介体为中心,加强监测预警和预报,以农业防治为主,辅以物理和化学防治,实施联防联控。

(1)选用抗(耐)病(虫)良种　因地制宜选用优质、高产、抗(耐)病(虫)的水稻品种,如可选用中浙优8号防控南方水稻黑条矮缩病。

(2)监测预警　通过病害早期识别,弃用高带毒率的秧苗并及时拔除病株;加强病虫测报,监测南方水稻黑条矮缩病病毒的传毒介体白背飞虱、水稻黑条矮缩病病毒的传毒介体灰飞虱、水稻齿叶矮缩病病毒的传毒介体褐飞虱的带毒率;以病虫测报为依据,当带毒率高至防治指标时,采取药剂治虫防病。

(3)物理防治　秧田覆盖无纺布或防虫网,阻止带毒虫接触水稻,减少传毒介体对秧苗的取食传毒。覆盖防虫网时要于四周设立支架,支架顶端与秧苗保持30 cm以上高度,以利于通风透光。

（4）化学防治　以病虫测报为依据，重点抓好高危病区中稻、晚稻秧田及拔节期以前白背飞虱的防治。采用种衣剂或内吸性杀虫剂处理种子。移栽前，秧田喷施内吸性杀虫剂。移栽返青后，根据白背飞虱的虫情及其带毒率进行施药治虫。

（5）农业措施　在适期范围内适当调整播栽期，使水稻易感病期避开传毒介体发生高峰期；远离麦田等易感寄主，集中连片育秧；清洁田园，清除田埂和稻田周边禾本科杂草，减少传毒介体的桥梁寄主；秧田移栽时要剔除病株，适当增加辅穴株数，保证基本苗数量；分蘖盛期前及时拔除病株；加强肥水管理；水稻收割后，重病田块要立即翻耕灭茬，降低虫源和毒源，减少翌年发病。

（6）注意事项　在水稻秧苗期和分蘖期密切监测病毒病害的发生，及时拔除初发病株。监测传毒介体的密度和带毒率，以预测预报为依据，进行药剂喷施。施药时，避免在雨天或风速大时施药。

4.应用区域

适用于全国水稻主产区。

5.依托单位

浙江大学农业与生物技术学院，周雪平，0571-88982680。

（五）稻曲病防灾减灾技术

1.发生特点

该病的初侵染时期以水稻孕穗期至扬花期为主，病菌借风雨传播至稻株，侵染稻穗。病害发生与水稻孕穗期至抽穗扬花期的温度、湿度、降水等气象条件密切相关，如遇适温和连续降水天气，病害易严重发生。沿海和丘陵山区雾大、露重，病害较重。

2.典型症状

稻曲病仅在穗部发生。病菌侵入谷粒后，在颖壳内形成菌丝块，破坏病粒内的组织。菌丝块逐渐增大，从颖壳合缝处露出淡黄色块状的孢子座，有薄膜包被。随着孢子座膨大，薄膜破裂，颜色转变为墨绿色，包裹颖壳，近球形，病粒体积可达健粒数倍（图1-12a和b）。后期孢子座表面龟裂，病粒上散出墨绿色粉末状的厚垣孢子。厚垣孢子略带黏性，不易分散，可粘在相邻谷粒上，污染健粒。发病后期，有的病粒可生2～4粒黑色、硬质的菌核（图1-12c）。菌核易脱落在田间越冬。

3.防控措施

采取以种植抗病品种、加强栽培管理为主，辅以药剂防治的绿色防控技术。

（1）选用抗病品种　不同水稻品种对稻曲病的抗性差异明显差异，因此，可以选择种植适合当地的抗病品种，同时要注意品种更新和轮换种植。在重病区，抗性品种的应用效果明显。

（2）种子处理　播种前做好种子消毒处理，可用戊唑醇、咪鲜胺、三唑醇等药剂，按推荐剂量浸种24～48 h。

（3）加强栽培管理　选用无病种子，建立无病留种田，播种前清除病残体。合理密植，适时移栽。合理施用氮肥、磷肥、钾肥，不能偏施、迟施氮肥。通过后期湿润灌溉，降低田间湿度，减轻病害的发生。发病田块收割后深翻。

a.有薄膜包被病粒　　　　　　b.墨绿色病粒　　　　　　c.后期产生菌核

图 1-12　稻曲病典型症状

（4）药剂防治　在水稻破口前 3～7 d（水稻剑叶的叶枕与倒数第二叶的叶枕距离 1～5 cm 时）施药。可选用 75％啶氧菌酯·戊唑醇水分散粒剂、20％烯肟·戊唑醇悬浮剂、430 g/L 戊唑醇悬浮剂、30％肟菌·戊唑醇悬浮剂等药剂，按照推荐剂量进行施用。

（5）注意事项　要注意在防治适期施药，水稻破口前 3～7 d 是该病的关键防治时期，常发、重发田应在该时期及时用药。

4. 应用区域

适用于全国水稻主产区。

5. 依托单位

沈阳农业大学，魏松红，024-88487148。

（六）水稻主要线虫病防灾减灾技术

1. 发生特点

我国水稻主要线虫病害有水稻干尖线虫病和水稻根结线虫病。水稻干尖线虫病为种传病害，线虫卷曲聚集在糙米和颖壳间。播种后，线虫开始复苏并离开谷粒进入土壤和水中，游离在水中或土壤中的线虫遇水稻幼芽便从芽鞘、叶鞘缝钻入进行取食。灌溉区水稻干尖线虫病比陆稻区侵染和危害严重。水稻根结线虫病为土传病害，线虫从水稻根尖侵入，取食后在根尖处诱导形成根结。旱田条件较水田条件造成的损失更为严重，沙性土壤较黏性土壤更有利根结线虫为害。

2. 典型症状

受水稻干尖线虫侵害的大部分粳稻品种在病株拔节后期或孕穗后出现干尖症状，即剑叶叶尖扭曲变细，变为灰白色（图 1-13a）。干尖部分和正常部分常存在褐色或黄白色过渡带，很多籼稻品种不表现出干尖症状。有些感病品种穗期会出现"小穗头"现象，即穗小、结实数少。水稻根结线虫病的典型症状是在根部形成根结，根结初期为白色、后期为褐色，地上部分稻株变矮，叶片变色，生育期缩短，甚至枯死（图 1-13b 和 c）。

a.水稻干尖线虫侵染后叶尖症状　　　b.根结线虫地上部分为害症状　　　c.根结线虫根部为害症状

图 1-13　水稻主要线虫病害症状

3.防控措施

（1）选用抗病良种　目前还未发现对水稻根结线虫和干尖线虫免疫的水稻品种。可根据不同地区，选择中花 11 号、淮稻 5 号和深两优 1 号等水稻根结线虫抗（耐）病品种。

（2）种子处理　可采用温汤（水）或药剂浸种。

①温汤浸种。将携带水稻干尖线虫的种子放入 56～58 ℃热水中浸泡 10 min，取出后立即冷却，催芽播种。浸泡后的种子须干燥后才能长期贮藏。

②药剂浸种。用 12％氟啶·戊·杀螟 1000 倍液或 20％噻唑膦乳油 500 倍液浸泡带水稻干尖线虫种子 48～60 h，东北地区可延长浸种时间为 3 d 以上。浸种结束后，用清水充分冲洗种子去除药剂残留。

（3）精准施药　对于水稻根结线虫发生田，在播种时撒施 10％噻唑膦颗粒剂 2 kg/亩或喷施 20％噻唑膦乳油 600 g/亩进行土壤处理，也可在移栽前 10 d 处理苗床。

（4）农业措施　具体如下：

①合理轮作。水稻根结线虫病发田与芥末、小油菜和豇豆等进行水旱轮作，或者休耕 2～3 年，可显著降低土壤中根结线虫种群数量。

②检测和监测。针对水稻根结线虫，要及时对育秧基质或秧田土、本田土和农机具进行检测，防止根结线虫传入未发生地；及时清理田埂周边禾本科杂草。针对水稻干尖线虫，严格实行种子检疫和使用无病种子。

③育秧与田间管理。通过无水稻根结线虫苗床育秧后再进行移栽，尽量避免直播；移栽前本田大水灌溉可有效降低水稻根结线虫种群数量。对水稻干尖线虫发生田要防止大水漫灌、串灌，减少线虫随水流传播。及时清除病株，病区稻壳不做育秧田隔离层和育苗床面覆盖物以及其他填充物，育苗田远离脱谷场。

（5）注意事项　处理种子按农药标签要求，控制好用药量、用水量、浸种量、浸种时间和浸种温度，不要随意改变条件，以免影响稻种的发芽率及药剂处理效果。施药时间以一天的早晚为宜，避免连雨天施药。农药包装废弃物需及时回收，残留药液不能倒入桑园、鱼塘以及河流，药液浸过的种子不可食用或作饲料。

4.应用区域

适用于全国水稻主产区。

5.依托单位

四川省农业科学院，姬红丽、彭云良，028-84504085。

（七）稻飞虱防灾减灾技术

1.发生特点

稻飞虱有褐飞虱、白背飞虱和灰飞虱 3 种；一生有卵、若虫、成虫 3 个虫态。成虫形态相似，有长短两种翅型；若虫共 5 龄，可据翅芽大小、背部斑纹等区分(图 1-14)。

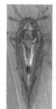

长翅雌虫　长翅雄虫　5龄若虫　　长翅雌虫　长翅雄虫　5龄若虫　　长翅雌虫　长翅雄虫　5龄若虫

褐飞虱（*Nilaparvata lugens*）　　白背飞虱（*Sogatella furcifera*）　　灰飞虱（*Laodelphax striatellus*）

图 1-14　3 种稻飞虱形态

褐飞虱和白背飞虱是典型的远距离迁飞害虫，在多数地方不能越冬；灰飞虱在我国多数地方可越冬且兼性迁飞。褐飞虱主要在长江中下游流域及以南稻区发生，白背飞虱除可在上述区域发生外还在西南稻区常发，灰飞虱则主要在黄淮、江南和东北南部等稻区发生；每年发生 1～12 代，从南往北递减。一年当中，3 种飞虱的发生时间有所不同，在长江中下游流域稻区，前期以灰飞虱为主，为害早稻分蘖期；中期以白背飞虱为主，为害早稻穗期、中稻和晚稻分蘖期；后期以褐飞虱为主，为害中稻和晚稻穗期。

2.典型为害特征

主要有 2 个方面。一是直接吸食水稻汁液，造成稻株营养和水分丧失，严重时可导致大幅度减产，甚至绝收。褐飞虱易造成"虱烧""冒穿"，白背飞虱常引起"黄塘"，灰飞虱则主要引起稻穗发黑、结实率下降等症状。二是传播水稻病毒病。灰飞虱可传播水稻条纹叶枯病、水稻黑条矮缩病，造成的危害甚至超过自身吸食为害的损失；白背飞虱可传播南方水稻黑条矮缩病，严重威胁我国水稻生产。此外，稻飞虱为害时排泄蜜露，覆盖在稻株上，易滋生烟霉，造成稻叶或植株发黑。成虫产卵时可造成伤口，为病菌侵染提供条件(图 1-15)。

a."虱烧""冒穿"　　　b."黄塘"　　　c.受害稻穗　　　d.稻飞虱传播的水稻病毒病

图 1-15　稻飞虱为害特征

3.防控措施

优先采用农业防治、物理防治等措施，充分发挥稻田生态系统的自然控害能力，在此基础上，对达到防治指标的田块采用化学农药进行应急防控。

（1）农业防治 因地制宜采取以下措施：

①选用抗（耐）虫的水稻品种。

②通过合理肥水管理和施用植物生长调节剂，培育健康水稻。

③稻田周边和田埂保留禾本科功能性杂草，种植显花植物，保护自然天敌。

④适当调节水稻播种期，如江苏稻麦轮作区适当推迟单季晚稻的播种期，有效减少了灰飞虱传播的病毒病发病率。

（2）物理防治 稻飞虱传播的病毒病流行地区，用防虫网或无纺布覆盖秧田，可以防虫并阻止稻飞虱传毒。

（3）化学防治 具体如下：

①防治策略。根据水稻品种类型和虫情，可采用"压前控后"或"狠治主害代"的防治策略，前者适宜单季晚稻和大发生年份的连作晚稻，后者适宜双季早稻及中等偏重及以下程度的连作晚稻。

②防治指标。各地因栽培制度、品种类型、水稻生育期不同，防治指标不尽相同。一般水稻前中期防治指标从严，后期适当从宽。在允许5%经济损失水平的前提下，确定双季稻地区主害代的防治指标，早稻、晚稻分别为百丛1000～1500头、1500～2000头。浙江单季晚稻分蘖期、孕穗期、灌浆期的防治指标分别为百丛200～300头、300～500头和1500～2500头。对于各类单季晚稻或连作晚稻拔节孕穗期，短翅雌虫达到百丛10～20头时应防治。

③药剂选择。选用低毒、高效、安全的药剂，后期应低残留。常见药剂有：三氟苯嘧啶、烯啶虫胺、呋虫胺、吡蚜酮等，吡蚜酮可与异丙威、仲丁威等混用增强速效性。褐飞虱常发区，避免使用吡虫啉、噻虫嗪、噻嗪酮等已产生高抗药性的药剂。

④防治适期与施药方法。药剂防治适期为1～3龄若虫高峰期，将药液喷到稻丛基部稻飞虱栖息部位。

4.应用区域

适用于全国稻飞虱发生区。

5.依托单位

中国水稻研究所，傅强，0571-63372472。

（八）稻纵卷叶螟防灾减灾技术

1.发生特点

该虫春、夏季随气流北迁，秋季向南回迁，在我国每年发生1～11代。海南周年为害区发生9～11代，岭南区发生6～8代，岭北亚区发生5～6代，江南亚区发生5～6代，江淮区发生4～5代，北方区发生1～3代。在1月平均4℃等温线（相当于北纬30°一线）以北地区，每年初发世代虫源由南方迁入。

2.典型症状

该虫成虫前翅有3条黑褐色横纹，其中中横纹短，不达后缘。雄蛾前翅中横纹前端有1黑色瘤状纹，前足跗节基部有1丛黑毛。高龄幼虫前胸背板前缘2黑点两侧现许多小黑点，呈括号形，中、后胸背面斑纹呈黑褐色。初孵幼虫为害常致水稻心叶现针尖般白色透明点；2龄幼虫常将叶尖卷成小卷苞，现透明白条；3龄幼虫后期开始转叶为害，虫苞多为单叶管状；4龄幼虫转叶为害频繁,虫苞上具白色长条状大斑;5龄幼虫纵卷整张叶片并取食,造成叶片"刮白"症状(图1-16)。

| 雌成虫 | 雄成虫 | 卵 | 低龄幼虫 | 高龄幼虫 | 雌蛹 | 雄蛹 |

图1-16　稻纵卷叶螟生长周期及为害症状

3.防控措施

在监测预警预报的基础上,采取以生态调控、释放赤眼蜂、性信息素诱杀和精准施药为核心的绿色防控技术。

(1)生态调控　通过合理田间布局,田边留禾本科杂草、田埂种植芝麻等蜜源植物,增加稻田生物多样性,促进天敌自然控害功能。合理施肥,水稻生长前期减施氮肥、增施硅肥和钾肥。科学管水,适当调整搁田期,降低卵孵化期的田间湿度。水稻生长前期适当放宽防治指标,不用或慎用农药。

(2)释放赤眼蜂　在主害代稻纵卷叶螟蛾始盛期至卵孵化末期释放赤眼蜂,每亩均匀设置5～8个放蜂点,每点间隔约10 m;每代放蜂3次,间隔3～5 d,每次放蜂1万～1.6万头/亩。蜂卡高度与水稻叶冠层齐平,高温期则应低于叶冠层5～10 cm。

(3)性信息素诱杀　在稻纵卷叶螟蛾始见期至蛾盛末期,利用稻纵卷叶螟性信息素和诱捕器诱杀雄蛾。诱捕器连片均匀放置,或以外密内疏的方式放置,每亩设置1套,其下端在水稻苗期离地50 cm,中后期低于稻株顶部10～20 cm。诱芯每4～6周更换1次,及时清理诱捕器内的死虫。

(4)精准施药　根据防治指标进行药剂防治,水稻分蘖期为百丛有幼虫150头或束尖/新虫苞150个,穗期为百丛有幼虫60头或束尖/新虫苞60个。在卵孵化始盛期至低龄幼虫高峰期施药。优先选用苏云金杆菌、甘蓝夜蛾核型多角体病毒、球孢白僵菌、短稳杆菌、金龟子绿僵菌CQMa421、乙基多杀菌素等生物农药,或施用茚虫威、氰氟虫腙、四氯虫酰胺等高效低毒化学药剂。按农药使用说明书规范用药,注重农药的交替使用、轮换使用、安全使用。

4.应用区域

适用于全国水稻主产区。

5.依托单位

浙江省农业科学院,吕仲贤、杨亚军,0571-86404077/88045127。

（九）二化螟防灾减灾技术

1.发生特点

二化螟在我国各稻作区均有分布,不同稻作区 1 年发生 1～6 代不等。在东北和内蒙古地区 1 年发生 1～2 代,在黄淮流域 1 年发生 2 代,在长江中下游北部地区 1 年发生 2～3 代,在长江中下游南部地区 1 年发生 3～4 代,在福建南部、广西中南部和广东地区 1 年发生 4 代,在海南地区 1 年发生 5～6 代。

二化螟以幼虫越冬,越冬幼虫龄期差异较大,并且越冬环境复杂。主要在稻桩和稻草中越冬,也在茭白茎秆内和田间杂草丛中越冬,稻田周围的树皮裂缝、电线杆缝隙等也发现二化螟越冬幼虫。二化螟越冬虫龄不一,越冬场所复杂多样,因此冬后二化螟化蛹和羽化时间不整齐,导致冬后发蛾持续时间长,且出现多个发蛾峰。越冬幼虫一般在 11 ℃时开始化蛹,在 15～16 ℃时羽化。

二化螟成虫白天静伏在稻丛或草丛中,夜晚活动。成虫羽化后当晚或次晚交尾,再过 1 d 左右开始产卵。每雌蛾产卵 2～3 块,每块含卵粒数差异较大,从几十粒到上百粒不等。二化螟倾向于在叶色浓绿及粗壮高大的稻株上产卵。通常在杂交稻上产卵比在常规稻上多,在水稻分蘖期和孕穗期产卵比在其他生育期多。

2.典型症状

二化螟以幼虫取食水稻茎秆造成危害。孵化后,初孵幼虫沿稻叶向下爬行或吐丝下垂,从水稻叶鞘缝隙或者心叶侵入。水稻不同生育期均受二化螟危害。在水稻分蘖期及其之前造成枯鞘和枯心苗;在水稻孕穗和抽穗期造成枯孕穗和白穗;在水稻灌浆和乳熟期造成虫伤株,导致秕谷粒增多,遇大风稻株易折茎倒伏(图 1-17)。通常二化螟在籼稻上危害程度重于粳稻。

a.枯心　　　　b.白穗

图 1-17　二化螟为害症状

3.防控措施

二化螟的防控应根据虫情和田间环境,综合采取各种措施进行防控。

(1)农业防治 第一,稻田冬后灌水灭蛹。在田间化蛹高峰期,翻耕稻田并灌水淹没整个田面,保持水层约 7 d 时间,以杀灭虫蛹。第二,覆盖育秧。育秧过程用无纺布或透气性好的塑料膜遮蔽秧田,阻止二化螟雌蛾在秧苗上产卵,减少大田种群基数。第三,加强田间管理。水稻收割时稻桩尽量留低,减少稻桩内越冬虫量。轮作时,稻田翻耕后再栽种下茬作物,以破坏幼虫越冬场所。冬后及时翻耕冬闲田以及清理田边枯败杂草,以杀灭越冬幼虫。

(2)生物防治 第一,布置诱捕器。二化螟成虫开始羽化早期在田间布置性信息素诱捕器诱捕雄蛾,平均每亩 1 个,早期诱捕器底端距地面(水面)约 50 cm,后期伴随水稻植株生长调整高度。第二,种植香根草。在田埂上种植香根草,诱集雌蛾产卵,丛距平均为 6 m。第三,释放寄生蜂。人工释放稻螟赤眼蜂、螟黄赤眼蜂寄生二化螟卵块,一般每代放蜂 3 次,分别在发蛾始盛期、高峰期及高峰后 2 d 各释放 1 次,平均每亩每次放蜂 10000 头,每亩设置 5~8 个放蜂点。第四,使用生物农药。田间二化螟发生偏轻时,喷施苏云金杆菌、核型多角体病毒、短稳杆菌、球孢白僵菌等生物农药。

(3)化学防治 选用高效、低毒化学药剂开展防控。生产上防控二化螟的常用化学药剂有 20%氯虫苯甲酰胺悬浮剂、34%乙多·甲氧虫悬浮剂、40%氯虫·噻虫嗪水分散粒剂、6%阿维菌素·氯虫苯甲酰胺悬浮剂、10%甲维·甲虫肼悬浮剂、25%甲氧·茚虫威悬浮剂、20%甲维·茚虫威悬浮剂、20%三唑磷乳油、25%杀虫双水剂等。各地根据二化螟对不同药剂的抗性情况,合理选择药剂品种和有效剂量。在二化螟卵块孵化高峰时兑水喷雾,施药时田间保持一定的水层。

4.应用区域

适用于全国水稻主产区。

5.依托单位

江苏省农业科学院,方继朝、罗光华,025-84390395/84390172。

(十)其他水稻害虫防灾减灾技术

1.稻蓟马

1)发生特点

为害水稻的蓟马主要是稻蓟马和稻管蓟马,它们分别属于缨翅目蓟马科和管蓟马科。在国内大部分稻区均有分布。稻蓟马成虫体长 1~1.3 mm,黑褐色,头近似方形,触角 7 节,翅淡褐色、羽毛状,腹末雌虫锥形、雄虫较圆钝。稻管蓟马成虫体黑褐色,比稻蓟马体形稍大,长 1.7~2.2 mm,头长方形,触角 8 节,前翅透明,腹末呈管状。稻蓟马主要为害水稻苗期和分蘖期,而稻管蓟马主要在水稻扬花期为害。

2)典型症状

成虫、若虫以口器锉破叶面,形成微细黄白色斑,叶尖两边向内卷折,渐及全叶卷缩枯黄。分蘖初期受害重的稻田苗不长、根不发、无分蘖,甚至成团枯死。晚稻秧田受害更为严重,常成片枯死,状如火烧。穗期成虫、若虫趋向穗苞,扬花时转入颖壳内,为害子房,造成空瘪粒。

3）防控措施

采取以种子消毒、农业防治和化学防治为核心的绿色防控技术。

（1）种子消毒　选用 32％戊唑·吡虫啉悬浮种衣剂、70％噻虫嗪湿拌种剂、18％噻虫胺悬浮种衣剂等对催芽露白的种子进行拌种，继续催芽至播种。

（2）农业防治　结合冬翻春耙，铲除田边、沟边杂草，消灭越冬虫源；加强水稻田间管理，合理施肥，在施足基肥的基础上，适期适量追施返青肥，促使秧苗正常生长。适时晒田，增强田间通风透光性，提高植株耐虫能力。避免水稻早、中、晚熟混栽，相对集中播种期和栽秧期，以减少稻蓟马的繁殖桥梁田和辗转为害的机会。

（3）化学防治　一般在秧田卷叶率达 10％～15％或百株虫量达 100～200 头、本田卷叶率达 20％～30％或百株虫量达 200～300 头时进行化学防治。药剂可选用 70％吡虫啉水分散粒剂、35％噻虫嗪悬浮剂、60 g/L 乙基多杀菌素悬浮剂、200 g/L 丁硫克百威乳油、90％杀虫单可溶粉剂等，按推荐剂量进行拌种或喷施。重发地区一般在秧苗移栽前 2～3 d 再用药 1 次，防止将秧苗蓟马带入大田。

（4）注意事项　用药前，请认真阅读相关杀虫剂使用说明书并咨询农技人员或生产商；施药时，在稻田中要保持 3～5 cm 的浅水层。

4）应用区域

适用于全国水稻主产区。

5）依托单位

浙江大学农业与生物技术学院，娄永根，0571-88982622。

2. 稻瘿蚊

1）发生特点

稻瘿蚊，属双翅目瘿蚊科，成虫体长 3.5～4.8 mm，形状似蚊，浅红色，触角 15 节，黄色。前翅透明具 4 条翅脉。幼虫共 3 龄，1 龄蛆形，长约 0.78 mm；2 龄纺锤形，长约 1.3 mm；3 龄体形与 2 龄虫相似，体长约 3.3 mm。一般 1、2 代数量少，3 代后数量增加。7—10 月，中稻、单季晚稻、双季晚稻的秧田和本田很易遭到严重危害。该虫喜潮湿不耐干旱，气温在 25～29 ℃、相对湿度高于 80％、多雨均有利于该虫的发生。生产上栽培制度复杂，单、双季稻混栽区，稻瘿蚊发生严重。

2）典型症状

稻瘿蚊初孵化幼虫从叶鞘间隙或叶舌边缘侵入水稻生长点，吸食生长点汁液，致心叶停止生长且由叶鞘部伸长形成淡绿色中空的"葱管"，"葱管"向外伸形成"标葱"。水稻从秧苗到幼穗形成期均可受害，受害严重时不能抽穗，从而对水稻产量造成严重影响。

3）防控措施

采取以选用抗（耐）虫品种、农业防治和化学防治为核心的绿色防控技术。

（1）选用抗（耐）虫品种　选用适合当地生产的抗虫水稻品种，加强品种轮换，避免单一品种的长期种植，如抗蚊 1 号、抗蚊青占、双抗明占等。

（2）农业防治　在春播和夏收夏种季节，铲除田基、沟边杂草，以消灭越冬虫源或减少虫口基数。适当疏植，以每亩植 1.8 万穴左右为宜，在保证基本苗数的同时增强通风透光，创造不利于稻瘿蚊种群繁衍的田间环境。科学管理肥水，施足基肥，合理供给肥水，适时晒田，培育健壮植株，增强植株的抗虫能力。

（3）化学防治　秧田期主要采用毒土畦面撒施方法,用 3％克百威 45 kg/hm² 拌细土 300 kg/hm² 均匀撒施,也可在秧盘灌满泥浆后,将毒土均匀撒在秧盘畦面上再播种。大田期防治应掌握在成虫高峰期至卵孵化高峰期,发生重年份要掌握在成虫高峰期施药 1 次,隔 4～5 d 后施第 2 次。药剂可选用 30％毒死蜱水乳剂、200 g/L 丁硫克百威乳油、70％吡虫啉水分散粒剂等,按推荐剂量进行施用。

（4）注意事项　用药前,请认真阅读相关杀虫剂使用说明书并咨询农技人员或生产商;施药时,在稻田中要保持浅水层。

4）应用区域

适用于全国水稻主产区。

5）依托单位

浙江大学农业与生物技术学院,娄永根,0571-88982622。

3. 稻秆潜蝇

1）发生特点

稻秆潜蝇,也称稻秆蝇,属双翅目秆蝇科,成虫体长 2.2～3 mm,翅展 5～6 mm,鲜黄色。头顶有 1 钻石形黑斑,胸部背面有 3 条黑褐色纵纹,中间的一条较宽。腹背各节连接处都有一条黑色横带。幼虫蛆形,老熟时体长约 6 mm,略呈纺锤形,11 节,乳白色或黄白色,口钩为浅黑色,尾端分 2 叉。此虫性喜阴凉高湿,气温高会导致幼虫滞育,历期延长,危害减轻,故此虫在丘陵山区发生较多,早插田比迟插田重,特别是生长嫩绿的田块更易引诱成虫产卵。

2）典型症状

以幼虫钻入稻茎内为害心叶、生长点或幼穗,心叶抽出后出现小孔或白斑点;被害叶尖变黄褐色,展叶后叶上有若干条细长并列的裂缝,抽出的新叶扭曲或枯萎;生长点被害则分蘖增多,植株矮小,抽穗延迟,穗头小而秕谷增加;幼穗形成期受害出现扭曲的短小白穗。

3）防控措施

采取以选用抗(耐)虫品种、农业防治和化学防治为核心的绿色防控技术。

（1）选用抗(耐)虫品种　选用适合当地生产的抗(耐)虫水稻品种。一般常规稻被害率明显高于杂交稻,糯稻被害率高于粳稻。如金优 T36、准两优 527、黔优 88 和中优 608、Y 两优 1 号比较抗虫,天优华占、天龙 1 号等品种比较感虫。

（2）农业防治　冬春季结合积肥,铲除田边、沟边、山坡边的杂草,以消灭越冬虫源。改善耕作制度,推迟播种期,使水稻生育期与害虫发生期错开而避免或减轻受害。在单、双季水稻混栽地区尽量减少单季稻的种植,可降低稻秆潜蝇的发生量;单季稻区,用中熟品种替代晚熟品种,不仅可因适当推迟播种期避过越冬代成虫的产卵高峰期,而且还能因收获期提前减少越冬代成虫羽化,从而压低越冬基数。科学管理肥水,施足基肥,合理供给肥水,适时晒田,培育健壮植株和适当群体密度,增强植株的抗虫能力。

（3）化学防治　成虫盛发期、卵盛孵期是防治适期,当秧田每平方米有虫 3.5～4.5 头,本田每 10 丛有虫 1～2 头,或产卵盛期末秧田平均每 10 株秧苗有卵 1 粒,本田平均每丛有卵 2 粒时,进行防治。药剂可选用 30％噻虫嗪悬浮剂、18％杀虫双水剂等,按推荐剂量进行施用。

（4）注意事项　用药前,请认真阅读相关杀虫剂使用说明书并咨询农技人员或生产商;施药时,在稻田中要保持 3～5 cm 的浅水层。

4）应用区域

适用于全国水稻主产区。

5）依托单位

浙江大学农业与生物技术学院,娄永根,0571-88982622。

4.稻水象甲

1）发生特点

稻水象甲在我国北方单季稻区1年发生1代,极少能发生2代,南方双季稻区1年可发生2代。稻水象甲可随稻谷、杂草等人为远距离传播,也可借助河流随水漂流远距离传播,其成虫由于具有趋光性可在夜间随公路机动车辆远距离传播。因此,危害极其严重且防治难度大。

2）典型症状

稻水象甲最重要的寄主植物是水稻,成虫和幼虫均为害。成虫啃食植物叶片,沿叶脉方向取食叶肉,取食顺序是从叶基部到叶尖部,残存一层表皮,形成与叶脉平行的白条斑(图1-18a)。白条斑两端圆滑,长短不一,最长不超过3 cm,宽约0.5 mm。幼虫为害植物根系,造成根系损伤,严重时多数根断,根系呈平刷状(图1-18b)。

a.成虫为害水稻叶片　　　　　　　　　b.幼虫为害稻根

图1-18　稻水象甲为害症状

3）防控措施

采取严格植物检疫、农业防治、物理防治、精准施药、生物防治等相协调的综合绿色防控措施。

(1)严格植物检疫　疫区的各种稻谷、稻草、稻种或各种寄主植物、土壤、苗木等一律禁止调运。对疫区的各种包装材料、交通工具等都要严格检测并进行灭虫处理。

(2)农业防治　包括应用抗稻水象甲水稻品种,适时晚移栽,返青分蘖期浅水灌溉干湿交替管水,秋翻晒田等防控稻水象甲技术。

(3)物理防治　在田间设置日光灯、黑光灯或太阳能频振式杀虫灯对成虫进行诱杀;设置防虫网能够有效控制稻水象甲成虫的侵入为害。

（4）精准施药　水稻移栽前 3 d 在苗床喷施农药,如噻虫嗪、丁烯氟虫腈、甲维盐、丁硫克百威等内吸性药剂,施用量为常规用量的 4～6 倍。本田施药:48％毒死蜱乳油、40％氯虫·噻虫嗪水分散粒剂、10％醚菊酯悬浮剂等对成虫防治效果好,5％丁硫克百威颗粒剂、22％吡虫·毒死蜱乳油和 40％氯虫·噻虫嗪水分散粒剂对稻水象甲幼虫防治效果较好。在本田插秧 7～10 d 期间,对田外及田边进行化学防治,利用噻虫嗪、甲维盐、灭蝇胺、丁硫克百威等,对主要越冬场所荒地、水沟、杂草等进行施药防治,压低越冬虫口基数。

（5）生物防治　在水稻移栽 10 d 左右,当每百丛水稻的稻水象甲达到 30 头时,应用白僵菌可湿性粉剂兑水喷雾施药,间隔 7 d 再施 1 次;利用捕食性天敌包括螳螂、蜻蜓、蚂蚁等,及稻田养蛙、养鱼、养蟹、养鸭防治昆虫等生物防控。

4）应用区域

适用于全国水稻主产区。

5）依托单位

吉林农业大学,孙文献,0431-84532780。

（十一）稻田杂草防灾减灾技术

1. 发生特点

稻田杂草发生早生长快,发生时间受温度、水等因素影响,发生数量受地下杂草种子库种子数量影响。不同种类杂草的发生时间和其适合的萌发温度有关。多数稻田杂草萌发的最低起始温度为 10～12 ℃,最适温度为 25～35 ℃,10 ℃以下、45 ℃以上大多数杂草不能发芽。通常杂草的发生有 3 个高峰期:播种(移栽)后 7～10 d 出现第 1 次杂草萌发高峰,杂草种类主要是稗草、千金子等禾本科杂草和异型莎草等一年生莎草科杂草;播种(移栽)后 20 d 左右出现第 2 次萌发高峰,以莎草科杂草和阔叶杂草为主;第 3 次高峰期在播种(移栽)30～35 d,主要有稗草和其他阔叶类杂草如水苋、丁香蓼等。

2. 典型症状

稻田杂草与水稻争肥、争光、争空间。水稻播(插)早期,杂草快速生长,形成草欺苗现象,影响水稻生长。特别是直播稻,杂草会抑制水稻生长。在水稻生长后期,大多数杂草挤占水稻生长空间,减少水稻有效穗;或缠绕水稻,引起水稻倒伏,造成水稻产量损失。杂草稻在水稻田混生会严重影响水稻碾米品质。主要稻田杂草为害症状见图1-19。

a. 千金子　　　　　b. 碎米莎草　　　　　c. 稗草　　　　　d. 水苋

图 1-19　主要稻田杂草为害症状

3.防控措施

采取综合防控和化学除草相结合的绿色防控技术。

(1)种子精选 通过种子精选,避免杂草种子随水稻种子带入大田。

(2)深翻土壤 通过深翻土壤将收获时掉落土表的杂草种子埋入土壤深层,阻止其萌发。

(3)种养结合 采取稻田养鱼、养鸭、养蛙等种养结合模式,通过鱼、鸭、蛙的活动控制早期杂草的发生。

(4)化学除草 分早、中、后期防治,具体如下:

①早期。封闭除草,播前插前土壤平整后撒施或喷施封闭除草剂,可选噁草酮、丁草胺、丙炔噁草酮、噁嗪草酮、莎稗磷、乙氧氟草醚、丙草胺、吡嘧磺隆等及其复配剂,药后3~5 d,落干田水再播插。播后插后0~3 d喷施封闭除草剂,可选丙草胺、苄嘧磺隆、五氟磺草胺、苯噻酰草胺、嗪吡嘧磺隆、吡嘧磺隆、异噁草松等及其复配剂。

②中期。茎叶处理或封杀兼顾除草,采用喷雾或毒土法,可选五氟磺草胺、二氯喹啉酸、氰氟草酯、噁唑酰草胺、嗪吡嘧磺隆、氟酮磺草胺、三唑磺草酮、双环磺草酮等及其复配剂。

③后期。茎叶处理,采用喷雾法,可选氯氟吡啶酯、二甲四氯钠＋灭草松、敌稗＋二氯喹啉酸、氯氟吡啶酯＋噁唑酰草胺＋氰氟草酯等药剂。

(5)注意事项 使用化学除草剂前要仔细阅读说明书,切勿随意施用、随意混配。施用时要看天、看田、看苗、看草。播插后封闭除草要避开药后的连续低温天气。茎叶处理要避开高温时间用药,药后1~2 d必须覆水。飞防要注意飘移对邻近其他作物的药害。水稻拔节孕穗期请勿施用除草剂,以免对水稻造成隐性药害。

4.应用区域

适用于全国水稻主产区。

5.依托单位

中国水稻研究所,陆永良、杨永杰,0571-63370333。

第二章

玉米体系防灾减灾技术

一、玉米非生物灾害防灾减灾技术
　（一）玉米低温冷害防灾减灾技术
　（二）玉米洪涝灾害防灾减灾技术
　（三）玉米季节性干旱防灾减灾技术
　（四）玉米高温热害防灾减灾技术
　（五）玉米阴雨寡照灾害防灾减灾技术
　（六）玉米风灾倒伏灾害防灾减灾技术
二、玉米生物灾害防灾减灾技术
　（一）玉米大斑病防灾减灾技术
　（二）玉米小斑病防灾减灾技术
　（三）玉米灰斑病防灾减灾技术
　（四）玉米南方锈病防灾减灾技术
　（五）玉米褐斑病防灾减灾技术
　（六）玉米弯孢叶斑病防灾减灾技术

　（七）北方炭疽病防灾减灾技术
　（八）玉米纹枯病防灾减灾技术
　（九）玉米鞘腐病防灾减灾技术
　（十）玉米瘤黑粉病防灾减灾技术
　（十一）玉米茎腐病防灾减灾技术
　（十二）玉米穗腐病防灾减灾技术
　（十三）草地贪夜蛾防灾减灾技术
　（十四）亚洲玉米螟防灾减灾技术
　（十五）黏虫防灾减灾技术
　（十六）棉铃虫防灾减灾技术
　（十七）桃蛀螟防灾减灾技术
　（十八）双斑长跗萤叶甲防灾减灾技术
　（十九）玉米叶螨防灾减灾技术
　（二十）玉米蚜虫防灾减灾技术

第二章
玉米体系防灾减灾技术

一 玉米非生物灾害防灾减灾技术

（一）玉米低温冷害防灾减灾技术

1.发生特点

玉米低温冷害呈现北方多、南方少的特征，具有群发性、区域性和局地性特点。玉米低温冷害主要发生在种子吸胀萌发期、苗期与生育后期。

2.典型症状

玉米种子萌发期间遭遇低温冷害，种子吸胀萌发受阻，导致烂种。苗期遭遇低温冷害，幼苗叶片发紫，生长发育缓慢，叶面积变小，严重的叶片受冻坏死，变黄、枯死，根系生长发育受阻（图2-1）。玉米籽粒灌浆中后期遭遇低温冷害，叶片呈紫红色，物质运输受阻（图2-2）。遭遇早霜冻使玉米叶片干枯死亡，粒重降低。

图 2-1　玉米苗期低温冷害（冻害）症状　　图 2-2　玉米籽粒灌浆后期遭遇早霜冻害

3.防控措施

采取以耐冷和适宜熟期品种应用、种子包衣预防和灾后及时精准施药为核心的防控技术。

（1）耐冷和适宜熟期品种应用　选用早熟、耐低温、种子活力强的品种，保证在早霜到来前正常成熟。

（2）药剂拌种　用0.025%～0.1%锌、钼等微量元素溶液处理种子24 h，可以提高种子耐低温能力。

（3）适时播种　当10 cm处地温稳定在8～10 ℃时，开始播种。

（4）药剂处理　低温来临前喷施植物生长调节剂、微量元素、植物活性功能物质等，如芸苔素内酯、胺鲜酯、壳寡糖、腐殖酸、黄腐酸、氨基酸、甲壳素、海藻酸、多效唑等，可一定程度预防低温冷害。冷害发生后，及时喷施亚精胺、氨基寡糖素、黄腐酸水剂等化学调节剂，具有一定的缓解作用。

（5）促早熟药剂和熏烟处理　早霜来临前，适时喷施乙烯利类催早熟植物生长调节剂，或者在田间熏烟，可有效地减轻或避免霜冻灾害。

4.应用区域

适用于东华北春玉米、西北春玉米主产区。

5.依托单位

黑龙江省农业科学院耕作栽培研究所,钱春荣,0451-51127893。

(二)玉米洪涝灾害防灾减灾技术

1.发生特点

玉米是需水量较多而又不耐涝的作物,水分过多则易产生涝害。涝害分两种情况:一种是地面没有积水,土壤水分较长时间内维持或接近饱和,通常称为渍害;另一种是地面有积水,淹没植株的部分或全部,通常称为涝害。渍害和涝害直接影响玉米的生长发育、产量与品质。

2.典型症状

玉米发生涝害后,典型症状(图 2-3)有:①"翻根",受淹后玉米根系变粗、变短,次生根根系弯曲反向向上生长;②"头重脚轻",玉米叶色褪绿,植株软弱,基部叶片呈紫红色并出现枯黄叶,严重的全株枯死;③黑根,根系发黑、腐烂;④"花期不调",雄穗分枝数减少,雌穗吐丝期推迟,造成雌雄花期不遇;⑤倒折、倒伏严重;⑥苗期受害易加重疯顶病、丝黑穗病等病害发生,后期感茎腐病品种易加重发病程度等。

图 2-3 玉米涝害症状

3.防控措施

采取农田水利工程和农艺措施相结合的综合防涝除渍减灾技术。

(1)改善农田水利工程 涝害易发生地区,在雨季前进行清障挖泥、修砌干渠、疏通灌排沟渠,使灌排渠道联网配套,做到旱时能灌、涝时能排。

(2)排水降渍,垄作栽培 低洼易涝地及内涝田应疏通田头沟、围沟和腰沟,及时排除田间

积水;通过农田挖沟起垄或做成"台田",在垄台上种植玉米。

(3)及时中耕松土 涝渍害过后,地面泛白时要及时中耕松土,起垄散墒。倒伏的玉米苗,应及时扶正,培土壅根。

(4)及时追肥 增施速效氮肥,适当加大磷钾肥用量;对受淹时间长、渍害严重的田块,在施肥的同时喷施高效叶面肥和促根剂,可喷施磷酸二氢钾250～400 g/亩,追施尿素10～15 kg/亩。

(5)加强田间除草、病虫害防治和受害苗修复 涝灾后易滋生杂草,应注意及时清除;喷施叶面肥时,同时进行病虫害防治,如大斑病、小斑病、纹枯病等喷施苯醚甲环唑、吡唑醚菌酯等杀菌药剂。同时,结合喷施碧护、芸苔素内酯、磷酸二氢钾等叶面肥促进植株修复。

(6)促进早熟 中后期涝灾发生后,可根据当地积温情况,采取隔行或隔株去雄、打底叶、断根、乳熟后剥开苞叶等促早熟措施,以促进灌浆成熟。

4. 应用区域

适用于全国玉米主产区。

5. 依托单位

辽宁省农业科学院,王延波,024-31028888。

(三)玉米季节性干旱防灾减灾技术

1. 发生特点

旱灾根据发生时期不同,分为春旱、伏旱、卡脖旱和秋旱。

(1)春旱 发生在春季3—5月,春季气温回升快,气候干燥,多冷风,蒸发量大,降水稀少。北方地区尤其是西北、东北有"十年九春旱"和"春雨贵如油"之说。

(2)伏旱 发生在7月中旬至8月中旬,太阳光照强烈,温度高、湿度小、蒸发和蒸腾量大,一般比春旱更严重,故有"春旱不算旱,夏旱减一半"的农谚。在东北、西北、西南、黄淮玉米区多有发生。

(3)卡脖旱 发生在玉米抽雄前10～15 d到抽雄后20 d,此时干旱雄穗或雌穗不易抽出,直接影响雌穗授粉,穗小、结实率低,产量下降。在东北、黄淮海、西北玉米区多有发生。

(4)秋旱 发生在8月下旬至10月下旬,又称"秋吊"。秋旱玉米籽粒灌浆阶段发生的旱情,导致减产,也有"春旱不算旱,秋旱丢一半"的农谚。在东北、西北玉米区多有发生。

2. 典型症状

(1)春旱 主要影响出苗和苗期生长,易造成玉米种子不发芽、不出苗,后期易造成缺苗、弱苗,植株小、发育迟缓,群体长势不整齐(图2-4)。

(2)伏旱 穗期发生干旱,植株叶片卷曲,叶片由下而上干枯,植株矮化;抽雄前受旱,上部茎节间距密集而短,易造成抽雄困难,雌雄花期不遇,影响授粉;幼穗发育不好,果穗小(图2-5)。

图 2-4　玉米春旱症状

图 2-5　玉米伏旱症状

（3）卡脖旱　影响玉米抽雄和小花分化,秃尖较长,严重时出现空秆;籽粒灌浆过程受旱,植株黄叶数增加,穗粒数减少,上部瘪粒严重,穗粒重严重下降(图 2-6)。

图 2-6　玉米卡脖旱症状

（4）秋旱　玉米灌浆期至成熟期干旱,易造成群体绿叶面积减少,植株黄叶数增加,灌浆过程缩短,穗粒数减少,穗粒重下降(图 2-7)。

图 2-7　玉米秋旱症状

3. 防控措施

干旱常发生地区要加强基本农田水利工程建设;采用综合技术措施,蓄住天上水,保住土中墒,灌好关键水,是玉米抗旱栽培的关键。

(1)选用抗旱玉米良种 选择国家或本省审定的耐旱多抗、耐密植、适宜全程机械化作业的高产品种。

(2)种子处理 播种前将玉米种子在20～25 ℃温水中浸泡两昼夜,捞出后晾干播种;也可以采用药剂浸种法,即用氯化钙1 kg兑水100 kg,浸种(或闷种)500 kg,5～6 h后播种。

(3)蓄水保墒耕作 易发生干旱的春玉米区以及山地、丘陵地区,可采取高留茬或整秆留茬,也可以春季免耕播种,耕播一次完成,增强土壤蓄水保墒能力。

(4)抗旱播种技术 做好播种准备工作后,酌情采用以下措施:①抢墒播种;②起干种湿、深播浅盖;③催芽或芽坐水种;④坐水播种;⑤干旱时适当深播,播深5～6 cm,播后及时镇压,墒多轻压,墒少重压。建议采用"深播种、浅覆土"的机械精量单粒穴播,防旱保墒。

(5)地膜覆盖 在西北雨养旱地以及东北半干旱地区,因地制宜选择覆膜种植方式,包括地膜全覆盖、地膜半覆盖和膜侧种植等。注意残膜的回收或采用可降解地膜,防止白色污染。

(6)科学施肥 适当增施肥料,以肥调水。有机肥施用量30～40 m³/hm²;化肥深施,底肥要深施到种床下10 cm处,追肥要侧深施到距苗15 cm处的土壤中。

(7)喷施抗旱剂和蒸腾抑制剂 选用玉米淀粉保水剂,在坐水种时溶解在水中浇灌到播种沟内。应用旱地龙抗旱剂进行拌种、浸种或叶面喷施,能有效抑制叶片水分蒸发。对受旱玉米叶面喷施黄腐酸抗旱剂,或叶面喷施磷酸二氢钾、叶面宝等叶面肥,可有效降温增湿。

(8)合理补救 出苗70%以上地块,推迟定苗、留双株、保群体;出苗50%以上的地块,尽快催芽坐水补种;缺苗70%以上地块,改种早、中熟玉米或其他短季作物。

(9)及时灌溉补水 旱情发生后,有浇灌条件的农田要及时浇水,采取一切措施缓解旱情和高温。西北春玉米适宜采用膜下滴灌技术,东北西部及内蒙古中东部春玉米区可根据实际条件选用滴灌、喷灌及小泉灌等抗旱微灌技术,黄淮海夏玉米区可因地制宜采用小畦灌溉、喷灌或滴灌技术,西南玉米区适宜采用抗旱栽培以及集雨补灌技术。

4. 应用区域

适用于东北春玉米区、黄淮海夏玉米区、西北玉米区、西南玉米区。

5. 依托单位

①东北春玉米区 吉林省农业科学院,边少锋,0431-87063169。
②黄淮海夏玉米区 山东农业大学,张吉旺,0538-8242682。
③西北玉米区 西北农林科技大学,薛吉全,029-87082934。
④西南玉米区 四川省农业科学院,刘永红,028-84504390。

(四)玉米高温热害防灾减灾技术

1. 发生特点

玉米高温热害多发生于7月中旬至8月上旬,近年来高温天气较往年提前,高温天气持续时间长,且高温与干旱常叠加发生。其中,早播田块轻于迟播田块,对热害敏感的品种危害严重;旱情重的田块受害严重。

2. 典型症状

苗期遇高温,减弱光合作用,增强呼吸消耗,干物质积累下降。幼嫩叶片从叶尖开始出现干枯,导致半叶甚至全叶干枯死亡(图2-8a)。高温持续时间长,叶片将大量枯死。

穗期高温影响雌雄穗分化数量和质量,易出现雄穗畸形,雄穗无法抽出,分支少且短,小穗发育不良,花药不开裂,花粉活力低或者无花粉粒等,雌穗易出现苞叶变短,"超短裙""香蕉穗""哑铃穗"等现象,以及吐丝困难、雌雄不协调等(图2-8b)。

花粒期高温造成花粉活力降低,花丝干燥失水,授粉结实不良,秃尖变长,底部缺粒,秕粒增多,出现各种各样的畸形穗;籽粒灌浆速率加快,但灌浆持续期缩短,千粒重下降,最终产量降低;生育后期高温加速植株衰亡。高温干旱经常协同发生,热害发生阶段,土壤水分不足或遇干热风,热害更重。

图 2-8　玉米热害症状

3. 防控措施

(1)选用耐高温品种　高温常发地区,建议选用耐热性强、花粉量大、花期持续时间长、雌雄协调的品种进行种植。

(2)品种间混作　选择具有不同雌雄穗发育以及散粉吐丝特性的品种,优化组合耐高温与不耐高温品种搭配,具有良好的抗高温逆境胁迫的能力,可以有效提高授粉结实率。

(3)合理种植　适当降低密度,宽窄行种植,培育健壮植株;调节播期,使开花授粉期避开高温天气。

(4)及时灌水,改善农田小气候　在高温热害发生时或发生前,可以通过喷灌、滴灌、沟灌等形式进行田间灌水降温,夜间或早晨灌水效果更佳,可以降低玉米冠层温度,改善田间小气候。

(5)化学调控　叶面喷施 50 mg/L 甜菜碱或磷酸二氢钾 800～1000 倍液或尿素 600～800 倍液等外源调节物质,既可直接补充水分、增加植株营养,又可防止高温干旱对功能叶的伤害,稳定结实率,保证产量。

（6）人工辅助授粉　采用无人机扰动辅助授粉方法,让更多的花粉落在花丝上,减少高温干旱对结实率的影响。

4.应用区域

适用于黄淮海、西南、西北等区域。

5.依托单位

①山东农业大学,张吉旺,0538-8242682。
②河南农业大学,王群,0371-56990186。

（五）玉米阴雨寡照灾害防灾减灾技术

1.发生特点

在全球气候变化加剧的新形势下,因降水时空分布不均和光辐射减少造成的阴雨寡照已成为黄淮海区域玉米关键生育时期常发的隐性灾害之一,灾害严重年份玉米减产30%以上。黄淮海区域玉米阴雨寡照多发生于7月中旬至8月上旬,表现为持续阴雨连绵天气,光照时数比常年同期减少一半,光辐射量降低50%以上,田间土壤水分过饱和,难以进行田间作业。

2.典型症状

苗期阴雨寡照发生时,玉米弱苗增加,表现为叶片变薄、变窄,茎秆细弱,易倒伏和后期早衰。穗期和花粒期遭遇持续阴雨寡照,易出现雌雄生长不协调,开花和吐丝延迟,雌雄花期不遇;雄穗花粉量减少、花粉粒败育、授粉不良;雌穗易出现"哑铃穗"、小穗等,顶部秃尖长、底部缺粒、花粒等;易发生叶斑病、茎腐病、南方锈病和穗粒腐等多种玉米病害(图2-9)。

图2-9　玉米阴雨寡照症状

3.防控措施

（1）选种耐荫性强的品种　选择耐阴雨寡照、耐弱光的品种,或耐密植、高光效的玉米新品种。

（2）合理种植　在易发生阴雨寡照的区域合理密植或适当降低种植密度;采用宽窄行种植方式,合理调整播期避开玉米开花授粉时的阴雨寡照天气。

（3）加强田间管理　苗期发生阴雨寡照要及时中耕散墒、消灭杂草,及时补施氮肥以健壮植株。开花、灌浆期遭遇阴雨寡照天气,如果田间有积水要及时排除田间积水,一般积水时间不宜超过 3 d,并在积水排除后,补施总施氮量 5%～10% 的速效氮肥。若持续阴雨天气,田间无积水,在无降水条件下应及时喷施油菜素内酯和磷酸二氢钾溶液,配合杀菌剂一起均匀喷洒叶片,间隔 5～7 d 再喷 1 次。若阴雨天气持续时间较长,可再混合喷 0.5% 尿素叶面肥或者撒施总施氮量 5%～10% 的氮肥。

(4)品种间混作种植和辅助授粉　在易发生阴雨寡照的区域,选择耐性好、花粉量大、雌雄协调性好的品种进行 2∶2 间作或者 1∶1 混作的种植方式,增加玉米结实性。也可以在玉米开花散粉期遭遇阴雨寡照时,通过无人机低空飞旋来辅助授粉,提高结实率。

(5)加强病虫害防控　加强玉米中后期病虫害管理,尤其是玉米灌浆期出现阴雨寡照后,易发生病害,如茎腐病、穗腐病、南方锈病等。要提前及时喷洒杀虫剂和杀菌剂,可选用氯虫苯甲酰胺、甲维盐等推荐用药进行防治害虫,用丙环唑、嘧菌酯、吡唑醚菌酯、丙环·嘧菌酯、肟菌·戊唑醇、唑醚·氟环唑等防治病害,病虫害严重的区域可防治 2～3 次,喷药间隔 5～7 d。

(6)适时收获　后期阴雨寡照天气常发区域,要及时收获,避免后期多雨造成籽粒霉烂。

4. 应用区域

适用于黄淮海夏玉米区、阴雨寡照天气易发区。

5. 依托单位

①山东农业大学,张吉旺,0538-8242682。
②河南农业大学,王群,0371-56990186。

(六)玉米风灾倒伏灾害防灾减灾技术

1. 发生特点

倒伏是在玉米生长过程中因风雨或管理不当使植株倾斜或着地的一种灾害。倒伏一般分为根倒伏、茎倒伏和茎倒折三种类型。根倒伏,即玉米植株不弯不折,植株的根系在土壤中固定的位置发生改变。根倒伏多发生在玉米拔节以后,因恶风暴雨或灌水后遇大风而引起。茎倒伏,即玉米植株根系在土壤中固定的位置不变,而植株的地上部分发生弯曲的现象,多发生在密度过大的地块或茎秆韧性好的品种上。茎倒折,即玉米植株根系在土壤中固定的位置不变,茎秆不发生弯曲,但在茎的某一节间折断。其中对产量影响最大的是茎倒折,其次是根倒伏,茎倒伏对产量的影响最轻。

2. 典型症状

风灾倒伏后的玉米光合作用下降,营养物质运输受阻,特别是中后期植株层叠铺倒,大量叶片无法进行光合作用,位于下层的果穗灌浆进度缓慢,霉变率增加,加上病虫鼠害,导致产量大幅度下降。茎倒折一般是指植株茎秆在强风作用下发生折断,折断的上部组织由于无法获得水分而很快干枯死亡(图 2-10)。

3. 防控措施

(1)选种抗倒伏品种　应选用株型紧凑、穗位或植株重心低、茎秆组织致密、韧性强、根系发达、抗风能力强的品种,也可以采取抗倒伏品种与易倒伏品种间作混种的方式,提高易倒伏品种的抗倒性。

(2)促健栽培,培育壮苗　适当深耕,打破犁底层,促进根系下扎;增施有机肥和磷钾肥,平

图 2-10　玉米风灾倒伏症状

衡施肥,切忌偏肥;高肥水地块苗期应注意蹲苗,结合中耕促进根系发育,培育壮苗;中后期结合追肥进行中耕培土和玉米螟等病虫的防治。

(3)化控抗倒　应遵循"控高不控低、控旺不控弱、控密不控稀"的原则。种植密度较大、水肥充足、存在旺长风险的玉米在 6～8 展叶期进行化控,以延缓或抑制植株下部节间伸长,促进根系发育,降低植株和穗位高度,提高抗倒伏能力。可选用玉米健壮素、玉黄金、胺鲜脂·乙烯利等化控剂,于晴朗无风的早晨或下午 4∶00 以后采用无人机或喷杆喷雾机均匀喷施玉米上部叶片。

(4)风灾发生后,及时采取补救措施,恢复生长,减少损失　大喇叭口期之前倒伏的一般不用人工扶正,可自我恢复直立。抽雄吐丝后根倒玉米要随倒随扶,3 d 内扶起,同时培土 6～8 cm,并用脚踏实,也可将 3～5 株玉米扶直后,在结穗部位用细线绳捆扎秸秆,但不要捆扎叶片。乳熟中期以前茎折严重地块,可将植株割除作青饲或青贮饲料;较轻的田块,应将折断茎秆的植株尽早割除,保留其他未折植株继续生长。乳熟后期倒伏,难以扶起的植株,可将果穗作为鲜食玉米销售,秸秆作为青贮饲料。蜡熟期倒伏,注意防治病虫鼠害,待机收获。进入成熟期的倒伏玉米应及时收获,减少因穗粒霉烂造成品质下降。

(5)加强田间病虫害防控　玉米倒伏后易发生病害,可用 70% 甲基托布津 800 倍液或 50% 多菌灵 500 倍液喷施,隔 7 d 再喷 1 次。

4.应用区域

适用于全国玉米产区。

5.依托单位

①黄淮海夏玉米区　山东农业大学,张吉旺,0538-8242682。
②东北春玉米区　吉林省农业科学院,路明,0434-6283207。

二 玉米生物灾害防灾减灾技术

(一)玉米大斑病防灾减灾技术

1.发生特点

大斑病在整个玉米生育期均可发生,以玉米抽雄前后至收获期为主。植株一般先从中下部叶片发病,逐渐向上下蔓延。大斑病为区域性气传病害,风雨利于病害短时间暴发流行,在东北、西北、西南山区等冷凉区域易发生。温度在20～25 ℃、相对湿度在90%以上适宜病害发生。气温偏低,多雨高湿,日照不足,均有利于大斑病的发生和流行。我国北方各玉米产区,降水是大斑病发生轻重的决定性因素。

2.典型症状

不同品种间病斑表现差异明显。在抗病品种上表现为褪绿病斑,黄绿或淡褐色,周围暗褐色,梭形,病斑较小(图2-11a)。在感病品种上,病斑为中央淡褐色或青灰色的梭形大斑(图2-11b),大小一般为(5～10)cm×(1～2)cm,大的可长达20 cm以上;后期病斑常从中心部位纵裂,病斑严重时多个病斑相互汇合连片,叶片变黄枯死致使植株早衰(图2-11c,d)。田间湿度较大时,病斑表面常密生一层灰黑色霉层,叶背较多。叶鞘和苞叶发病时,病斑也多呈梭形,灰褐色或黄褐色。

a.抗病病斑　　b.感病病斑　　　　　c.病斑连片　　　　　　　　d.整株过早枯死

图2-11　玉米大斑病发病症状

3.防控措施

(1)选用抗(耐)病品种　根据不同的生态区,选择适合当地种植的具有中抗以上抗性水平的玉米品种,如农大372、德单5号、京农科728、华皖267、晋单52等。

(2)农业措施　加强栽培管理,适时追肥,保证玉米生长中有足够的营养,避免后期因植株过早脱肥而引起叶片早衰,加重病害发生。及时清除病残体,减少越冬菌源。注意合理密植,增加田间通风透光,降低湿度,抑制病菌初侵染和再侵染。在重发生区域,高产地块种植密度在5000株/亩,中等肥力地块在4000株/亩,低肥力地块在3000株/亩。

(3)化学防治　种植感病品种且病害常发地区,要在大喇叭口期或田间始见病斑时进行化学防治,推荐药剂有苯醚甲环唑、吡唑醚菌酯、苯甲·嘧菌酯、丁香·戊唑醇、丙环·嘧菌酯、唑醚·氟环唑等。在施药过程中,首次喷施宜早不宜晚,一般间隔7～10 d再喷施1次,或根据药剂持效期,连续喷施1～3次;施药时混配木霉酵液助剂防效更佳。

4.应用区域

适用于东北、华北、西北、西南山地等玉米大斑病常发区。

5.依托单位

河北农业大学植物保护学院,董金皋、曹志艳,0312-7528142。

（二）玉米小斑病防灾减灾技术

1. 发生特点

小斑病在玉米整个生育期均可发病,从植株下部叶片逐渐向上部叶片扩展。小斑病气传病害,病原菌主要随气流、风雨远距离传播。该病具有发病急扩散快的特点,条件适宜时,在60～72 h内可完成一个侵染循环,产生出的新的分生孢子,又可随风雨传播进行再侵染。气温在26～32 ℃,降水日多,雨量大,光照时数少,均有利于小斑病的暴发流行。

2. 典型症状

病斑主要有4种,常见的3种病斑见图2-12。典型病斑:病斑受叶脉限制向两头延伸,两端呈弧形或近长方形,黄褐色或灰褐色,边缘深褐色,大小为(2～6)mm×(3～22)mm。轮纹病斑:在一些品种上病斑上会出现轮纹。狭长病斑:病斑细长。点状褪绿斑:在抗性品种上形成点状的黄色褪绿斑点。

a.典型病斑　　　　　　　　b.轮纹病斑　　　　　　　　c.狭长病斑

图 2-12　玉米小斑病症状

3. 防控措施

（1）选用抗（耐）病品种　普通玉米品种对小斑病的抗性大多较好,但鲜食玉米对小斑病的抗性通常较差。常年发生区域应避免种植感病品种。

（2）农业措施　①调整播期,合理避病。玉米在抽雄灌浆期如遇阴雨,湿度和温度都有利于小斑病的发生。在重发生地区或者感病品种种植区域,可以通过调整播期的方法合理避病。②加强栽培管理。合理密植,合理施肥,适当增施磷钾肥,增强植株的抗病能力。科学灌溉,控制田间湿度,低洼处及时排水。在常发区域,玉米果穗收获后,秸秆尽快粉碎还田,促进腐熟和分解,减少翌年初侵染菌源。③合理间作套种。不同作物间套作可以改善玉米田间小气候,利于通风透光,降低田间湿度,从而降低小斑病的发病程度。

（3）化学防治　常发区域应在抽雄前喷施化学药剂预防;其他区域在田间病叶率达到20%时采用化学药剂应急性防治。推荐药剂为:戊唑醇、氟硅唑、苯醚甲环唑、丙环唑、代森铵、嘧菌酯、吡唑醚菌酯等,如:18.7%丙环唑•嘧菌酯50～70 mL/亩、45%代森铵78～100 mL/亩、27%氟唑•福美双60～80 g/亩等。

4. 应用区域

适用于全国玉米种植区。

5. 依托单位

河北省农林科学院植物保护研究所,石洁,0312-5915682。

（三）玉米灰斑病防灾减灾技术

1.发生特点

玉米灰斑病主要发生在玉米生长后期,从植株下部叶片逐渐向上部叶片扩展,叶片常因布满大量病斑而枯死,造成减产;叶鞘被侵染后常引发茎腐病,致使植株易发生倒伏,造成更大的产量损失。降水量大、相对湿度高、气温较低的环境条件有利于灰斑病的发生和流行。风雨对灰斑病在植株间和田块间的传播与扩散起主要作用。

2.典型症状

病斑主要发生在叶片上,条件适宜时病菌也侵染叶鞘和苞叶。发病初期,病斑为淡褐色,以后病斑逐渐扩展为浅褐色长矩形或不规则状,病斑大小为(0.5～4)mm×(0.5～70)mm,中央逐渐变为灰色、灰褐色或黄褐色,有的病斑边缘为褐色;成熟病斑沿叶脉方向扩展并受到叶脉限制。病斑扩展导致病斑相连成片并使整个叶片枯萎。田间湿度大时,可在病部产生灰色霉层(图2-13)。

a. 发病初期　　　　　　　b. 叶片症状　　　　　　　c. 田间症状

图 2-13　玉米灰斑病典型症状

3.防控措施

(1)选用抗(耐)病品种　在灰斑病流行区域注意种植抗灰斑病品种,如西抗18、川单99、伟科702等。

(2)农业措施　合理施肥和浇灌可以增强玉米植株的免疫力,避免田间积水,通过降低田间湿度而创造不利于病菌侵染的环境条件,减少灰斑病的发生。将玉米与其他作物轮作可有效减少灰斑病的发生。秸秆还田时加施腐熟菌促进病残体在土壤中腐烂,减少初侵染源。

(3)化学防治　玉米大喇叭口期,可选用37%苯醚甲环唑水分散剂100 g/hm²、40%丙环唑悬浮剂2000倍液等进行喷施。

4.应用区域

适用于西南中高海拔、东北春玉米产区。

5.依托单位

四川省农业科学院植物保护研究所,崔丽娜,028-84590082。

（四）玉米南方锈病防灾减灾技术

1. 发生特点

东南亚各国及我国南部沿海玉米周年种植区为病原菌越冬地。病原菌每年随着台风或者气流远距离传播到内陆玉米上，主要为害黄淮海夏播和京津冀早熟夏播玉米，具有年度间歇性流行和短期暴发的特点。该病潜伏期在5～30 d，一般在玉米生长中后期显症，因此早期侵染易被忽略。侵入温度为15～31 ℃，形成夏孢子堆显症适温较窄，在24～27 ℃。夏孢子通过风雨传播在当季可有多次侵染。田间环境温度26～28 ℃、相对湿度较高时，适合该病的流行。

2. 典型症状

主要为害叶片、叶鞘和苞叶。病部可见大量突起的粉堆，即夏孢子堆。夏孢子堆为圆形，直径为0.2～1.5 mm，散出大量金黄色到黄褐色的夏孢子（图2-14）。严重时全株布满夏孢子堆，植株枯死。在抗性品种上，叶片上完全没有症状或只形成褪绿斑点，不产生夏孢子堆，或夏孢子堆很小。

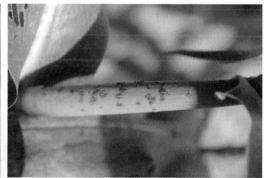

a. 叶片上的夏孢子堆   b. 叶鞘上的夏孢子堆

图2-14 夏孢子堆

3. 防控措施

（1）选用抗（耐）病品种 选用适合当地生产的抗（耐）病玉米品种，如登海618、蠡玉88、中科玉505、登海605、金海702、源玉66、京农科738和荣玉1410等。

（2）加强预测预报 关注全国各省相关单位发布的南方锈病监测预警信息，或者在玉米生长季节每次台风来临前，登录中央气象台的台风海洋板块，查阅台风路径预报，如能达到本地玉米产区，预示南方锈病夏孢子随风雨而来的可能性较大，在台风过境前后及时喷化学药剂防治1～2次即可。

（3）化学防治 常发区域应在抽雄前喷施化学药剂预防；其他区域在病害发生初期或根据病害预测预报及时采用化学药剂应急性防治。目前无登记的化学药剂，文献报道有效药剂为：戊唑醇、三唑酮（粉锈宁）、苯醚甲环唑、丙环唑、嘧菌酯、吡唑醚菌酯、氟嘧菌酯，如18.7%丙环·嘧菌酯50～70 mL/亩、22%嘧菌·戊唑醇40～60 mL/亩、30%肟菌·戊唑醇40～50 mL/亩。

（4）注意事项 南方锈病容易和普通锈病混淆，田间病害识别时要注意，必要时取样到专业机构的实验室进行孢子形态和分子生物学检测。

4.应用区域

适用于夏播玉米区、热带亚热带玉米区、西南中低海拔春玉米区。

5.依托单位

河北省农林科学院植物保护研究所,石洁,0312-5915682。

(五)玉米褐斑病防灾减灾技术

1.发生特点

褐斑病在整个玉米生长期间均可发病,苗期主要危害玉米叶片,中后期主要危害叶鞘。该病属于土传病害,病菌在土壤或病残体中越冬,干燥条件下,在病残体或者土壤中可以存活 3 年以上。病原菌主要通过翻耕、灌溉等农事操作,以及风雨、气流等途径在不同田块间扩散;也可随着气流或风雨远距离传播,但一个玉米生长季节只有一次侵染,无再侵染循环。早夏播玉米发病重,温度 23～30 ℃,相对湿度 85%以上、降水较多的天气条件,均有利于病害发生。

2.典型症状

病斑主要出现在玉米叶片、叶鞘上。病菌侵染初期,叶片上呈现针尖大小的水浸状褪绿斑点,圆形或椭圆形,逐渐变为红褐色到紫色,直径在 1～2 mm,后期病斑中间隆起,内为褐色粉末状休眠孢子堆。叶中脉和叶鞘上病斑大小不一,多为 3～5 mm,红褐色到紫褐色,圆形或椭圆形,微隆起,严重时病斑可连成不规则大斑,维管束坏死,随之整个叶片由于养分无法传输而枯死(图 2-15a)。叶片上病斑常连片并形成垂直于中脉的病斑密集区和稀疏区交替分布的黄绿条带,据此特征可区别于其他叶斑病(图 2-15b)。

a.叶鞘上病斑　　　　　　　　　　b.叶片上病斑密集区和稀疏区交替分布

图 2-15　玉米褐斑病典型症状

3.防控措施

(1)选用抗(耐)病品种　在玉米褐斑病的常发区和重发区,选择种植抗(耐)病品种,如蠡玉 16、蠡玉 13、登海 9 号、登海 5 号、中科 11 等品种。

(2)农业措施　重病田避免秸秆还田,应将秸秆清理出田间,减少越冬菌量,或者与其他作物轮作倒茬,可有效降低土壤中病菌的存活量。

(3)化学防治　常发区域在 5～7 叶期喷施化学药剂进行预防,黄淮海夏玉米区可在 3～5

叶期结合苗后与除草剂一起施药;其他区域可在玉米大喇叭口期前,10%以上的植株心叶上出现水浸状、点状、褪绿病斑时,或者叶片上可见典型病斑时,用化学药剂应急性防治。目前无登记的化学药剂,生产上常用的有丙环唑、苯醚甲环唑、戊唑醇、三唑酮(粉锈宁)。可选用45%丙环唑微乳剂3000倍、10%苯醚甲环唑水分散剂1000倍、15%粉锈宁可湿性粉剂1500倍,按照使用说明于傍晚叶面喷雾1次,用量按照60 L/亩进行折算。

4. 应用区域

适用于全国玉米主产区。

5. 依托单位

河北省农林科学院植物保护研究所,石洁,0312-5915682。

(六)玉米弯孢叶斑病防灾减灾技术

1. 发生特点

弯孢叶斑病一般在玉米生长中后期发生,为气传病害,具有多病原、初侵染来源广泛的特点,病害蔓延快、危害大、呈暴发性流行。病原菌对温度、湿度和光照要求不严格,5～40 ℃条件下,病原菌的分生孢子均可萌发。病原菌生长和产孢的最适温度为25～30 ℃,可在3～4 d完成一个侵染循环,一个生长季节有多次侵染。病原菌在充足情况下能在短时期内造成病害大面积流行。

2. 典型症状

病斑为圆形或椭圆形"芝麻粒"大小病斑,直径在1～2 mm,在个别品种上病斑可达4～5 mm;病斑中央有一黄白色或灰白色坏死区,边缘无色或褐色,外围有褪绿晕圈,似"眼"状(图2-16)。发病严重时,叶片上多个病斑相连,呈片状坏死,甚至整个叶片枯死。

图2-16 玉米弯孢叶斑病病斑

3. 防控措施

(1)选用抗(耐)病品种 选用适合当地生产的抗(耐)病品种,如郑单958、大丰30、裕丰303、迪卡653、金海5号、正大12、中科玉505、豫禾988等。

(2)农业措施 病害常发区和重病区玉米收获后,马上将秸秆趁绿粉碎深翻还田;东北春玉米区可加施腐熟菌,加快病残体的腐烂,创造不利于病菌越冬环境,减少来年初侵染菌源。尽量避免采用秸秆免耕覆盖方式还田或者在来年春季清理秸秆的耕作方式。

（3）化学防治　常发区域应在抽雄前喷施化学药剂进行预防；其他区域在病害发生初期，植株穗上部叶片病斑占叶面积的5％以上时采用化学药剂应急性防治。目前无登记的化学药剂，比较有效的有苯醚甲环唑、丙环唑、吡唑醚菌酯等，可用18.7％丙环唑·嘧菌酯50～70 mL/亩、30％唑醚·戊唑醇34～46 mL/亩进行防治。

4.应用区域

适用于全国玉米主产区。

5.依托单位

河北省农林科学院植物保护研究所，石洁，0312-5915682。

（七）北方炭疽病防灾减灾技术

1.发生特点

病害主要发生在玉米生长后期，在叶片、叶鞘和苞叶上形成病斑。病害由植株下部叶片向上部叶片发展，造成田间大范围发病。该病为气传病害，病菌通过风雨传播至叶片上进行侵染，一个玉米生长季节有多个再侵染循环，环境条件适宜情况下很快暴发流行。一般在11～25℃高湿冷凉条件下更易于发病。在我国东北地区，玉米生长过程中遇到连续降水和持续的低温，该病害可能会暴发流行。种植密度过大有利于病害加重。

2.典型症状

如图2-17所示，病斑呈圆形或椭圆形，大小为(1～2)mm×(0.5～1)mm，中间灰白色，边缘褐色，周围有褪绿晕圈，似眼睛，因此又称为"眼斑病"。发病严重时这些小病斑会连成一片，导致叶片枯死。叶鞘上发病与叶片发病有所不同，在叶鞘上病斑为散生，褐色，无灰白色与褐色边缘。

  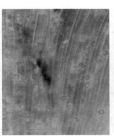  

a.初期症状　　　b.中期症状　　　c.典型症状　　　d.茎秆症状　　　e.苞叶症状

图2-17　玉米炭疽病症状

3.防控措施

（1）选用抗（耐）病品种　不同品种间抗病性差异明显，应选择种植抗病或耐病品种，如辽单752、禾农九、中元999和屿诚1号等。

（2）农业措施　加强田间管理，施足底肥，玉米生长中期及时追肥，防止后期早衰，提高玉米抗病性。秋收后，及时清理植株病残体并深松土壤，加速田间植株病残体腐烂分解，有效减少来年初侵染菌源。东北春玉米区覆盖地膜能有效降低发病程度。

（3）化学防治　在玉米大喇叭口期喷施杀菌剂进行防控，可选用苯甲·嘧菌酯15 mL/亩、丙环·嘧菌酯 40 mL/亩、苯甲·丙环唑 20 mL/亩等杀菌剂喷雾防治。

4. 应用区域

适用于东北、华北玉米主产区。

5. 依托单位

上海交通大学,王新华,021-34207290。

(八)玉米纹枯病防灾减灾技术

1. 发生特点

玉米纹枯病属于土壤传播病害,从苗期至穗期均有发生,主要发生在叶鞘、叶片和穗部,严重时也侵染茎秆。纹枯病发生轻重与温度高低、雨水的多少、湿度高低相关性较大,在温度较高、湿度较大、雨量充足的情况下发生较重。

2. 典型症状

最初多由近地面的叶鞘发病,而后由下而上逐步发展。初侵染为椭圆形或不规则水渍状病斑,中间灰色,边缘浅褐色,随后病斑扩大或多个病斑汇合成云纹状病斑,包围整个叶鞘,使叶鞘腐败,最终引起叶枯(图 2-18a);严重时侵入茎秆,形成褐色不规则病斑,后期茎秆质地松软,组织解体,纤维束游离,易倒伏,果穗受害,苞叶上同样产生灰色云纹状病斑,严重时,果穗干缩,霉变,穗轴腐败(图 2-18b)。病害发展后期,受害的叶鞘、果穗等部位陆续产生初为乳白色,后变淡褐色,最后为深褐色的菌核(图 2-18c)。

| a. 叶鞘症状 | b. 果穗症状 | c. 菌核形态 |

图 2-18 玉米纹枯病典型症状

3. 防控措施

(1)选用抗(耐)病品种 选用抗病、耐病或避病品种,如同玉 609、正大 179、汉单 777、津北 288、源玉 66、迪卡 653 等,避免种植高感纹枯病的品种。

(2)农业措施 有条件地区可在玉米心叶期与心叶末期 2 次摘除病叶,特别是剥去茎基部发病叶鞘,切断纹枯病的再次侵染源。对于重病地块内的病株,玉米收获后应及时清除田间杂草和秸秆,集中销毁,不能用作第二年的底肥。加强田间管理,开沟排水,降低地下水位,降低田间湿度,创造一个有利于玉米生长而不利于病菌滋生繁殖的环境条件。在低洼地块可实行玉米与大豆、山芋、花生或马铃薯等矮棵作物间作,增加田间通风透光量及土壤蒸发量,降低植株下部湿度,以减轻纹枯病危害。合理轮作换茬,减少病菌发生基数。适当调整种植密度,在不影响产量的情况下进行合理密植。氮肥施用不过量、不过迟,增施钾肥,增施腐熟的有机肥,增强植株的抗病力。

(3)化学防治　在发病初期,可选用5%井冈霉素1000倍液、40%菌核净可湿性粉剂1000～1500倍液,喷雾2～3次,间隔7～10 d。

(4)生物防治　使用以木霉为主的生防微生物种衣剂对种子进行包衣处理可有效降低纹枯病的发生。

4. 应用区域

适用于全国玉米主产区。

5. 依托单位

四川省农业科学院植物保护研究所,崔丽娜,028-84590082。

(九)玉米鞘腐病防灾减灾技术

1. 发生特点

玉米鞘腐病主要为害部位为叶鞘组织,在开花初期至乳熟期发病,开花初期是玉米鞘腐病的易感时期,发病率和严重度明显高于其他时期。鞘腐病的发生与玉米品种、气候条件、微生态环境、耕作方式以及蚜虫的取食等因素有着密切关系。秸秆还田和免耕耕作模式的推广,使发病秸秆上的病原菌大量残留在田里,增加了病害发生风险。此外,当叶鞘遭受蚜虫取食时,蚜虫造成的创口以及分泌的蜜露更利于病原菌的侵染,导致鞘腐病发生。随着病害发生程度不断加重,玉米抗倒伏能力及产量均会受到不同程度的影响。鞘腐病菌在侵染过程中或侵染后会产生对人畜危害极大的伏马菌素、玉米赤霉烯酮等致癌物质,给玉米生产带来安全隐患。

2. 典型症状

发病初期,叶鞘表面出现黄褐色的近圆形或不规则形小点,后逐渐扩展为圆形、椭圆形或不规则形的浅灰色、黄褐色、红褐色、黑褐色大型病斑。病斑可扩展至整个叶鞘,致叶鞘干枯死亡。在适宜的环境条件下,病斑向周围扩展迅速,可造成叶鞘和苞叶的腐烂,但多不引起叶片及茎秆部的腐烂。叶鞘内侧褐变重于叶鞘外侧。发病严重时由下部叶鞘向顶部叶鞘节节扩展。田间湿度较大时,在病斑上形成粉白色霉层(图2-19)。

3. 防控措施

(1)选用抗(耐)病品种　由于鞘腐病发生在玉米生长中后期,田间防治困难。在病害控制方面,首选抗病品种。

(2)农业措施　在鞘腐病发生严重的地区,减少秸秆还田或秸秆还田采用深翻模式,进行必要的作物轮作,可减轻病害的发生。

(3)化学防治　种子用吡虫啉、噻虫嗪等包衣处理,可防止苗期蚜虫为害叶鞘。玉米开花初期喷施吡虫啉、噻虫嗪等防治蚜虫,同时混配吡唑醚菌酯、咪鲜胺和硅唑·咪鲜胺等杀菌剂,

图 2-19　玉米鞘腐病田间发病症状

对玉米鞘腐病有较好控制效果。

4. 应用区域

适用于全国玉米产区。

5. 依托单位

河北农业大学植物保护学院,董金皋、曹志艳,0312-7528142。

（十）玉米瘤黑粉病防灾减灾技术

1. 发生特点

玉米瘤黑粉病主要发病部位为雌穗、雄穗和茎秆,从苗期到成株期均能发生。该病属于土传病害,土壤中散落的瘤黑粉菌,玉米植株病残体上的病菌通过秸秆还田残留在田间,以及牲畜的粪便中越冬的病菌通过施肥进入田间,成为来年侵染源。在适宜的环境条件下,病菌孢子萌发,随着风雨在田间传播,并通过植株伤口侵染植株形成菌瘿,菌瘿成熟释放孢子造成再侵染,完成侵染循环。玉米植株因虫害、生长过快、干旱等形成的各种伤口是病菌侵染的基础。

2. 典型症状

发病部位最初长出一个膨大的白色、黄色或带有部分绿色、粉色的瘤状物（菌瘿）,然后逐渐膨大,呈现不规则形状,表面逐渐变成灰白色,菌瘿成熟开裂露出里面的黑色粉末。雌穗上菌瘿常从穗尖凸出于苞叶外;雄穗上菌瘿体发生在单个小花或穗柄上;茎秆上多发生在茎节处;此外,叶片和气生根也时有发生。

3. 防控措施

（1）选用抗病品种　选择种植抗病品种。

（2）农业措施　清洁田园,重病区域不提倡秸秆还田,以减少田间病原菌在土壤中的积累。

（3）化学防治　高感品种在玉米6～8叶期和抽雄吐丝期,及时喷施25％苯醚甲环唑乳油2000倍液、25％丙环唑乳油1500倍液、43％戊唑醇悬浮剂3000倍液、12.5％烯唑醇可湿性粉剂2000倍液等药剂,对瘤黑粉病进行预防和控制。

4. 应用区域

适用于全国玉米产区。

5.依托单位

四川省农业科学院植物保护研究所,崔丽娜,028-84590082。

(十一)玉米茎腐病防灾减灾技术

1.发生特点

茎腐病于20世纪80年代暴发,已成为玉米生产上的重要病害。多年持续的秸秆还田和玉米单一化种植,导致土壤中的茎腐病致病菌(腐霉菌和镰孢菌为主)大量积累,病害发生率不断上升。高温高湿、雨后暴晴等气候条件利于病害发生,平均温度在30 ℃左右、相对湿度达80%时病害扩展迅速。玉米在灌浆期遇到连续降水气候,茎腐病会大暴发。田间积水,种植密度过大,通风不良,施用氮肥过多等都会导致发病严重。茎腐病发生常造成玉米植株倒伏,不利于玉米机械化收获。

2.典型症状

因病原不同,病害症状有所差异。

(1)镰孢茎腐病 发生初期,植株叶片从下部逐渐变黄,似早衰;随之近地表茎节外皮颜色渐变为黄褐色,剖开茎秆,可见茎髓组织分离,病组织呈粉红色到紫红色(图2-20a)。

(2)腐霉茎腐病 植株全部叶片突现失绿变灰,快速干枯似水烫样,并逐渐转为枯黄色下垂,但短期内植株不倒伏;随着地表茎表表皮逐渐从绿色转变为褐色,茎节开始变松软,如果病害发展快,会因髓组织快速失水而出现茎节缢缩的症状(图2-20b)。

茎腐病严重时,茎秆失去支撑力而倒折。发病植株果穗下垂,果穗短小,籽粒因灌浆不足而稀松。

a.镰孢茎腐病发病症状　　　　　　　　　b.腐霉茎腐病发病症状

图 2-20　玉米茎腐病发病症状

3.防控措施

(1)选用抗(耐)病品种 选择种植抗病品种是防治茎腐病的最有效措施。

(2)农业措施 秋收后及时清洁田园,清除田间病残体,有条件的田块可以与非寄主作物轮作,减少土壤中的病原菌。在底肥中增施钾肥(225 kg/hm²)和锌肥(45 kg/hm²)能够有效减轻田间病害。

(3)化学防治 使用含有精甲霜灵和咯菌腈的复配种衣剂对种子进行包衣处理可降低茎

腐病发生,或在大喇叭口期喷施杀菌剂,如苯醚甲环唑、吡唑醚菌酯等。

(4)生物防治 使用以木霉和芽孢杆菌为主的生防微生物种衣剂对种子进行包衣处理可预防茎腐病的发生。

4.应用区域

适用于全国玉米产区。

5.依托单位

河北农业大学植物保护学院,董金皋、曹志艳,0312-7528142。

(十二)玉米穗腐病防灾减灾技术

1.发生特点

穗腐病从吐丝期到收获期均能发生,收获后果穗如得不到及时晾晒脱粒,病情会继续发展。品种或种质间存在抗病性差异。穗腐病为多病原病害,发病适宜环境条件因病原种类而异。穗腐病发生的轻重与品种、气候条件、栽培管理、耕作制度、种植密度、穗虫危害等因素密切相关,其中玉米品种、气候条件、穗虫危害起主导作用。

2.典型症状

玉米穗腐病由于病原组成不同,所产生的病害症状存在显著差异。根据病原组成可分为镰孢穗腐病、曲霉穗腐病、木霉穗腐病、青霉穗腐病、黑孢穗腐病和枝孢穗腐病等,前4种病原较常见,而镰孢穗腐病发生面积和危害最重。

(1)镰孢穗腐病 籽粒表面和籽粒之间覆盖白色或粉白色到紫色菌丝体;在果穗上可出现单独的霉变籽粒,也会有连片的霉变,甚至出现全穗腐烂(图2-21a)。

(2)曲霉穗腐病 病菌从籽粒之间靠近穗轴的部位逐渐向籽粒顶部生长,造成籽粒与穗轴结合部发病。在病粒间或病粒顶端产生大量的黄绿色、黄灰色(黄曲霉病菌)或炭黑色(黑曲霉病菌)菌落(图2-21b)。害虫造成的伤口及机械化收获带来的籽粒破损也会引起黄曲霉穗腐病的发生。

(3)木霉穗腐病 病菌具有快速生长的特性,首先在苞叶表面出现大面积的白色菌丝,并在较短时间内产生深绿色孢子;病菌穿透苞叶后在籽粒表面形成白色菌丝层并逐渐呈现绿色,籽粒灌浆不饱满易松动脱落;病菌还可以侵入穗轴(图2-21c)。由于病菌侵染和苞叶与籽粒之间湿度大,被害果穗上的籽粒常常发芽、穗轴解体腐烂。

(4)青霉穗腐病 发病较轻时籽粒表面失去光泽,部分籽粒出现白色放射状条纹,逐渐在病粒表面长出灰白、灰绿色粉状物(图2-21d)。横切穗轴,可见籽粒与穗轴连接部位布满灰绿色霉状物,易随风散落。青霉穗腐病易和木霉穗腐病混淆。

3.防控措施

(1)选用抗(耐)病品种 种植高抗或抗玉米穗腐病的品种,根据区域特点和品种抗病能力,定期轮换品种、合理布局及混合利用。

(2)农业措施 合理密植,加强通风,深耕深翻;玉米收获后剥除苞叶,通风晾晒。

(3)物理防治 通过物理诱杀控制玉米穗部虫害,减少害虫造成的伤口;籽粒含水量高的玉米避免采用机械粒收方式收获。

| a.镰孢穗腐病 | b.曲霉穗腐病 | c.木霉穗腐病 | d.青霉穗腐病 |

图2-21　不同病原菌引起的玉米穗腐病症状

（4）生物防治　使用以木霉或枯草杆菌为主的生物种衣剂对种子进行包衣处理可降低穗腐病的发生程度。在大喇叭口期喷施绿僵菌-芽孢杆菌生防制剂,在吐丝期释放赤眼蜂控制玉米螟、桃蛀螟为害,可有效降低穗虫引起的穗腐病。

（5）化学防治　播种前对种子用杀菌剂（如咯菌腈·苯醚甲环唑等）包衣;在喇叭口期至抽雄期喷施50%异菌脲、10%苯醚甲环唑或者240 g/L噻呋酰胺等杀菌剂,对玉米腐病有一定防治效果;喷施杀菌剂的同时喷施杀虫剂可提高对镰孢穗腐病的防效,如氯虫苯甲酰胺＋苯醚甲环唑、氯虫苯甲酰胺＋丙环唑等。

4.应用区域

适用于全国玉米种植区。

5.依托单位

河北农业大学植物保护学院,董金皋、曹志艳,0312-7528142。

（十三）草地贪夜蛾防灾减灾技术

1.发生特点

草地贪夜蛾具有寄主范围广、取食量大、繁殖能力强、迁飞距离远、抗性强等特点。从玉米苗期到穗期均可为害,没有滞育现象,在气候温暖的海南、广西、云南等地可全年发生,世代重叠为害。幼虫通常在夜间为害,白天藏在心叶深处,当雄穗从心叶中抽出时,幼虫从心叶中被带出,在果穗未长出前,这些大龄幼虫白天藏在叶腋处。在穗期,植株上新孵化的幼虫或大龄幼虫迅速转移到正在发育的果穗上为害。低龄幼虫常从花丝部位进入果穗,而大龄幼虫则咬食苞叶或穗柄,钻蛀果穗下部,直接取食正在发育的籽粒。

2.典型症状

在玉米上,草地贪夜蛾低龄幼虫通常在心叶内取食,取食后的叶片常会形成半透明的薄膜,造成严重的窗孔状,幼虫还可通过吐丝并借助风力在植物间继续转移为害。高龄幼虫（4～6龄）取食叶片后会形成不规则的长形孔洞,导致心叶破损,形成枯心苗,且具有暴食性,取食量占整个幼虫期的80%以上（图2-22）。

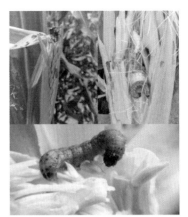

| a.苗期为害症状 | b.喇叭口期为害症状 | c.雄穗/果穗为害症状 |

图 2-22　玉米草地贪夜蛾为害症状

3. 防控措施

在监测预警的基础上，综合运用品种抗性、生态调控、化学防治和生物防治等措施开展防治。

（1）农业措施　利用转苏云金杆菌抗虫基因技术和高效栽培技术提高玉米植株抗性水平。

（2）监测预警　结合雷达和高空灯监测成虫迁飞数量和动态。利用灯诱、性诱、食诱监测成虫发生情况。玉米生长季开展大田普查，调查卵、幼虫数量和为害株率，确保早发现、早控制。

（3）生态调控　通过与非禾本科作物间作、套作、轮作，保护农田自然环境中的寄生性和捕食性天敌，发挥生物多样性的自然控制优势，促进可持续治理。

（4）生物防治　在草地贪夜蛾卵孵化初期，喷施苏云金杆菌、球孢白僵菌、金龟子绿僵菌、印楝素或甘蓝夜蛾核型多角体病毒等生物农药，或者释放螟黄赤眼蜂、夜蛾黑卵蜂等寄生性天敌。

（5）化学防治　抓住低龄幼虫的防控最佳时期，施药时间最好选择在清晨或者傍晚，注意喷洒在玉米心叶、叶腋、雄穗和雌穗等部位。可选用防控夜蛾科害虫的高效低毒药剂喷雾防治，如氯虫苯甲酰胺、乙基多杀菌素、茚虫威和甲氨基阿维菌素苯甲酸盐（甲维盐）等单剂及复配制剂。防治指标：玉米被害株率大于 10% 时进行防治。

4. 应用区域

适用于全国玉米主产区。

5. 依托单位

①中国农业科学院植物保护研究所，张永军，010-62815929。

②中国农业大学，李志红，010-62733000。

（十四）亚洲玉米螟防灾减灾技术

1. 发生特点

北方春玉米区北部及较高海拔区，包括兴安岭山地及长白山山区为亚洲玉米螟 1 代区；三江平原、松嫩平原一年发生 1~2 代;北方春玉米区南部和低纬度高海拔的云贵高原北部、四川省山区一年发生 2 代。黄淮海夏玉米区以及云贵高原南部一年发生 3 代;长江中下游平原中南部、四川盆地、江南丘陵玉米区等地一年发生 4 代;北回归线至 25 °N,包括江西南部、福建南部、台湾等地,一年发生 5~6 代。北回归线以南,包括两广丘陵等地,一年发生 6~7 代或周年发生,世代不明显,夏秋季为发生高峰期,冬季种群数量较小。在多世代发生区,不论春播、夏播玉米,在其整个生长发育过程中都有 2 代螟虫的危害。

2. 典型症状

亚洲玉米螟以幼虫为害玉米。在心叶期,初孵幼虫顺叶片爬行至心叶中,咬食未展开的幼嫩心叶,被害叶抽出后呈现半透明薄膜状食痕,或稍大幼虫开始蛀食造成密布的针孔,这些为害症状统称"花叶"。3 龄以上幼虫蛀食,叶片展开时出现"排孔"。玉米进入打苞期,正在发育的幼嫩雄穗含糖量高,幼虫转移至雄穗取食;散粉后,幼虫开始向下转移蛀入雄穗柄或继续向下转移至雌穗着生节及其上、下节进而蛀入茎秆,茎节被蛀,会明显影响甚至中止雌穗发育,遇风极易造成植株倒折。穗期,初孵幼虫潜藏取食花丝继而取食雌穗顶部幼嫩籽粒,3 龄以后部分蛀入穗轴、雌穗柄或茎秆,影响灌浆,降低千粒重,穗折而脱落(图 2-23)。

a.为害玉米心叶　　　　b.蛀入茎秆　　　　c.为害花丝和果穗　　　　d.果穗下茎折

图 2-23　亚洲玉米螟为害症状

3. 防控措施

亚洲玉米螟的防治应以农业防治为基础,优化生态调控体系,积极开展生物防治,合理运用物理和化学防治等技术开展综合防治。

(1)农业措施　通过玉米茎秆粉碎深翻还田,降低越冬虫源基数。

(2)物理防治　利用性诱剂迷向或灯光诱杀越冬代成虫。

(3)生物防治　在亚洲玉米螟卵期,释放赤眼蜂 2~3 次,每亩释放 1 万~2 万头。使用苏云金杆菌、金龟子绿僵菌或球孢白僵菌等生物制剂于心叶内撒施或喷雾;每亩玉米田用白僵菌 20 g 拌河沙 2.5 kg,于心叶内撒施。

(4)化学防治　在低龄期喷洒氯虫苯甲酰胺、四氯虫酰胺、甲维盐等杀虫剂,心叶期注意将药液喷到心叶丛中,穗期喷到花丝和果穗上。

4. 应用区域

适用于全国玉米主产区。

5.依托单位

中国农业科学院植物保护研究所,张永军,010-62815929。

(十五)黏虫防灾减灾技术

1.发生特点

黏虫一般1年发生2～8代,为迁飞性害虫,每年有规律地进行南北往返远距离迁飞。黏虫发生世代随地理纬度及海拔高度而异。在33°N以北地区不能越冬,在长江以南地区以幼虫和蛹在稻桩、杂草、麦田表土下等处越冬。幼虫畏光,白天潜伏在心叶或土缝中,翌年春天羽化,迁飞至北方为害,成虫有趋光性和趋化性。

2.典型症状

低龄幼虫啃食玉米叶片至呈孔洞状,3龄后啃食叶片至呈缺刻状,或者吃光心叶,形成无心苗;5龄、6龄幼虫进入暴食期,能将幼苗地上部分全部吃光,或将整株叶片吃掉至只剩叶脉,再成群转移到附近的田块为害,造成严重减产,甚至绝收(图2-24)。

a.苗期为害 b.穗期为害 c.果穗被害

图2-24 黏虫为害玉米症状

3.防控措施

(1)农业措施 在越冬期,结合种植业结构调整,合理调整作物布局,铲除杂草,压低越冬虫量,减少越冬虫源。合理密植,加强肥水管理等。及时清除田间禾本科杂草,减轻危害。

(2)物理防治 利用糖醋液和性诱捕法诱杀成虫。在成虫发生期,于田间安置杀虫灯诱杀成虫。

(3)生物防治 在黏虫卵孵化盛期喷施苏云金杆菌制剂,注意邻近桑园的田块不能施用。低龄幼虫可用灭幼脲灭杀。

(4)化学防治 依据监测预警信息,在幼虫1～4龄期于田间地头杂草和玉米植株上喷洒氯虫苯甲酰胺、高效氟氯氰菊酯等杀虫剂。免耕直播麦茬地小麦田黏虫发生严重时,在玉米出苗前用化学农药杀灭地面和麦茬上的害虫。

4.应用区域

适用于全国玉米主产区。

5.依托单位

中国农业科学院植物保护研究所,张永军,010-62815929。

（十六）棉铃虫防灾减灾技术

1.发生特点

棉铃虫以蛹在土壤中越冬,在华北于4月中下旬开始羽化,5月上中旬为羽化盛期。第1代卵见于4月下旬至5月末,以5月中旬为盛期。第1代成虫见于6月初至7月初,盛期为6月中旬。第2代卵盛期也为6月中旬,7月为第2代幼虫为害盛期,7月下旬为第2代成虫羽化和产卵盛期。第4代卵见于8月下旬至9月上旬,该世代棉铃虫发生为害严重。

2.典型症状

幼虫从玉米苗期到穗期都可为害,喜食玉米果穗花丝和籽粒(图2-25)。幼虫取食叶片至形成孔洞或缺刻状,有时咬断心叶。叶片上虫孔和玉米螟为害症状相似,但是孔粗大,边缘不整齐,常见粒状粪便,幼虫还可转株为害。穗期棉铃虫孵化后主要集中在玉米果穗花丝上,可将果穗顶端全部花丝咬断,造成"戴帽"现象,玉米授粉不良而导致果穗秃尖,果穗向一侧弯曲。随着幼虫龄期的增长和玉米果穗的发育,幼虫逐步下移蛀食籽粒,并诱发玉米穗腐病的发生。棉铃虫产卵多在夜间,卵为散产。在抽雄扬花期以前,棉铃虫卵主要产在叶片正面,少量产在茎秆叶鞘上;在抽雄扬花期后主要产在雄穗和新鲜的雌蕊花丝上。

a.取食苗期玉米叶片　　　　　　　　b.取食玉米花丝　　　　　　　　c.取食玉米籽粒

图2-25　棉铃虫为害玉米典型症状

3.防控措施

（1）物理防治　可采用频振式杀虫灯和双波灯诱集,可在羽化期有效诱杀棉铃虫成虫,减少田间落卵量。

（2）生物防治　在产卵初期释放螟黄赤眼蜂;在幼虫3龄前,利用生物农药苏云金杆菌制剂、金龟子绿僵菌或球孢白僵菌进行喷施。

（3）化学防治　防治最佳时期在3龄前,可采用:①种子包衣,用含双酰胺类杀虫剂的种衣剂进行种子包衣,对苗期棉铃虫等食叶害虫有明显的控制作用;②喷施药剂,3龄前喷洒氯虫苯甲酰胺、甲维盐、氯氟氰菊酯及甲维·茚虫威等化学农药,在大喇叭口期和吐丝期喷洒重点分别是心叶和花丝部位。由于玉米中后期植株高大,宜选用高架喷雾器或无人机喷雾。

4.应用区域

适用于全国玉米主产区。

5.依托单位

中国农业科学院植物保护研究所,张永军,010-62815929。

（十七）桃蛀螟防灾减灾技术

1.发生特点

桃蛀螟在河北、河南发生3～4代,长江流域发生4～6代,均以老熟幼虫结茧越冬,翌年化蛹羽化。成虫有趋光性。在玉米抽雄后桃蛀螟才会到玉米田产卵,卵多单粒散产在玉米穗上部叶片、花丝及其周围的苞叶上。

2.典型症状

主要蛀食玉米雌穗,也可蛀茎,受害茎秆遇风常倒折(图2-26a,b)。初孵幼虫从雌穗上部钻入后,蛀食或啃食籽粒和穗轴,造成直接产量损失。钻蛀穗柄常导致果穗瘦小,籽粒不饱满。蛀孔口堆积颗粒状的粪屑,一个果穗上常有多只桃蛀螟为害,也可与亚洲玉米螟混合为害,严重时整个果穗被蛀食,没有产量。后期钻蛀可引起穗腐病(图2-26c)。

a.为害果穗 　　　　　　　 b.蛀茎为害 　　　　　　　 c.为害诱发穗腐病

图 2-26　桃蛀螟为害玉米症状

3.防控措施

(1)农业措施　压低越冬虫源,及早处理玉米等寄主茎秆、穗轴等越冬寄主,压低翌年虫源。调整播种期,合理种植,玉米田周围避免大面积种植果树、向日葵等寄主植物,但可利用桃蛀螟成虫对向日葵花盘产卵有很强的选择性,在玉米田周围种植小面积向日葵诱集成虫产卵以达到集中消灭目的。选种抗(耐)桃蛀螟玉米品种,减轻桃蛀螟的危害。

(2)物理防治　在成虫刚开始羽化时,晚上在玉米田内或周围用黑光灯或频振式杀虫灯进行诱杀,也可用糖醋液(糖∶醋∶酒∶水的比例为1∶2∶0.5∶16)诱杀成虫。

(3)生物防治　在产卵期释放螟黄赤眼蜂,或在玉米吐丝期喷施苏云金杆菌或球孢白僵菌防治桃蛀螟幼虫。用100亿孢子/g白僵菌50～200倍液防治桃蛀螟。

(4)化学防治　在产卵盛期和低龄阶段喷洒氯虫苯甲酰胺、甲维盐等杀虫剂,重点在果穗穗顶,防治效果好,同时还可以减轻穗腐病的发生。

4.应用区域

适用于全国玉米主产区。

5.依托单位

中国农业科学院植物保护研究所,张永军,010-62815929。

（十八）双斑长跗萤叶甲防灾减灾技术

1. 发生特点

双斑长跗萤叶甲在我国分布广泛,在北方地区为害较重。北方地区一年发生1代,以卵在寄主根部土壤中越冬,翌年5月中下旬孵化,幼虫在玉米等作物或杂草根部取食为害。老熟幼虫做土室化蛹。成虫有群集性、弱趋光性和趋嫩性,高温时活跃,早晚气温低时栖息在叶背面或植物根部。高温和干旱有利于虫害发生。卵散产或者数粒黏结产于杂草丛根际表土中,卵耐干旱。

2. 典型特征

幼虫生活在表土中,可为害玉米根系,在根系表面形成一条条隧道,甚至钻入粗壮的根系内取食。受害根系上的伤口呈红色。幼虫食量很小,即使一株玉米遭到数十只幼虫为害,植株的地上部分也无明显症状,对玉米造成的危害较轻。成虫为害玉米,从下部叶片开始,取食叶肉,残留不规则白色网状斑和孔洞;还可取食花丝、花粉,影响授粉;也为害幼嫩的籽粒,将其啃食成缺刻或孔洞状,同时破损的籽粒易被其他病原菌侵染,引起穗腐病(图2-27)。

a.幼虫为害根系　　　　　　b.成虫为害叶片　　　　　　c.成虫为害花丝和籽粒

图2-27　双斑长跗萤叶甲为害玉米症状

3. 防控措施

(1)农业措施　秋耕冬灌或早春深翻,用机械杀伤和深埋土壤中的越冬虫卵,可有效降低虫源基数,减轻危害。早春铲除田埂、渠沟旁及田间杂草,尤其是稗草、狗尾草等禾本科杂草,消灭中间寄主植物,改变栖息场所环境,减少食料来源。

(2)物理防治　成虫点片发生时,可在早晚用捕虫网人工捕杀成虫,也可利用黄板进行诱杀,减少田间虫量。

(3)化学防治　①防治幼虫:双斑长跗萤叶甲幼虫主要蛀食玉米根系,可以通过种子包衣来防控其幼虫,减少幼虫种群基数,从而达到防控成虫的目的。使用噻虫胺悬浮种衣剂有效成分用量7.6 g/kg种子处理对双斑长跗萤叶甲防效很好。②防治成虫:成虫始盛期喷洒氯虫苯甲酰胺、甲维盐等杀虫剂,重点在果穗穗顶花丝部位,防治效果好,同时还可以减轻穗腐病的发生。

(4)注意事项　由于成虫羽化初期主要在田边杂草上取食为害,一定要注意对田边地头的杂草进行喷防。喷药时间在上午10:00前和下午5:00后,避开中午高温时间,以免造成施药人员中暑、中毒或者对玉米产生药害,同时这两个时间段又是双斑长跗萤叶甲成虫活跃期,可提高防治效果。

4.应用区域

适用于全国玉米主产区。

5.依托单位

中国农业科学院植物保护研究所,张永军,010-62815929。

(十九)玉米叶螨防灾减灾技术

1.发生特点

螨虫在华北和西北地区一年发生 10～15 代,长江流域及以南地区一年发生 15～20 代。5—6 月在春玉米和麦套玉米田常呈点片发生,如果 7—8 月条件适宜则迅速蔓延,进入危害高峰期。高温、干旱有利叶螨的发生,低温、降水对叶螨发生有抑制作用。

2.典型特征

主要以成螨和幼螨在玉米叶背面为害,玉米叶片受害后出现褪绿斑点,逐渐变成灰白色和红色的斑点。严重时叶片焦枯脱落,玉米植株早衰,田块像火烧状。叶螨种群数量大时会在玉米叶尖聚集成小球状虫团(图 2-28)。

a.整体为害　　　　　　b.为害叶片　　　　　　c.叶螨小球状团

图 2-28　玉米叶螨为害症状

3.防控措施

(1)农业措施　深翻土地,将虫卵翻入深层;及时清除田间、田埂、沟渠旁的杂草,减少叶螨食料和繁殖场所;在重度发生田块,避免与马铃薯、大豆、蔬菜间作;高温干旱时,及时浇水。

(2)生物防治　叶螨发生初期可喷施 0.26％苦参碱水剂 150 倍液、10％烟碱乳油 1000 倍液、99％矿物油乳油 300 倍液等生物农药或矿物药剂进行防治。

(3)化学防治　玉米大喇叭口期选用 20％唑螨酯 7～10 mL/亩、20％哒螨灵可湿性粉剂 2000 倍液、1.8％阿维菌素乳油 4000 倍液或 5％噻螨酮可湿性粉剂 2000 倍液喷雾均可有效控制其发生,重点喷施玉米中下部叶片背面。

4.应用区域

适用于全国玉米主产区。

5. 依托单位

中国农业科学院植物保护研究所,张永军,010-62815929。

(二十)玉米蚜虫防灾减灾技术

1. 发生特点

玉米蚜在东北地区可发生 8～10 代,华北及以南地区可发生 20 余代。主要以成虫在小麦和禾本科杂草的心叶内越冬。翌年 4—5 月气温回升,开始活动繁殖,5 月底至 6 月初产生有翅蚜,飞到玉米幼苗上开始为害;雄穗抽出后,转移到雄穗上为害,可持续到 9 月中下旬玉米成熟前。玉米衰老后再产生有翅蚜飞到寄主上越冬繁殖。

2. 典型特征

常群集于叶片背面、心叶、花丝和雄穗取食,能分泌"蜜露"并常在被害部位形成黑色霉状物,发生在雄穗上常影响授粉导致减产(图 2-29)。此外,蚜虫还能传播玉米矮花叶病毒和红叶病毒,导致病毒病造成更大损失。

a.心叶末期严重为害　　b.为害玉米雄穗　　c.为害玉米雌穗　　d.田间严重为害症状

图 2-29　玉米蚜虫为害症状

3. 防控措施

(1)农业措施　及时清除田间及路旁、沟旁的禾本科杂草,消灭玉米蚜虫的寄主,减少向玉米田转移的虫源基数。合理施肥,加强田间管理,促进玉米健壮生长,增强抗虫能力。种植抗蚜虫品种或种植蚜虫诱集田。

(2)化学防治　用 46% 噻虫嗪进行种子包衣,使用剂量为 3.26～4.56 mL/kg 种子;或用 70% 吡虫啉可湿性粉剂拌种,用药量为 3.50～4.90 g/kg 种子。玉米抽雄初期可选用 25 g/L 溴氰菊酯10～20 mL/亩、22% 噻虫·高氯氟10～15 mL/亩、3% 啶虫脒乳油或 10% 吡虫啉可湿性粉剂 15～20 g/亩,兑水 50 kg 喷雾防治;或 50% 抗蚜威 2000 倍液喷雾防治;或喷洒 40% 乐果乳油或 10% 吡虫啉可湿性粉剂 1000 倍。

4. 应用区域

适用于全国玉米主产区。

5. 依托单位

中国农业科学院植物保护研究所,张永军,010-62815929。

第三章

小麦体系防灾减灾技术

一、小麦非生物灾害防灾减灾技术

（一）小麦干旱防灾减灾技术

（二）小麦干热风防灾减灾技术

（三）小麦高温防灾减灾技术

（四）小麦低温冻害防灾减灾技术

（五）小麦湿害和烂场雨防灾减灾技术

（六）小麦弱苗缺素防灾减灾技术

二、小麦生物灾害防灾减灾技术

（一）小麦条锈病防灾减灾技术

（二）小麦叶锈病防灾减灾技术

（三）小麦赤霉病防灾减灾技术

（四）小麦白粉病防灾减灾技术

（五）小麦黄花叶病防灾减灾技术

（六）小麦纹枯病防灾减灾技术

（七）小麦全蚀病防灾减灾技术

（八）小麦茎基腐病防灾减灾技术

（九）小麦蚜虫防灾减灾技术

（十）小麦草地贪夜蛾防灾减灾技术

（十一）小麦吸浆虫防灾减灾技术

（十二）麦田地下害虫防灾减灾技术

（十三）麦田阔叶杂草防灾减灾技术

（十四）麦田禾本科杂草防灾减灾技术

一 小麦非生物灾害防灾减灾技术

（一）小麦干旱防灾减灾技术

1.发生特点

我国小麦主产区主要集中在北方,而北方小麦全生育期与干旱季节高度重合,生育期内降水量少、变率大,风大、空气干燥、蒸发量大,冬小麦全生育期自然缺水率达30%～60%。小麦一生中不同阶段都可能出现干旱,按照干旱发生时间不同分为秋旱、冬旱和春旱(图3-1),其中春旱发生频率高达40%～80%。

(1)秋旱 造成冬小麦底墒不足,影响出苗(图3-1a),导致缺苗断垄或者苗弱,分蘖少,不易形成壮苗,不利于小麦安全越冬,还易造成氮肥挥发损失,降低肥料利用率。

(2)冬旱 会加重寒害和冻害,影响小麦安全越冬,严重时小麦成片出现干叶、死蘖、死苗(图3-1b),造成不同程度减产。

(3)春旱 使小麦植株矮小,且易导致穗少穗小、粒重降低,产量受损((图3-1c))。

a.秋旱　　　　　　　　　b.冬旱　　　　　　　　　c.春旱

图 3-1　不同时期干旱的小麦

2.典型症状

干旱按发生程度不同分为轻旱、中旱和重旱。

(1)轻旱 土壤含水量为土壤最大持水量的55%～60%,减产10%以下。

(2)中旱 土壤含水量为土壤最大持水量的45%～55%,减产10%～20%。

(3)重旱 土壤含水量不足土壤最大持水量的45%,减产20%～30%。

3.防控措施

(1)建设旱涝保收高标准农田 平整土地,防止水土流失;增施有机肥,秸秆还田培肥地力,提高土壤保墒抗逆能力。干旱缺水地区要因地制宜修建各种蓄水、引水、提水、雨水集蓄及再生水利用工程;灌区搞好机井配套设施建设,提高供水能力和水资源的利用率。

(2)选用抗旱、节水小麦品种 抗旱节水品种一般表现为:幼苗活性高,根系发达,分蘖能力强;起身拔节后发育快,单位面积成穗数多,灌浆速度快;株高中等,茎秆细实,叶片多冲上,

叶片功能期长,抗干热风,落黄好;遇旱时利用深层土壤水能力强,可有效减弱耕层水分不足的不利影响。

(3)合理耕作提高土壤储水保墒能力　底墒充足时,适当深耕或深松,可有效增加土壤对降水的蓄积量,促进小麦根系发育和养分吸收。但秋旱年份底墒较差时,深耕作业会加重耕层失墒,影响播种和播后出苗,宜实施少耕或免耕,利用秸秆覆盖,保证小麦播种墒情。西北旱地麦田麦收后宜早耕、深耕,纳蓄夏季降水,结合秸秆覆盖保墒,可增加土壤储水。

(4)推广抗旱节水栽培技术　提升耕整播种质量,包括精细整地、适墒播种、播期播量配合、精匀播种,播后及时镇压;春季适时肥水管理;喷抗旱剂、根外追肥,增强小麦的抗旱能力;做好病虫害综合防治,延长叶片功能期,提高小麦抗旱、抗逆能力。

4.应用区域

适用于北方干旱、半干旱小麦主产区。

5.依托单位

中国农业大学农学院,张英华,010-62732431。

(二)小麦干热风防灾减灾技术

1.发生特点

干热风是一种高温、低湿并伴有一定风力的农业气象灾害,通常发生在小麦扬花灌浆期,是北方冬、春小麦的常见灾害。发生干热风时,风速在3 m/s以上,气温在30 ℃以上,相对湿度在30%以下,引起小麦植株水分供应不足,灌浆不良,灌浆期缩短,秕粒多,甚至植株枯死。

2.典型症状

干热风可分为高温低湿型、雨后青枯型和旱风型三种。高温低湿型最为常见,多发生在小麦开花和灌浆期,其特征是温度急剧上升,湿度急剧下降,风力较大,使小麦蒸腾加剧;雨后青枯型一般发生在小麦乳熟后期,其特征是雨后晴朗,温度骤升,湿度骤降;旱风型主要发生在西北干旱地区,其特征是风速大,高温低湿相伴。

小麦受干热风灾害后典型症状包括:①叶片失水后青枯变白或卷缩凋萎,旗叶褪绿,颜色灰暗无光(图3-2);②穗部颖壳变为白色或灰白色,无光泽,芒尖干枯发白,麦芒张开角度由小到大,严重者焦头炸芒;③茎秆呈灰绿色,早枯,比正常小麦提前3～7 d成熟;④籽粒干瘪,千粒重下降。干热风危害小麦田间症状见图3-2。

3.防控措施

干热风为自然灾害,难以完全预防,应采取以抗逆品种应用、监测预警、田间管理为核心的综合防御技术,可归纳为"躲""抗""防""改""预"。

(1)"躲"——合理布局品种与适期早播　选用早熟或中熟品种,或根据气候情况适时早播,促进小麦提早抽穗、早成熟,避开干热风的危害时期。

(2)"抗"——选用抗逆品种　在干热风频发麦区避免选用矮秆、无芒、晚熟等抗干热风能力差的小麦品种,应选择品质优、耐旱性强、抗逆性强的小麦品种。

(3)"防"——适时适期灌溉和施肥　①浇好灌浆水。宜在灌浆初期浇水,注意关注天气预报,大风前不宜浇水。根据天气状况和土壤墒情,在干热风来临之前浇1次,有风停浇,无风抢

a.干热风危害地块   b.正常地块

图3-2   干热风危害小麦田间症状

浇,通过微喷灌设施浇灌更佳。②喷施叶面肥。在小麦孕穗、抽穗和扬花期,可以喷施1%～2%尿素溶液、0.1%～0.5%磷酸二氢钾、2%～4%过磷酸钙浸出液或15%～20%草木灰浸出液作叶面喷肥,也可选择喷施含氨基酸、腐殖酸水溶肥料,以增强叶片细胞的保水抗逆和养分吸收能力。每次每亩喷施50～75 kg,一般情况下保持叶片湿润时间在30～60 min为宜,最好选在风力不大的傍晚、阴天或晴天下午、阳光不太强烈时进行。

(4)"改"——改善农田小气候   采用植树造林、营造农田防护林、林粮间作等方法,改善农田气候条件,降低风速,降低气温,增加空气湿度。

(5)"预"——建立健全预警机制   通过地面气象监测、高空遥感监测等方法,判别干热风灾害发生时间及级别,做好干热风灾害的监测预报,以便及时采取预防措施,降低灾害损失。

4.应用区域

适用于全国小麦主产区。

5.依托单位

山东省农业科学院,谭德水,0531-66658353。

(三)小麦高温防灾减灾技术

1.发生特点

小麦属于喜凉作物,对高温胁迫反应比较敏感。0 ℃是小麦停止与开始生长的界限,气温1～3 ℃,小麦开始积极生长,并能分蘖;在10 ℃以上的条件下,小麦就能抽穗开花;20 ℃左右是灌浆的适宜条件;超过25 ℃,会加速小麦发育,缩短生育期,不利于有机物质的积累;达到30 ℃,小麦会受到高温和干热风危害;40 ℃左右,小麦会因高温枯死。

2.典型症状

(1)播种至出苗期高温   秋末冬初为小麦播种至出苗期,此期遇到持续高温会造成出苗加快,麦苗细弱,根系发育不良,次生根发育滞后,根冠比例失调。出苗至越冬期遇到气温持续偏高,往往造成麦苗旺长,越冬群体过大,提前拔节,抗冻能力下降。

（2）起身至拔节期高温　春季为小麦起身至拔节期,此期遇到高温会导致小麦节间变长,后期易发生倒伏(图 3-3a);加快穗分化进程,减少小穗数;抗寒能力下降,易受倒春寒危害。

（3）灌浆期高温　小麦灌浆期高温灾害主要有干热风和高温逼熟。受害小麦轻者表现为麦芒和叶尖干枯,颖壳发白,重者表现为叶片、茎秆、麦穗灰白和青干枯死(图 3-3b)。灌浆期高温导致籽粒灌浆期缩短、粒重降低,产量严重下降。此外,高温还显著影响籽粒蛋白质和淀粉合成,影响小麦品质。

a.春季高温　　　　　　　　　　　　　b.灌浆期高温

图 3-3　高温危害小麦田间症状

3. 防控措施

（1）根据当地气候条件,选择优良品种并适期播种,预防秋末冬初高温危害发生。确保播种质量和出苗质量,通过壮苗提高抗逆能力。

（2）对于秋末冬初高温和春季高温导致旺长的麦田,可在起身期前后镇压,抑制地上部生长,起到控旺转壮的作用。也可以每亩用 20% 多效唑可湿性粉剂 40～60 g,或 40% 壮丰安乳油 35～40 mL,兑水 35 kg 均匀喷洒,达到控制旺长、实现壮苗的目的。

（3）籽粒灌浆期叶面喷肥,预防灌浆期高温危害。小麦灌浆期喷施磷酸二氢钾 2～3 次,每次 150～200 g/亩,优质小麦和缺肥发黄的麦田每亩增加 0.5～1 kg 尿素,兑水 40～50 kg 均匀喷洒,可延缓叶片衰老,提高粒重。

4. 应用区域

适用于全国冬小麦主产区。

5. 依托单位

①南京农业大学,姜东,025-84396575。

②山东农业大学,石玉,0538-8241484。

（四）小麦低温冻害防灾减灾技术

1. 发生特点

低温冻害可分为冬季冻害、早春冻害和晚霜冻害。冬季冻害主要发生在冬小麦越冬期,是由气温骤降(日均气温降幅大于 10 ℃)、长时间持续低温、连续强寒流或冻融交替天气引起的。早春冻害主要发生在小麦拔节前期,危害主茎和大分蘖的幼穗。晚霜冻害即为倒春寒,主要发生在 3 月下旬到 4 月上中旬,气温转暖后突遇寒潮降温,使麦穗受害。

2. 典型症状

小麦受冻症状如图 3-4 所示。

(1)冬季冻害 以叶片受不同程度冻害为主,对产量影响较小;严重时心叶干枯,主茎和大分蘖的幼穗受冻死亡,对产量影响较大。

(2)早春冻害 主要是主茎、大分蘖幼穗受冻,形成空心蘖,外部症状表现不太明显,叶片轻度干枯。

(3)晚霜冻害 受害植株茎叶一般无异常,以麦穗受害为主,表现为哑巴穗、白穗、残穗、空穗。

图 3-4 小麦受冻症状

3. 防控措施

(1)合理选择品种 根据农业部门发布的品种布局建议,选用适宜本地区种植的小麦品种,注重选择苗期生长健壮、根系发达、水肥敏感度低、春季发育稳健、中后期灌浆较快的品种,一些春季发育较快的半冬性早熟和偏春性品种要注意适当晚播。

(2)强化监测预报 做好天气监测预报及强降温、强寒流天气预警工作,拓展信息发布渠道,指导生产提前做好防范预案。

(3)高质量适期播种 推行深耕整地提高整地质量和播种质量,增强土壤蓄保能力。根据品种特性确定适宜播种期及播种量,切忌过早播种或播种过密造成旺长。

(4)加强田间管理 根据天气预报预警,在寒潮到来之前,结合土壤墒情,主动灌溉防冻。一般麦田在小麦起身拔节期增施磷钾肥,促进根系发育,增强抗寒能力。对于冬前生长过旺的麦田,在越冬前或早春起身前后适时镇压,或在小麦起身期喷施控旺调节剂。小麦拔节期前后喷施植物生长调节剂或叶面肥,提高植株抗逆能力。有条件的地区可进行科学冬灌,增强越冬能力。

(5)做好灾后补救 又分浇水补肥和叶面调控。

浇水补肥:①越冬期发生冻害,叶片冻死 50% 以下的,可不进行特别管理;叶片全部枯死或茎蘖冻死率低于 30% 时,则可在返青期亩施纯氮 3～4 kg、五氧化二磷 2 kg;冻死率达

30%～50%时,亩施纯氮5～6 kg、五氧化二磷2 kg;冻死率在50%～80%,亩施纯氮7～8 kg、五氧化二磷2～3 kg;冻死率超过80%的麦田,建议改种其他应季作物。②早春冻害,仅叶片受冻可不施肥;主茎冻死率低于30%时,亩施纯氮2～3 kg;冻死率在30%～50%,亩施纯氮3～5 kg;冻死率达50%以上,亩施纯氮5～7 kg。③发生晚霜冻害的麦田,立即浇水并每亩补施2 kg纯氮或及时喷施叶面肥、抗逆调节剂。

叶面调控:喷施叶面肥或营养调节剂,增加穗粒数,提高粒重。拔节孕穗肥还需正常施用。

4. 应用区域

适用于全国冬小麦主产区。

5. 依托单位

①南京农业大学,姜东,025-84396575。

②中国农业科学院作物科学研究所,常旭虹,010-82108576。

(五)小麦湿害和烂场雨防灾减灾技术

1. 发生特点

小麦湿害也称渍害,是稻茬麦区常见非生理灾害之一。湿害是多雨、地势低洼、排水设施不全、土壤质地黏重等因素共同作用的结果。小麦烂场雨是指小麦成熟后遭遇突发降水而造成的穗发芽,以及因晾晒困难而产生的霉烂变质。各大麦区都可能遭遇烂场雨。

2. 典型症状

西南麦区湿害主要发生在整地播种阶段和苗期,而长江中下游麦区则在各个生育时期均有可能发生。播种阶段主要影响耕作整地质量,无法做到细碎、平整,出苗迟、苗子弱(图3-5a);苗期、中后期则导致根系发育受阻,活力下降,植株生长迟缓、分蘖少、叶片发黄(图3-5b)、灌浆不良等。烂场雨则会引起穗发芽(图3-5c)和籽粒霉烂变质(图3-5d),从而降低籽粒产量和品质。

| a.旋耕立苗质量差、苗子弱 | b.中期渍水导致麦苗发黄、发育迟缓 | c.成熟期多雨导致穗发芽 | d.晾晒困难导致霉烂 |

图3-5 小麦田间湿害与穗发芽症状

3. 防控措施

(1)湿害防控

①改善渠系排灌设施。主渠、支渠、田内沟系配套,确保田内多余水分能及时外排、沥干。

②强化前作后期管理。加强水稻晒田,并在灌浆后期及时开缺排水,确保水稻收获时田面较干、表层土壤较硬,从而避免田面遭到过度破坏。

③选择布局耐湿品种。湿害常发区尽量选择耐湿性强、发芽势高和遭遇湿害后恢复力强的品种。

④科学选择耕播方法。对于沙质或壤质土壤,可在宜耕期内进行深翻或旋耕整地;对于质地黏重的稻茬麦田,尽量采取免耕栽培,免耕有利于保持土壤孔道畅通和沥水,提高播种出苗质量。小农户可采取免耕露播、稻草覆盖栽培;种粮大户和家庭农场可采取免耕带旋播种方式。

⑤积极采取恢复措施。一旦遭遇湿害,除了及时清沟排渍,降低土壤湿度之外,可及时施用速效氮肥或喷施促进生长的调节剂。

(2)烂场雨防控

①布局耐穗发芽品种。选育和布局耐穗发芽品种是防止穗发芽的最好途径,尤以红皮品种为佳。要特别注意不要将红皮与品质差挂钩,红皮小麦出粉率、品质等与白皮小麦没有本质上的差别,在多雨地区推广休眠能力强的红皮小麦,反而更有利于保证小麦的品质。

②合理搭配播种时间。成熟期多雨麦区和种植规模较大的农户,应合理搭配品种和播种时间,以便成熟时收割机和晾晒(烘干)设施能有序工作,避免过于集中而造成应接不暇。

③建设晾晒烘干设施。多雨麦区尽量建设配齐烘干设施,保证高湿麦能得到及时烘干处理。对于种植规模较小或烂场雨不太频繁的区域,可以配备简单实用的风干设施,如地笼+风机,可以临时处置湿麦,保持5~10 d而不发生霉烂。

4.应用区域

湿害防控措施主要适用于稻茬麦区,烂场雨防控措施适用于全国麦区。

5.依托单位

①南京农业大学,姜东,025-84396575。

②四川省农业科学院作物研究所,汤永禄,028-84504601。

(六)小麦弱苗缺素防灾减灾技术

1.发生特点

小麦弱苗缺素在小麦主产区均有可能发生,与不良土壤条件、不合理耕作施肥等有关。根本原因:一是土壤中缺乏该种营养元素或其有效性低,二是植物不能很好地吸收利用。小麦发生弱苗缺素,会抑制生产,引起减产,降低营养品质。

2.典型症状

(1)缺氮　小麦根少而细长;幼苗矮小、细弱、直立,呈黄绿色;分蘖晚而少,茎秆细,基部发黄,叶尖干枯(图3-6a)。

(2)缺磷　次生根极少;叶片狭细,颜色暗绿、带紫红色,叶鞘尤为明显;长势慢,植株瘦小。分蘖晚,数量少,甚至不分蘖。抗寒力减弱,易受冻死苗(图3-6b)。

(3)缺钾　根系发育不良,生长弱,易烂根;苗矮,苗期叶片变短,呈直立状;分蘖晚,老叶尖端呈黄褐色,下披,苗瘦弱,麦苗整体发黄(图3-6c)。

(4)缺硫　新叶失绿黄化,叶脉间失绿更严重,但条纹不如缺镁时脉间失绿清晰,叶细小(图3-6d)。

(5)缺钙　幼叶从基部开始卷曲干枯,叶缘发黄,叶尖生长正常,功能叶叶间及叶缘黄化焦枯(图3-6e)。

(6)缺铁 幼叶叶脉间失绿黄化,之后逐渐扩大,严重时整个植株叶片呈黄绿色,出现小型干枯斑点;幼叶叶脉间形成缺绿条纹或整个叶片发白,新叶不出,不能抽穗,老叶则常早枯(图3-6g)。

(7)缺锌 小麦矮化丛生,节间短簇,叶片扩展和伸长受到阻滞,出现小叶;叶片边缘扭曲或皱缩,叶脉间失绿,可能发展成褐斑、组织坏死(图3-6j)。

(8)缺硼 叶片肥厚弯曲,呈紫色,茎顶端分生组织死亡,新叶畸形变脆,形成"顶枯";不能正常分蘖,有时边抽穗边分蘖,麦穗发育不好,典型症状是"穗而不实"(图3-6k)。

a.缺氮　　b.缺磷　　c.缺钾　　d.缺硫　　e.缺钙　　f.缺镁

g.缺铁　　h.缺锰　　i.缺铜　　j.缺锌　　k.缺硼　　l.缺钼

图 3-6　小麦缺素主要症状

3.防控措施

(1)缺氮 小麦表现出氮素不足症状时,可以结合降水或者灌水施用氮肥。

(2)缺磷 小麦表现出磷肥不足症状时,可以通过追施过磷酸钙、磷酸二铵等肥料的方法来解决,还可通过叶面喷施 0.2%磷酸二氢钾来解决。

(3)缺钾 小麦表现出缺钾症状时,可通过土壤或叶面追施钾肥的方法来解决。

(4)缺硫 小麦出现硫素不足症状时,可追施硫酸钾、硫酸铵、过磷酸钙等各种含硫肥料进行矫治。

(5)缺钙 小麦出现缺钙症状时,应该立即叶面喷洒 3%~5%过磷酸钙溶液,随后可每亩追施生石灰 30~50 kg。

(6)缺铁 小麦出现缺铁症状时,用 0.2%~0.3%硫酸亚铁溶液进行叶面喷施。

(7)缺锌 在小麦苗期,每亩用硫酸锌 1.0 kg,兑细干土或有机肥 15~20 kg,开沟施于行间,越早效果越好;或者在小麦苗期、起身期或植株出现缺锌症状时,用 0.1%~0.2%硫酸锌溶液叶面喷施 2~3 次。

(8)缺硼 在小麦苗期,每亩用硼砂 0.5 kg,掺细土 15 kg,开沟施于行间;或在小麦苗期和拔节期,用 0.1%~0.2%硼砂溶液各喷 1~2 次。

4. 应用区域

适用于全国小麦主产区。

5. 依托单位

西北农林科技大学，王朝辉，029-87080055。

二 小麦生物灾害防灾减灾技术

（一）小麦条锈病防灾减灾技术

1. 发生特点

该病在小麦的整个生育期均可发生，主要危害小麦叶片，严重时也可危害麦穗、叶鞘及茎秆，影响光合作用，增加水分蒸腾，致使发病器官很快死亡。该病病原菌喜低温高湿的环境，可随气流进行远距离传播，具有病菌毒性变异频繁、繁殖速度快、传播范围广、危害程度重的特点。在适合条件下，甚至可引起全国性病害大流行。

2. 典型症状

小麦在不同生长期感病后产生的症状存在较大差异。其中，在苗期生长阶段感染条锈病之后，在小麦幼苗生长中叶片上会产生较多夏孢子堆，大多数呈现为多层轮状分布排列形式。小麦成株期感染条锈病，由于受叶脉限制，在发病初期会产生延叶脉条形排列的椭圆形夏孢子堆以及鲜黄色夏孢子，发病之后孢子堆部位小麦叶片发生破裂，开始产生大量夏孢子。当小麦接近成熟期时受到高温等不良环境影响，发病后期阶段开始出现短线状黑色冬孢子堆（图3-7）。

a.苗期症状　　　　b.成株期症状　　　　c.穗部症状　　　　d.成熟后期症状

图 3-7　小麦条锈病典型症状

3. 防控措施

贯彻"预防为主、综合防治"植保方针，坚持"长短结合、标本兼治、分区治理、综合防治"策略,以越夏区治理为重点,以越冬区和冬繁区控制为关键,以春季流行区预防为保障,落实跨区域全周期防治技术体系,建立小麦条锈病持续治理机制。

(1)精准监测和预报 充分利用遥感技术、孢子捕捉技术和大数据技术建立条锈病自动化监测体系,在条锈病发生流行区建立监测预警网络,对条锈菌菌源量和田间发病情况进行实时监测。开发应用早期诊断和预测技术,及时发布预报。

(2)条锈菌毒性变异监控 在西北关键越夏区和越冬区遮盖小麦秸秆堆垛、春夏季铲除小麦田周边小檗或对染病小檗喷施农药等,以阻断条锈菌的有性繁殖,降低条锈菌变异概率,减缓或阻止新的毒性小种产生,延长抗病品种使用年限。

(3)降低菌源数量减少传播 通过调整越夏区种植结构,提高秋播药剂拌种比例,铲除或耕翻以降低自生麦苗数量,可减少向外传播的初始菌源量。越冬区和冬繁区通过加强早期诊断和监测,及时发现和控制传入菌源,开展秋冬季和早春"带药侦查",发现一点防治一片,并开展重点区域药剂防控,减少当地发病面积,降低外传菌源数量。

(4)合理布局抗病品种 在不同流行区,根据不同生态区特点和病害传播路线,合理利用不同抗病基因品种,在不同区域进行布局,建立生物屏障,阻遏病菌跨区传播。越冬区和冬繁区应选择种植全生育期抗病品种,春季流行区可以选择种植成株期抗病品种。

(5)跨区域应急防控 对条锈病发生早、流行快、发生为害重的区域,采取应急防控措施,开展统防统治。在小麦穗期结合"一喷三防"措施应用,对条锈病等主要病虫进行全面防控,提高防治效果,保障小麦生产安全。

4. 应用区域

适用于全国小麦主产区。

5. 依托单位

西北农林科技大学,王晓杰,029-87080063。

(二)小麦叶锈病防灾减灾技术

1. 发生特点

小麦叶锈病是三种锈病中适应范围最广的一种病害,其病原菌既耐低温也耐高温,对湿度的要求则高于条锈菌而低于秆锈菌,夏孢子萌发和侵入寄主的最适温度为15~20 ℃,湿度要求大于95%。小麦叶锈病在全国小麦种植区均有发生,其中西南、长江流域以及华北、东北等部分麦区更为严重。影响叶锈病流行的主要因素包括越冬菌源的数量、春雨的多少和入春后气温的高低等。其中春季3月下旬至5月上旬的温度、雨量最为关键。该病大量发生主要在小麦生长的中期和后期。小麦品种间对叶锈病的抗病性差异较大。

2. 典型症状

小麦叶锈病主要为害小麦叶片,有时也为害叶鞘,很少侵染穗部(图3-8)。夏孢子为其常见病原菌形态,在显微镜下呈球形或近球形、黄褐色、表面有微刺,大小在(18~29)μm×(17~22)μm。夏孢子堆主要形成于叶片正面,散生、圆形至长椭圆形、疱疹状隆起,成熟后表面裂开,产生橘红色夏孢子,大小比条锈病形成的大比秆锈病形成的小。在环境条件不适宜的情况下产生冬孢子堆,主要发生在叶片正面和叶鞘,扁平、黑色、散生、圆形至长椭圆形。

3.防控措施

（1）选育推广抗（耐）病良种　选用适合于当地种植的小麦抗叶锈病品种,注意多品种合理布局、轮换种植,避免单一抗源品种大面积种植,适当选用避病性、耐病性、慢病性等品种。

（2）农业防治　保持田间清洁,及时清除田间杂草和自生麦苗,减少越夏菌源量;适期晚播,减轻秋苗发病程度,降低越冬菌源量;合理肥水管理,适量增施磷钾肥,避免过晚、

图 3-8　小麦叶锈病叶部症状

过量施用氮肥。病害发生时,多雨区应注意排水,干旱区要及时浇灌补充水分。

（3）化学防治　播种前采用药剂拌种或种子包衣,减轻秋苗发病程度,降低秋季菌源量,采用 15%三唑酮按种子质量的 0.2%拌种。在小麦穗期,田间病叶率达 5.0%～10.0%时进行药剂喷雾防治,每亩用 15%三唑酮可湿性粉剂 60～80 g,或 12.5%烯唑醇可湿性粉剂 30～50 g,或 30%氟环唑悬浮剂 25～30 mL,兑水50 kg喷雾。

4.应用区域

适用于全国小麦种植区。

5.依托单位

中国农业科学院植物保护研究所,刘太国,010-62815618。

（三）小麦赤霉病防灾减灾技术

1.发生特点

赤霉病是小麦一种重要的真菌病害,主要分布在长江中下游、黄淮和西北冬麦区以及东北春麦区。该病害一般导致减产 10%～20%,严重时达 80%以上。此外,病麦粒中含有脱氧雪腐镰孢霉烯醇(deoxynivalenol,DON)、玉蜀黍赤霉烯酮等多种对人、畜有害的毒素,严重危害食品安全。世界卫生组织将 DON 列为一种具有致畸性和免疫抑制特性的神经毒素,为此,包括我国在内的许多国家规定小麦及其产品 DON 毒素最大限量不能超过 1 mg/kg。

2.典型症状

小麦抽穗扬花期,病菌侵染小穗,产生水浸状浅褐色斑,渐扩大至整个小穗,引起小穗枯黄。湿度大时,病斑处产生粉红色胶状霉层。小穗发病后扩展至穗轴,病部枯褐,使被害部以上小穗形成枯白穗(图 3-9a)。病菌也常感染穗下第 1、第 2 节,引起秆腐(图 3-9b)。

3.防控措施

（1）种植抗病品种　这是防治赤霉病及毒素危害的有效途径。目前尚未发现对小麦赤霉病免疫的品种,生选 6 号、华麦 5 号、宁麦 20、苏麦 11 和扬麦 33 等品种对赤霉病具有良好抗性。此外,生产上应避免盲目引种,赤霉病常发区需避免种植高感品种。相同生态区域主推品种和搭配品种相对统一,避免因品种多、乱、杂而引起小麦抽穗期的显著差异。

（2）农业防治　播种前做好前茬作物残体的处理,加大秸秆资源化利用,减少还田的秸秆

| a.穗腐 | b.秆腐 |

图 3-9　赤霉病引起小麦穗腐和秆腐

量。在推行秸秆还田时,应实施秸秆机械化还田作业标准,加快秸秆腐熟分解,减少田间病菌繁殖基质和场所。此外,应科学肥水管理,做好开沟排水,做到雨过田干,沟内无积水。

（3）药剂防治　长江流域、江淮、黄淮南部等赤霉病常发区,应坚持"见花打药";黄淮北部、华北等病害偶发区,小麦扬花期一旦遇适宜病害流行的气候条件,应及时喷药防治。在初次用药后 5～7 d 内,如遇连续高温多雨天气,应再次喷药防治。推荐使用氰烯菌酯·戊唑醇、氰烯菌酯·丙硫菌唑、戊唑醇、丙硫菌唑、氟唑菌酰羟胺·丙环唑等高效药剂防治赤霉病。同时,注意轮换用药,以延缓抗药性产生、提高防治效果、减轻真菌毒素污染。使用无人机防治时尽可能选用小孔径喷头喷雾,添加相应的功能助剂,以保证药剂的防治效果。

（4）干燥入仓　小麦成熟期要及时收获、晾晒烘干,避免麦粒受水分过高或湿度过大影响,致使病菌再次繁殖、产生毒素。

4.应用区域

适用于全国小麦主产区。

5.依托单位

浙江大学,马忠华,0571-88982268。

（四）小麦白粉病防灾减灾技术

1.发生特点

该病是一种流行性气传病害,具有突发、暴发和远距离传播的特点,在小麦各个生长周期均可发生。在有利条件下小麦白粉病每周可繁殖一代,小麦生育期可多次侵染。一般小麦下部叶片较上部叶片发生重,高肥水、群体密度大的麦田发生重,南方水田麦和北方水浇地较旱地麦发生重。

2.典型症状

病菌以为害叶片为主,严重时也可为害叶鞘、茎秆和穗。发病初期病部可见黄色小点,随着病情加重病点逐渐发展为椭圆形或圆形白色霉斑。霉斑表面有一层白粉,遇有外力或振动立即飞散,这些粉状物就是该菌的菌丝体和分生孢子。后期病部霉层由白色变为灰色至浅褐色,病斑上散生有针头大小的黑粒点,即病原菌的闭囊壳。病情较轻时霉斑呈分散分布,随着病情加重霉斑逐渐扩大成片,最终覆盖全叶;病斑下部及周围组织褪绿,病叶发黄、早枯,如果发病累及茎和叶鞘,则会导致植株整株倒伏;植株矮小细弱,穗小粒少,千粒重下降,最终影响小麦产量(图3-10)。

a.叶片为害症状　　　　　　　　　　b.穗部为害症状

图 3-10　小麦白粉病为害症状

3.防控措施

采取以推广种植抗病品种、药剂拌种、精准施药为核心的绿色防控技术。

(1)选种抗病、慢病良种　选用适合当地生产的抗病或慢病性小麦品种。华北麦区:石麦14、石麦15、良星99、保丰104等;黄淮海麦区:偃展4110、济麦22、百农160等;西南麦区:内麦11、内麦12、绵麦37、绵麦367、川麦44等;长江中下游麦区:扬麦13、扬麦18、襄麦39、南农9918等;西北麦区:兰天17号、中梁23、陕垦6号;东北麦区:沈免2135、辽春11、克丰11号等。

(2)药剂拌种　在小麦白粉病越夏区及其邻近地区,采用三唑类杀菌剂拌种或种子包衣可有效控制苗期为害,减少越冬菌量,并能兼治小麦条锈病、散黑穗病等其他病害。选用12.5%烯唑醇可湿性粉剂,按种子质量的0.03%(有效成分)拌种,或用2%戊唑醇悬浮种衣剂1:14稀释后按1:50进行种子包衣,防病效果均较好。

(3)适期适量播种　根据当地品种特性、气候特点和肥力水平,选择合适的播期和播量,避免早播、晚播以及播种密度过大。黄淮海地区适宜播期在10月上旬至中旬,亩播种量为8~10 kg;长江中下游麦区北部适宜播期在10月下旬至11月上旬,南部适宜播期在11月上旬至中旬,亩播种量为9~12 kg。

(4)合理平衡施肥　在施用基肥时,注意氮、磷、钾合理搭配,适当增加磷肥和钾肥,以增强植物的抗病能力。在追施拔节肥和穗肥时,要适当控制氮肥的使用量。黄淮海麦区基肥亩施用有机肥2000~3000 kg,中氮高磷低钾复合肥25~30 kg,拔节期和穗肥每亩分别追施尿素15~20 kg和4~5 kg;长江中下游地区基肥亩施有机肥2000~3000 kg,中氮高磷低钾复合肥15~25 kg,拔节期每亩追施尿素8~12 kg。在土壤肥力较好的田块,可酌情不施或少施拔节肥和穗肥,以免贪青晚熟,加重白粉病为害。

(5)喷药防治　春季是药剂防治的关键时期,应结合病害预测预报,及时喷药防治。在小麦拔节至孕穗期当病茎率达 15％～20％或病叶率达 5％～10％时,选用 1％氯啶菌酯乳油、10％苯醚菌酯悬浮剂、20％烯肟菌酯乳油、20％醚菌酯悬浮剂等每亩 5～10 g(有效成分),或者 20％三唑酮乳油 40～50 mL(有效成分 8～10 mL)、25％丙环唑乳油 30～35 mL(有效成分 5～8 mL)、12.5％烯唑醇可湿性粉剂 40～60 g(有效成分 5～8 g)、40％腈菌唑可湿性粉剂 10～15 g(有效成分 4～6 g)等,兑水 30～50 kg 喷雾。如果发病严重可在第 1 次施药后 7～10 d 再施药 1 次。在小麦穗期白粉病、条锈病、麦蚜和黏虫等混合发生地区,每亩用三唑酮 8 g、抗蚜威 6 g 和灭幼脲 2 g(均为有效成分)混合后喷施,可有效防治这些病虫混合为害。

(6)注意事项　采用三唑酮药剂拌种时应干拌,切忌盲目加大药剂用量以免造成药害。在小麦分蘖拔节期,应密切监测白粉病发生,及时进行防治。

4.应用区域

适用于全国小麦主产区。

5.依托单位

湖北省农业科学院植保土肥研究所,杨立军,027-88430581。

(五)小麦黄花叶病防灾减灾技术

1.发生特点

该病常在小麦返青期发生,该病的发生、消长与气候、品种、栽培情况等因素有关。秋播后土壤温度和湿度及翌年小麦返青期的气温与发病关系密切。土壤湿度大有利于禾谷多黏菌休眠孢子萌发和游动孢子的侵染,导致病害的大面积发生。较低的温度(4～13 ℃)有利于小麦显症,当日均温度大于 20 ℃,症状逐渐消失。此外,由于农事机械的混合使用和农户种植管理技术粗泛,小麦黄花叶病毒病在多数乡镇呈现出交叉感染的特点,加剧了小麦黄花叶病的发生和传播。

2.典型症状

发病初期在小麦 4～6 片叶的心叶上产生褪绿条纹,少数心叶扭曲畸形,病斑随着叶片褪绿或坏死条斑增多而扩散,并连合成长短不等、宽窄不一的不规则条纹,与绿色组织相间,呈花叶症状,形状呈梭形(图 3-11)。发病严重时,心叶表现出严重褪绿、细弱皱缩、扭曲成畸形,甚至呈葱管状,茎上也出现褪绿线状条斑,植株生长明显受到抑制。病害持续发展,症状从花叶转为坏死、黄枯,新叶重复上述症状,植株生长严重受到抑制。

a. 苗期发病症状　　　　　　　　b. 叶片的典型症状

图 3-11　小麦黄花叶病发病症状

3. 防控措施

防治小麦黄花叶病应坚持"推广抗病、耐病、丰产品种,适当施用微生物农药的措施,加强农业栽培综合管理"的原则。

(1)选用抗病良种 种植抗病品种是病害防控最经济、有效的措施。小麦黄花叶病主要发生在我国黄淮冬麦区以及长江中下游冬麦区的部分地区,建议在不同病区选用适合的抗病品种。根据近三年不同地区小麦黄花叶病抗性品种鉴定研究,山东地区可选用临麦 9 号、济麦 22、烟农 21、烟农 0428;河南地区可选用郑麦 98、新麦 9901、郑麦 9023、新麦 208、安科 157;陕西地区可选用西农 558、西农 2208、陕麦 150、陕 229;安徽以及江苏地区可选用皖垦麦 1221、皖宿 1313、宿 553、淮麦 20、淮核 40、苏麦 3 号等。

(2)精准施药 利用枯草杆菌(YB-01)按药种比 1∶100 进行拌种处理,或用 2 亿孢子/g 哈茨木霉 LTR-2 可湿性粉剂(按 100 g 木霉菌加入 200 mL 水)进行种子处理。返青期发病田用 0.06% 甾烯醇微乳剂 30 mL/亩或用 0.01% 芸苔素内酯可溶性液剂 1500~2000 倍液进行喷雾防控。

(3)生物防治 解淀粉芽孢杆菌对小麦黄花叶病有较好的预防效果和治疗效果。

(4)农业措施 加强农业综合管理,避免感病品种连作,建议与抗病品种或非寄主作物进行多年轮作,以压低病毒基数,在一定程度上减轻病害的发生。由于小麦黄花叶病的侵染受温度影响较大,通过适当晚播,可错开小麦易感病期和禾谷多黏菌的最适侵染期。在秋收作物收获和麦播的时间段内,对田地进行充分晾晒和及时清除病残体,可避免病残体的传播蔓延,减轻小麦黄花叶病的发生。

4. 应用区域

适用于黄淮海冬小麦主产区。

5. 依托单位

宁波大学植物病毒学研究所,陈剑平,0574-87609778。

(六)小麦纹枯病防灾减灾技术

1. 发生特点

小麦纹枯病为土传病害,病菌可在病残体上或土壤中长期存活。早播小麦冬前开始发病,小麦返青拔节期病害扩展,严重度上升。病害常在小麦基部发生,影响小麦水分和养分的输导,并可增大小麦的倒伏风险,对小麦高产稳产造成隐性危害。温暖多雨会加重病害的危害程度。

2. 典型症状

病害发生初期在小麦下部叶鞘上产生中部灰白色、边缘浅褐色的尖眼状病斑,后扩大为云纹状病斑。拔节后病害向内扩展到小麦茎秆,形成尖眼状、云纹状病斑。小麦生长后期田间湿度大时,叶鞘及茎秆上可见蛛丝状白色菌丝体,以及由菌丝纠缠形成的黄褐色菌核。小麦茎秆上的云纹状病斑及菌核是纹枯病的典型症状。由于茎秆坏死,发病严重的植株在小麦灌浆乳熟期会形成枯白穗(图 3-12)。

3. 防控措施

采取以农业防治为基础、种子处理和早春药剂防治为核心的综合防控技术。

图 3-12　纹枯病造成的小麦苗期(左)、成株期茎基部(中)的云纹状病斑和穗期枯白穗(右)

(1)农业防控措施　不同小麦品种对纹枯病的抗耐病性存在较大差异,纹枯病发生严重的地区或田块选择种植抗(耐)病较强的小麦品种。播前进行秸秆粉碎深埋,播后镇压,提高麦苗的抗逆性。适期精量播种,减少病菌的冬前侵染。加强肥水管理,做好沟系配套,控制田间湿度,控制病害扩展。平衡施肥,控制氮肥施用量,适当增施磷钾肥,提高小麦的抗病性。清除麦田杂草,降低田间郁闭度。

(2)种子处理　用 60 g/L 戊唑醇悬浮种衣剂,每 100 kg 小麦种子用药 50～66.7 mL,加水 2 L 拌种;或采用 30 g/L 苯醚甲环唑悬浮种衣剂,每 100 kg 小麦种子用药 200～300 mL,加水 2 L 拌种。黄淮和华北等地下害虫发生严重地区,可选用含这些药剂和杀虫剂的混配种衣剂,严格按照农药说明书指示用量和方法进行拌种处理,保证小麦出苗安全。

(3)早春药剂防治　在小麦拔节初期(3月上中旬),当田间纹枯病的病株率达 10% 时,需进行病害防治。防治药剂主要有噻呋酰胺、己唑醇、井冈霉素、戊唑醇等单剂及其复配剂。发病特别严重田块,需进行 2 次防治,间隔期为 5～7 d。

(4)注意事项　种子处理要注意药剂的有效成分。高剂量的戊唑醇等对小麦出苗有影响,需注意播种的药剂用量。使用药剂处理的种子应及时播种,不宜长期保存,以免影响出苗率。小麦拔节初期监测田间病害发生情况,发现病害尽早用药防治。防治中尽量提高药液量,确保药液到达茎基部发病部位,保证防治效果。

4.应用区域

适用于全国主要麦区。

5.依托单位

江苏省农业科学院,陈怀谷,025-84390386。

(七)小麦全蚀病防灾减灾技术

1.发生特点

小麦全蚀病是一种检疫性的土传病害,主要通过种子、土壤和农机具等进行传播。该病害的发生具有周期性,病害在开始流行的 3～5 年快速上升,之后病害发生衰退,数年后病害可能再次流行。

2. 典型症状

苗期症状不明显,病株比健株稍矮,分蘖减少,基部叶片发黄,初生根和地下茎呈灰黑色,严重时次生根也变黑。灌浆至成熟期,症状明显。病株麦穗呈点、簇、片或条状变黄,远望与麦田绿色健株区别显著,植株矮化明显。潮湿条件下,茎基部 1～2 节形成"黑膏药"。病害严重的植株枯死,形成枯孕穗或枯白穗。病株根系受到破坏,根部变黑坏死严重,轻轻一拔植株就起(图 3-13)。

图 3-13　全蚀病造成的小麦黑根

3. 防控措施

小麦全蚀病防控需分区进行:无病区防止传入,初发区采取扑灭措施,老病区采用以农业措施为基础、积极调节作物生态环境辅以药剂防治的综合防治措施。

(1)加强检疫　小麦全蚀病是检疫性病害,严格控制从病区调入种子,不使用来自病区的机械进行跨区收割。初发区如发现病株立即进行拔除或毁灭,对土壤应采用撒生石灰等方法进行消毒处理。

(2)种子处理　在病害发生地区,播前用硅噻菌胺(全蚀净)、咯菌腈、苯醚甲环唑和戊唑醇等药剂或含这些药剂的复配剂进行拌种处理,以防控小麦全蚀病等病害。将麦种与药液拌匀,晾干后播种。

(3)农业措施　在已经发生病害的地区和田块,有条件的可实行水旱轮作;不能水旱轮作的可采取与非寄主作物轮作,如与油菜、蚕豆等作物轮作可控制病害和降低危害。重病区可每亩施酸性肥料如硫酸铵 50 kg 和过磷酸钙 50 kg。增施有机肥及磷钾肥,促使小麦根系发育,增强小麦抗病能力,减轻病害造成的损失。

(4)注意事项　在小麦分蘖盛期、孕穗以及灌浆等易感病生育期,密切监测病害发生,及时对初发病株或发病中心进行药剂喷施封锁。田间发现病株要及时进行上报,以便采取措施,防止病害的扩散。

4. 应用区域

适用于全国主要麦区。

5. 依托单位

江苏省农业科学院,陈怀谷,025-84390386。

（八）小麦茎基腐病防灾减灾技术

1.发生特点

该病主要由假禾谷镰刀菌或禾谷镰刀菌引起,病原菌在小麦冬前出苗期、分蘖期和冬后返青期均可侵染,一般在灌浆后期显症,严重的也可在苗期显症造成危害。土壤和植物病残体中的病原菌含量是影响病害发生的重要因素,在黄淮麦区玉米-小麦轮作条件下易造成病原菌在田间逐年积累。除此之外,冬季积温高、拔节至灌浆期干旱易引发病害暴发流行。

2.典型症状

小麦感染后表现出苗期枯萎,植株矮小,茎基部及地中茎变褐。灌浆后期小麦从茎基部第一节开始变褐色并逐渐向上发展,俗称"酱油秆"。剪开病茎可见内部白色或粉红色菌丝,严重的在茎节处产生粉红色霉层(分生孢子),并造成整株死亡和枯白穗(图 3-14)。病田穗数降低、麦粒干瘪等,严重影响小麦产量。

a.苗期症状   b.粉红色霉层   c."酱油秆"   d.枯白穗

图 3-14 小麦茎基腐病典型症状

3.防控措施

采取以抗病品种应用、加强种子处理、加强返青期施药预防和农业措施为核心的绿色防控技术。

（1）抗病品种应用 种植抗病品种是防治小麦茎基腐病的有效措施,各生态区要根据近年田间观测和抗性鉴定情况,选择种植适合当地条件的小麦茎基腐病抗耐病品种。

（2）加强种子处理 秋季小麦出苗期是小麦茎基腐病病菌侵染的关键时期,种子包衣或拌种处理是预防发病最有效的措施之一。可同时考虑当地其他病害发生情况,选用含有咯菌腈、戊唑醇、种菌唑、苯醚甲环唑、吡唑醚菌酯、氰烯菌酯、丙硫菌唑、氟唑菌酰胺等成分的药剂进行种子处理,对小麦茎基腐病的发生具有较好的兼治效果。如采用苯醚·咯·噻虫悬浮种衣剂,在防治小麦散黑穗病的同时,能较好地兼防茎基腐病。根据目前的田间试验结果,三氟吡啶胺等一些新型药剂也对茎基腐病具有较好的防效,可在进一步试验的基础上推广应用。

（3）加强返青期施药预防 在小麦返青早期对小麦茎基部施药可进一步控制茎基腐病的危害,提高防效。可结合小麦纹枯病等苗期其他病害的防治,选用含有戊唑醇、氟唑菌酰羟胺、丙环唑、嘧菌酯等成分的药剂喷施小麦茎基部,起到兼防茎基腐病的效果。同时,施药时注意调低喷头高度和方向,适当加大用水量,重点喷小麦茎基部,防治效果更为明显。

（4）农业措施

①合理轮作。常年发病较重的小麦-玉米轮作区,每隔2～3年,可采用玉米与大豆、棉花、花生、蔬菜等作物进行轮作,切断菌源连续积累的途径,降低小麦茎基腐病发生概率。

②适当深翻。小麦-玉米轮作地块,秸秆尽量打碎腐熟还田,播前土壤深翻,深度30 cm左右,将表层秸秆或残留物翻至土层下,压低病原菌基数,降低病害发生概率。建议每隔3年深翻1次。

③适期晚播。发病严重区域可根据当地小麦茎基腐病发生和天气情况,适当推迟小麦播种时间7～14 d。晚播地块需要适当加大播种量并控制播种深度,适宜的播种深度为3～4 cm。

④精耕细管。合理施肥,忌偏施氮肥。干旱气候有利于发病,田间管理中需注意及时浇水。盐碱地区采用深层地下水浇地易导致发病加重,宜采用地表水灌溉。

4. 应用区域

适用于黄淮麦区、西南玉米-小麦轮作区及西北小麦连作区。

5. 依托单位

中国农业科学院植物保护研究所,刘太国,010-62815618。

（九）小麦蚜虫防灾减灾技术

1. 发生特点

麦蚜包括麦长管蚜、禾谷缢管蚜、麦二叉蚜和麦无网长管蚜,从苗期到成熟期均可发生,具有繁殖力高、适应性强、迁飞性和寡食性等特点,在我国所有麦区均有分布。小麦灌浆期、乳熟期是其发生为害的关键期,高温干旱年份易暴发成灾。

2. 典型症状

在小麦苗期,麦蚜多集中在麦叶背面、叶鞘及心叶处;小麦拔节、抽穗后,麦蚜多集中为害茎、叶和穗部,并排泄蜜露,滋生霉菌,影响植株的呼吸和光合作用;小麦灌浆期、乳熟期主要集中为害穗部,造成籽粒干瘪,千粒重下降,引起严重减产;乳熟后期,麦蚜的数量急剧下降,不再造成危害(图3-15)。

a.麦长管蚜为害症状　　b.禾谷缢管蚜为害症状　　c.麦二叉蚜为害症状　　d.麦无网长管蚜为害症状

图3-15　小麦蚜虫为害症状

3. 防控措施

当冬麦拔节期、春麦出苗期百株蚜量达到 500 头以上,穗期百株蚜量达 800 头以上,益害比小于 1:150,应及时进行化学防治。

(1)农业措施　适时集中播种,冬麦适当晚播,春麦适时早播。条件允许的地区,越冬期进行适时冬灌和早春划锄镇压,减少冬春季麦蚜的越冬基数。返青期及时浇水和追肥。在长江中下游麦区推行冬麦与油菜、绿肥(苜蓿)间作,对保护利用麦蚜天敌资源和控制蚜害有较好效果。

(2)种子处理　秋播时选择含有吡虫啉、噻虫嗪等新烟碱类种衣剂,以有效成分 2～3 g/kg 的药种比进行种子处理,杜绝"白籽下田"。

(3)生物防治　充分保护利用天敌昆虫,如瓢虫、食蚜蝇、草蛉、蚜茧蜂等,必要时可人工繁殖释放天敌以控制蚜虫。当天敌与麦蚜比大于 1:120 时,天敌控制麦蚜效果较好,不必进行化学防治。

(4)化学防治　田间百株蚜量达到防治指标时选用啶虫脒、噻虫嗪有效成分亩用量 1.5～2.5 g,吡虫啉、呋虫胺有效成分亩用量 2～4 g,2.5%高效氯氟氰菊酯乳油亩用量 8～10 mL,或 50%氟啶虫胺腈水分散粒剂 3 g/亩兑水喷雾。也可选用植物源杀虫剂,如苦参碱亩用量 0.3～0.5 g,其他增效烟碱、皂素烟碱以及抗生素类等喷雾,以农药推荐剂量进行防治。

(5)注意事项　化学防治应注意科学用药,不同杀虫机理的药剂轮换使用。比如使用新烟碱类杀虫剂种子处理的麦田,后期化学防治尽量选用啶虫脒、高效氯氟氰菊酯、氟啶虫胺腈、吡蚜酮等药剂防治。

4. 应用区域

适用于全国小麦主产区。

5. 依托单位

中国农业科学院植物保护研究所,张云慧,010-62815935。

(十)小麦草地贪夜蛾防灾减灾技术

1. 发生特点

草地贪夜蛾自 2019 年入侵我国以来,对小麦的安全生产造成一定的威胁。云南、四川等地为害时期可从小麦苗期持续至灌浆期。在山东、河南、安徽、江苏、湖北等小麦主产区,主要在秋苗期为害。

2. 典型症状

以幼虫咬食小麦叶片为害,低龄幼虫从叶鞘处钻入,在新叶背面或正面取食,叶面展开后形成半透明天窗、孔洞和排孔。幼虫也可取食小麦叶片的嫩绿部位,取食后叶片形成不规则的长形孔,高密度田块形成缺苗断垄,甚至毁种。穗期可钻蛀籽粒,严重时可将整颗籽粒吃光,只留表皮(图 3-16)。

3. 防控措施

当一类麦田每平方米有虫 25 头、二类麦田每平方米有虫 10 头时,应及时进行化学防治。

(1)加强监测预警　各级植保机构按照统一标准和方法,开展区域联合监测,查明田间产

图 3-16　小麦苗期和穗期草地贪夜蛾为害症状

卵数量、幼虫密度、发育龄期和被害株率,并在关键迁飞沿线监测迁飞成虫的种群数量,判断虫源性质,预测卵和幼虫的种群发生动态。

(2)成虫防治　根据预测结果指挥开启迁飞沿线的高空灯,开展区域性阻截防控工作。同时,在关键迁飞路线及小麦草地贪夜蛾重发区,尤其南方周年繁殖地区,利用灯诱、性诱、食诱等技术,对成虫进行诱杀,控制迁飞过境及本地成虫数量,降低后代数量,降低对主产区小麦等粮食生产的危害性。

(3)生态控制　利用植物多样性,保持田间植物的多样化有利于降低草地贪夜蛾的危害,并为自然天敌提供栖息场所。利用"推拉效应"伴生种植策略防治草地贪夜蛾已经在非洲国家取得很好的成效。根据草地贪夜蛾的产卵选择性,在小麦田周围种植田间诱集植物如玉米,进行集中防控。

(4)化学防治　达到防治指标后,应及时进行化学防治、生物防治等。种群高密度下建议使用乙基多杀菌素、氯虫苯甲酰胺等化学农药防治,低密度下可选择苏云金杆菌、短稳杆菌等生物农药。

(5)注意事项　坚持"治早、治小"原则,抓住幼虫三龄暴食危害前关键时期,集中连片应急防治,控制暴发、遏制危害。

4. 应用区域

适用于西南和黄淮海小麦主产区。

5. 依托单位

中国农业科学院植物保护研究所,张云慧,010-62815935。

(十一)小麦吸浆虫防灾减灾技术

1. 发生特点

该虫有两个种类,麦红吸浆虫分布于黄淮海及西北麦区,麦黄吸浆虫主要分布在西北麦区,与麦红吸浆虫混合发生。该虫以成虫产卵于扬花前的麦穗上,幼虫取食小麦正在灌浆的麦粒导致小麦减产甚至毁产。

2. 典型症状

扬花 2 周后可发现在颖壳内有橙色或黄色幼虫取食,发生严重地块在麦收时麦穗仍然呈青色,且麦穗无籽(图 3-17)。

3. 防控措施

采取以选用抗虫品种、适时监测、化学防治和农业措施为核心的绿色防控技术。

（1）选用抗虫品种　选用适合当地生产的抗（耐）虫小麦品种,如华北地区的冀麦系列。

（2）进行适时监测　在拔节孕穗期淘土每小方 5 幼虫/蛹,或抽穗期拨开麦垄一眼可见 2～3 头成虫时,必须进行药剂防治。

（3）化学防治　小麦吸浆虫发生达到防治指标时,在小麦抽穗 70% 到扬花初期,可选用 10% 吡虫啉或噻虫嗪可湿性粉剂,每亩用 20～40 g 兑水 30 kg 喷施;或 2.5%

图 3-17　小麦吸浆虫为害症状

高效氯氰菊酯乳油 30 mL/亩兑水 30 kg,或 40% 辛硫磷乳油 30 mL/亩兑水 30 kg,进行喷雾。注意麦穗处要喷均匀,并兼治蚜虫。发生严重的地块可间隔 2～3 d 再喷雾 1 次。

（4）农业措施　在发生严重的区域,可采用水旱轮作（小麦与水稻）的方式压低土壤虫口密度。麦收后土壤深翻暴晒也能有效降低虫口密度。

（5）注意事项　在扬花盛期以后进行药剂喷雾,防治效果大幅度降低。

4. 应用区域

适用于全国小麦主产区。

5. 依托单位

河南省农业科学院,武予清,0371-65738134。

（十二）麦田地下害虫防灾减灾技术

1. 发生特点

麦田主要地下害虫包括蛴螬（成虫为金龟子）、蝼蛄、金针虫（成虫为叩头甲）,在全国麦区均有发生。常在小麦苗期造成缺苗断垄,进而造成减产。

2. 典型症状

为害小麦苗,蛴螬会整齐地咬断小麦根部;蝼蛄在地表为害形成明显的虫道,咬断的小麦根部呈现麻皮状;金针虫常钻蛀进小麦根茎,形成枯心苗（图 3-18）。小麦生长后期蛴螬为害也可形成零星枯白穗。

3. 防控措施

采取"地下害虫地上治,成虫、幼虫结合治,田内田外选择治"的防治策略。

（1）农业防治　换茬时进行深耕细耙、翻耕暴晒。施用腐熟有机肥。清洁田园,铲除地头及田间杂草。合理灌溉,调节土壤含水量。氨味对蛴螬有一定的熏杀作用,合理施用碳酸氢铵。

（2）物理防治　利用各种金龟子、东方蝼蛄和细胸金针虫的趋光性,在害虫活动盛期,每晚 7:00—9:00 用黑光灯、高压汞灯,或在榆树、杨树、苹果树、梨树果园附近堆火,可诱杀大量金龟子等地下害虫。

（3）生物防治　保护利用田间的鸟类、步甲类、寄生蝇、寄生螨等天敌,以控制地下害虫。

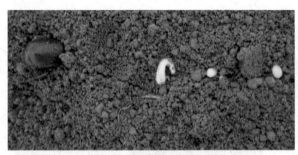

a.暗黑鳃金龟成虫、幼虫、卵　　　　　　　b.华北大黑鳃金龟成虫

c.细胸金针虫幼虫　　　　　d.幼苗受害状　　　　　e.田间麦苗受害状

图 3-18　小麦主要地下害虫及为害症状

（4）化学防治　如果监测到蛴螬 5 头／m²、金针虫 5 头／m²、蝼蛄 1 m 长虫道／m²，需要进行防治。

药剂拌种：播种前用 40％辛硫磷乳油 20 mL 兑水 0.5～1 kg，拌麦种 10 kg；或按 1：（417～556）药种比拌种使用。

苗期补治：每亩用 40％辛硫磷乳油 300 mL 加水 1～2 kg，拌细砂 20 kg 顺垄撒施，撒后浇水。

（5）注意事项　做好药剂拌种工作，一旦苗期发生严重危害，进行补治则费工、费时、费药。

4. 应用区域

适用于全国小麦主产区。

5. 依托单位

河南省农业科学院，武予清，0371-65738134。

（十三）麦田阔叶杂草防灾减灾技术

1. 发生特点

阔叶杂草在我国各地麦田都有发生，尤其是北方地区，包括河北、山东、河南等省份，已成为影响小麦产量稳定的重要因素。阔叶杂草发生面积的增加主要受到多方面因素的影响。首先，农田管理不善。如不合理的耕作方式、不适当的施肥和灌溉方法等，导致土壤中的杂草种子得到了适宜的生长条件，从而促进了阔叶杂草的繁殖和扩散。其次，农业生产模式不合理。单一作物连续种植、缺乏合理的轮作制度等，导致阔叶杂草种群的积累，增加了阔叶杂草的发生风险。此外，农业机械化的推广和应用使得农田管理更加便捷高效，但同时也可能带来阔叶杂草的扩散和传播。

在我国的小麦田中，以播娘蒿、猪殃殃、荠菜、繁缕、麦家公、婆婆纳等发生面积较广，且对除草剂的抗性也较强。此外，繁缕、野油菜、宝盖草、泽漆、野老鹳、大巢菜等发生总面积虽不大，但在局部地区危害严重。

2. 典型症状

(1) 播娘蒿[*Descurainia Sophia*(L.)Webb. ex Prantl.] 成株株高 20~80 cm，全株呈灰白色。茎直立，上部分枝。茎下部叶有柄，上部叶柄逐渐缩短或近于无柄。总状花序顶生，具多数花，具花梗，4 萼片，条状矩圆形，先端钝，边缘膜质，背面具分枝细柔毛，花瓣 4 片，黄色，匙形，与萼片近等长；雄蕊比花瓣长。籽实长角果狭条形，长 2~3 cm，宽约 1 mm，淡黄绿色，无毛，花果期 4—6 月。幼苗全株被星状毛或叉状毛，灰绿色。子叶长椭圆形，长 0.3~0.5 cm，先端钝，基部渐狭，具柄。初生叶 2 片，叶片 3~5 裂，中间裂片大，两侧裂片小，先端锐尖，基部具长柄，几乎与叶片等长。后生叶互生，叶片为 2 回羽状深裂(图 3-19a)。

(2) 猪殃殃[*Galium aparine* var. *tenerum*(Gren. et Godr.)Rcbb.] 多枝、蔓生或攀缘状草本，通常高 30~90 cm；茎有 4 棱角；棱上、叶缘、叶脉上均有倒生的小刺毛。叶纸质或近膜质，6~8 片轮生，稀为 4~5 片，带状倒披针形或长圆状倒披针形，长 1~5.5 cm，宽 1~7 mm；顶端有针状凸尖头，基部渐狭，两面常有紧贴的刺状毛，常萎软状，干时常卷缩，1 脉，近无柄。聚伞花序腋生或顶生，常单花；花萼被钩毛，萼檐近截平；花冠黄绿色或白色，辐状，裂片长圆形，长不及 1 mm，镊合状排列；子房被毛，花柱 2 裂至中部，柱头头状。果干燥，有 1 或 2 个近球状的分果爿，直径达 5.5 mm，肿胀，密被钩毛，果柄直，长可达 2.5 cm，较粗，每一片有 1 颗平凸的种子(图 3-19b)。花期 3—7 月，果期 4—9 月。

(3) 荠菜[*Capsella bursa-pastoris*(L.)Medik.] 一年生或二年生草本，高(7)10~50 cm，无毛、有单毛或分叉毛；茎直立，单一或从下部分枝。基生叶丛生呈莲座状，大头羽状分裂，长可达 12 cm，宽可达 2.5 cm；顶裂片卵形至长圆形，长 5~30 mm，宽 2~20 mm；侧裂片 3~8 对，长圆形至卵形，长 5~15 mm，顶端渐尖，浅裂或有不规则粗锯齿或近全缘，叶柄长 5~40 mm。茎生叶窄披针形或披针形，长 5~6.5 mm，宽 2~15 mm，基部箭形，抱茎，边缘有缺刻或锯齿。总状花序顶生及腋生，果期延长达 20 cm；花梗长 3~8 mm；萼片长圆形，长 1.5~2 mm；花瓣白色，卵形，长 2~3 mm，有短爪。短角果倒三角形或倒心状三角形，长 5~8 mm，宽 4~7 mm，扁平，无毛，顶端微凹，裂瓣具网脉；花柱长约 0.5 mm；果梗长 5~15 mm。种子 2 行，长椭圆形，长约 1 mm，浅褐色(图 3-19c)。花果期 4—6 月。

(4) 繁缕[*Stellaria media*(L.)Cyrillus] 一年生或二年生草本，高 10~30 cm。茎俯仰或上升，基部多分枝，常带淡紫红色，被 1~2 列毛。叶片宽卵形或卵形，长 1.5~2.5 cm，宽 1~1.5 cm，顶端渐尖或急尖，基部渐狭或近心形，全缘；基生叶具长柄，上部叶常无柄或具短柄。疏聚伞花序顶生；花梗细弱，具 1 列短毛，花后伸长，下垂，长 7~14 mm；萼片 5，卵状披针形，长约 4 mm，顶端稍钝或近圆形，边缘宽膜质，外面被短腺毛；花瓣白色，长椭圆形，比萼片短，深 2 裂达基部，裂片近线形；雄蕊 3~5，短于花瓣；花柱 3，线形。蒴果卵形，稍长于宿存萼，顶端 6 裂，具多数种子；种子卵圆形至近圆形，稍扁，红褐色，直径 1~1.2 mm，表面具半球形瘤状凸起，脊较显著(图 3-19d)。花期 6—7 月，果期 7—8 月。

3. 防控措施

麦田阔叶杂草防控关键时期在春季，时间在 2 月下旬至 3 月上旬，防治时期宜早不宜晚，

a.播娘蒿　　　　　　　　　　　　　　　b.猪殃殃

c.荠菜　　　　　　　　　　　　　　　d.繁缕

图 3-19　麦田常见阔叶杂草（黄红娟　摄）

太晚杂草防治困难，且对小麦可能引起药害。

（1）农业防治　播种前对麦种严格精选，剔除秕粒、杂粒和草籽。播前深耕或轮作倒茬。重发生区在播前深耕，把草籽翻入土壤深层，也可与油菜、棉花等阔叶作物轮作 2～3 年。对于杂草较少的麦田在小麦返青期至拔节期人工拔除，消灭在打籽之前。

（2）化学防治　效果较好的药剂有双氟·唑嘧胺、苯磺隆等除草剂。由于杂草的抗药性逐渐增强，单纯地使用苯磺隆防治效果不理想，可以用复配剂苯磺隆二甲四氯；还可选用氯氟吡氧乙酸乳油或其复配剂，喷雾防治，可以有效防治播娘蒿、荠菜、猪殃殃、麦家公等阔叶杂草，该药剂效果好，且使用安全。其他药剂可以选择双氟磺草胺、唑嘧磺草胺等复配制剂。

以播娘蒿、荠菜为主的麦田，每亩可选用 20％氯氟吡氧乙酸异辛酯可湿性粉剂 53～70 g，或 200 g/L 氯氟吡氧乙酸乳油 50～75 mL。

以麦家公、猪殃殃为主的麦田，亩用 2％吡草醚悬浮剂 30～40 g＋10％苄嘧磺隆可湿性粉剂 40～50 g，也可用 2％吡草醚悬浮剂 30～40 g＋10％苯磺隆可湿性粉剂 10～15 g。对猪殃殃发生多的田块，用 80％唑嘧磺草胺水分散粒剂 2～2.5 g 或 50 g/L 双氟磺草胺悬浮剂 5～6 mL 防治。

如果杂草以田旋花为主，建议使用 2,4-D 丁酯防治，但是 2,4-D 丁酯需要用专用喷雾器，且不能在周围有阔叶作物和有风天气使用，以免造成药害。

（3）注意事项　喷施除草剂要在田间不泥泞积水，晴暖天气上午 9：00 至下午 4：00 以前用药，12 ℃左右效果最好，最低气温不能低于 4 ℃。严格把握药量，不能超量，避免产生药害，每亩用药液 30 kg 以上,不要重喷和漏喷,喷药要均匀,喷药前后 2 d 内不能大水漫灌。如果冬前没来得及防治,在春季小麦返青期 6 叶前喷药,小麦拔节后或株高 13 cm 后不能喷除草剂。

4. 应用区域

适用于全国小麦主产区。

5. 依托单位

中国农业科学院植物保护研究所,刘太国,010-62815618。

(十四)麦田禾本科杂草防灾减灾技术

1. 发生特点

我国麦田禾本科杂草的种类繁多,常见的有看麦娘、野燕麦、菵草、节节麦、多花黑麦草等。麦田禾本科杂草在我国各地的小麦田中都有发生。尤其是在北方地区,由于气候和土壤条件的适宜性,禾本科杂草的发生更为严重。麦田禾本科杂草具有较强的竞争力和适应性。它们生长迅速,能够迅速占据空间和资源,抑制小麦的正常生长。这些杂草的根系发达,能够深入土壤中获取养分和水分,对小麦形成竞争压力。麦田禾本科杂草的生长周期与小麦的生长周期相似。它们在春季发芽生长,并在夏季进入高峰期。随着小麦的收获和秋季的到来,禾本科杂草的生长逐渐减弱,但种子开始成熟并散布到周围的土壤中,为下一年的杂草发生提供了条件。

2. 典型症状

(1)看麦娘(*Alopecurus aequalis* Sobol.) 一年生,秆少数丛生,细瘦,光滑,节处常膝曲,高 15~40 cm。叶鞘光滑,短于节间;叶舌膜质,长 2~5 mm;叶片扁平,长 3~10 cm,宽 2~6 mm。圆锥花序圆柱状,灰绿色,长 2~7 cm,宽 3~6 mm;小穗椭圆形或卵状长圆形,长 2~3 mm;颖膜质,基部互相连合,具 3 脉,脊上有细纤毛,侧脉下部有短毛;外稃膜质,先端钝,等大或稍长于颖,下部边缘互相连合,芒长 1.5~3.5 mm,约于稃体下部 1/4 处伸出,隐藏或稍外露;花药橙黄色,长 0.5~0.8 mm(图 3-20a)。颖果长约 1 mm,花果期 4—8 月。主要发生于我国长江流域、西南及华南地区,喜生于潮湿地及路边、沟旁,是麦田恶性杂草。

同属种日本看麦娘(*Alopecurus japonicus* Steud.)也是麦田杂草,近年来发生日趋严重。日本看麦娘的形态区别在于圆锥花序较粗壮,小穗较大,长 5~6 mm,芒长 8~12 mm,花药通常呈白色。幼苗第 1 片真叶长 7~11 cm,叶缘两侧有倒向刺状毛,叶舌膜质,三角状,顶端呈齿裂。在后期开花时,看麦娘植株细弱、花药呈橙黄色,日本看麦娘植株较粗壮、花药呈白色。

(2)野燕麦(*Avena fatua* L.) 成株株高 30~120(150)cm,直立,光滑。叶鞘松弛,叶舌透明膜质,长 1~5 mm。叶片条形,长 10~30 cm,宽 4~12 mm。圆锥花序开展,长 10~25 cm,分枝具棱,粗糙;小穗长 18~25 mm,含 2~3 小花,小穗柄弯曲下垂,顶端膨胀;小穗轴节间密生淡棕色或白色硬毛,具关节,易断落。颖具 9 脉,外稃质地硬,下半部被淡棕色或白色硬毛。第一外稃长 15~20 mm,基盘密生短毛;芒自外稃中部稍下处伸出,长 2~4 cm,膝曲,下部扭转,芒柱棕色。第二外稃与第一外稃相等,具芒。颖果纺锤形,被淡棕色柔毛,腹面具纵沟,长 6~8 mm,宽 2~3 mm。幼苗第一叶宽条形,初时卷成筒状,展开后细长、扁平、两面被柔毛,第 2~3 叶宽条形;叶舌膜质,齿裂,较短;叶鞘被毛(图 3-20b)。分布于我国南北各省(区),以西北、东北地区危害最为严重,是麦类作物田的世界恶性杂草。野燕麦与小麦形态相似,生长发育时期相近,具有拟态竞争特性,并且还是麦类赤霉病、叶斑病和黑粉病的寄主,给作物生产带来了严重威胁。

(3)菵草[*Beckmannia syzigachne*(Steud.)Fernald] 一年生,秆直立,高 15～90 cm,具 2～4 节。叶鞘无毛,多长于节间;叶舌透明膜质,长 3～8 mm;叶片扁平,长 5～20 cm,宽 3～10 mm,粗糙或下面平滑。圆锥花序长 10～30 cm,分枝稀疏,直立或斜升;小穗扁平,圆形,灰绿色,常含 1 小花,长约 3 mm;颖草质;边缘质薄,白色,背部灰绿色,具淡色的横纹;外稃披针形,具 5 脉,常具伸出颖外的短尖头;花药黄色,长约 1 mm。颖果黄褐色,长圆形,长约 1.5 mm,先端具丛生短毛(图 3-20c)。花果期 4—10 月。广布于我国各省区,在长江流域发生较严重,喜生于地势低洼、土壤黏重的田块。

(4)节节麦(*Aegilops tauschii* Coss.) 节节麦是一年生或越年生杂草,秆高 20～40 cm,丛生,基部弯曲,与小麦的区别是根茎处为红褐色或紫红色,而小麦根茎为白色(图 3-20d)。另外,节节麦叶片有茸毛,而小麦叶片无茸毛。节节麦叶鞘紧抱秆,平滑无毛而边缘有纤毛,拔节后株高较小麦高 3～10 cm,种子成熟期较小麦略早,成熟时逐节断落。节节麦出苗时间比小麦晚,抽穗及颖果成熟期比小麦早。节节麦是我国进境危险性杂草之一。在我国主要分布在河北、山东、山西、河南、重庆、陕西等地,麦田受害面积已达 33 万 hm²,目前有蔓延的趋势,对我国小麦安全生产和粮食安全造成严重威胁。一般点片发生地块导致小麦减产 5%～10%,普遍发生地块减产50%～80%,甚至绝收。

(5)多花黑麦草(*Lolium multiflorum* Lamk.) 多花黑麦草秆直立或基部偃卧节上生根,高 50～130 cm,具 4～5 节,较细弱至粗壮。叶鞘疏松;叶舌长达 4 mm,有时具叶耳;叶片扁平,长10～20cm,宽 3～8 mm,无毛,上面微粗糙。穗形总状花序直立或弯曲,长 15～30 cm,宽 5～8 mm;穗轴柔软,节间长 10～15 mm,无毛,上面微粗糙;小穗含 10～15 小花,长 10～18 mm,宽 3～5 mm;小穗轴节间长约 1 mm,平滑无毛;颖披针形,质地较硬,具 5～7 脉,长 5～8 mm,具狭膜质边缘,顶端钝,通常与第一小花等长;外稃长圆状披针形,长约 6 mm,具 5 脉,基盘小,顶端膜质透明,具长约 5 mm 细芒,或上部小花无芒;内稃与外稃近等长(图 3-20e)。颖果长圆形,长为宽的 3 倍。花果期 7—8 月。河南、江苏、湖北等地曾将其作为牧草或草坪草种植,到 20 世纪末由于农田管理措施的疏忽,多花黑麦草开始逸生到小麦田,成为麦田杂草。该草在河南、江苏等地成为最难解决的麦田主要杂草,严重影响了小麦生长,造成小麦减产甚至绝收。

3. 防控措施

麦田禾本科杂草防控关键时期在冬季,大约在 11 月上旬前,小麦生长 4～5 片叶,杂草一般生长为 2 叶 1 心,此时防治效果最好。建议以化学防治为主,人工拔除为辅。

(1)农业防治 与麦田阔叶杂草防控相似,播种前对麦种严格精选,剔除秕粒、杂粒和草籽。播前深耕或轮作倒茬。重发生区在播前深耕,把草籽翻入土壤深层,也可与油菜、棉花等阔叶作物轮作 2～3 年。对于杂草较少的麦田在小麦返青期至拔节期人工拔除,消灭在打籽之前。保持良好的田间管理,包括合理的耕作制度、适时的灌溉和施肥等。通过适当的耕作方式和施肥措施,保持小麦田的良好生长状态,提高小麦的竞争力,减少禾本科杂草的生长空间。此外,还可采取合理的轮作制度。通过合理的轮作制度,将禾本科杂草的发生周期打破,减少其种群数量。可以选择与禾本科杂草生长周期不同的作物进行轮作,如油菜、豆类等。在小麦田间隙期种植适宜的间套作物,如绿肥、牧草等。这些作物能够有效地利用土壤养分,减少禾

a.看麦娘

b.野燕麦

c.菵草

d.节节草

e.多花黑麦草

图 3-20　麦田常见禾本科杂草(黄红娟　摄)

本科杂草的生长空间,并通过竞争和化感作用抑制杂草的生长。

(2)化学防治　禾本科恶性杂草苗期与麦苗长势相似,而且出苗时间与小麦相近,所以,在防治上要以秋治为主,在小麦 3～6 叶期、杂草 2～5 叶期,杂草基本出齐苗时除治。每亩用70%氟唑磺隆水分散粒剂 4 g 加 30 g/L 甲基二磺隆可分散油悬浮剂 20 g 兑水 30 kg 喷雾,防治效果非常好,既能防治雀麦、野燕麦,又能兼治麦蒿、荠菜、猪殃殃和狗尾草。以雀麦为主的麦田,亩用 7.5%啶磺草胺水分散粒剂 9～12.5 g 或 70%氟唑磺隆水分散粒剂 3.5 g 防治。以节节麦为主的麦田,亩用 3%甲基二磺隆油悬浮剂 17～22 mL 或 3.6%二磺·甲碘隆水分散粒剂 15～25 g 或甲基二磺隆可分散油悬浮剂 20～35 mL 防治。

(3)注意事项　施药要掌握好时间,小麦在 3～6 叶期、禾本科杂草 2～5 叶期,麦田各类杂草基本出齐苗时进行防治;冬前除草,若遇寒流不能施药。科学配药,喷药时间以上午 9:00 后下午 4:00 前为宜。有条件的地方要全力推广统防统治,提高防效。甲基二磺隆及其复配制剂在强筋麦、优质麦上禁止使用,且不要与 2,4-D 丁酯和长残效除草剂混用,以免出现药害;用药前后 2 d 不可大水漫灌;施用后小麦可能会出现黄化现象,一般 3～4 周后症状消失。

4.应用区域

适用于全国小麦主产区。

5.依托单位

中国农业科学院植物保护研究所,刘太国,010-62815618。

第四章

大豆体系防灾减灾技术

一、东北大豆自然灾害防灾减灾技术
　（一）东北大豆低温灾害防灾减灾技术
　（二）东北大豆霜冻灾害防灾减灾技术
　（三）东北大豆旱灾防灾减灾技术
　（四）东北大豆涝害防灾减灾技术
二、黄淮海大豆自然灾害防灾减灾技术
　（一）黄淮海大豆旱灾防灾减灾技术
　（二）黄淮海大豆涝害防灾减灾技术
三、西北大豆旱灾防灾减灾技术
四、南方大豆自然灾害防灾减灾技术
　（一）南方大豆旱灾防灾减灾技术
　（二）南方大豆涝灾防灾减灾技术
五、大豆病虫害防灾减灾技术
　（一）大豆根腐病防灾减灾技术

（二）大豆胞囊线虫病防灾减灾技术
（三）大豆茎枯病、炭疽病、菌核病等茎荚部病害
　　防灾减灾技术
（四）大豆锈病、霜霉病等叶部病害防灾减灾
　　技术
（五）大豆花叶病毒病防灾减灾技术
（六）大豆"症青"防灾减灾技术
（七）大豆食心虫防灾减灾技术
（八）大豆蚜防灾减灾技术
（九）食叶类害虫防灾减灾技术
（十）大豆红蜘蛛防灾减灾技术
（十一）大豆田杂草防灾减灾技术
六、大豆冰雹灾害防灾减灾技术
七、大豆灾后补种品种搭配防灾减灾技术

一 东北大豆自然灾害防灾减灾技术

（一）东北大豆低温灾害防灾减灾技术

1.发生特点

在大豆种子萌发至成熟的过程中,当外界温度低于其所能忍受的下限时,会造成低温冷害。冷害一般分为三种类型。一是延迟型冷害。大豆在营养生长期若遇到长时间低温危害,就会造成大豆发育缓慢,生育期较正常年份显著推迟,在初霜来临之前不能正常成熟,产量和品质明显下降。二是障碍型冷害。大豆在生殖生长阶段,即生殖器官从分化到开花期间,若遭受短时间异常低温危害,生殖器官会遭到不同程度的破坏而减产。三是混合型冷害。延迟型冷害和障碍型冷害在同一年度先后发生,即生育前期遇低温,使开花延迟,后期开花期又遇低温,导致延迟成熟和大幅度减产。

2.典型症状

冷害会造成植株代谢失调,严重时会破坏细胞膜结构。大豆种子萌发期若外界温度低于12 ℃,出苗显著延迟,植株生长缓慢,植株矮小。苗期时若外界温度低于15 ℃,叶片生长受阻,并影响分枝形成,开花时间延后。花期、结荚期若外界温度低于17 ℃,大豆开花延迟,产量会显著下降。−4～−3 ℃低温会导致大豆植物死亡;−3～−2 ℃低温会导致幼苗期大豆叶片呈萎缩,导致鼓粒期和近成熟期植株死亡。−2～−1 ℃低温对苗期大豆植株无明显危害,但会造成鼓粒期和近成熟期植株叶片卷缩。

3.防控措施

(1)大豆播种期低温的应对措施

①选择适宜的品种及播期。应选用耐低温品种;当土表5 cm 土层温度稳定超过7～8 ℃时,适合播种,不宜播种过早。

②对种子进行预处理。播前晒种,增强种子活力;使用药剂拌种或种子包衣(使用植物生长促进型生长调节剂),增强种子抗性。

③增施有机肥和磷肥。利用微生物分解有机质产生的热量来增加地温;有机肥可加深土壤颜色,增强土壤吸热力;有机肥可有效疏松土壤,降低土壤热容量,提高土壤温度。增施磷肥则可提高大豆抗低温能力。

④覆膜种植。覆膜可有效提高土壤吸热能力,减少散热,有保温防冻的作用。

⑤熏烟。当气温降到作物受害的临界温度时,可使用烟雾剂或采用秸秆、树叶、杂草等作燃料,选在上风向点火,慢慢熏烧,使地面笼罩一层烟雾,可提高近地面的温度1～2 ℃。

⑥中耕松土。早春时,对黏重紧实的土壤进行中耕松土,有利于提高土壤空气热容量,减少表土热量的向下传导和下层土温上升,提高土温,加快种子萌芽。

(2)大豆生长阶段低温的应对措施

①出苗期适时深松,增加铲蹚次数。通过深松疏松土壤,可增加土壤孔隙度,协调气热比例,对提高地温具有积极意义,可促进大豆植株生长。

②苗期及时中耕。开花前完成2～3次中耕,促进根系生长、加快生育进程。

③花荚期可采取调控技术,注重追肥。喷施叶面肥时可加入多效唑、矮壮素、噻苯隆、胺鲜酯、复硝酚钠等化学调控物质,提高大豆耐低温能力,协调群体形态建成。及时追肥可补充土壤养分,促进作物生长,提高耐受能力。

4. 应用区域

适用于东北春大豆种植区。

5. 依托单位

①黑龙江八一农垦大学,张玉先,0459-2673855。

②吉林省农业科学院大豆研究所,张伟,0431-87063239。

③黑龙江省农业科学院黑河分院,鹿文成,0456-8223635。

④黑龙江省农业科学院佳木斯分院,郭泰,0454-8351099。

(二)东北大豆霜冻灾害防灾减灾技术

1. 发生特点

霜冻是指在春末、初秋季节里,由于冷空气的入侵,温度骤降,当气温在短时间内下降到农作物生长所需要的最低温度以下时,农作物遭受冻害的现象。霜冻能够使植物内部的水分冻结成冰晶,霜冻过后,气温很快回升,水分蒸发量大,致使植物枯萎而死亡。春霜对东北春大豆的幼苗影响极大,易导致作物死亡。秋季霜冻会导致晚熟大豆不能成熟,严重影响大豆的产量和品质。

2. 典型症状

轻微霜冻会导致大豆叶片受损,光合作用速率降低,根系向地上部的养分运输受阻,代谢产物向籽粒转移停止。严重霜冻则会导致大豆植株死亡,籽粒停止发育,产量和品质大幅度下降。

3. 防控措施

(1)实时关注气象信息 关注当地天气预报,根据气候变化规律,提前采取措施,对夏秋低温冷害进行及早防治。

(2)关注大豆苗情 及时查看土壤墒情和苗情长势,由于干旱造成生长缓慢时,要适时灌溉,促进大豆籽粒发育,确保早霜出现前大豆长势良好。

(3)防汛排涝促进生长 8月,东北地区仍处于汛期,降水较多。对易发生内涝的低洼地区或地块,要通过机械排水和挖沟排水等措施,及时排除田间积水和耕层滞水。排水后及时扶正、培直植株,促进大豆尽快恢复正常生长,避免早霜危害。

(4)叶面喷肥促早熟 花荚期叶面施肥可加快大豆生育进程,促进其正常成熟。一般叶面喷施尿素加磷酸二氢钾,每亩用量为尿素350～700 g加磷酸二氢钾150～300 g,根据土壤缺素情况可适当增施微肥。一般每亩用钼酸铵25 g、硼砂100 g,混合兑水喷洒,喷洒时间以下午4:00后为宜,花荚期可以喷洒2～3次。有条件的农户还可喷施芸苔素内酯和缩节胺、矮壮素等生长调节剂,有效补充养分,增强植株抗逆、抗寒能力。同时,通过拔净田间大草,增加田间通风透光,促进大豆生长发育。

(5)人工熏烟防早霜 密切关注天气变化趋势,在凌晨2:00—3:00,当气温降到作物受害的临界温度 1~2 ℃时,采取人工熏烟的方法防早霜。在未成熟大豆地块的上风口放置秸秆、树叶、杂草等,点燃,慢慢熏烧,使地面笼罩一层烟雾,提高近地面温度 1~2 ℃,改变局部环境,降低霜冻危害。熏烟堆要密,分布要均匀,尽量使烟雾控制整个田面。此外,用红磷等化学药物在田间燃烧,形成烟幕,也有防霜效果。

(6)霜冻后管理 如果叶片功能受损,喷施芸苔素内酯等生长调节物质进行缓解。如果叶片受损严重,将植株割倒晾晒,促进物质转运。早霜发生后,不要急于收获和脱粒,应适当延长后熟生长时间,充分发挥根茎储存养分向籽粒传送的作用,提高产量和品质。

4.应用区域

适用于东北春大豆种植区域。

5.依托单位

①黑龙江八一农垦大学,张玉先,0459-2673855。
②吉林省农业科学院大豆研究所,张伟,0431-87063239。
③黑龙江省农业科学院黑河分院,鹿文成,0456-8223635。
④黑龙江省农业科学院佳木斯分院,郭泰,0454-8351099。

(三)东北大豆旱灾防灾减灾技术

1.发生特点

东北地区受东亚大陆季风气候的控制,降水量时空分布不均,年际变动较大,干旱为该地区主要的农业气象灾害之一。春季发生干旱的现象极为普遍,也常出现春季和夏季连续干旱。近些年干旱发生频率逐渐增大,干旱程度也日趋加剧。

2.典型症状

大豆的抗旱能力相对较弱,干旱加剧对其生长发育及产量、品质产生很大影响。春旱会影响大豆出苗,延缓大豆生长,使大豆无法正常成熟。夏旱会导致大豆落花落荚,产量下降。如果伏秋连旱严重,还会出现绝产情况。

3.防控措施

(1)加强监测预警 加强旱灾的监测预警,通过及时对气候变化和土壤状况进行分析及模拟,加强对旱情的掌控能力,及早拟定对策,使干旱造成的影响降至最低。

(2)人工增雨 各级气象部门要充分利用自动站、雷达、遥感等现代化手段,密切关注旱情形势和雨情变化,加强雨情监测预报,不失时机地开展人工增雨作业,缓解旱情。

(3)节水灌溉 根据旱情程度,充分挖掘现有水利设施潜力,扩大供水能力,科学调度大中型喷灌设备,确保发挥设备的最大潜能。春旱发生时,可以采用机械化坐水播种技术及苗期补灌技术,保证种子发芽和出苗。若大豆生长季内受旱,有灌溉条件的地区可采取喷灌方式进行应急补灌。抽取地下水进行喷灌,应选择早、晚进行,减少大豆植株与地下水的温度差;选用河水进行喷灌,则全天都可喷灌。

(4)采取节水抗旱土壤耕作 通过深耕深松的方式,打破犁地层,增强土壤通透性,蓄水保墒。秋季翻耕后起宽台大垄的地块,播前适时镇压有助于蓄存降水,提高保墒能力。如果前茬为宽台大垄未经秋整地的地块,可采用原垄卡种技术,避免土壤扰动,减少土壤水分蒸发,充分利用底墒,提高播种质量。充分发挥中耕措施在蓄纳降水、减少土壤水分蒸发方面的作用,降水充足时通过深松提高土壤蓄水能力,干旱发生时通过中耕措施疏松表土,切断毛管水,减少土壤水分蒸发。

(5)选用抗旱品种,适时早播　选择抗旱、适应能力强、产量潜力大、市场认可度高的大豆品种,利用当地推广种植多年的抗旱品种,避免跨区种植。适期早播,充分利用土壤"返浆水"。注重播种与镇压的衔接,土壤墒情较差时应随播随压。

(6)加强田间管理　对未封垄地块,及时进行中耕作业创造疏松覆盖层,减少地表蒸发。针对大豆生长中后期根系活力衰退、吸肥能力减弱的特点,可采取叶面补肥、喷施微量营养元素等措施,以弥补水分、营养不足,提高产量。

(7)物理与化学保水　一是采取地膜覆盖措施,减少土壤水分蒸发。二是施用土壤保水剂,但要在土壤含水量高于出苗土壤临界含水量 3%～5% 及以上时使用。三是采用有机、无机物质如氯化钠、黄腐酸和赤霉素等拌种,促进干旱胁迫下大豆种子萌发。四是施用植物生长调节剂如矮壮素、烯效唑和脱落酸等,促进根系生长,提高保水能力。五是增施有机肥,改善土壤物理性质,通过提高腐殖质,提高土壤通透性和保水性。

4. 应用区域

适用于东北春大豆种植区域。

5. 依托单位

①黑龙江八一农垦大学,张玉先,0495-2673855。
②吉林省农业科学院大豆研究所,张伟,0431-87063239。
③黑龙江省农业科学院黑河分院,鹿文成,0456-8223635。
④黑龙江省农业科学院佳木斯分院,郭泰,0454-8351099。

(四)东北大豆涝害防灾减灾技术

1. 发生特点

东北地区受纬度、海陆位置、地势等因素的影响,形成了大陆性季风气候,约 2/3 的降水集中在夏季。随着全球气候变暖,降水时空分布不均越来越严重,旱涝灾害发生频率、强度和面积越来越大,对大豆生产造成严重威胁。涝害可在大豆任何生育时期发生,不同生长时期的涝害均能够对大豆植株的生长造成不利影响。

2. 典型症状

涝害包括水淹和渍害两种。水淹是指作物浸泡在水中,地表有水;渍害是指土壤较长时间维持水分饱和状态,地表无明水。虽然大豆是需水量较大的作物,但是耐涝性较差。涝害经常导致根系和根瘤正常的生理活动受阻、大豆根系腐烂、落花、落荚和植株凋亡,导致减产甚至绝产。同时,土壤水分长期饱和,容易造成大豆根腐病及大豆疫病的发生和扩散。

种子萌发时期的涝害易使大豆种子因缺乏空气而不能发芽或烂苗;在大豆开花前,幼苗耐旱力较强,若此时雨水或灌水过多,会影响幼苗生长,造成植株徒长,茎秆变细,抗倒伏能力下降,最终导致产量下降;籽粒成熟期若发生涝灾,易出现"倒青"现象,即茎秆呈现较长时间的绿色,大豆种子含水量高,品质不好,不能按时成熟,影响收获。

3.防控措施

(1)及时排水 如遇田间出现积水,应及时开沟排水,根据积水情况和地势,可采取抽水和挖沟排水等办法,尽快把田间积水排出去,缩短田间积水时间。

(2)起垄筑台 结合秋季整地起垄筑台,垄沟深度 25 cm 左右,低洼地适当加深。也可通过深松、增施有机肥、秸秆还田等方式扩大土壤水库容积,同时通过培土提高垄台,增加土壤水分散失。

(3)及时查田补苗 涝害时间过长会造成大豆植株烂根、死苗现象。在幼苗时期发生涝灾后,要及时查田并根据灾害程度选择补种或者重种。重种时要选择生育期短的品种,避免晚熟。

(4)及时扶正田间植株 经过水淹和风吹的植株根系受到损伤,容易倒伏,排水后须及时扶正、培直,可用竹竿或木棍将大豆从倒伏的一侧缓慢挑起,然后培土即可,以利于进行光合作用,促进植株生长。

(5)及时中耕松土 排水后土壤板结,通气不良,水、气、热状况严重失调,在土壤条件允许情况下,应及时浅中耕,以破除板结,防止沤根。

(6)及时增施肥料 大豆经过水淹,土壤养分大量流失,加上根系吸收能力衰弱,及时追肥对植株恢复生长和增加产量十分有利。在植株恢复生长前,以叶面喷肥为主,可喷施磷酸二氢钾、硼酸、尿素或氨基酸叶面肥,补充营养。待植株恢复生长后,再进行根部施肥,增施磷钾肥,提高大豆抗倒伏能力。

(7)喷施化控剂 若大豆出现过于旺盛的生长,应喷施烯效唑、缩节胺等化控剂以控制营养生长,防止倒伏和落花落荚。

(8)及时防治病虫害 涝灾过后,田间温度高、湿度大,作物生长衰弱,抗逆性降低,多种病害如根腐病、霜霉病和炭疽病等容易发生,要及时进行调查和防治,控制蔓延。可用多菌灵、甲霜灵可湿性粉剂防治大豆根腐病;每亩施用 40 mL 250 g/L 的吡唑醚菌酯乳油防治大豆霜霉病等叶部病害;施用吡虫啉或噻虫嗪防治大豆蚜虫;施用高效氯氟氰菊酯配合阿维菌素防治食心虫和豆荚螟。

4.应用区域

适用于东北春大豆种植区域。

5.依托单位

①黑龙江八一农垦大学,张玉先,0459-2673855。

②吉林省农业科学院大豆研究所,张伟,0431-87063239。

③黑龙江省农业科学院黑河分院,鹿文成,0456-8223635。

④黑龙江省农业科学院佳木斯分院,郭泰,0454-8351099。

 二 黄淮海大豆自然灾害防灾减灾技术

(一)黄淮海大豆旱灾防灾减灾技术

1.发生特点

黄淮海夏大豆产区干旱多发生在播种期、苗期,生长中后期偶有发生。

2. 典型症状

大豆不同生育时期抗旱能力不同,若出现严重干旱,应及时补水灌溉。大豆苗期抗旱能力较强,适当干旱可起到蹲苗的作用,促进根系下扎和缩短基部节间,提高抗倒伏能力。开花结荚期是大豆需水关键时期,干旱会造成落花、落荚,应及时浇水。鼓粒期干旱会造成秕荚、秕粒,降低有效荚数和百粒重,进而严重影响产量。干旱条件也有利于虫害的发生,对大豆产量造成威胁。

3. 防控措施

(1)雨前抢播　小麦收获后趁墒播种,或根据天气预报在雨前或者雨后进行抢播;如果播后墒情较差,可采用免耕覆秸精量播种技术,通过小麦秸秆覆盖减少土壤水分蒸发,利于蓄水保墒。

(2)人工增雨　各级气象部门要密切关注气象条件,加强雨情监测预报,及时开展人工增雨作业,利用降水缓解旱情。

(3)灌溉　充分挖掘现有水利设施潜力,提高供水能力。

(4)田间管理　长势弱的地块,结合防虫作业进行叶面追肥。对于草荒地块,要及时防除田间杂草,增加田间通风透光,促进大豆生长。选用高质量的植保机械、高效生物杀虫剂或高效低毒化学杀虫剂,重点防治点蜂缘蝽、蛴螬、造桥虫、豆天蛾、棉铃虫、烟粉虱等虫害。

(5)毁种与改种　种子萌发期、苗期发生严重干旱,易造成缺苗断垄,为保证产量,应及时开展查田补栽;如果缺苗严重,应及时改种其他早熟大豆品种;或者因地、因田制宜,改种一些短季作物或者蔬菜,弥补受灾损失。

4. 应用区域

适用于黄淮海夏大豆种植区。

5. 依托单位

中国农业科学院作物科学研究所,吴存祥,010-82105865。

(二)黄淮海大豆涝害防灾减灾技术

1. 发生特点

黄淮海夏大豆产区涝害多发生在生长中后期,播种期、苗期偶有发生。

2. 典型症状

涝害包括水淹和渍害两种。水淹是指洪灾或大雨后植株浸泡在水中,地表有明水的现象;渍害发生在降水量偏多、排水不畅的地块,土壤较长时间处于水分饱和状态。大豆遭受涝害、渍害后,由于根系缺氧,易造成烂根、烂叶、倒伏,导致减产甚至死亡。此外,土壤渍害还会使病害加重,有时会形成大范围的次生灾害。

3. 防控措施

(1)雨前抢播　根据天气预报,雨前进行抢播。建议采用免耕覆秸精量播种技术,前茬小麦秸秆覆盖可减轻雨滴对土壤的拍击,同时可避免雨后暴晒引起的土壤板结。

(2)及时排除积水　对出现涝渍的田块,及时疏通排水干渠和田间排水沟,尽快排除田间积水和耕层滞水;如果排水不畅,应进行机械排水。尽快降低土壤湿度,促进根系和植株恢复

生长,防止因积水造成病害加重,导致植株早衰。

(3)追施肥料　排水地块易将土壤中的速效养分排出,同时根系活力下降,吸收营养元素的能力降低,造成植株营养不良。建议喷施0.5%~1%尿素+0.2%磷酸二氢钾溶液,补充营养,增强植株抗逆性,促进植株恢复正常生长。

(4)加强病害防治　田间积水会加大田间空气湿度,根系发育严重受抑,大豆抗病能力变差,会加重病虫害发生。要加强灾后病害预测预报,可喷洒精甲霜灵、咯菌腈等杀菌剂预防根腐病、拟茎点种腐病、炭疽病等病害发生。

(5)合理控旺　花荚期遇到涝害,易导致大豆植株旺长,使大豆发生倒伏。当大豆植株有徒长趋势时,每亩用20~30 g 5%烯效唑可湿性粉剂,兑水20 kg叶面喷洒,可控制株高,防止后期倒伏。

(6)毁种与改种　苗期发生涝害,易出现烂根、死苗,造成缺苗断垄,为保证产量,应及时进行查田补栽;如果缺苗严重,应及时改种早熟大豆品种,或者因地、因田制宜,选择短季作物或者蔬菜,弥补受灾损失。

4.应用区域

适用于黄淮海夏大豆种植区。

5.依托单位

中国农业科学院作物科学研究所,吴存祥,010-82105865。

西北大豆旱灾防灾减灾技术

1.发生特点

我国黄土高原及以西地区是典型的干旱半干旱区,旱灾是这一地区的常发性灾害。干旱对大豆的生长发育有明显的抑制作用,主要表现为大豆株高降低,分枝减少,主茎节数减少,单株荚数、单株粒数和百粒重降低,最终导致产量下降。

2.典型症状

植株株高降低,叶片萎蔫,落花落荚严重。鼓粒期遇干旱籽粒百粒重减小,形成瘪粒,影响籽粒商品性。

3.防控措施

(1)选用抗旱、生态适应大豆品种　选择生态适应、抗旱性符合当地水分胁迫要求的高产品种,是预防旱灾最经济、最有效的栽培措施。抗旱大豆品种有晋豆21、汾豆78、汾豆93等。

(2)耕作保墒　分秋深耕、冬春碾糖和深中耕。

一是秋深耕。大豆是深根作物,深耕土壤是接纳雨水、加速土壤熟化、提高土壤肥力、促进大豆增产的一项重要措施。前茬作物收获后尽量提早耕期,并做到不漏耕、不跑茬、翻后平整、扣严茬子、开闭垄少。

二是冬春碾糖。在秋深耕后及时旋耕一次的基础上,结合冬春碾糖和浅旋等措施,可减小土壤水分散失,为春季整地创造有利土壤墒情条件。

三是深中耕。为了保好墒、多蓄水、促壮根,旱地大豆生育期间进行深中耕2~3次,耕深

6～10 cm,能促进根系向下扩展,做到有草锄草,无草保墒。

(3)培肥土壤与施肥　营养是抗旱的基础。施肥后植物代谢旺盛、根系发达,抗旱能力显著增强。干旱地区要提高秸秆还田意识,同时因时、因地施用有机肥,合理施用化肥。

关于氮肥的施用:重视施用有机肥料,经过腐熟的有机肥中氮素释放持续缓慢,既能保证土壤供氮,又不致造成根瘤固氮能力下降,还可调节土壤水分。施用种肥,促进苗期生长,为形成合理的群体结构打下良好基础。高效根瘤菌拌种,旱地采用能增产6%～46%。花荚期追肥,大豆终花期前后是氮素敏感时期,根瘤固氮往往满足不了要求,追肥增产显著。

关于磷肥的施用:磷肥一般作底肥施用,当土壤磷含量在6 mg/100 g以下时,含量越少,施磷效果越好。叶面喷磷在生长发育中后期也有较好的抗旱效果。

(4)抗旱播种　具体如下:

一是调整播期。适宜的播期取决于温度和水分两个主要条件。当土表5 cm地温稳定在10～12 ℃及以上时,就可以播种,如不能适时播种,需对播期和播法进行调整。在适宜播种期范围内可调整播期,或趁降水后立即播种。通常调整播期范围是最适播期前10 d、后20 d以内。在调整播种期许可范围内还无法播种时,需要更换早熟品种。

二是提墒播种。在底墒不好、表墒不足的情况下,播前镇压土壤1～2次,把底墒提到播种层,然后播种,播后底踩或进行镇压。

三是探墒播种。当表层干土达5～10 cm而下层底墒好时,可扒土探墒播种,将种子种在湿土上,并根据大豆品种顶土力强弱确定覆盖土厚度。当表土及深层土壤均干旱时,离水源较近的地块可开沟、刨窝担水点种。

四是合理密植。正确协调群体和个体的关系,建立合理的群体结构,是旱地大豆合理密植的关键环节。一般每亩播种量在4～5 kg,最佳栽培密度在8000～10000株/亩。

五是抗旱化学调控。通过化学调控提高大豆抗旱性可采取种子处理和叶面喷施两种途径。利用抗旱拌种剂和抗旱叶面肥对提高大豆抗旱能力有一定的作用。稀土在大豆上应用,增产效果显著;大豆花期喷施三唑酮具有改善叶片水分状况、减轻伏旱对大豆花期危害的作用。

4.应用区域:

适用于西北大豆产区。

5.依托单位

山西农业大学(山西省农业科学院)经济作物研究所,马俊奎,0538-3320097。

四　南方大豆自然灾害防灾减灾技术

(一)南方大豆旱灾防灾减灾技术

1.发生特点

大豆生长季节,南方地区一般雨水偏多,但也会发生局部性、季节性干旱,从而抑制大豆的生长发育,造成株高降低,分枝减少,主茎节数减少,单株荚数、单株粒数和百粒重降低,导致大豆减产。

2.典型症状

症状有叶片翻叶、卷曲,落花、落荚多,秕荚、秕粒多等。典型常见症状是下午2:00—4:00叶片出现翻叶、卷曲。抗旱品种下午叶片翻叶、卷曲不明显,落花、落荚少,秕荚、秕粒少。不耐旱品种下午叶片翻叶、卷曲严重,落花、落荚明显,秕荚、秕粒多,青籽及籽粒"葡萄干"现象严重。

3.防控措施

(1)选用抗旱品种　选用适合当地生产的大豆品种。注重选用株型紧凑,高矮适中,叶片较小,叶脉致密,叶片表面茸毛多,角质层厚,经过多种气候条件考验的抗旱品种。

(2)适时播种　大豆苗期相对耐旱,可以根据中长期天气预报,把大豆苗期安排在雨季到来之前,让大豆鼓粒期与雨季同步。采用免耕覆秸精量播种技术,小麦、油菜等收获后根据天气预报雨前或者雨后进行抢播;如果播后墒情较差,及时浇灌促出苗。

(3)培肥土壤,提升土壤保墒能力　播种前深松土壤可以增加水分渗入量,从而增加土壤蓄水量。增施有机肥或实行秸秆还田,提高土壤有机质含量,改善土壤物理性状,增强土壤的蓄水、保水、供水能力。

(4)中耕保墒　在大豆生育期间,及时中耕松土,减少土壤水分蒸发,特别是雨后及时中耕,增强抗旱保墒效果。

(5)浇水抗旱　发生严重干旱且具备抗旱条件时,要及时浇水抗旱。

(6)应用化学抗旱剂　用保水剂包衣或拌种。先将种子量1%～5%的保水剂倒入适量水中搅拌均匀,然后将种子倒入、搅拌,使种子表面形成一层膜,捞出稍干后即可播种;也可喷施蒸腾抑制剂、旱地龙等抗旱剂,减少植株水分蒸腾。

4.应用区域

适用于南方大豆产区。

5.依托单位

中国农业科学院油料作物研究所,陈海峰,0358-3320097。

(二)南方大豆涝灾防灾减灾技术

1.发生特点

大豆生长季节,南方地区一般雨水偏多,易形成涝灾,造成土壤肥料、养分大量流失,同时根系吸收能力差,光合能力下降,植株生长受阻,导致大豆减产。

2.典型症状

症状有叶片小、薄、黄,根系发育不良,新根少,根老化,严重时根表皮及根毛脱落,根呈暗褐色,根瘤明显减少,落花、落荚严重,植株凋亡,导致减产甚至绝产。

3.防控措施

(1)及时排渍　对部分淹水但没有毁坏的大豆田块,要及时排渍。如田块面积大又不平整、排水困难,应及时开沟排涝防渍。对前期长势旺、群体大、有徒长趋势的田块,为抑制大豆旺长、增强抗倒伏能力,可在大豆初花前化控防倒,每亩用缩节胺20 mL兑水20 kg喷施,或15%多效唑50 g兑水40～50 kg喷施。适当增施磷钾肥,喷洒磷酸二氢钾、叶面宝等叶面肥防植株早衰,增加粒重。

(2)科学补种　对于被毁坏的农田,应及时进行抢种。晚夏播大豆补种时间在 7 月 25 日之前,有种植秋大豆习惯的地区,可在 7 月中旬至 8 月 10 日前秋播大豆。

一是优选品种。补种早熟夏大豆或春大豆,如中黄 13、徐豆 18、中豆 41、中豆 63 等,部分地区可用生育期组更早的春大豆品种代替,如鄂豆系列、中豆系列,或浙春系列、湘春系列品种等。为了不影响小麦、油菜播种,秋播大豆也可选用春大豆品种代替秋、夏大豆品种。

二是抢时、抢墒播种。涝灾后,要抢时间播种,播种时间越早,一般产量越高。涝灾后尽快排干田间积水,及时播种。梅雨季结束后,如遇干旱,没有灌溉条件的地区可根据天气预报,抢在雨前播种。

三是施足底肥,增施速效肥。由于播种期推迟,大豆生长发育期与高温期相遇,大豆营养生长期缩短,要增加底肥施用量,一般每亩可用 25 kg 复合肥再加 5 kg 尿素作基肥。出苗后可根据植株长势追施尿素 5 kg/亩 1～2 次,也可叶面喷施速效肥。

四是适当增加种植密度。晚夏播大豆亩种植密度可增加到 1.7 万株左右,如果用春大豆品种代替夏、秋大豆品种,亩种植密度可加大至 2 万～3 万株。

五是加强病虫害防治。由于迟播大豆生长发育期气温高,各种病虫害发生较严重,要加强病虫害防治,重点是防治斜纹夜蛾、棉铃虫、卷叶螟、红蜘蛛、豆秆黑潜蝇等虫害,开花结荚期注意防治豆荚螟。

六是及时收获。收获期空气干燥,大豆叶片落黄后要及时收获,尤其是补种春大豆地块要防止炸荚。

4. 应用区域

适用于南方大豆产区。

5. 依托单位

中国农业科学院油料作物研究所,陈海峰,0358-3320097。

五　大豆病虫害防灾减灾技术

(一)大豆根腐病防灾减灾技术

1. 发生特点

大豆根腐病是指由疫霉、腐霉、镰刀菌及丝核菌等多种病原引起的大豆根部及茎基部病害,是大豆生产中的一种毁灭性病害,广泛发生于北方春大豆产区、黄淮海夏大豆产区和南方多作大豆产区。受害大豆主要表现为种子、根部和茎基部等部位腐烂,造成缺苗断垄,植株萎蔫、早衰或死亡,收获大豆品质下降(含油量等)等危害。发病田块病株率一般为 40%～60%,重灾田块达到 90% 以上,一般年份减产 10%～30%,严重时损失可达 60% 以上,甚至绝收。

2. 典型症状

大豆疫霉引起大豆疫霉根腐病,在大豆生长的各个时期均有发生,导致烂种、死苗、根腐和茎腐。发病植株的根部变为褐色,侧根腐烂;茎基部变褐腐烂,病部环绕茎向上蔓延;下部叶片叶脉间黄化,上部叶片褪绿、萎蔫,凋萎叶片悬挂在植株上,呈"八"字形(图 4-1a)。

终极腐霉和瓜果腐霉等数种病原引起大豆猝倒病,以侵染幼苗茎基部为害最典型。地表的幼茎发病初期呈现水渍状条斑,后病部变软缢缩,呈黑褐色,病苗很快倒折枯死(图4-1b)。

尖镰孢、茄腐镰孢和木贼镰孢等数种病原引起大豆镰孢根腐病,在苗期条件适宜时为害根部引起死苗,侧根和主根下部变棕褐色;症状较轻的仅引起苗黄,主根周围重新长出新的侧根,恢复生长,但在后期可能又引起早衰及枯死,根茎皮层及维管束变褐(图4-1c)。

立枯丝核菌引起大豆立枯病。在感病幼苗主根及近地面茎基部出现红褐色稍凹陷的病斑,植株枯而不倒,皮层开裂呈溃疡状;幼苗外形矮小,生育迟缓(图4-1d)。

| a.疫霉根腐病 | b.猝倒病 | c.镰孢根腐病 | d.立枯病 |

图 4-1　不同病原引起的大豆根腐病症状

3.防控措施

根腐病往往对大豆根部造成不可逆转的毁灭性危害,发生之后施药挽救的效果并不显著,并且直接向根部施药也存在一定的技术困难。因此,须以预防为主,同时采取以抗病品种和种子处理为主的防控措施。

(1)品种筛选　做好品种抗性鉴定,选择大豆疫霉、镰孢菌、拟茎点霉等多种病原的大豆抗病品种。做好种子的带菌检测(疫),严格选用未见病斑和霉腐的优质种子。

(2)化学防治　播种前进行药剂拌种,拌种药剂可选择 6.25％精甲霜灵·咯菌腈、25％噻虫嗪·精甲霜灵·咯菌腈、27％噻虫嗪·咯菌腈·苯醚甲环唑等。根据药剂使用说明确定使用量,使用拌种机直接拌种(少量时可用塑料密封袋进行摇匀),种衣剂不必加水稀释,避免造成种皮膨胀、破裂,削弱了药效,并直接影响了播种与出苗质量。对于根腐病重发区,可在苗后未封垄前往茎基部喷施噻呋酰胺、氟环唑、吡唑醚菌酯、精甲霜灵等药剂,以减轻危害。中后期适时喷施叶面肥、生长调节剂等,强健植株,预防根腐病引起的早衰。

(3)农业防治　避免大豆连作。低洼易涝地注意排涝降渍。采取垄作,适时中耕培土,创造良好的土壤环境,以利于调节土壤含水量和促进侧根的形成。清除田间病残体,可减少越冬菌源数量。

4.应用区域

适用于全国各大豆主产区。

5.依托单位

南京农业大学植物保护学院,王源超、叶文武,025-84399621。

（二）大豆胞囊线虫病防灾减灾技术

1.发生特点

该病常在大豆播种出苗后30～35 d严重发生，属于北方干旱地区春季突发、暴发性的土传病害，具有传播途径多、显症黄化速度快、危害程度严重等特点。在大豆出苗后缺乏有效降水、土壤干旱条件下的沙土及盐碱地，该病害尤其容易暴发流行。

2.典型症状

症状为地上部叶片和茎秆黄化，甚至枯死，称为火龙秧子（类似被大火燎过一样），因土壤中线虫密度和致病性不同在田间一般分布不均匀，个别地块也有全部均匀显症的（图4-2a）。地下根部表面着生有小米粒大小的白色雌虫，很容易脱落，成熟后变褐形成表皮坚韧、内部充满卵的胞囊，离开大豆根部，进入土壤（图4-2b）。

 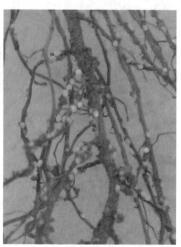

a.大豆胞囊线虫病田间为害症状　　　　b.大豆根表着生的胞囊线虫白色雌虫

图4-2　大豆胞囊线虫病田间及根表为害症状

3.防控措施

采取以监测预警预报、应用抗病品种、生物防治和种子包衣为核心的绿色防控技术。

（1）监测预警预报　大豆播种前和收获后要监测田间大豆胞囊线虫的群体密度，一般播前每100 mL土壤中含有10个含卵胞囊（或含有500粒卵）以上，就要高度重视大豆胞囊线虫病的防控，就要密切关注春季的田间墒情和降水预报情况，并采取相应的线虫防控措施。

（2）选用抗病良种　选用适合当地生产的抗（耐）大豆胞囊线虫病的大豆品种，加强品种轮换，避免单一抗病品种的长期种植。可选用抗线系列大豆品种，如抗线10或黑农84等。

（3）生物防治　可以采用杀线虫的生物制剂处理土壤，或应用土壤线虫生防颗粒剂处理土壤。如可以应用淡紫拟青霉或厚孢轮枝菌、白僵菌等生物制剂。

（4）种子包衣　选用多·福·克悬浮种衣剂、阿维菌素和菌线克等大豆种衣剂进行大豆包衣处理，可以起到很好的防控大豆胞囊线虫病作用。

（5）农业措施　合理轮作，包括水旱轮作，与禾本科作物轮作，大豆与不同类型抗线虫品种间的轮作等；健康栽培，加强大豆种子调运的检疫，黄淮地区跨区播种作业时制订农机具的清洗环节,减少重病地块向其他地区的传带。大豆田间发生线虫为害症状时,要密切关注降水预报,如果很快进入雨季,症状就会缓解,不用采取处理;如果天气预报近期无有效降水和土壤非常干旱,则要采取喷施富含铁离子的微量元素,有条件的地区可以通过灌水和流灌追施含有促进大豆根系生长的生长调节剂,如爱多收等。

(6)注意事项 大豆种子包衣处理非常容易导致大豆种子吸胀,要严格控制种衣剂和种子的比例,一般不能低于 70∶1(种∶药)。大豆种子吸胀后会严重影响发芽率和出苗率,特别是土壤较为干旱时影响较大。一般大豆种子包衣最好现用现拌,阴干后立即播种。

4. 应用区域

适用于全国各大豆产区。

5. 依托单位

沈阳农业大学植物保护学院,段玉玺、朱晓峰、陈立杰、王媛媛,024-88487148。

(三)大豆茎枯病、炭疽病、菌核病等茎荚部病害防灾减灾技术

1. 发生特点

大豆生长后期茎荚部易受到茎枯病、炭疽病、菌核病等病害的危害。大豆拟茎点种腐病除了引起种腐、死苗,中后期还引起大豆茎荚枯腐、溃疡等问题,在我国黄淮海地区有蔓延加重趋势。发病田块一般造成大豆减产 10%～30%,感病品种易重发,严重时病株比例超过 90%,甚至导致绝收。大豆炭疽病是常发的真菌性病害,大豆各生育期均可为害,普遍发生于我国各大豆区,南方重于北方,尤其是南方鲜食大豆产区,高发病田块病荚率可达 50%以上。大豆菌核病以北方产区尤其是黑龙江省发病最为严重,流行年份减产 20%～30%,严重地块减产达50%～90%,甚至绝产。

2. 典型症状

大豆拟茎点种腐病病菌引起的茎枯病一般在中后期显症。病斑呈红褐色至灰褐色,由近地茎节沿主茎一侧或部分分枝向上扩展,也可为害花和豆荚,严重时整株枯死,病株根系完整、健康(图 4-3a)。大豆炭疽病常引起幼苗、茎秆、豆荚枯死。病斑病健交界处明显,病荚无种子或形成皱缩、干瘪种子,带菌种子萌发率低,影响种子质量(图 4-3b)。大豆菌核病为害地上部分可造成苗枯、茎腐、叶腐、荚腐等症状。幼苗先在茎基部发病,病部呈深绿色湿腐状,其上生白色菌丝体,病势加剧后幼苗倒伏、死亡(图 4-3c)。茎秆染病多从主茎中下部分权处开始,病部呈水浸状,潮湿条件下病部生白色棉絮状菌丝体,其中杂有大小不等鼠粪状菌核。病重时枯死,病轻时部分分枝和豆荚提早枯死而减产。叶片、叶柄分枝、豆荚均可发病。

3. 防控措施

(1)农业防治

①选用优良种子。选用抗耐病品种,并进行种子消毒,保证种子不带病菌。

②减少菌源。收获后及时清除田间病株残体或实行土地深翻,减少菌源。

③加强栽培管理。合理施肥,避免施氮肥过多,提高植株抗病力。加强田间管理,及时深耕及中耕培土。雨后及时排除积水防止湿气滞留。

④实行轮作。提倡实行 3 年以上轮作,与禾本科作物轮作,可减轻病害。

a.茎枯病　　　　　　　　　b.炭疽病　　　　　　　　　c.菌核病

图4-3　大豆茎枯病、炭疽病、菌核病典型症状

（2）化学防治　在初花期和初荚期或显症初期，及时喷施唑醚·氟环唑、苯甲·嘧菌酯、肟菌·戊唑醇、咪鲜胺等防治大豆茎枯病、炭疽病等茎荚部病害，喷施腐霉·多菌灵、氟唑菌酰羟胺、异菌脲、菌核净等防治大豆菌核病。

4.应用区域

适用于全国各大豆主产区。

5.依托单位

南京农业大学植物保护学院，王源超、叶文武，025-84399621。

（四）大豆锈病、霜霉病等叶部病害防灾减灾技术

1.发生特点

大豆上的叶部病害种类较多，其中发生较普遍并造成重要危害的主要有锈病、霜霉病、灰斑病、细菌性斑点病等。大豆锈病是热带和亚热带大豆生产的主要病害，在我国南方大豆锈病发生和危害严重，常年损失10％～30％，部分地块达到50％。大豆霜霉病是世界性的大豆病害，在我国主要发生在气候冷凉的东北地区和华北地区，平均病田率达10％～40％，病株率达10％～35％，局部地区个别品种发病率可达60％以上。灰斑病主要发生在东北大豆产区，以黑龙江省受害最为严重，其次是内蒙古和吉林。灰斑病一般发生年份导致减产12％～15％，发生严重年份减产30％～50％。大豆细菌性斑点病又称细菌性疫病，国内的各主要大豆产区均有发生，尤以黑龙江等北方省份发病最为严重。生长季节高温高湿和频繁降水更有利于病害发生，在易感品种上造成的损失高达30％～40％。

2.典型症状

大豆锈病一般从花期以后开始发生，初期叶片上出现黄色小斑点，后病斑稍扩大，呈褐色小斑；病部渐隆起，形成夏孢子堆，病斑密集时，形成被叶脉限制的坏死斑；病斑表皮破裂，散出很多锈色夏孢子(图4-4a)。

大豆霜霉病为害叶片、荚及种子。发病叶片产生褪绿斑块，叶片发黄，逐渐变为灰褐色，背

面产生大量霉层,天气潮湿时,霉层加重加厚。天气干燥时病害发展缓慢,叶片霉层不明显或者没有霉层,但会出现圆形或不规则型褪绿黄斑,后期可形成黄褐色不规则多角形枯斑,多病斑可汇合成更大的块状斑(图4-4b)。

大豆灰斑病为害叶片、豆荚、籽粒等部位。叶片受害形成大量红褐色圆形病斑,边缘清晰,随着病斑的扩展,病斑中心变成橄榄灰色或灰白色,边缘变成黑褐色(图4-4c)。气候潮湿时,病斑背面产生灰黑色霉层。发病严重时几乎所有叶片长满病斑,造成叶片干枯并提早脱落。

大豆细菌性斑点病主要为害叶片,也可为害叶柄、茎和豆荚等。叶片上病斑初期呈现褪绿多角形水浸状小斑点,中央很快干枯至黑色,边缘有黄色晕圈(图4-4d)。夏季遇多雨低温天气,病斑迅速扩大成为不规则的干枯大斑,病部极易脱落,使得叶片呈破碎状。

| a.锈病 | b.霜霉病 | c.灰斑病 | d.细菌性斑点病 |

图4-4 大豆主要叶部病害典型症状

3.防控措施

(1)农业防治 包括选用优良种子、减少田间菌源和加强栽培管理。

①选用优良种子。选用抗病品种是防治大豆灰斑病、霜霉病、细菌性斑点病等病害最经济有效的途径。在无病田或轻病田留种的基础上,大豆播前要注意精选种子,剔除病粒并进行药剂拌种,保证种子不带病菌,减少初侵染源。

②减少田间菌源。收获后及时清除田间病株残体或实行土地深翻。采用2年以上大豆与水稻水旱轮作或大豆与小麦、马铃薯等作物旱旱轮作制度,减少第2年病害的田间初侵染源。收获后及时清除病残体并深翻土壤,加速病残体的腐烂分解。

③加强栽培管理。合理施肥,避免施氮肥过多,提高植株抗病力。加强田间管理,及时深耕及中耕培土。雨后及时排除积水防止湿气滞留。合理密植,增强通风透光。

(2)化学防治 在显症初期,及时喷施唑醚·氟环唑、苯甲·嘧菌酯、肟菌·戊唑醇、咪鲜胺等杀菌剂可防治大豆锈病等真菌性叶部病害,喷施唑醚·烯酰吗啉、氟菌·霜霉威等防治霜霉病,喷施春雷·王铜、噻唑锌等防治细菌性斑点病。

4.应用区域

适用于全国各大豆主产区。

5.依托单位

南京农业大学植物保护学院,王源超、叶文武,025-84399621。

(五)大豆花叶病毒病防灾减灾技术

1.发生特点

该病害是我国大豆产区普遍发生的病毒病害,可种传、蚜传、机械摩擦传播。大豆苗期至花期易感,20～26 ℃适宜大豆花叶病毒病暴发流行。该病对春大豆的危害重于夏大豆。

2. 典型症状

症状主要分花叶型和坏死型。花叶型染病叶片陆续出现明脉、轻花叶、花叶、黄斑花叶,有些还出现疱疹叶、皱缩、增厚发脆、叶片向下反卷,甚至植株矮化、茎秆和豆荚上的茸毛消失(光荚)等症状(图 4-5a)。坏死型染病叶片初期出现褐色枯斑或叶脉坏死,随后坏死部分扩大甚至连成一片,严重时叶片脱落,一些大豆品种上出现主茎或分枝生长点坏死的"顶枯"症状,造成整株死亡(图 4-5b)。该病也可导致大豆种皮出现褐色至黑色的斑驳(图 4-5c)。

a.花叶　　　　　　　　　　　b.坏死　　　　　　　　　　　c.褐斑粒

图 4-5　大豆花叶病毒病典型症状

3. 防控措施

坚持"预防为主、综合防治"的植保方针,科学做好大豆病害防灾减灾。

(1)减少花叶病毒初侵染来源　带毒种子长出的病苗是花叶病毒流行的初侵染来源,降低种子带毒率可以阻止花叶病毒的流行。大豆不同品种的带毒率存在明显差异,种植带毒率低的品种可以降低花叶病毒的初侵染来源。此外,避免从疫区调入种子以及在大豆制种田及时拔除病株都可以在一定程度上降低种子带毒率,从而减少花叶病毒的初侵染来源。

(2)减少花叶病毒在田间传播流行　介体蚜虫的传毒造成花叶病毒在田间的传播流行,在大豆生长的早期,利用化学杀虫剂杀灭蚜虫在一定程度上可减少花叶病毒的再侵染。目前常用的药剂有吡虫啉、联苯菊酯乳油等,具体用法为每亩用 25％吡虫啉乳油 30～50 g、5％联苯菊酯乳油 2 g 喷雾。花叶病毒是由蚜虫非持久性传播的,蚜虫获毒即可传毒,因此,很难在蚜虫传毒前杀死所有蚜虫。在大豆生长前期,在大豆叶面上喷洒矿物油或植物油可以阻止蚜虫的传毒,但成本高昂,而且易造成环境污染,难以在生产上推广。蚜虫对银灰色有较强的负向趋性,在田间挂银灰塑料条或用银灰地膜覆盖一定程度上可减少蚜虫传播花叶病毒的机会。

(3)选用抗病品种　选用适合当地生产的抗大豆花叶病毒病品种是防控花叶病毒病最经济有效的方法。目前,我国已有多个高产抗病品种通过国家或省级审定。例如,齐黄 34、汾豆78、冀豆 17、中黄 57、周豆 19、华春 5 号、中豆 40 等。这些抗病品种的种植推广对花叶病毒病的防控起到重要作用。

4. 应用区域

适用于全国大豆主产区。

5. 依托单位

南京农业大学农学院,李凯,025-84399520。

（六）大豆"症青"防灾减灾技术

1. 发生特点

近年来,大豆"症青"现象在黄淮海及其周边大豆产区频发重发,影响大豆产量和品质,发生严重时可造成大豆绝产,极大地打击农户种植大豆的积极性,严重危害大豆的安全供给(图 4-6)。

a.大田 　　　　　　　　　　　　　b.籽粒

图 4-6　发生"症青"的成熟期大豆

2. 典型症状

大豆"症青"为大豆在正常熟期时,植株仍然叶绿、枝青,荚果大小正常但豆荚空瘪或者籽粒瘪烂的现象。大豆"症青"的发生主要由以点蜂缘蝽为主的大型刺吸式害虫吸食大豆荚果引起,造成大豆籽粒发育停滞、败育,导致大豆植株源库关系失衡,使营养物质在叶片、茎秆持续积累,引发植株在成熟期持绿(图 4-7)。

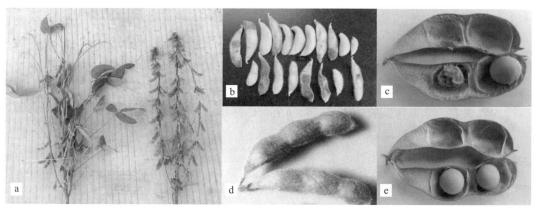

a."症青"植株（左）和正常植株（右）;b, c."症青"植株的豆荚和籽粒; d, e.正常植株的豆荚和籽粒

图 4-7　成熟期大豆"症青"植株和正常植株

3. 防控措施

做好点蜂缘蝽(图 4-8)等大型刺吸式害虫防治可有效遏制大豆"症青"的发生。开花期对大豆田进行虫情监测,当每百株大豆的点蜂缘蝽虫口数目达到 3～5 头时,需要及时防治。

图 4-8　点蜂缘蝽成虫

（1）物理防控　于田间均匀悬挂适量的粘虫板诱杀点蜂缘蝽,粘虫板应高于大豆植株 10～15 cm。

（2）化学防控　药剂选用:每亩可施用 22% 噻虫·高氯氟 4～6 mL 或 4% 高氯·吡虫啉 30～40 g 等已在大豆田登记的药剂,兑水稀释和混匀后装机,直接进行田间喷施。施药次数:依据对大豆田间点蜂缘蝽虫情监测结果,确定防治时期及防治次数。建议开花后隔 7～10 d 喷 1 次,连喷 2～3 次,两种药剂可间隔轮换使用。点蜂缘蝽运动能力强,有条件的地区建议进行大规模统防统治。

（3）生物防控　于田间释放球腹蛛、螳螂和蜻蜓等捕食性天敌防控点蜂缘蝽。寄生性天敌黑卵蜂等对控制点蜂缘蝽的发生也具有一定的作用。

（4）农业防控　点蜂缘蝽成虫可在田间的秸秆、枯枝落叶、草丛中越冬,及时清理田间及周边杂草,可有效压低越冬虫源基数,减少第 2 年对大豆的为害。

4. 应用区域

适用于黄淮海夏大豆区域及其周边地区。

5. 依托单位

①中国农业科学院作物科学研究所,徐彩龙,010-82105865。
②吉林农业大学植物保护学院,高宇,0431-84533387。
③南京农业大学农学院,李凯,025-84399520。

（七）大豆食心虫防灾减灾技术

1. 发生特点

大豆食心虫是一种危害十分严重的北方大豆结荚鼓粒期常发性害虫,可严重降低产量和品质。大豆开花结荚期雨水丰沛有利于越冬幼虫化蛹及成虫羽化,导致为害加重。大豆受害程度与品种、气候、前茬等条件有关。早熟、荚皮硬、荚皮毛少的品种受害轻,晚熟、荚皮薄的品种受害较重。

2. 典型症状

以幼虫蛀入豆荚为害豆粒,造成籽粒破碎。初孵幼虫造成"针眼形"为害症状,3 龄后则沿豆粒边缘取食,轻则被取食成一条沟,重则出现凸凹不平的缺刻,群众称之为"虫口豆"或"兔嘴"。幼嫩豆荚受害后,常干瘪不结籽;鼓粒期受害,则造成烂瓣,籽粒破碎。

3.防控措施

采取以监测预警预报、农业防治、生物防治和精准施药为核心的绿色防控技术。

(1)虫情监测　准确的田间虫情监测是保证防治效果的关键。大豆食心虫成虫监测时间从北向南逐渐推迟,田间蛾量调查从7月中旬(黑龙江黑河)开始到8月底(黄淮地区)为止,每天17:00—19:00,选择有代表性田块2~3块,检查成虫发生数量。采用五点取样法,每点长100 m,宽为两行(垄)幅宽,用惊蛾目测法调查。调查者一手拿1 m长的木棍,另一手拿计数器,慢步顺行(垄)用木棍拨动左右两行(垄)的豆棵,观察记录受惊飞起的蛾数。记录调查日期、各点蛾量,统计平均百米蛾量、累计百米蛾量等。

(2)农业防治　选种抗虫品种,在当地主推品种里选种对食心虫较抗的品种,可有效减轻其危害。有条件的地区实行大面积、大间距轮作,可有效控制其虫源。实施秋翻秋耕和在豆茬后作物的管理中增加1次翻耙,可大量消灭越冬幼虫。适当调整播种期,使结荚期与成虫产卵盛期错开,可减轻其危害。及时收割大豆并尽快运出农田,减少幼虫脱荚数量。

(3)生物防治　利用白僵菌粉22.5 kg/hm²加细土或草木灰202.5 kg,在幼虫邻近脱荚之前,均匀撒在豆田垄台上,防治脱荚落幼虫。在成虫产卵期,释放赤眼蜂灭卵,每公顷放蜂量30万~45万头。放蜂方法:在大豆食心虫产卵初期,每亩设放蜂点10个,每隔5~7 d放1次,共放蜂3次,3次蜂量比为1:2:1,以挂卵卡方式放蜂。在成虫初发期,在田间设置性诱剂诱捕器捕杀雄成虫,每亩设置1~2个水盆诱捕器,安放高度不低于大豆植株顶部20 cm,可在诱捕器中加入少量杀虫剂和洗衣粉。

(4)化学药剂防治　成虫发生高峰期,用2.5%溴氰菊酯乳油30 mL/亩或20%杀灭菊酯乳剂65 mL/亩,加水稀释4000倍常规喷雾,防治成虫和初孵幼虫。成虫盛发期,用80%敌敌畏乳油,每亩0.1~0.15 kg,用玉米穗轴等载体物吸入药液,卡在豆株的枝杈上熏蒸防治成虫(注意:豆田周边有高粱种植时禁用)。

4.应用区域

适用于全国大豆主产区。

5.依托单位

吉林农业大学植物保护学院,史树森、高宇,0431-84533387。

(八)大豆蚜防灾减灾技术

1.发生特点

大豆蚜在东北一年发生10多代,浙江20余代。大豆蚜属于乔迁性害虫,存在中间宿主,以受精卵在鼠李、牛藤上越冬。在东北,春季平均气温达10 ℃时,越冬卵开始孵化为干母,取食有萌芽的鼠李,并以孤雌胎生繁殖1~2代。在鼠李开花前后,发生有翅蚜,迁飞到大豆田,为害大豆幼苗。6月末至7月中旬是为害盛期,7月下旬因营养和气候条件不适宜,田间种群数量消减。8月末至9月初产生有翅型母蚜飞回越冬寄主上,并胎生无翅型雌蚜;另一部分在大豆上胎生有翅型雄蚜,飞回越冬寄主上。9月中下旬雌蚜和雄蚜交配产卵越冬。

2.典型症状

大豆蚜的寄主为鼠李属植物、大豆、黑豆和野生大豆等。吸食大豆嫩枝叶的汁液,受害植株常幼叶卷缩,根系发育不良,生长停滞,结果枝和结荚数减少,产量降低。大豆蚜以成蚜和若蚜集中在顶叶、嫩叶和嫩茎和叶柄上为害。被害叶形成不规则黄斑,后变褐色,严重时叶卷缩,节间缩短,根系发育不良,植株矮小,分枝及结荚减少,发育提前,苗期发生严重时可使整株死亡。分泌的蜜露布满叶面导致霉菌的繁殖而引发霉污病,还可传播花叶病毒等多种植物病毒。

3.防控措施

防治大豆蚜应遵循早期防治、合理施药、保护天敌的原则(即在大豆生长早期,对豆田局部发生区,可采取点片施药防治,以防止其扩散蔓延,并可以达到有效保护天敌的目的),在做好预测预报的基础上进行综合治理。

(1)黄板监测　利用蚜虫对黄色的趋性,在田内或田边放置黄色黏板监测或诱杀。

(2)农业防治　及时铲除田边、沟边、塘边杂草,减少虫源。合理进行大豆、玉米的间作或混播可以有效减轻大豆蚜的发生。

(3)生物防治　自然界中存在着丰富的大豆蚜天敌资源,它们对控制大豆蚜的发生起着重要作用,因此应该重视对瓢虫、草蛉、食蚜蝇、小花蝽、蚜小蜂等天敌昆虫的保护和利用。

(4)化学药剂防治　用大豆种衣剂拌种,一般药种比例为 1∶50 或 1∶75,可预防大豆苗期蚜虫。蚜虫发生量大时,农业防治和天敌不能控制时,要在苗期或蚜虫盛发前防治。当田间大豆蚜点片发生,5%～10%植株卷叶,有蚜株率达 50%,百株蚜量达 1500 头以上,天敌较少,温湿度适宜时,应进行田间防治。常规喷雾 50%抗蚜威可湿性粉剂 1500 倍液或 5%增效抗蚜威液剂 2000 倍液。

4.应用区域

适用于全国大豆主产区。

5.依托单位

吉林农业大学植物保护学院,史树森、毕锐,0431-84533387。

（九）食叶类害虫防灾减灾技术

1.发生特点

以斜纹夜蛾为代表的鳞翅目害虫是南方和黄淮大豆产区重要的食叶性害虫,环境适宜时具有暴发性。斜纹夜蛾是一类杂食性和暴食性害虫,寄主相当广泛。该虫年发生 4 代(华北)～9 代(广东),一般以老熟幼虫或蛹在田基边杂草中越冬,广州地区无真正越冬现象。长江流域多在 7—8 月大规模发生,黄河流域多在 8—9 月大规模发生。成虫夜出活动,飞翔能力较强,具趋光性和趋化性。初孵幼虫群集于卵块附近取食,遇惊扰或有风时即分散开或吐丝下垂随风飘散。2 龄幼虫开始分散取食。低龄幼虫白天和晚上均有取食活动。4 龄后取食多在傍晚和夜间,晴天在植株周围的阴暗处或土缝里潜伏,阴雨天气的白天有少量的个体也会爬上植物取食,多数仍在傍晚后出来为害,至黎明前又躲回阴暗处。4 龄后食量骤增,有假死性及自相残杀现象。当虫口密度过高、大发生时,幼虫有成群迁移的习性。

2.典型症状

寄主共计 109 科 389 种(包括变种),以十字花科蔬菜和水生蔬菜受害最严重。以幼虫咬食叶片、花蕾、花及果实,初龄幼虫啃食叶片下表皮及叶肉,仅留上表皮呈透明斑;4龄以后进入暴食,咬食叶片,仅留主脉。随龄期增长,危害加重,严重时全部叶片被吃光。

3. 防控措施

在做好预测预报的基础上,以化学防治为主,斜纹夜蛾第3~5代是为害的关键代数,针对这一发生特点和规律,需采用压低第3代虫口密度、巧治第4代控制为害、挑治第5代的防治策略。在防治第3、第4代时,还需喷药兼治田边杂草上的斜纹夜蛾,有效控制虫口密度。中等发生程度以下的年份,可以只作为兼治对象防治。

(1)农业措施　清除杂草,结合田间作业可摘除卵块及幼虫扩散为害前筛网状被害叶,集中烧毁。大豆收获后清除豆秆和残枝、败叶,灌水翻犁浸泡3~5 d后自然落干,消灭土缝里的幼虫和蛹,减少下茬虫源基数。

(2)糖醋液诱杀　用糖醋液(糖:酒:醋:水=6:1:3:10)诱杀成虫。可在糖醋液中加少量杀虫剂,于成虫发生期放在田边四周,每亩放3~4盆。每天早上捡去死虫,盖上诱盆,晚上再把盖掀开。

(3)灯光诱杀　利用杀虫灯诱杀成虫。

(4)生物防治　幼虫3龄前喷施斜纹夜蛾核多角体病毒,$1×10^7$多角体病毒/mL。使用性诱剂可直接诱杀雄蛾,减少雌蛾交配概率,降低虫口密度。每公顷设置5~10个点,诱捕器悬挂点距地面1.0~1.5 m,或高出作物生长顶点20~50 cm,设置时间为春季5—6月和秋季8—9月。

(5)化学药剂防治　用5%抑太保乳油、20%杀灭菊酯乳油2000~2500倍液,或2.5%功夫菊酯乳油2000~3000倍液等在幼虫3龄前进行田间喷雾防治。

4. 应用区域

适用于南方和黄淮大豆主产区。

5. 依托单位

吉林农业大学植物保护学院,史树森、田径,0431-84533387。

(十)大豆红蜘蛛防灾减灾技术

1. 发生特点

干旱少雨气候条件可导致暴发为害。一年发生8~20代(由北向南逐增),以雌成螨在杂草、大豆植株残体及土缝中越冬。以两性生殖为主,刚蜕皮的雌成螨有多次交配习性。营孤雌生殖时,其后代全部为雄螨。卵散产于豆叶背面或所吐的丝网上。成虫喜群集于大豆叶片背面吐丝结网为害。在食物缺乏时,常有成群迁移的习性,在田间的扩散和迁移主要靠爬行、吐丝下垂或借助风力,也可随水流扩散。

2. 典型症状

除为害豆科植物,还能为害棉花、瓜类及禾谷类作物。在大豆整个生育期均可发生。以成螨、若螨刺吸为害叶片,多在叶片背面结网,在网中吸食大豆汁液。受害叶片最初出现黄白色斑点,以后叶面出现红色大型块斑,重者全叶卷缩、脱落。受害豆株生长迟缓,矮化,叶片早落,结荚少,结实率低,豆粒变小。

3. 防控措施

采取农业防治与化学防治相结合的策略。在具体操作上应通过压低大豆苗期的螨量来控制生长后期的螨量。早期防治以挑治为主,尽可能推迟全田普防的时间。

(1)农业防治 增强大豆自身的抗红蜘蛛危害能力;加强田间管理,及时清除田间杂草可有效减轻大豆红蜘蛛的危害;合理灌水,在干旱情况下,要及时进行灌水。

(2)生物防治 选用生物制剂(如1.8%虫螨克)和减少施药次数等措施,以保护并利用蛛砂叶螨的天敌(如长毛钝绥螨、拟长刺钝绥螨、草蛉等),进而发挥它们对蛛砂叶螨的自然控制作用。

(3)化学药剂防治 在其发生初期,当发现大豆植株叶片出现黄白斑症状时就开始喷药防治。常用的药剂有1.8%虫螨克、15%哒螨灵乳油、73%克螨特乳油等。

4. 应用区域

适用于全国大豆主产区。

5. 依托单位

吉林农业大学植物保护学院,史树森,0431-84533387。

(十一)大豆田杂草防灾减灾技术

1. 发生特点

大豆田发生量大、危害较重的杂草主要有稗草、狗尾草、野黍等禾本科杂草,以及反枝苋、藜、鸭跖草、龙葵、苘麻、马泡瓜、野大豆等阔叶杂草;多年生杂草有问荆、苣荬菜、芦苇、田旋花等。这些杂草基本与大豆幼苗同步生长,对阳光、水分、养分等的竞争集中且激烈。大豆田杂草发生来势猛,密度大,生长势强。如果错过防治适期,可导致大豆产量损失10%~50%,严重的可导致绝产。

2. 典型症状

东北春大豆产区,杂草一般在5月下旬至6月中旬进入发生高峰期,约占全年大豆田杂草发生量的60%。大豆田杂草具有较大结实量,并且环境适应能力非常强。和大豆相比,杂草种子产量一般是其几十甚至上千倍,一些杂草种子埋在地下几年或者是十几年之后依然具有发芽能力。

3. 防控措施

采取以精准施药和农业措施为核心的可持续防控技术。

(1)精准施药 大豆田杂草防控要立足早期治理、综合防控,根据杂草种类与发生规律,开展以化学除草为主的科学防控。大豆田化学除草采用"封杀结合"策略。①播后苗前土壤封闭。采用精异丙甲草胺(或乙草胺)加噻吩磺隆等药剂进行土壤封闭处理;田里有明草的可加草铵膦或草甘膦一起喷施。②茎叶喷雾处理。土壤封闭效果不理想的,在大豆2~3片三出复叶期,以禾本科杂草为主的地块,可选用精喹禾灵、嗪草酮、高效氟吡甲禾灵等除草剂;以阔叶杂草为主的地块,可选用氟磺胺草醚、三氟羧草醚、苯达松等除草剂;在禾本科杂草和阔叶杂草混生地块,可用苯达松、氟磺胺草醚与精喹禾灵、嗪草酮或高效氟吡甲禾灵等混用。

(2)农业措施 合理的农业操作是杂草治理的基础,包括合理轮作、深翻、及时清理田间地头的杂草,通过创造不利杂草生长的环境,抑制杂草种子的萌发。此外,还应监测杂草的抗药性,进行除草剂的轮换。①精细整地,有助于杂草集中萌发,对集中防除杂草有利。②合理密植,通过密植使大豆群体生长处于优势地位,增强竞争能力,有效抑制杂草的正常生长。③中耕除草,可以及时防除豆田的杂草,给大豆的正常生长带来保障。结合杂草生长情况,应遵循除早、除小的原则开展中耕除草2～3次。④轮作倒茬,大豆和玉米等不同作物实行轮作,可以降低杂草种群密度和抗药性的发生。

(3)注意事项　有机质含量低于2％的沙壤土块、特别干旱或水涝地块容易出现土壤封闭效果不理想或发生药害。大豆苗后除草要在杂草2～4叶期杂草基本出齐时进行,勿连年施用相同作用机制的除草剂,以防抗性杂草的发生。

4.应用区域

适用于全国大豆主产区。

5.依托单位

中国农业科学院植物保护研究所,黄兆峰,010-62815937。

六　大豆冰雹灾害防灾减灾技术

1.发生特点

冰雹灾害是一种由强对流天气系统引起的剧烈的气象灾害,具有局部性、突发性、时间短、来势凶等特点,并常伴随狂风、强降水、急剧降温等阵发性、灾害性天气过程。我国大豆生产的冰雹灾害通常发生在北方多于南方,山区多于平原,内陆多于沿海。

2.典型症状

冰雹的危害最主要表现在冰雹从高空急速落下,冲击力大,且通常伴随暴风雨,使其摧毁力极强,可造成大豆叶片破碎,降低光合能力,严重情况下造成分枝和茎秆折断,影响产量或造成绝产。

3.防控措施

(1)气象干预　在冰雹多发期,地方政府应备足防雹炮弹和火箭弹,气象部门应对冰雹多发区域利用雷达进行重点监控,当出现雹云时迅速采取措施进行预防,有效地避免雹灾造成的经济损失。

(2)排除积水　冰雹灾害往往伴随强降水。如果田间积水,应开挖田间排水沟和渗水沟,疏通地边、路边沟渠,迅速排除田间积水,降低土壤含水量,确保大豆正常生长。

(3)加强管理　大豆苗期遭受冰雹,如果大豆仅叶片受损或者茎秆折断部位较高,应追施速效肥,用0.5％～1％尿素溶液、0.2％～0.3％磷酸二氢钾溶液、2％～3％过磷酸钙浸出液叶面喷肥;植株恢复生长后,再酌情进行根部施肥等栽培措施,促进大豆的生长;东北春大豆区应加强中耕等增温保墒措施。开花期遭受冰雹,如未伤及大豆主茎和分枝,可喷施1次杀菌剂、1～2次叶面肥,以增强抗病能力,促使大豆尽快恢复生长。鼓粒期及以后遭受冰雹,如未伤及大豆主茎和分枝,可在灾后喷施1次杀菌剂,同时喷施2～3次叶面肥,间隔5～7 d,以增强抗病能力,延长叶片功能期,提高粒重,减少产量损失。

（4）毁种与改种　苗期雹灾发生后,应立即进行田间调查,如果茎折部位较低且受害植株比例较大,应改种早熟大豆品种。如果开花期及以后发生严重雹灾,应改种短季作物或者蔬菜,弥补受灾损失。

4.发生特点

适用于我国各区域大豆生产。

5.依托单位

中国农业科学院作物科学研究所,徐彩龙,010-82105865。

 七 大豆灾后补种品种搭配防灾减灾技术

1. 发生特点

大豆播种季节及苗期自然灾害频发,常常造成大豆在适播期无法正常播种或播种后毁种等现象。大豆光温反应敏感,盲目引种救灾往往导致熟期过早或者熟期延后遭受初霜冻害或下茬作物播种前不能成熟,严重影响产量。

2. 典型症状

救灾大豆品种熟期过早则产量积累不足,造成光热资源浪费;品种熟期偏晚,容易遭受早霜冻害,无法安全成熟。

3. 防控措施

利用大豆品种光温反应多样化和生育期性状变异丰富的特点,从更高纬度地区引种早熟大豆品种,通过多点分期播种试验,明确不同产区、不同时期救灾补种大豆品种的生育期组（maturity group,MG）类型,形成救灾补种品种搭配方案。

（1）东北北部及中部地区　在以黑河孙吴县为代表的黑龙江省第五积温带及内蒙古同等条件地区,在晚播20 d的条件下,可用 MG－1.0～MG－0.6 的品种,如华疆2号、黑河33、北豆16等,能够在初霜前成熟;在晚播30 d的条件下,可种植早于 MG－1.0 的品种,如黑河35、黑河44、东农44、黑河49等。在以黑河爱辉区为代表的黑龙江省第四积温带及内蒙古同等条件地区,在晚播20 d的条件下,救灾补种可选用 MG－0.5～MG－0.1 的品种,如黑科56、合丰37、中黄901等;在晚播30 d的条件下,可用华疆2号、黑河33、北豆16等;在晚播40 d的条件下,可种植早于 MG－1.0 的品种,如黑河35、黑河44、东农44、黑河49等。在以齐齐哈尔、佳木斯及大庆为代表的黑龙江种南部地区（第一、第二、第三积温带）,在晚播20 d的条件下,可种植 MG 0.1～MG 0.5 的品种,如合丰51、绥农30、垦鉴豆28、登科1号等;在晚播30 d的条件下,可种植 MG－0.3～MG－0 的品种,如蒙豆9号、黑河43、黑河53、登科3号等;在晚播40 d的条件下,可种植早于 MG－0.3 的品种,如华疆2号、黑河39、东农49、蒙豆11等。

（2）东北南部地区　在以赤峰为代表的内蒙古中东部地区,在晚播20～30 d的条件下,可种植 MG 1.8～MG 2.6 的品种,如吉育93、长农17等,可安全成熟;在晚播40 d的条件下,可种植 MG 1.2～MG 1.7 的品种,如吉育47、黑农55、绥农28等。在以铁岭和沈阳为代表的辽宁中北部地区,在播期延迟30 d的条件下,可种植 MG 2.7～MG 3.0 的品种,如吉林30、长农 18、吉育 72 等；在晚播 40 d 的条件下，可种植 MG 1.8～MG 2.6 的品种，如吉育 93、长农 17 等；在晚播 50 d 的条件下，可种植 MG 1.3～MG 1.7 的品种，如吉育 47、黑农 55、绥农 28 等。

（3）晋、陕、宁中北部地区　在晚播 10～20 d 的条件下，可种植 MG 3.8～MG 4.8 的品种，如汾豆 56、晋豆 34、汾豆 78、秦豆 8 号等，可安全成熟；在晚播 30 d 的条件下，延安地区可种植 MG 3.3～MG 3.7 的品种，如铁丰 31、晋豆 19、晋豆 40 等；在晚播 60 d 的条件下，银川和汾阳地区春播分别可种植 MG 3.3～MG 3.7 和 MG 3.0～MG 3.2 的品种，如中黄 30、中黄 35、吉育 501 等。

（4）黄淮海夏作大豆区　在以沧州为代表的黄淮海北部地区，在晚播 30 d 的条件下，可种植 MG 2.0～MG 2.4 的品种，如长农 16、吉林 20 等，初霜期前可安全成熟。在以济宁和商丘为代表的黄淮海中南部地区，在晚播 30 d 的条件下，可种植 MG 2.5～MG 3.0 的品种，如山宁 15、吉育 96、辽豆 4 号等。

4. 应用区域

适用于全国各大豆主产区。

5. 依托单位

中国农业科学院作物科学研究所，宋雯雯、韩天富，010-82105865。

第五章

大麦青稞体系防灾减灾技术

一、大麦青稞非生物灾害防灾减灾技术
  （一）大麦青稞低温冻害防灾减灾技术
  （二）大麦青稞雨水渍害防灾减灾技术
  （三）大麦青稞低温冷害防灾减灾技术
  （四）大麦青稞季节性干旱防灾减灾技术
  （五）大麦青稞盐害防灾减灾技术
二、大麦青稞生物灾害防灾减灾技术
  （一）大麦青稞条纹病防灾减灾技术
  （二）大麦青稞白粉病防灾减灾技术
  （三）大麦青稞赤霉病防灾减灾技术
  （四）大麦青稞黑穗病防灾减灾技术
  （五）大麦青稞蠕孢叶斑病防灾减灾技术
  （六）大麦青稞云纹病防灾减灾技术

（七）大麦青稞锈病防灾减灾技术
（八）大麦青稞黄矮病防灾减灾技术
（九）大麦青稞黄花叶病防灾减灾技术
（十）大麦青稞穗腐病防灾减灾技术
（十一）大麦青稞细菌性疫病防灾减灾技术
（十二）大麦青稞蚜虫防灾减灾技术
（十三）大麦青稞金龟子防灾减灾技术
（十四）大麦青稞地老虎防灾减灾技术
（十五）大麦青稞金针虫防灾减灾技术
（十六）大麦青稞麦秆蝇防灾减灾技术
（十七）大麦青稞黏虫防灾减灾技术
（十八）大麦青稞草地贪夜蛾防灾减灾技术
（十九）大麦青稞田杂草防灾减灾技术

一 大麦青稞非生物灾害防灾减灾技术

（一）大麦青稞低温冻害防灾减灾技术

1.发生特点

大麦低温冻害是指0℃以下的低温对大麦植株或幼穗造成的危害，主要发生在冬大麦区，一般分为苗期低温植株冻害和孕穗期幼穗冻害。

2.典型症状

受极端低温影响，苗期低温植株冻害症状主要有植株地上叶片发黄、卷曲、枯死。孕穗期冻害症状为叶片尖端卷曲、发黄、发枯，冻害发生后第3天剥开主茎幼穗，冻死幼穗呈米汤色、浑浊，主茎呈喇叭口状，无穗抽出（图5-1）。

a.苗期大田冻害　　　　b.苗期单株冻害　　　　c.孕穗期大田冻害　　　　d.孕穗期幼穗冻害

图5-1　大麦不同生育期冻害症状

3.防控措施

采取选用耐寒性品种、适期播种、培育壮苗和精准补肥等绿色防控技术。

（1）选用耐寒性品种　选用适合当地生产的耐寒性大麦青稞品种。抵御冬季极端低温的冻害，一般冬性强的品种的耐寒性优于春性强的品种，在江苏北部地区可以选用扬饲麦1号、扬农啤7号等抗寒性好的品种。

（2）适期播种，培育壮苗　大麦早播苗容易旺长，抗冻能力下降，易发生冻害，可以通过适期播种、控制合适的基本苗、提高播种质量、氮磷钾肥配施、清沟理墒等技术培养壮苗提高抗冻性。

（3）及时补肥，化控促恢复　冬季苗期冻害一旦发生，如果叶片冻害低于50％，可以自然恢复；如果叶片冻害超过50％，每亩增施5～10 kg尿素，同时，可适当喷施芸苔素内酯1次，促进叶片恢复。春季冻害，在低温过后2 d，到田间调查主茎的冻死率，冻死率在10％～30％，每亩增施5 kg尿素；主茎冻死率在30％以上，每亩增施10～15 kg尿素，同时，可适当喷施芸苔素内酯1次。

4.应用区域

适用于全国大麦青稞冻害易发区。

5.依托单位

扬州大学农学院,许如根,0514-87979254。

(二)大麦青稞雨水渍害防灾减灾技术

1.发生规律

大麦青稞雨水渍害通常发生在土壤相对湿度较高的黄淮南部冬麦区和长江中下游冬麦区,近年来随着气候变化,青藏高原地区也有发生。雨水渍害是一种困扰大麦青稞正常生长发育,导致大麦青稞产量品质下降的自然灾害,其主要成因是地下水位过高、连阴雨天气、排灌设施不配套、土壤黏重等导致耕作层水分过多。

2.典型症状

麦田受雨水渍害后,土壤含水量过大,使得大麦青稞根部较长时间处于缺氧的不利环境,从而降低了根系活力,削弱了根系的吸收功能。同时,土壤氧化还原电位较低导致产生大量还原性有毒物质毒害根系,使根系的营养吸收与积累下降,造成大麦青稞地上部分生长缓慢、叶片变黄、根系腐烂甚至死亡,最终导致植株干物质积累降低、产量下降。苗期发生渍害主要表现为已播种的大麦种子霉烂,出苗率低;已长出的大麦苗不发生分蘖,苗小叶黄。越冬期受渍害表现为植株较矮,叶片较小,功能叶片上部呈灰白色。拔节至抽穗期受渍害,上部功能叶发黄,叶片短,植株较矮,小穗数和穗粒数减少。扬花至灌浆期受渍害常导致根系死亡,功能叶早衰,提前成熟,穗粒数减少,千粒重下降,极易诱发赤霉病、条锈病等病害的发生。成熟收获期遭遇连阴雨渍害,会造成大麦青稞穗上发芽,诱发赤霉病、锈病等病害的发生,甚至导致收获后籽粒发芽、霉烂,严重影响产量品质等。

3.防控措施

采取以耐渍(湿)害品种应用、农田排水设施建设、合理耕作、适度施用有机肥和生长调节剂为核心的绿色防控技术。

(1)选用耐渍(湿)害的品种 选育耐渍(湿)性大麦青稞品种,可有效地防止渍(湿)害造成的减产。在易发生大麦渍(湿)害的地区,生产上选用根系发达、发根力强、耐湿性较强、灌浆速度快、抗病性强、种子休眠期长、不易穗上发芽的高产稳产大麦品种。增强大麦本身的抗湿性能,是防御渍(湿)害的有效措施。

(2)搞好农田排水工程建设 在田间建起流畅的排水系统,雨季前疏通排水沟,田内开好排水沟,厢沟、腰沟、围沟做到沟沟相通,一级比一级深,确保雨水过多时田间积水能顺利排出,防止渍(湿)害发生。

(3)改进耕作栽培措施 易发生渍(湿)害的地区,前茬作物应以早熟品种为主,收割后要及时翻耕晒垡,切断土壤毛细管,增强土壤透气性,为微生物繁殖生长创造良好的环境,促进土壤熟化。同时,避免多年连续免耕,适当深耕破除犁底层,促进耕作层水分下渗,加厚活土层,扩大根系的生长范围。另外,合理轮作,中耕松土,切断土壤毛细管,阻止地下水向上渗透,改善土壤透气性,调节土壤墒情,促进根系发育,减轻土壤渍(湿)害。

(4)增施有机肥和磷钾肥　坚持有机肥和无机肥配合施用,一般在深翻时结合分层施肥,施有机肥 22500 kg/hm²,磷肥 250 kg/hm²,上层施细肥,下层施粗肥。对渍(湿)害较重的大麦田,做到早施、巧施接力肥,重施拔节孕穗肥,以肥促苗升级。冬季多增施热性有机肥,如渣草肥、猪粪、牛粪、草木灰、人粪尿等。化肥多施磷钾肥,利于根系发育、壮秆,促进根系深扎,有效防止渍(湿)害。

(5)喷施生长调节物质　大麦青稞在渍害逆境下,体内正常激素平衡发生改变,乙烯和脱落酸含量增加,地上部衰老加速。适当喷施生长调节剂如多效唑、芸苔素内酯、复合醇等,或微量元素及磷酸二氢钾等,可延缓植株衰老进程,同时还可预防白粉病、锈病和赤霉病等,有效减轻湿害。

(6)适时收获　成熟收获期关注当地天气预报,在晴天采用机械进行抢收,及时烘干入库,做好仓储工作。

4. 应用区域

适用于全国大麦青稞主产区。

5. 依托单位

华中农业大学,任喜峰,027-87282130。

(三)大麦青稞低温冷害防灾减灾技术

1. 发生特点

大麦生长进入孕穗阶段,因遭受 0 ℃以上低温而发生的危害称为低温冷害。小麦在拔节后至孕穗灌浆时期,含水量较高,组织幼嫩,同时大麦完成春化阶段后抵抗低温能力明显降低,此时对环境低温和水分缺乏较为敏感,特别是当最低气温低于 5 ℃时就可能受害。

2. 典型症状

低温冷害对大麦茎叶部分影响较小,叶片有轻微变色斑或无异常,但在孕穗开花期或灌浆期遇到低温冷害,会破坏生殖器官的生理机能,导致延迟抽穗或出现空颖穗,或部分小穗空瘪造成结实率降低,严重影响产量。

3. 防控措施

(1)选用耐低温品种,适期、适量播种　从本地的气候、地形等实际情况出发进行精心挑选,选用适合当地生产的抗(耐)低温大麦品种,加强品种轮换,避免单一品种的长期种植。对于一些冷害多发地区,更要尽量选择耐冷型品种,避免选择太过于早熟的品种。在选种的时候为了保障种子的品质,可以做发芽试验进行验证。在播种之前,可通过拌种、浸种以及晾晒等方式提高种子的防御能力和抵抗能力,保证麦苗健壮生长。

(2)采用灌水御寒　在低温来临之前灌水,通过有效灌溉改善麦田土壤的水分分布,合理调节土壤的养分,全面提高土壤的热容量,避免地温因为外界突然降温而大幅度下降,降低快速降温对大麦生长的影响。

(3)低温冷害后应及时追肥　发生低温冷害后应及时追肥,可追施 8～10 kg/亩的尿素进行缓解,促进植株恢复生长,减轻低温冷害对大麦青稞成穗数造成的影响,提高小穗、小花结实率,增加粒重,减少产量损失。在拔节孕穗期间,对大麦叶面喷施磷酸二氢钾 100 g/亩,及时补充大麦在成长期所需要的各种养分,提升大麦的免疫力,有效对抗春季低温冷害。

(4)防治病虫害 小麦遭受低温冷害后,抗病能力降低,极易发生病虫害,应及时喷施杀菌剂、杀虫剂,防治病虫害。

4.应用区域

适用于全国大麦主产区。

5.依托单位

浙江大学,蔡圣冠,0571-88982237。

(四)大麦青稞季节性干旱防灾减灾技术

1.发生特点

我国大麦青稞主产区季节性干旱时有发生,因水资源短缺及气候异常引起的北方大麦青稞产区干旱成灾面积有逐年扩大趋势。北方大麦区以冬、春、夏旱为主,青藏高原青稞区以春、夏旱为主,长江流域麦区夏旱和秋旱居多,西南麦区干旱主要出现在冬、春季,沿海麦区干旱相对较少。大麦青稞季节性干旱对雨养农业区影响较大,对灌溉区影响相对较小。

2.典型症状

大麦青稞不同生育期受旱表现症状各异。播种期干旱降低种子发芽率,出苗期延长;出苗后不分蘖,次生根生长受抑制,叶窄,叶色呈浅灰色,越冬期不耐冻;春季返青晚,叶片由浅灰色到枯黄,萎蔫严重时会死苗(图5-2a)。苗期受旱症状与播种期受旱的苗情表现类似。

拔节、孕穗期干旱降低分蘖成穗率,麦田穗数减少,严重时不拔节不抽穗;节间短,株高降低,中部叶片窄小,下部老叶早枯;穗分化受阻,水分亏缺造成小花大量退化,穗粒数急剧减少。

灌浆期、成熟期干旱使植株中下部叶片过早干枯,上部叶片萎蔫,叶尖、芒、顶部小穗青干,光合作用和灌浆过程受阻,青干逼熟,籽粒秕瘦,粒重降低(图5-2b)。

a.苗期干旱   b.灌浆期干旱

图5-2 大麦青稞苗期和灌浆期干旱症状

3.防控措施

选用抗旱品种,配套抗旱节水栽培技术及病虫害防控等抗灾减灾技术措施。

(1)选用抗旱高产品种 不同大麦青稞品种抗旱性差异较大,应根据本地区气候、土壤、地力、种植制度、产量水平和病虫害情况等,选用最适宜的抗旱高产品种,同时加强种子筛选和处理,提高播种质量。

（2）调整播量，确保基本苗　适期播种，可采用精量播种，如抢墒早播，应适当降低播量；当播期推迟到适播期以后，应适当增加播量。分蘖力强、成穗率高的品种和整地质量好、墒情足、播种期早的地块适当降低播量，反之适当增加播量，确保基本苗。

（3）灌水补墒，镇压保墒，抗旱保苗　对旱情较重并影响大麦青稞正常生长的麦田，在灌溉区，及时实施湿润灌溉，补充麦苗必要的水分，促进表墒和底墒相接，恢复植株生长。旱地麦田由于没有水浇条件，抗旱要以提墒保墒为中心，抓好镇压，弥封裂缝，沉实土壤，提墒保墒，促进根系发育，以提高麦苗自身的抗旱能力。

（4）科学施肥，促弱转壮　麦田施肥管理应以促进生长发育、提高成穗率为核心，以弱苗为重点。对弱苗田块，在浇水时追肥，每亩用尿素 5～10 kg。对旱地麦田，农户要掌握气象信息及时"借雨"追肥，在下雨时将尿素均匀撒施于麦田，借助有限的降水将尿素溶解于土壤，以利于发挥肥效。

（5）防病治虫，化学除草　抗旱灌溉后及降水后，田间湿度增加，大麦青稞病害、虫害流行加快，杂草生长加快，要加强病虫害的监测和防控，防早防小，及时化学除草。

4. 应用区域

适用于全国大麦青稞生产季节性干旱易发地区。

5. 技术专家

甘肃农业大学农学院，王化俊，0931-7631145。

（五）大麦青稞盐害防灾减灾技术

1. 发生特点

土壤盐害是土壤深层水的盐分随毛管水上升到地表，水分蒸发后盐分在地表积累的过程。土壤盐害发生范围广，产生原因多样，如我国东北、西北、华北的干旱、半干旱地区，由于降水量小、蒸发量大，溶解在水中的盐分容易在土壤表层积聚而形成的盐碱土，沿海地区因海水浸渍而形成的滨海盐碱土。此外，长期不合理使用化肥或用污水灌溉也会造成盐碱土的形成。尽管大麦青稞是耐盐大田作物，但由于长期生长在盐分较高的土壤中而发生渗透胁迫，根系对水分和养分的吸收受到抑制，进而发生离子毒害和次生氧化胁迫，导致光合作用、蒸腾作用和其他生理生化代谢能力降低，最终表现出生长受抑制、产量降低。

2. 典型症状

盐碱胁迫对大麦青稞形态、生理和生化过程的不利影响几乎覆盖了大麦生长和发育的所有阶段，即幼苗的发芽、生长、分蘖、开花和结果。大麦青稞早期发生盐害表现出返青缓慢，生长滞缓，植株矮小，不分蘖，叶片上出现白色或灰白色的盐斑，叶片边缘枯黄或焦枯，叶色呈黄白或淡褐色，下叶赤枯，茎秆硬化，严重时出现卷叶，慢慢枯死；生育后期发生盐害时，籽粒不充实，空瘪率高，最终导致大麦青稞的经济产量降低甚至绝收（图5-3）。

3. 防控措施

大麦青稞的盐害防控措施包括选择适应性强的品种、秸秆还田、深翻耕、土壤改良、合理施肥、控制灌溉量和频率、盐害修复以及控制土壤温度等。可以通过不同措施的有机结合进行综合防控，以提高大麦青稞的抗盐能力，保证其生长良好。

a.叶片卷曲枯黄　　　　　b.分蘖和有效穗降低　　　　　c.籽粒不充实，空瘪率高，颖壳色暗

图 5-3　大麦青稞盐害症状

（1）选用耐盐碱品种　针对不同地块，分析盐碱成分，有针对性地选用在不同生育期（萌芽期、苗期、成株期）均具有较强耐盐碱性的大麦青稞品种，如扬饲麦 1 号、扬农啤 7 号、盐麦 3 号、盐食裸 2 号、内农科饲用大麦 1 号、蒙啤麦 5 号等。

（2）种子包衣　将种子进行精选包衣，提高盐碱地大麦种子的发芽率及整齐度，可采用精量播种技术。能保证盐碱地大麦苗全、苗匀、苗壮。

（3）农业措施　有以下 3 种有机结合形式。

①增施有机肥＋秸秆粉碎还田＋深翻耕。增施有机肥（轻度：腐熟农家肥 2～3 m³/亩、有机肥 100 kg/亩；中度：腐熟农家肥 4～5 m³/亩、有机肥 200 kg/亩；重度：腐熟农家肥 6～7 m³/亩、有机肥 200 kg/亩；另加腐熟剂 6～8 kg/亩、尿素 5 kg/亩）和生物菌肥（80～160 kg/亩），促进耕层熟化，改善土壤结构，提升耕地质量。收获后秸秆粉碎结合深耕翻压还田（轻度和中度盐碱地翻耕深度 30 cm，重度盐碱地翻耕深度 40 cm），打破犁底层，增加土壤有机质，提高土壤透气性。

②配施土壤改良剂＋控制灌溉。播前平整土地→农田灌排系统（通过灌溉大量的淡水，将盐分冲刷出土壤）→撒施化学改良剂（轻度盐碱地 300～500 kg/亩石膏，中度盐碱地 600～800 kg/亩石膏，重度盐碱地 1000～1200 kg/亩石膏）→掺沙降容（轻度盐碱地 15 t/亩，中度盐碱地 30 t/亩，重度盐碱地 50 t/亩）→圆盘沿纵、横方向两次→旋耕→控制灌溉量和频率（灌深 80～100 cm，间隔 7～10 d，灌溉 3 次，避免土壤过湿或过干，从而减少土壤中盐分的积累）。播种时沟施（或穴施）应速奇土壤改良剂 500～1000 g，破除板结，疏松土壤，增强土壤通透性，提高作物对水分的吸收和保持能力。播前造墒或作物出苗后浇第 1 次水时，每亩随水浇灌根罗（高磷腐殖酸胶体）1～2 L，改善作物根际环境，促进生根壮苗，降低盐害。

③追施菌肥＋合理施肥。苗期或拔节期，配合尿素每亩随水追施水溶性生物菌肥 2.5～5 kg，促进生长，抵御盐害。此外，避免过量施肥，特别是过量施用含盐量高的肥料。根据土壤养分状况进行施肥，避免盐分积累。

（4）化控技术　每亩喷碧护 3～5 g 或益佰禾 100～200 mL，提高光合效率，快速突破盐碱抑制。

（5）控温减盐技术　在高温季节采取遮阴措施，降低土壤盐分的蒸发，减少盐分的积累。

（6）注意事项　在大麦出苗期、分蘖盛期、孕穗期、灌浆期等易感盐碱胁迫生育期，密切监测盐碱胁迫发生，及时应对。

4.应用区域

适用于全国大麦青稞主产区。

5.依托单位

内蒙古自治区农牧业科学院,刘志萍,0471-5902208。

 二 大麦青稞生物灾害防灾减灾技术

(一)大麦青稞条纹病防灾减灾技术

1.发生特点

条纹病是典型的种传病害,在我国各大麦青稞种植区普遍发生。带菌种子是唯一的初侵染菌源和远距离传播途径。

2.典型症状

病害症状首先出现在苗期第2或第3叶,但常在生育中后期表现出明显症状。一般在新叶出现黄色条纹,然后变为深褐色。病斑纵向逐渐延伸至整个叶片和叶鞘,导致病组织迅速坏死。病斑彼此合并,最后导致病叶及其叶鞘萎蔫并完全枯死。病叶常从叶尖开始出现破裂或被撕裂成条状(图5-4a)。多数病株矮化,不能抽穗,或抽出的麦穗呈褐色,最后病穗枯死、扭曲,或被挤压成一团。病穗不能结实,或少量结实,种子严重皱缩,多数为褐色(图5-4b)。病害症状变化与病原菌致病力强弱、寄主抗性水平以及环境因素有关。

a.成株期条纹病叶症状　　　　b.条纹病穗症状

图5-4　大麦青稞条纹病典型症状

3.防控措施

条纹病的初侵染菌源仅限于带菌种子,播种无病原菌种子是最有效的防控措施,所以应建立无条纹病制种田,生产无病原菌种子。通过内吸性杀菌剂如萎锈灵拌种,能取得满意防治效果,显著降低病株率。

4.应用区域

适用于全国大麦青稞栽培区域。

5.依托单位

中国农业科学院植物保护研究所,蔺瑞明,010-62816081。

（二）大麦青稞白粉病防灾减灾技术

1.发生特点

白粉病是典型的气传专性寄生真菌病害,借助高空气流远距离传播扩散,发生面积广,传播速度快。常发流行区域的分布范围非常广泛,主要包括华中、华东及长江流域冬麦区,云南、四川及西藏西南春麦区。

2.典型症状

病原菌主要侵染叶片,在适宜的环境条件下也可侵染叶鞘、茎秆、颖壳和麦芒。在大麦全生育期发生侵染,病组织表面形成灰白色霉斑(图5-5a)。在侵染早期,菌物以无性方式产生大量的分生孢子。在生育前期衰老病叶片或寄主成熟时期,病组织表面的霉层渐变为灰色至淡褐色,病斑表面的菌丝中散生黑褐色球形小颗粒,即病原菌有性生殖的子囊壳(图5-5b)。茎秆和叶鞘受侵染,病株易倒伏。感病品种叶片病斑组织初期无明显变化,后期逐渐褪绿、黄化,最后卷曲枯死。抗病品种仅形成深褐色小斑点,菌丝稀疏或不形成菌丝。高感病品种病株矮缩,不抽穗或穗短小,穗粒数减少,千粒重显著降低。

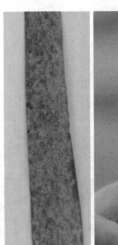

a.白粉病叶部症状　　　　　　　　b.菌落上产生子囊壳

图 5-5　大麦青稞白粉病症状

3.防控措施

白粉病属于专性寄生病害,培育和推广含有抗白粉病基因如 $Mla6$、$Mla9$、$Mlp1$、Mlk 等品种是最经济有效的防控措施。根据病害流行的预测预报结果,当发病率达到 5%～10% 时,叶面喷施 20% 烯肟菌酯乳油、15% 氯啶菌酯乳油、10% 苯醚菌酯悬浮剂、20% 烯肟菌胺悬浮剂等 1～2 次防治,也可以在发病初期及时喷施杀菌剂如 20% 三唑酮(粉锈宁)乳油、25% 丙环唑乳油、12.5%烯唑醇可湿性粉剂等药剂。发病重地块防治 15 d 后再防治 1 次。目前大麦白粉菌对常用杀菌剂都有不同程度的抗药性,选用抗病基因多样性与杀菌剂多样化相结合策略,才能实现持久稳定的防控效果。

4. 应用区域

适用于全国大麦青稞白粉病流行区域。

5. 依托单位

中国农业科学院植物保护研究所,蔺瑞明,010-62816081。

（三）大麦青稞赤霉病防灾减灾技术

1. 发生特点

大麦青稞赤霉病是由镰刀菌属（*Fusarium* spp.）真菌引起的穗部病害,在我国江苏、湖北、安徽以及浙江、福建等冬大麦产区发生频率高,部分年份对我国北方及东北春大麦也能造成严重损失。当大麦开花期遇到阴雨潮湿天气,病害发生更严重,造成的经济损失更大,具有发病快、预防难的特点。

2. 典型症状

侵染早期症状是在颖壳基部、中部或在穗轴上出现水渍状浅褐色小斑点,侵染后期沿外颖壳的合缝处或在受侵染的小穗基部常出现明显的橙红色至略带红色的菌丝团和分生孢子堆。受侵染的小穗提前枯死;穗轴被侵染导致侵染点以上的穗组织全部变为浅绿色或灰白色,不能结实(图 5-6)。

3. 防控措施

推广种植抗病品种是防治赤霉病最经济有效的措施,如颚大麦 513、颚大麦 960、驻大麦 7号、盐 05028、盐 09085、云啤 22 号、凤啤麦 4 号和凤啤麦 6 号等。利用栽培管理措施,如轮作期间至少 1 年不种植禾谷类作物或禾草植物,也能减少赤霉病的发生;尽量深耕地,把作物残体深埋入下层土壤中,减少田间地表玉米、小麦

图 5-6　大麦青稞赤霉病症状

和大麦等作物的病残体数量,从而有效减少初侵染菌源。在大麦扬花株率为 5%～10% 的开花初期,可以选择渗透性、耐雨水冲刷性和持效性较好的农药,如 25% 氰烯菌酯悬浮剂、25% 丙环唑乳油、40% 戊唑·咪鲜胺水乳剂、28% 烯肟·多菌灵可湿性粉剂等,稀释后细雾喷施。

4. 应用区域

适用于全国大麦青稞赤霉病流行区域。

5. 依托单位

中国农业科学院植物保护研究所,蔺瑞明,010-62816081。

（四）大麦青稞黑穗病防灾减灾技术

1. 发生特点

在我国大麦青稞种植区域，主要发生散黑穗病和坚黑穗病，分别是由裸黑粉菌(*Ustilago nuda*)和大麦坚黑粉菌(*Ustilago hordei*)侵染引起的穗部病害。发病周期长，两种黑穗病均为系统侵染单循环病害。散黑穗病和坚黑穗病在我国各大麦青稞产区均有不同程度发生，坚黑穗病主要分布在青藏高原青稞种植区域，而散黑穗病分布范围比坚黑穗病更广泛。

2. 典型症状

在大麦抽穗到成熟期间黑穗病的为害症状非常明显。散黑穗病株在抽穗期前生长正常，常较健株略高，多数病株抽穗比健康株略早几天。在抽穗前，病穗的花器、小穗均已被破坏，完全转变成一团干燥的橄榄褐色冬孢子粉，只残留穗轴和芒。刚抽出叶鞘的病穗外面包一层灰白色的薄膜；麦芒为绿色，然后变为枯白色。在病穗刚露出叶鞘后，其表面的薄膜极易破裂，黑粉（即病菌的冬孢子或厚垣孢子）被风雨吹散；有的病穗依然保留麦芒，有的只剩下裸露光秃的穗轴。坚黑穗病的典型症状是病株的花器、小穗均被破坏，花器内种子部位被一团深褐色至黑色粉状物取代，即冬孢子团。黑粉状物被持久地包裹在一层银灰色至灰白色的薄膜内，包膜较坚硬，不易破裂；冬孢子间具油脂类物质相互黏聚而不易飞散，病穗组织仅存穗轴，有芒的品种病穗残存麦芒。病株抽穗比健康株稍晚，多数病穗能抽出旗叶叶鞘，有的病穗包裹在旗叶叶鞘之内而不能完全抽出（图 5-7）。

图 5-7　大麦青稞黑穗病症状

3. 防控措施

散黑穗病的初侵染菌源仅为带菌种子，坚黑穗病初侵染菌源包括带菌种子和地表带菌土壤。因此，建立无黑穗病制种田，制备无菌良种以及选用抗病或耐病品种，是防治黑穗病最经济有效的措施。此外，采用保护性或内吸性杀菌剂如 25％三唑醇、25％多菌灵、25％萎锈灵可湿性粉剂、20％三唑酮（粉锈宁）按种子质量的 0.3％拌种，或用 12.5％烯唑醇按种子质量的 0.3％～0.5％拌种，或用 50％苯菌灵按种子质量的 0.1％～0.2％拌种，或使用 2％戊唑醇种衣剂按种子质量的 0.1% 拌种,均能有效防治黑穗病害。

4. 应用区域

适用于全国大麦青稞散黑穗病和坚黑穗病流行区域。

5. 依托单位

中国农业科学院植物保护研究所,蔺瑞明,010-62816081。

(五)大麦青稞蠕孢叶斑病防灾减灾技术

1. 发生特点

蠕孢叶斑病仅在气候较温暖潮湿地区造成明显的经济损失,苗期或成株期遇到低温多雨天气,极易引发病害流行。近 20 年来该病害仅分布于内蒙古东部呼伦贝尔和黑龙江春大麦区,造成严重损失。在大麦生育后期降水偏多年份,平均减产 10%~30%,它是东北大麦生产上的首要病害。

2. 典型症状

病原菌主要侵染叶片,适宜环境条件下也能侵染叶鞘、茎秆和穗部组织。在叶片侵染点周围形成褐色小斑点,然后逐步扩大为褐色至深褐色椭圆形或梭形斑。在成株期的侵染后期,病斑会沿叶脉平行方向继续扩大或彼此融合,但扩展受叶脉限制,最后形成长椭圆、长梭形或长方形深褐色病斑,最大病斑达 2 mm×20 mm(图 5-8)。感病品种叶部病斑四周边缘组织褪绿变黄,形成黄色晕圈,叶片病斑连片而枯死。苗期感病品种的病斑常为椭圆、长椭圆形或长条形,病斑外缘具有褪绿黄色晕圈。

图 5-8 成株期蠕孢叶斑病症状

3. 防控措施

目前主要依靠使用抗病品种和化学农药防治叶斑病。首先应优先使用抗病品种,但品种抗病性具有地域性,尽量使用当地品种,如在东北麦区可使用垦啤麦 11 号、红 15-797 和红 13-

404 等抗病品种。在苗期发现病害,普遍率达到 1%~5%时,应及时使用杀菌剂[如戊唑醇或 26%吡唑醚菌酯+咪酰胺(比例=1:1)]喷施防治。使用戊唑醇等内吸性药剂拌种也能有效控制种传病原菌引起的苗期病害。与非寄主作物如油菜、大豆等轮作 2 年以上,可显著降低初始菌源量。在灌浆后减少浇灌次数、延长浇灌间隔时间,有助于降低田间的湿度水平而减少大麦籽粒被侵染的概率。在叶斑病常发区域,生育后期如发生阴雨天气,应根据气象预报提前使用 25%丙环唑乳油、40%杜邦福星乳油等杀菌剂叶表喷雾防治。

4.应用区域

适用于东北春大麦叶斑病流行区域。

5.依托单位

中国农业科学院植物保护研究所,蔺瑞明,010-62816081。

(六)大麦青稞云纹病防灾减灾技术

1.发生特点

在我国气候冷凉、半湿润的青藏高原青稞种植区域,云纹病是近年来出现的主要病害之一。该病在主要流行区青海全省、甘肃南部、四川西北部造成较大产量损失,在云南和西藏为害较轻。

2.典型症状

绝大多数病斑出现在叶片和叶鞘上,病原菌还能侵染胚芽鞘、颖片、稃和芒,形成独特的病斑。侵染初期,在病原菌侵染位点形成水浸状浅蓝色的小斑点,然后病斑逐渐扩大形成梭形、长椭圆形或不规则的形状,病斑扩展不受叶脉限制。侵染后期,病斑中心组织干燥后颜色变浅,呈白色、浅灰色、灰绿色至淡褐色,而病斑边缘变宽而且色深,呈深褐色或黑褐色,病斑四周外围组织褪绿,病斑为长椭圆形或菱形,扩展不受叶脉限制。随着病斑扩大而彼此嵌合,形成典型的云纹状斑块(图 5-9)。在成株期,高感品种叶片病斑周围组织呈灰绿色,最后叶片完全枯死。感病品种苗期被侵染后不形成典型的云纹状病斑,接种约 2 周后叶片变黄枯死。病原菌侵染花器后,在靠近芒基部的外稃内侧出现周围深褐色而中部为浅棕褐色的典型云纹状病斑。

图 5-9　叶片云纹病症状

3.防控措施

使用抗病品种,结合栽培措施和化学药剂防控云纹病。抗病品种的推广应用是重要防控措施之一,但目前缺少可供使用的抗病主栽品种。消灭带菌种子和病残体等病原菌的初侵染菌源是防控云纹病的另一个关键措施。与抗病非禾本科作物轮作,或深耕、燃烧等措施可以销毁病残体。铲除感病的大麦自生苗或其他受侵染的禾本科杂草,对减少初始菌源量非常有效。用多菌灵、戊唑醇等杀菌剂处理种子能减少带菌种子引起的初侵染发生。在发病中心或者发病严重地块,在发病初期可选用15%三唑酮可湿性粉剂、70%代森锰锌可湿性粉剂、50%福美双可湿性粉剂、25%丁硫·福美双、50%多菌灵可湿性粉剂等喷施防治。

4.应用区域

适用于青藏高原云纹病流行区域。

5.依托单位

中国农业科学院植物保护研究所,蔺瑞明,010-62816081。

（七）大麦青稞锈病防灾减灾技术

1.发生特点

我国大麦锈病主要是指条锈病和叶锈病,而秆锈病偶尔零星出现,危害程度极为轻微,可以忽略。条锈菌和叶锈菌均为专性寄生病原菌,群体种存在丰富的毒性变异。病原菌优势生理小种发生更替导致主栽品种丧失抗病性,引发病害大规模流行。病原菌夏孢子借助高空气流远距离传播扩散。条锈病主要在青藏高原及其周边高海拔冷凉地区发生,而叶锈病主要在云南和长江中下游及华中、华北气候较为温暖的麦区流行。锈病具有传播速度快、暴发性强、造成的经济损失大的特点。

2.典型症状

条锈病和叶锈病主要为害大麦青稞叶片条,适宜条件下也能侵染叶鞘和穗部。条锈菌的夏孢子堆呈黄色,在叶片上呈线状排列;而叶锈病原菌能在叶片和叶鞘上形成浅橙褐色小而圆的夏孢子堆,呈杂乱分布(图 5-10)。

a.条锈病　　　　　　　　b.叶锈病

图 5-10　大麦青稞条锈病和叶锈病典型症状

3. 防控措施

主要以使用抗病品种为主、药剂防治为辅助的锈病防治策略。优先使用抗病品种能够非常有效地防治大麦锈病,如抗条锈病品种或品系藏青18、藏青20、08-1128和14-3492等。在锈病流行严重年份,应及时跟踪监测,及时防控早期出现发病中心的地块;可以喷施杀菌剂如粉锈宁、特谱唑、己唑醇、戊唑醇、腈菌唑、丙环唑等,也可以采用杀菌剂(如43%戊唑醇悬浮剂)与杀虫剂(如20%吡虫啉)混合施用,同时兼防治锈病与蚜虫。

4. 应用区域

适用于全国锈病流行区域。

5. 依托单位

中国农业科学院植物保护研究所,蔺瑞明,010-62816081。

(八)大麦青稞黄矮病防灾减灾技术

1. 发生特点

黄矮病主要分布在云南、西藏、青海及甘肃等麦区,在其他大麦种植区域如浙江、江苏和四川等省份也有零星发生。蚜虫是黄矮病毒的传播介体,该病具有发生隐蔽、暴发性强、造成经济损失大的特点。

2. 典型症状

被侵染的叶片7～20 d即可出现褪绿症状。病株老叶片绿色组织沿叶边缘、叶尖或叶片中间出现不均匀的褪色斑,变色区域随后扩大并融合,逐渐向叶基部扩展。病株上部新叶通常为绿色,直到后期才出现褪绿症状。叶脉附近组织保持绿色更长久。褪色区域经常呈鲜黄色,病叶组织较为坚硬、变厚,表面较为光滑。病株节间伸长生长受到抑制而出现矮化,甚至不能拔节和抽穗,分蘖数减少(图5-11)。病株矮化程度取决于病毒侵染时植株的生长阶段、病毒株系毒力、接种病毒的数量以及品种感病程度。

图5-11 黄矮病症状特征

3.防控措施

积极推广和使用耐病和抗病品种,如藏青 20、鄂大麦 303、鄂大麦 425、鄂大麦 438、红 13-449、红 15-908、红 15-907、青稞新品系 0006 等,是防控黄矮病的最经济有效的方法。由于蚜虫是传播黄矮病毒唯一介体,故可以通过喷施阿维菌素、抗蚜威、杀灭菊酯、高效氯氰菊酯、氧化乐果等杀虫剂,及早防控病害流行区大麦生育前期出现的蚜虫。此外,改变播期也可达到避开病毒侵染的目的,使农作物生长期与大量蚜虫出现的时间错开。

4.应用区域

适用于全国黄矮病流行区域。

5.依托单位

中国农业科学院植物保护研究所,蔺瑞明,010-62816081。

(九)大麦青稞黄花叶病防灾减灾技术

1.发生特点

黄花叶病主要在我国长江中下游麦区为害流行,是土传病害。病毒能在土壤中的传播介体禾谷多黏菌(*Polymyxa graminis*)中长期存活,根治难度较大。

2.典型症状

病株矮小,在叶片上形成黄色病斑和短线条纹,侵染后期从叶尖开始变黄。有时在老叶片上出现坏死斑,叶片过早死亡(图 5-12)。环境气温高于 18 ℃则病株常不显症。因此,病株症状在春季非常明显。

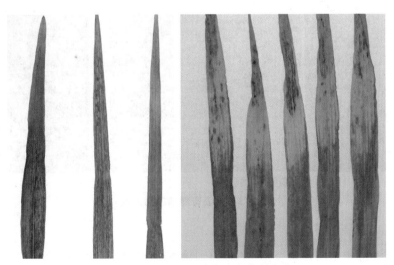

图 5-12 大麦青稞黄花叶病典型症状

3.防控措施

大麦是黄花叶病毒已知的唯一寄主。在自然条件下病毒主要通过土壤中禾谷多黏菌传播。广泛使用抗病或耐病品种,如颚大麦 105、颚大麦 256、颚大麦 263、盐 04189、盐 05028 和驻大麦 8 号等,是防治黄花叶病最有效的措施。

4.应用区域

适用于全国黄花叶病流行区域。

5.依托单位

中国农业科学院植物保护研究所,蔺瑞明,010-62816081。

(十)大麦青稞穗腐病防灾减灾技术

1.发生特点

穗腐病主要在青藏高原及周边青稞种植区域流行,包括青海全省、甘肃南部和四川西北部,西藏山南和日喀则。穗螨是病原菌的传播介体,出苗后穗螨聚集于幼苗心叶基部,直到孕穗初期包裹于旗叶叶鞘内,导致幼穗发病,为穗螨提供食物。病原菌通过混杂病残体和被穗螨污染的种子和土壤远距离传播。

2.典型症状

病害症状的一种类型是被侵染的病穗包裹在旗叶鞘内完全霉变腐烂,不能抽穗,叶鞘外侧形成褐色梭形病斑(图 5-13a);另一种类型病株能正常抽穗,但部分或全部小穗被侵染而不能结实(图 5-13b)。

a.未抽穗类型穗腐病　　　　　　　　　　　b.抽穗类型穗腐病

图 5-13　大麦青稞穗腐病症状

3.防控措施

清除杂草,与非禾本科作物轮作 2 年以上。播种前采用杀螨剂处理表层土壤,或者在出苗后至分蘖前喷施杀螨剂＋杀菌剂,减少出苗后侵入幼苗心叶基部穗螨数量。

4.应用区域

适用于青藏高原青稞穗腐病流行区域。

5.依托单位

中国农业科学院植物保护研究所,蔺瑞明,010-62816081。

（十一）大麦青稞细菌性疫病防灾减灾技术

1. 发生特点

在我国大麦种植区域很少发生细菌性疫病,但在个别病圃或试验小区中为害严重,病株率达到80％以上。病原菌通过雨水或露水传播。

2. 典型症状

侵染初期在叶片上形成水渍状小斑点,后期病斑伸长为线状。线状病斑最后上下延伸扩展至整个叶片,但很少向下扩展到叶鞘或茎秆。在湿度大时病斑上易出现菌脓,在叶片表面形成微小淡黄色小液滴,或扩散在叶表面,叶表滑腻(图5-14)。

图 5-14　成株期细菌性疫病症状

3. 防控措施

病原菌的初侵染菌源主要是带菌种子及秸秆,它不能在土壤中独立存活较长一段时间。因此,作物间轮作是防治细菌性疫病最好的方法。播种不携带病原菌的种子,或者用偏酸性的0.5％醋酸铜浸种20 min,再用清水漂洗两次,也可采用氢氧化铜或硫酸链霉素等抗生素叶部喷雾防治。目前还没有抗病品种。

4. 应用区域

适用于全国细菌性疫病流行区域。

5. 依托单位

中国农业科学院植物保护研究所,蔺瑞明,010-62816081。

（十二）大麦青稞蚜虫防灾减灾技术

1. 发生特点

麦蚜是我国麦类作物上发生的重要害虫,在大麦青稞主产地都有广泛分布,主要有麦无网长管蚜、荻草谷网蚜、禾谷缢管蚜和麦二叉蚜,均属于半翅目蚜科。大麦整个生育期都可发生,四种麦蚜常常混合为害,对扬花灌浆期造成危害最重。

2. 典型症状

大麦受害后苗期植株生长缓慢,分蘖减少,受害严重时叶片发黄,甚至整株枯死;穗期受害,造成籽粒干瘪,麦穗实粒数减少,千粒重下降,引起严重减产。除直接为害外,还可传播麦类黄矮病毒,导致病株枯黄矮化,穗小粒少,引起严重减产。

3. 防控措施

防治麦蚜应根据虫情和麦田环境,采取农业防治、早春挑治、达标统防等综合防控措施。

(1)农业防治　合理布局作物,冬、春麦混种区尽量使其单一化,秋季作物尽可能为玉米和谷子等;选择抗虫大麦品种;冬麦适当晚播,实行冬灌,早春耙耱镇压。

(2)科学用药　当麦蚜发生数量大、为害严重时,化学防治是控制蚜害的最有效措施。在大麦扬花灌浆初期化学防治指标为百株蚜量:以狄草谷网蚜为主达 500 头以上,以禾谷缢管蚜为主达 4000 头以上;百株蚜量达到防治指标时,益害比小于 1:120,无大风雨天气应及时进行药剂防治。

可在播种前每 10 kg 大麦青稞种子用 30% 高氯·噻虫嗪 40～50 mL 拌种处理;生长期用 10% 顺式氯氰菊酯 1500 倍液＋70% 吡虫啉 2000 倍液,或 20% 啶虫脒 1500 倍液＋4.5% 高效氯氰菊酯喷雾。对于抗药性较强的蚜虫,可用 5% 双丙环虫酯 1500 倍液或 46% 氟啶虫酰胺＋啶虫脒 2000 倍液喷杀。

4. 应用区域

适用于全国大麦主产区。

5. 依托单位

中国农业大学,梁沛,010-62731306。

(十三)大麦青稞金龟子防灾减灾技术

1. 发生特点

主要有暗黑鳃金龟和华北大黑鳃金龟 2 种,均属于鞘翅目金龟科。大麦出苗至返青期是暗黑鳃金龟、华北大黑鳃金龟为害的主要时期,主要是幼虫潜伏在土壤中取食为害。

2. 典型症状

暗黑鳃金龟和华北大黑鳃金龟幼虫栖息土中,主要为害大麦的根及幼苗,或取食萌发的种子,造成缺苗断垄,将根茎、根系咬断,使植株枯死,且伤口易被病菌侵入,引起其他病害的发生。成虫还取食叶片、花和嫩芽等。

3. 防控措施

(1)农业措施

①做好测报工作。调查虫口密度,掌握当地害虫盛发期。在掌握普遍虫情的基础之上,因地因时采取相应的综合防治措施。一般麦田前茬为玉米、花生、甘薯等旱作物,食料丰富,有利于地下害虫的发生和繁殖。

②加强田间管理。结合当地耕作制度,实行合理化种植,保证平衡施肥、合理密植、适时播种、水旱轮作等优质高效绿色的栽培措施,且在播种时,选择抗虫优良品种,保障种子的纯度与质量。

③精细整地。蛴螬在土中栖息,做好大麦播前机深翻和旋耕、耙糖,通过机械杀死部分害虫,压低虫口密度,并且可直接消灭地边、荒坡、沟旁、田埂等处的蛴螬及其窝巢。因地制宜安排茬口,精耕细作,深犁多耙,不施用未腐熟的有机肥料,适时控制水肥等农业耕作措施。合理控制灌溉或及时灌溉,促使暗黑鳃金龟、华北大黑鳃金龟幼虫向土层深处转移,避开大麦幼苗最易受害时期。

④种植诱杀带。在田边、沟边等空地播种蓖麻,诱集金龟子后毒杀。

(2)物理防治

①使用灯光诱杀。在湿度高、风力小、无月光、闷热天气,使用黑光灯晚上 7:00—10:00 时进行诱杀,能收到很好的效果。

②捕杀大黑鳃金龟、暗黑鳃金龟幼虫。翻地时跟随犁后捕杀蛴螬。成虫喜产卵在厩肥中,在施肥前将厩肥弄碎,捡出蛴螬。

(3)科学用药

①土壤处理。在耕地翻土或耕后整地作畦时,每亩可用 50% 辛硫磷乳油 200～250 g,加水 10 倍,喷于 25～30 kg 细土中拌匀成毒土,顺垄条施,随即浅锄,能收到良好效果,并兼治金针虫和蝼蛄。

②种子处理。用 50% 辛硫磷乳油按照药:水:种子以 1:50:500 的比例拌种,也可用 25% 辛硫磷胶囊剂,或用种子量 2% 的 35% 克百威种衣剂拌种,拌和均匀后,堆闷 10～24 h,就可以播种,也能兼治金针虫和蝼蛄等地下害虫。

4. 应用区域

适用于全国大麦主产区。

5. 依托单位

中国农业大学,梁沛,010-62731306。

(十四)大麦青稞地老虎防灾减灾技术

1. 发生特点

地老虎(幼虫俗称地蚕)属于鳞翅目夜蛾科,是大麦重要的地下害虫。在生产上能造成危害的有 10 多种,其中以小地老虎这种迁飞性害虫危害最重,在全国各地普遍发生。小地老虎以为害地下部麦苗根为主,也能为害麦苗地上部分。

2. 典型症状

1～2 龄幼虫取食作物的心叶或嫩叶,到了 3 龄及以上就可以咬断大麦的根茎或者叶柄,如果危害严重,会导致缺苗断垄,甚至毁种。小地老虎 1～2 龄群集于麦苗心叶处取食,将幼嫩组织吃成缺刻;3 龄后分散为害,食量加大,白天潜伏于杂草或幼苗根部附近的表土干湿层之间,夜间出来咬断幼苗根茎基部造成缺苗断垄,以黎明前露水未干时活动最频繁,常把咬断的幼苗和嫩茎拖入土穴内供食。

3. 防控措施

要减轻和控制小地老虎在大麦上的危害,必须根据小地老虎的生活习性和为害规律,坚持综合防控。防控方法上应以农业防治为基础,做好预测预报工作,并结合药剂拌种、灌土和毒饵等化学防治。

（1）农业措施

①除草灭虫。杂草是早春产卵的主要场所，是幼虫向大麦转移为害的桥梁。因此，在春播前结合春耕、细耙等整地工作，及时铲除麦田田间、地头、渠道、路旁的杂草，消灭虫卵及幼虫寄生的场所。清除的杂草，要远离麦田，沤粪处理，或播种后在地面喷洒除草剂。

②合理耕作。在大麦幼苗期或 1～2 龄幼虫发生期中耕松土，或在初孵幼虫发生期灌水，可消灭大量卵和影响幼虫发育。适时晚播可避开幼虫危害盛期，可减少因幼虫取食而缺苗断垄。

（2）诱杀技术

①诱杀成虫。根据成虫的趋性，可利用黑光灯、糖醋液、性诱剂等诱杀成虫，降低成虫发生基数和田间卵量。研究表明，糖醋酒混合液发酵 8 d 后，对小地老虎成虫具有最佳的诱集效果。糖醋酒混合液配比为蔗糖(g)：乙酸（mL）：无水乙醇（mL）：纯水（mL）＝3：1：3：160。还可在其中加少量 90％敌百虫晶体在成虫发生期进行诱杀。

②诱杀幼虫。可采用泡桐叶诱杀法。小地老虎幼虫对泡桐树叶具有趋性，可取较老的泡桐树叶，用清水浸湿后，于傍晚放在田间，放 80～120 片/亩，第 2 天一早掀开树叶，捕杀幼虫，效果较好。如果将泡桐树叶先放入 90％敌百虫晶体 150 倍液中浸透，再放到田间，可将地老虎幼虫直接杀死。

（3）科学用药

①拌种。可选用 50％氯虫苯甲酰胺悬浮种衣剂(有效成分 4 g/kg)拌大麦种子，搅拌均匀后晾干，再播种。

②撒施毒土。可选用 2.5％溴氰菊酯乳油或 50％辛硫磷乳油 90～100 mL，喷拌细土 50 kg 配成毒土，按 300～375 kg/亩顺垄撒施于麦苗根茎附近。

③毒饵诱杀。在田间大龄幼虫为害期，将 90％敌百虫晶体 0.5 kg 或 50％辛硫磷乳油 500 mL 加水 2.5～5.0 kg，拌以幼虫喜食的碎鲜草或菜叶(如泡桐叶、灰菜、刺儿菜、苦荬菜、小旋花、苜蓿等)30～50 kg 制成毒草；或将 90％敌百虫晶体 0.5 kg 加水 1～5 kg，喷在 30 kg 磨碎炒香的菜籽饼或豆饼上制成毒饵。将毒饵或毒草于傍晚撒到作物幼苗根际。

④药液灌根。出苗或定苗后幼虫发生量大的地块或苗床，可用 80％敌百虫可溶性粉剂 1000 倍液，或 50％辛硫磷乳油、50％二嗪农乳油、48％毒死蜱乳油等 1000～1500 倍液灌根。

⑤药剂喷雾。喷雾时间应选择在小地老虎幼虫 2 龄以前，药剂可选用 50％辛硫磷乳油 1000 倍液、90％晶体敌百虫 1000～1500 倍液、2.5％溴氰菊酯乳油 1500～3000 倍液喷雾。

4. 应用区域

适用于全国大麦主产区。

5. 依托单位

中国农业大学，梁沛，010-62731306。

（十五）大麦青稞金针虫防灾减灾技术

1. 发生特点

金针虫是我国大麦上发生的重要地下害虫之一，主要有沟金针虫和宽背金针虫 2 种，二者均属于鞘翅目叩头甲科。在我国大麦生产地区,相比于宽背金针虫,沟金针虫的分布较广,为害也较重。二者的发生规律也并不一致。沟金针虫较适应在干燥疏松的土壤中生活,但对水分也有一定的要求,其适宜土壤湿度为 15%～18%,如春季雨水较多,土壤墒情较好,为害加重。宽背金针虫在岗地、沙壤熟地发生重,其能在较干旱的土壤中存活较久,对温度要求不高,如遇过于干旱的土壤,也不能长期忍耐。

2. 典型症状

金针虫长期生活在土壤中,幼虫咬食播下的种子,食害胚乳使之不能发芽。幼虫钻入植株根部及茎的近地面部分为害,蛀食地下嫩茎及髓部,使植物幼苗地上部分叶片变黄、枯萎,为害严重时造成缺苗断垄。

3. 防控措施

金针虫是土生虫害,生存和为害于深层土壤中,其幼虫对农作物幼苗危害极为严重,并且隐蔽性较强,不易被防治。因此,对其的防治应先做好害情测报,以农业防治为基础,首先考虑生物防治和物理防治,其后再科学合理地运用化学防治措施。

(1)农业防治　主要采用精耕细作、深耕多耙、合理间作或套种、合理轮作、科学施肥。严禁施用未腐熟的人畜粪肥,灌溉适度,干湿结合,让虫卵没有条件孵化,进而有效控制金针虫的虫口数量。合理种植能促进小麦、玉米及其他农作物生长健壮,使金针虫危害降到最轻。

(2)物理防治

①灯光诱杀。金针虫成虫有较强的趋光性,可以在盛发期用黑光灯进行诱杀,效果显著。

②堆草诱杀。由于金针虫对鲜嫩草有趋好性,可配 500～600 倍的 50% 辛硫磷溶液蘸湿杂草进行诱杀。

(3)化学防治

①土壤处理。用 40% 辛硫磷乳油 0.4～0.5 kg/亩兑水 15 kg,用喷雾器喷洒地表,随喷随耕,耕后耙糖。在地下害虫发生较为严重的地带,可用 3% 甲基异柳磷颗粒剂 3～4 kg,混细沙 10～15 kg 撒施后旋耕;或用 50% 辛硫磷乳油 200～250 mL/亩,混细沙 10～15 kg(先用 10 倍于药液的水稀释后喷洒于细沙拌匀)撒施后旋耕。

②拌种。按照 4:5 比例配制 15% 氯虫苯甲酰胺·高效氯氟氰菊酯悬浮种衣剂,以高剂量 2.5 g/kg 拌种处理效果最好,可有效减少金针虫对作物的危害。在作物播种前,可按照药物使用说明利用 40% 噻虫胺悬浮剂按 1:200 进行拌种。药剂包裹种子的表面,能够预防金针虫对种子以及地面下幼苗的侵害,同时对植物地上部分的防虫也有不错的效果。

③根部灌药。对于地下害虫为害不太严重的田块,可采用 40% 辛硫磷或 3% 噻虫嗪 200 倍液灌根,或用 5% 二嗪磷用 2～3 kg/亩拌锯末、麸皮或干细土开沟施或者顺垄撒施,划锄覆土。

4. 应用区域

适用于全国大麦主产区。

5. 依托单位

中国农业大学,梁沛,010-62731306。

（十六）大麦青稞麦秆蝇防灾减灾技术

1. 发生特点

麦秆蝇、黑麦秆蝇在我国大麦种植区均有广泛分布,是大麦生产上的重要害虫。一般大麦生长茂密的麦田,通风透光性较差,湿度、温度较高,不适于麦秆蝇生活,其成虫密度较低,着卵较少,麦田受害较轻;生长稀疏的麦田则相反。

2. 典型症状

幼虫钻入茎秆内蛀食为害,初孵幼虫从叶鞘或茎节间钻入麦茎,或在幼嫩心叶及穗节基部$1/5\sim1/4$处呈螺旋状向下蛀食,形成枯心、白穗、烂穗,不能结实。由于幼虫蛀茎时被害茎的生育期不同,可造成下列4种被害状:①分蘖拔节期受害,形成枯心苗。如主茎被害,则促使无效分蘖增多而丛生,群众常称之为"下退"或"坐罢"。②孕穗期受害,因嫩穗组织被破坏并有寄生菌寄生而腐烂,造成烂穗。③孕穗末期受害,形成坏穗。④抽穗初期受害,形成白穗。其中,除坏穗外,在其他被害情况下完全无收。

3. 防控措施

根据麦秆蝇和黑麦秆蝇为害的特点,应采取以农业措施为基础,结合必要的药剂防治的综合控制策略。

（1）农业措施

①加强大麦的栽培管理。因地制宜采取深翻土地、精耕细作、增施肥料、适时早播、适当浅播、合理密植、及时灌排等一系列丰产措施,可促进大麦生长发育,避开危险期,造成不利麦秆蝇的生活条件,避免或减轻受害。

②选育抗虫良种。加强对当地农家品种的整理和引进外地良种,进行品种比较试验,选择适应当地情况,既丰产,又抗麦秆蝇、抗锈、抗逆的良种。对丰产性状好,但易受麦秆蝇为害的品种,则需经过杂交培育加以改造,培育出适应当地生产需要的新良种。

（2）药剂防治　准确掌握虫情,指导药剂防治。目前对麦秆蝇的测报主要是短期测报,具体方法是选取有代表性的麦田和麦秆蝇为害严重田附近的杂草地,系统网捕。每隔$2\sim3$ d于上午10:00前后在麦苗顶端扫网200次,当200网有虫$2\sim3$头时,发出第1次预报;约在15 d后即为越冬代成虫羽化盛期,应做好防治准备;在越冬代成虫开始盛发,每网虫数达$0.5\sim1$头时,即可进行第1次喷药。隔$6\sim7$ d后视虫情变化,对尚未进入抽穗开花期、植株生长差、虫口密度高的麦田,应进行第2次喷药。药剂可选择1.8%阿维菌素乳油$1000\sim1500$倍液、10%吡虫啉可湿性粉剂3000倍液。

4. 应用区域

适用于全国大麦主产区。

5. 依托单位

中国农业大学,梁沛,010-62731306。

（十七）大麦青稞黏虫防灾减灾技术

1. 发生特点

东方黏虫和劳氏黏虫是重要的农业迁飞性害虫,可季节性长距离迁移,其发生为害具有隐蔽性、偶发性和暴发性。同时,也常常群集迁移为害。劳氏黏虫、东方黏虫、白脉黏虫等近缘种常混合发生。

2. 典型症状

一般 1~2 龄幼虫通常隐藏在大麦心叶以及叶鞘当中,昼夜取食。但此时的幼虫一般食量都非常小,能够啃食叶肉残留表皮,从而导致出现半透明的小斑点。当幼虫进入 5~6 龄后,属于虫害最为严重的时期,通常会蚕食整个叶片,能够造成大麦穗部折断。

3. 防控措施

(1)成虫监测和预警 对迁飞性害虫必须加强监测技术的研发和应用,如雷达、灯光诱集和性诱剂等技术,做到早发现、早预警、早计划相应的管理策略和物质准备。

(2)诱杀成虫 也就是"诱蛾"环节,力争将成虫杀灭于产卵之前。通常可以采用以下技术:①灯光诱杀,根据黏虫成虫具有一定的趋光性,可结合监测和管理其他鳞翅目昆虫,设置诱虫灯诱杀黏虫成虫;②糖醋酒液诱杀,黏虫成虫有喜食糖醋酒混合液的习性,通常按糖:醋:白酒＝6:3:1,外加 90% 敌百虫 1 份调匀成糖醋酒混合液,在成虫出现时,放置到田间监测和诱杀成虫。

(3)诱集杀卵 这个环节主要是清除黏虫卵块于孵化之前。根据黏虫喜欢在萎蔫叶或枯叶上产卵的习性,利用稻草、高粱或玉米的萎蔫叶或干叶把,诱集黏虫产卵。每亩放置 60~100 把,一般草把高出作物冠层 15 cm 以上,每次换下的草把及时带出田外,集中销毁。

(4)化学防治 采用化学药剂调控属于杀虫环节,是继成虫和卵块管理环节之后,根据田间幼虫发生情况,如果达到了经济阈值要求的种群数量,则必须采用化学药剂调控技术。借鉴其他鳞翅目害虫的防治经验,在黏虫幼虫为害的高密度田块,在 3 龄幼虫为害前可选用防治黏虫的化学药剂进行防治。遇虫龄较高时,要适当加大用药量;遇雨天应及时补喷。在防治中,优先选用高效、低毒、绿色环保的农药,宜于傍晚或阴天施药,并注意交替轮换用药。氯虫苯甲酰胺、甲维盐、毒死蜱等防治效果明显。建议有条件的地区组织实施以植保无人机、高效植保机械为重点的统防统治工作。

4. 应用区域

适用于全国大麦主产区。

5. 依托单位

中国农业大学,梁沛,010-62731306。

(十八)大麦青稞草地贪夜蛾防灾减灾技术

1. 发生特点

草地贪夜蛾没有滞育性,在条件适合时可以终年繁殖,是我国又一个"北迁南回、周年循环"的重大迁飞性害虫,每年 3—4 月草地贪夜蛾从南方主要迁入长江流域,5—6 月以长江流域虫源为主向黄河流域迁移,6—7 月迁移到东北、西北,9—10 月陆续飞行回迁至南方包括云南南部、广西和广东中南部、海南、台湾南部等周年繁殖区。

2. 典型症状

草地贪夜蛾在大麦上的为害特征与在玉米上的特征不同,与在小麦上的为害特征相似,表现为1~2龄幼虫在大麦苗期不但为害叶片也可钻蛀到心叶和生长中心,形成枯心枯苗或心叶缺刻。高龄幼虫切根断蘖(穗),分蘖期受害导致大量分蘖缺失,严重时缺塘现象明显。拔节期后受害可导致断蘖断穗,大大降低分蘖数和成穗率。

3.防控措施

按照"长短结合、标本兼治"的原则,以生态控制和农业防治为基础,生物防治和理化诱控为重点,化学防治为底线,实施"分区治理、联防联控、综合治理"策略。

(1)监测预报　利用监测技术可以全面掌握草地贪夜蛾发生发展动态,便于及时发布预报预警,这是防治害虫的重要手段之一。目前国内针对草地贪夜蛾的监测方法主要有灯光诱集、性信息素诱集和大田调查等。①灯光诱集分为黑灯光诱集和高空测报灯诱集,在大麦等作物周围设置测报灯,周围100 m内无高大建筑物遮挡和强光干扰,高空测报灯可以设在楼顶、高台等相对开阔处。在草地贪夜蛾周年繁殖区和迁飞过渡区建议全年开灯监测,重点防范区4—10月开灯监测。②在大麦等低矮作物田内部呈三角形放置性信息素诱捕器,相邻2个间距大于50 m,距离田边大于5 m,距离地面1.2 m,诱芯每30 d更换1次。目前,基于性诱和物联网的智能化监测已被用于草地贪夜蛾的远程实时测报,实现了草地贪夜蛾成虫种群动态的智能化监测。③在大麦等作物田采用5点取样,每点至少10株作物,进行受害株以及草地贪夜蛾卵、幼虫、蛹数量调查。

(2)栽培防治　可以通过加强田间管理,改善土壤质量,增强作物营养和抗虫害能力;大麦田轮作期间进行田间灌溉,减少草地贪夜蛾蛹的羽化量;及时清除大麦田间草地贪夜蛾的越冬寄主;选种抗虫品种的大麦;选择合理的耕作栽培方式。比如参考玉米田中"零耕模式"减少草地贪夜蛾产卵和成虫在寄主植物之间迁飞;利用"推拉"伴生种植策略在大麦田周围种植诱集植物进行集中防控。

(3)生物防治　分为天敌昆虫防治和生物农药防治。草地贪夜蛾的天敌分为寄生蜂(16种)、寄生蝇(66种)等寄生性天敌以及瓢甲科、蠨科等44种捕食性天敌。农业农村部在《2021年草地贪夜蛾防控技术方案》中发布了防治草地贪夜蛾的生物农药,其中包括苏云金杆菌、金龟子绿僵菌、球孢白僵菌、斜纹夜蛾核型多角体病毒、甘蓝夜蛾核型多角体病毒、乙基多杀菌素和苦参-印楝素等。中国农药信息网登记的防治草地贪夜蛾的植物源杀虫剂有0.3%~0.5%印楝素乳油、1%苦参-印楝素乳油。目前可以选择在大麦田放飞赤眼蜂以及低虫口密度发生时使用生物农药对草地贪夜蛾进行防治。

(4)化学防治　参考黏虫防治指标以及小麦上草地贪夜蛾的化学防治指标,当一类麦田有虫达25头/m³、二类麦田达10头/m³时,及时进行化学防治。目前我国并没有在大麦上进行草地贪夜蛾防治的化学杀虫剂的登记。因此,在大麦田对草地贪夜蛾进行化学防治时应谨慎合理的使用化学杀虫剂。当大麦田中草地贪夜蛾高虫口密度发生时,可以在大麦苗期及时施用高效、速效性化学农药,如乙基多杀菌素、氯虫苯甲酰胺、甲维盐、虫螨腈、虱螨脲及复配药剂如甲氨基阿维菌素苯甲酸盐·茚虫威、甲氨基阿维菌素苯甲酸盐·氟铃脲、甲氨基阿维菌素苯甲酸盐·虫螨腈、甲氨基阿维菌素苯甲酸盐·虱螨脲、甲氨基阿维菌素苯甲酸盐·虫酰肼、氯虫苯甲酰胺·高效氯氟氰菊酯、除虫脲·高效氯氟氰菊酯等。

4.应用区域

适用于全国大麦主产区。

5.依托单位

中国农业大学,梁沛,010-62731306。

(十九)大麦青稞田杂草防灾减灾技术

1.发生特点

亚热带冬大麦区以看麦娘为优势种,该区杂草发生率在40%以上,为杂草危害相对较重的区域;11月中旬至12月上中旬为杂草出苗的第1个高峰期,以禾本科杂草为主,翌年2—3月为杂草出苗的第2个高峰期,以阔叶杂草为主。暖冬带冬大麦区以播娘蒿、拉拉藤属和麦蓝菜为优势种,该区杂草发生率在30%以上,为杂草危害相对较轻的区域;10月中旬至11月中旬为杂草出苗的第1个高峰期,以播娘蒿、荠菜和野燕麦为主,翌年3月为杂草出苗的第2个高峰期,以藜、打碗花为主。温带和高寒春大麦区杂草发生率在70%以上,为我国杂草危害最重的区域,大多杂草在3月底至5月中下旬出苗,主要是野燕麦、藜等。云贵川高寒春大麦区杂草发生率在50%以上,为杂草危害相对较重的区域;10月下旬至12月中旬为杂草出苗的第1个高峰期,以禾本科杂草为主,翌年2—3月为杂草出苗的第2个高峰期,以阔叶杂草为主。

2.典型症状

田间杂草抗逆性强,与作物争夺水分、肥料、光照,侵占地上和地下空间,影响光合作用,致使大麦生长不良,病虫害增加,抗倒能力下降,产量下降。杂草还是病菌和虫子的寄主,使麦田发生病虫草害,导致产量下降。

3.防控措施

(1)严格杂草检疫制度,加强种子管理　许多杂草种子可能混杂在麦种中,随着麦种的调运传播和扩散,因此必须加强杂草检疫,精选种子,防止检疫性以及危害严重的恶性杂草进入大麦产区。

(2)农业防治　包括合理轮作、适时播种、合理密植等。

①合理轮作。大麦重茬是草害加重的重要原因,因地制宜实行多种形式的轮作倒茬是防除杂草经济有效的措施,可采取大麦-豆类、大麦-油菜、大麦-棉花、大麦-马铃薯、大麦-玉米等的轮作有效控制杂草。

②适时播种,合理密植。选用发芽快而整齐的优良大麦品种,适时播种,合理密植,利用农艺措施培育壮苗,提高大麦个体和群体的竞争能力。

(3)适时除草　包括物理除草和化学除草。

①物理除草。人工除草,或采用锄、犁、耙等工具进行除草。

②化学除草。可在大麦播种前进行土壤处理,如喷施40%燕麦畏乳油防治野燕麦;也可在大麦播后苗前进行,如施用25%异丙隆可湿性粉剂防除看麦娘、早熟禾等杂草,施用25%绿麦隆可湿性粉剂防除看麦娘、藜、马齿苋等杂草;或在大麦和杂草均出苗后,用除草剂进行茎叶处理,一般在大麦3~5叶期,杂草2~5叶期施用苯磺隆、唑啉草酯等。

4.应用区域

适用于全国大麦主产区。

5.依托单位

中国农业大学,梁沛,010-62731306。

第六章

谷子高粱体系防灾减灾技术

一、谷子防灾减灾技术
 (一)谷子苗期冻害防灾减灾技术
 (二)谷子霜冻防灾减灾技术
 (三)谷子涝害防灾减灾技术
 (四)谷子雹灾防灾减灾技术
 (五)谷子抗旱播种减灾技术
 (六)谷子抗倒伏减灾技术
 (七)谷子病虫害防灾减灾技术
二、高粱防灾减灾技术
 (一)高粱低温冷害防灾减灾技术
 (二)高粱抗涝播种减灾技术
 (三)高粱雹灾防灾减灾技术
 (四)高粱霜冻防灾减灾技术
 (五)高粱抗旱播种减灾技术

(六)高粱抗倒伏减灾技术
(七)高粱生育后期低温寡照防灾减灾技术
(八)高粱收获期多雨防灾减灾技术
(九)高粱病虫害防灾减灾技术
三、糜子防灾减灾技术
 (一)糜子苗期冻害防灾减灾技术
 (二)糜子抗涝播种减灾技术
 (三)糜子雹灾防灾减灾技术
 (四)糜子霜冻防灾减灾技术
 (五)糜子抗旱播种减灾技术
 (六)糜子抗倒伏减灾技术
 (七)糜子生育后期低温寡照防灾减灾技术
 (八)糜子病虫害防灾减灾技术

一 谷子防灾减灾技术

（一）谷子苗期冻害防灾减灾技术

1.春播早熟区

在谷子春播早熟区,由于播种过早、出苗后春季遇倒春寒等极端天气或者播种过深形成黄弱苗,遇到晚霜冻时,常常引发谷子苗期的冻害。1～2 ℃的低温可使幼苗受冻甚至死亡。谷子苗期发生冻害,气温越低、持续时间越长,谷子幼苗死亡就越严重,轻者造成缺苗断垄、穗数减少、减产,严重时甚至造成绝收。因此,春播早熟区谷子苗期的冻害预防和补救十分必要。

1）预防措施

（1）选用抗冻品种　谷子品种抗冻能力存在一定差异,在冻害常发易发区,可选用耐冻谷子品种来避免或减少冻害对谷子幼苗的伤害。

（2）适期播种　春播早熟区谷子4月中旬至5月上旬均可播种,生产上有些地区谷子采用地膜覆盖种植时播期甚至提前到4月上旬。由于春播早熟区4月底5月初一般都会遭受不同程度的晚霜冻害,个别年份也会遇到倒春寒,适当推迟播种期可使谷子出苗后避开冻害。

（3）培育壮苗　提高谷苗抗冻能力是预防冻害的有效措施。春播早熟区可以利用地膜覆盖栽培技术来培育壮苗全苗,也可以通过播前镇压田地、留沟播种、播后耙耱碾压等管理措施来压碎土块、增施肥料、促进扎根、改变微环境温度条件,进而培育壮苗。

（4）熏烟造雾防止霜冻　根据天气预报,在晚霜冻到来时,可将湿潮的柴草堆在谷田周围然后点燃,制造烟雾,减少热量向外辐射,从而减轻冻害。

2）补救措施

（1）改种补种　对于遭受严重冻害、幼苗冻死无法恢复的谷田,可以改种其他作物,或者破除前作后重新种植生育期较短的谷子品种。

（2）加强田间管理　可通过中耕松土和根际培土,提高地温;通过及时喷施磷酸二氢钾、锌肥等叶面肥和芸苔素内酯类植物生长调节剂,提高谷苗的抗寒性;还可通过尽快增施肥料,氮磷搭配,重施磷肥,以肥补救,促进谷苗及早恢复生长。

依托单位

山西农业大学谷子研究所,郭二虎,0355-2204248。

2.东北春谷区

东北春谷区包括辽宁、吉林、黑龙江和内蒙古东部。该区气候寒冷,无霜期短。东北春谷区一般在4月下旬至5月中旬播种。

通常田间土层10 cm温度达到5～10 ℃,即可播种。播种后温度较低,种子迟迟不能发芽,容易感染病害。谷子幼苗能短时耐2 ℃左右低温,但不耐霜冻,−2～−1 ℃的低温可使谷苗受冻害。可采取以下措施进行预防与应急补救:

（1）早间苗　促进谷苗个体发育,生长苗壮,且有促熟效果。

（2）早铲、深铲蹚　早铲蹚可提高地温,促进根系发育。结合间苗时进行铲地,做到深铲细蹾,不伤苗,确保苗眼宽度和单位面积内的有效苗数。

(3)关注气象预告,喷施叶面肥 在降温前 12 h 内,叶面喷施芸苔素内酯、磷酸二氢钾或含腐殖酸类叶面肥,增强植株抵御冻害的能力。

(4)加强田间管理 及时深松放寒和蹾地起垄等,提高地温,促进根系发育。

(5)喷施植物生长调节剂 低温冻害后,叶面喷施芸苔素内酯等生长调节剂,可保持植物细胞膜稳定,提高谷子抗逆能力,并能修复低温对谷子造成的损伤,对谷子恢复生长具有明显的促进作用。

(6)加强病虫草害防治 谷子受冻害后,自身长势衰弱,抗病能力下降,易受病菌侵染,要及时进行药剂防治。

依托单位

山西农业大学谷子研究所,郭二虎,0355-2204248。

(二)谷子霜冻防灾减灾技术

1. 春播早熟区

春播早熟区包括吉林、黑龙江、内蒙古等省(自治区)全部,河北省承德地区、张家口坝下地区,山西省,陕西省北部,宁夏干旱区,甘肃省中部与河西地区,新疆北部平原和盆地等。活动积温(≥10 ℃的积温量)为 2000~3000 ℃,生产品种以早熟和中早熟品种为主。

春谷子在"灌浆期—成熟期"时容易遭受霜冻,造成损失。在灌浆期间受到霜冻,不仅会导致生育进度减慢、谷米品质降低,严重时还会造成大面积减产,甚至绝产。

1)预防措施

(1)霜冻预警 ①观察法。白天晴朗,傍晚无风,入夜后星月皎洁且露水小,可能出现霜冻。②仪器测量。当气象观测站百叶箱内日最低气温降到 2 ℃ 或者以下即作为霜冻的气候指标。③实践法。在田地里插一块铁板,金属降温快,铁板上将先出现霜层。

(2)选择抗寒品种 选择抗寒力较强的谷子品种,适当深播,控制留苗密度,培育壮苗,增强植株抗寒能力。

(3)喷施化学抗冻剂 谷子拔节期喷施化学抗冻剂控制拔节速度,促进植株横向生长,使植株矮化,叶片厚、茎秆粗,叶色加深,增强抗寒力,提高植株的抗逆性,可有效减轻霜冻寒害,提高产量。

(4)增施热性肥料 适当增施热性肥料及含钾肥料如草木灰、火烧土等。热性肥料可增加地温,钾能影响细胞的通透性,提高细胞液浓度,因而增强抗寒性。

(5)中耕镇压 中耕具有松土保墒、增温保暖、弥缝防冻、清除杂草、防治病虫等作用。镇压具有提墒保墒、踏实土壤、防止风蚀、增温保苗的作用。这些措施对减轻冻害程度都十分有效。

(6)割倒晾晒 当谷田成熟度达到 95% 以上时,如遇霜冻,可提前利用割晒机将谷子原地割倒晾晒,防止霜冻造成的谷子品质下降;也可提前进行带秆抢时收获,进而完成后熟。

2)应急技术措施

(1)监测预警 及时关注农业气象灾害预警,提早宣传和发放预防手册,尽可能减轻受损程度,并做好防止二次灾害发生的应急准备。

(2)霜前灌水 根据晚霜冻害温度指标,于低温来临前可采取灌水的方法防御霜冻。田间灌溉一般可提高地温1～3℃,在预计霜冻出现前1～2 d内进行灌溉。无灌水条件的地区,在来霜前进行喷水处理,提高叶片温度,减轻霜冻危害。

(3)霜前减施氮肥或停止使用氮肥　以平衡施肥为基础,在霜冻或强冷空气到来之前勿施氮肥,喷施0.2%～0.5%磷酸二氢钾或400～500倍植物防冻剂溶液,可有效防御霜冻。

(4)熏烟法　霜冻一般在夜间0:00以后出现,当温度下降到1℃以下、0℃以上时点火熏烟,从夜间11:00开始,直到次日凌晨5:00—6:00结束。在凹地采用烟熏法进行驱霜防霜时,应在上风头处点火熏烟。

(5)喷水洗霜　遇有霜冻,于早上太阳未出之前,用水喷施,进行洗霜,防止植株脱水死亡。下霜后应及早巡查,发现植株有霜,抓紧在早晨化霜前及时喷水洗霜,既清洗霜水又缩小温差,防止生理脱水以减轻冻害。进行洗霜时,忌用温水。

(6)霜后灌水　谷子晚霜冻害发生后,对于田间冻伤率≥10%的谷田,及时进行灌水,浇足浇透确保质量,结合灌水每亩追施尿素4～5 kg。

(7)霜后补肥　对于冻伤率≥10%的谷田,当谷田冻害指数≥0.4时,可采取叶面喷施生长调节剂、大量元素水溶肥料、含氨基酸水溶肥料或磷酸二氢钾等措施,以促进谷子恢复生长。

(8)及时报损　出现严重早霜冻害时,要及时组织相关部门进行调查,上报受损程度并申请农业保险理赔,减轻农民损失。

依托单位

山西农业大学谷子研究所,郭二虎,0355-2204248。

2. 春播中晚熟区

谷子春播中晚熟区大部分为一年一熟,生育日数为110～130 d,10℃以上积温为2900～3500℃。谷子种植主要为春播,生育期以中熟为主,也保留部分晚熟品种,一般5月中上旬播种,9月中下旬至10月中上旬收获。谷子春播中晚熟区一年一季,生育日数长,谷子主要为春播,一般5月播种,9月底至10月初收获,在9月中下旬和10月初可能遭遇冻霜。中晚熟谷子一般在5月15—25日播种,此时终霜冻发生概率极低。初霜冻一般发生在谷子灌浆期,即9月中下旬,此时一旦霜冻发生,没有有效的补救技术,因此主要以预防为主。

1)预防措施

(1)选用耐寒和早熟的品种。

(2)合理调整播种期,如适时提早播种期。

(3)选择适宜地形种植谷子,如地势较高的丘陵地、阳坡地、地势开阔地,避免洼地、谷地、山顶地。

(4)加强田间管理,促进谷子植株及根系生长发育,降低霜冻危害概率,如注重培土、增施有机肥、提高地温。

(5)采用地膜覆盖技术,增加地温,增强抗寒能力。

2)应急技术措施

(1)关注天气预报,增强霜冻危害预防意识,及时收获。

(2)在霜冻发生前,及时喷施防霜剂,减轻霜冻危害。

(3)在冻害到来前1～2 d,施用复合生物菌肥或磷酸二氢钾,减轻危害;追施火土肥、草木灰等热性农家肥,提高防冻能力。

(4)有灌溉条件的地区,在霜冻发生前,灌水提温,增强作物抗霜能力,减轻危害。

（5）在霜冻发生时，就地取材（紫草、秸秆或其他废弃物），进行烟熏，午夜点燃（以冒浓烟为宜），每亩放置3～4堆，熏烟升温。

（6）在霜冻发生时（凌晨至太阳出来前），利用喷管带、喷灌圈或水汽弥漫机等喷水，减小微环境温度的降幅和降速，防霜，减轻冻害程度。

依托单位

山西农业大学谷子研究所，郭二虎，0355-2204248。

3. 东北春谷区

东北春播谷子易遭受春季倒春寒及秋天早霜的影响。春播谷子时期在4月末至5月上中旬期间，历年这期间温度和降水变化范围大，往往在5月上旬有倒春寒现象发生，对播种后的谷子造成冻害。秋早霜一般发生在9月中下旬，造成谷子品质下降，籽粒不饱满、秕粒多，严重减产。可采取以下技术措施进行预防与应急：

（1）选择适宜品种　适时早播，品种选择上避免选择"满贯"品种和越区种植品种。在不同生态区种植新品种时，必须先进行小面积试验示范，能在当地正常成熟、综合性状表现优良后再大面积推广应用。

（2）加强田间管理　谷子生长生育期间加强田间管理。遇干旱及时浇水，遇洪涝及时排水，及时防治病虫草害，保证种植品种正常生长成熟。

（3）毁种重播　早春受冻后，若生长点未被冻死，可加强田间管理促生长；若生长点已被冻死，应该及时毁种重播。

（4）熏烟防治　秋天谷子灌浆成熟时，关注几日内天气预报，若可能出现早霜，及时采用熏烟的方法提高温度，防止霜冻。熏烟时注意掌握好风向，一定要在田地的上风头，不能逆风。掌握好熏烟的时间，最好选择在下半夜，能够高效预防霜冻。

依托单位

山西农业大学谷子研究所，郭二虎，0355-2204248。

（三）谷子涝害防灾减灾技术

1. 西北春播早熟区

在西北早熟区，降水多集中在7月中下旬至8月上旬，极易造成洪涝灾害的发生，对谷子的生长会造成许多不良的影响。涝害发生时，由于降水量过大，田间积水严重，土壤通透性变差，会影响谷子根系的呼吸和吸收水肥的能力，尤其在谷子的抽穗、灌浆期，植株的正常生长发育会受到严重影响。一般降水会伴随大风，谷子极易发生倒伏，从而影响谷子的生长，造成谷子产量和品质的下降。在雨季到来时应密切关注天气形势变化，做好谷田管理，及时采取应急管理技术措施。

（1）及早排水　西北早熟区谷田多为山地，应根据当地的地形、地势，采用排水机械和挖排水沟等措施，尽快把田间和耕层滞水排出，尽早恢复谷子正常生长。

（2）及时中耕培土　及早中耕，以破除板结，改善土壤通透性，使植株根部尽快恢复正常的生理活动。对容易倒伏的植株，排水后必须及时扶正、培直，并洗去叶面淤泥，以利于进行光合作用，为作物正常生长创造有利条件。

（3）及早追肥　在植株恢复生长前，以叶面喷肥为主，可喷施磷酸二氢钾或叶面肥。植株恢复生长后,再进行根部施肥,以减轻涝灾损失。一般每亩追施尿素 5~10 kg,可采取沟施的方式,结合中耕进行。

(4)防治病虫害 谷子被水淹后,会加重病虫害发生。病害易发生谷瘟病、白发病等。防治谷瘟病可用 0.4% 春雷霉素粉剂,每亩喷粉 2.0~2.5 kg;或用 40% 克瘟散乳油 500~800 倍液喷雾,每亩喷药液 60~75 kg。防治白发病可一次性彻底拔掉病株,并随时集中烧毁或深埋,不要作牲畜饲料或沤肥材料,防止病菌扩散。防治虫害如蚜虫、盲蝽蟓、双斑萤叶甲等可用 90% 丁烯氟虫氰水分散粒剂、10% 吡虫啉可湿性粉剂+4.5% 高效氯氰菊酯乳油等;防治玉米螟、黏虫可选用 10% 阿维·氟酰胺悬浮剂、5.7% 甲维盐乳油、20% 氯虫苯甲酰胺悬浮剂等药剂。

依托单位

山西农业大学谷子研究所,郭二虎,0355-2204248。

2. 西北春播中晚熟区

西北春播中晚熟区谷苗 1~3 叶时遇急雨,泥土易灌入心叶,造成谷子"灌耳",心叶死亡。谷苗 3 叶以上受涝害,谷苗瘦弱细长,叶呈黄绿色,水退后有不同程度的倒伏现象,但一般都能恢复生长。拔节期涝害会影响根系发育,幼苗细弱变黄,穗分化受到影响,造成植株矮小,对产量造成较大影响。孕穗期涝害会抑制幼穗发育,形成畸形穗,造成颖花退化等。抽穗开花期涝害会造成根际缺氧而窒息,导致植株生活力迅速衰退,未熟先枯,影响谷子的开花结实,秕谷率增加,积水时间过长容易造成倒伏,严重影响产量。

(1)治水和防汛 兴修水利防洪工程,提高谷田的抗涝能力,这是防止涝害的根本措施。在汛期,做好一切防汛准备,及时加固和加高围堤,根据水情有计划地进行分洪,及时排除内涝。

(2)选用耐涝性强的品种 选用根系发达,茎秆强韧,品种耐涝性强,涝后恢复生长快,再生能力强的品种。在选用耐涝品种的同时,还应根据当地洪涝可能出现的时期、程度,选用早、中、晚熟品种合理搭配,防止品种单一化而招致全面损失。

(3)加强栽培管理,增强抗性 谷子受涝后,在灾前生长是否健壮,对灾后恢复生机和减少产量损失的影响很大,故应在培育壮苗的基础上,促使谷苗早发和健壮生长,使植株本身积累较多的养分,可显著提高谷子的耐涝能力。

(4)排水抢救 谷子受涝后应立即组织人力,集中一切排水工具和设备,进行排水抢救。

(5)苗期防止"灌耳" 应根据地形挖几条排水沟,避免大雨后存水淤垄。

(6)查苗补缺 谷子在苗期受淹,退水后要进行查苗补缺。缺苗严重的田块可直播早熟或特早熟谷子品种。

(7)及时中耕松土 谷田淹水后,出现土壤板结透气性变差,应及时进行人工松土,以提高土壤通透性,做到以气养根、以根保叶、以叶促粒重,进而促使谷子壮苗早发,增加产量。

(8)追施肥料或喷施调节剂 涝灾发生后根据苗情适当补施速效肥料,促进分蘖和幼穗的分化,对提高有效穗数和结实率有一定的作用。要做到看苗施肥,对于叶色较浓、长势较好的田块,可以少施或不施肥料;对叶色淡绿、长势一般或较差的田块,一般亩施氮肥 1~2 kg 或用磷酸二氢钾 200 g 加尿素 250 g 兑水进行叶面追施。

(9)加强病虫害的防治 谷子受涝后,由于消耗了大量的能量,植株受损,自身的抗性减弱,大大增加了病虫害的发生率,要搞好田间病虫害的调查,及早加以防治,减少损失。

（10）及时补种改种　如果受灾在 6 月 15 日前,可以选早熟或特早熟品种谷子播种,也可采取地膜覆盖的方式进行播种;如果受灾在 6 月 15 日到 7 月初,就改种油葵等复播作物;如果受灾在 7 月初到 8 月初,就改种糜子、早熟豆等;如果受灾在 8 月后,可以种荞麦和萝卜等菜类。

依托单位

山西农业大学谷子研究所,郭二虎,0355-2204248。

3. 东北春谷区

谷子一生对水分要求的一般规律可概括为"早期宜旱,中期宜湿,后期怕涝"。谷子开花后,根系生活力逐渐减弱,这时最怕雨涝积水。东北春谷区汛期雨水较大,可对谷子产量产生一定的影响。积水严重的地块,在谷子出现涝灾后,加强田间管理极为关键,采取适当的补救措施,可有效减轻灾情,降低经济损失。

（1）及早排除田间积水　农田长时间积水,土壤严重缺氧通气不良,会导致农作物根系功能下降或窒息死亡。地势稍高有明显积水的田块,顺垄挖掘排水沟,及时排除积水,降低土壤和空气湿度,促进根系生长,保证土壤通气。

（2）及时补充肥料　受淹期间,谷子植株营养器官受到不同程度损害,重新恢复生长需要大量的矿质营养,可通过及时增施速效氮肥和喷施叶面肥加速植株生长,减轻涝灾损失。

（3）及时中耕、培土　破除土壤板结,防止谷子倒伏,改善土壤通透性,使植株根部尽快恢复正常的生理活动。

（4）及时防治病虫害　大水浸过的谷田易发纹枯病、褐条病、谷瘟病,退水后要及时防治。

依托单位

山西农业大学谷子研究所,郭二虎,0355-2204248。

4. 夏谷区

河南夏播谷子生长多集中在 6—9 月,受极端天气的影响,频繁的强对流天气易产生大范围的持续降水,引起田间积水而产生涝灾（地表有积水）、渍害（土壤水饱和,地表无积水）。谷子播种后,种子在水里浸泡时间长,会形成死芽或弱苗,造成缺苗断垄。处于幼苗期的谷子根系较浅且植株较小,遇到涝害极易发生整株被水淹没。轻则停止生长,造成开花延迟、灌浆期缩短等危害,重则烂根,植株死亡。

夏播谷子生长中期（拔节期至开花期）正值高温天气,是生长最旺盛的时期,水分养分供应需求大。若此时受到涝灾,植株旺盛生长的势头会被阻断,生长延缓,生育期延迟。若孕穗期受涝灾严重,养分供应不充分,幼穗分化受到影响,穗粒数减少、千粒重降低、秕谷增加。同时洪水会带走土壤养分,导致养分供应不足,延缓植物生长,严重时出现缺素症状。

1）预防措施

（1）平播抢种后培土　夏谷区一般为抢种,先平播,植株长大后逐渐培土,雨季前形成垄背和垄沟。雨水多时垄沟是排水沟,垄背既不淹水,又能散墒,为根系创造比较好的通气条件。

（2）选择抗涝品种,调整播期　针对涝灾常发区,除提倡垄作外,也要因地制宜调整作物布局,选用抗耐涝品种,调整播期,使最怕涝的生育期躲过涝灾多发期,这是避灾夺丰收的重要途径。

（3）修建田间排水沟　在容易发生洪涝渍害的地区,雨季前应修好田间排水沟。在易渍田内修成一个完整的排水体系,由畦或垄沟间纵横相通的排水沟组成,做到沟沟相通,一级比一级深。雨水过多时,田间积水能顺利排出,能有效地防止洪涝渍害发生。

(4)实行防涝栽培 深沟、高畦耕作,可迅速排除畦面积水,降低地下水位,雨涝发生时,能及时流走多余的水分。垄作相比平田种植可获大幅度增产,并能抗旱抗涝,减轻自然灾害影响。在涝害发生前,已成熟的作物应及时抢收。

2)应急技术措施

(1)及时排涝 谷子耐旱怕涝,雨后田间及时排水,及时打通入河排水沟渠。针对地势低洼、积水严重且自然排水不畅的农田,要提前或及时开挖排水沟,或采用机泵等设施排水。防止谷子长时间泡水,及时清洗污泥,使植株尽快恢复光合能力。

(2)中耕散墒减渍,酌情进行帮扶 田间积水排除后,要及时进行中耕散墒,促进作物根系快速恢复生长。对于处于拔节抽穗期、开花期、灌浆前期的谷子,发生倒伏,一般不需帮扶可自行直立;而对于灌浆后生育中后期的谷子,若倒伏需要人工扶正,助其雨后恢复生长。

(3)追施速效肥和微肥 田间积水排干后,要尽早补施速效肥,促其恢复生长,可人工追施或采用无人机叶面喷施。可以叶面喷施 0.2%~0.3%磷酸二氢钾、1%~2%尿素以及 0.01%~0.04%芸苔素内酯等促进生长的各种微肥。

(4)喷施叶面肥、微肥 处于籽粒灌浆期的谷子,可通过喷施叶面肥缓解营养缺乏,如磷酸二氢钾溶液和促进生长的微肥,增加粒重,防止早衰和倒伏。另外,雨后有旺长田,可及时酌情利用 5%烯效唑进行化控。

(5)补种改种,挽救损失 针对受灾严重、产量无法挽回的谷子田块,可在灾情过后重新整地及时补种。谷子播后至苗期受涝灾影响严重,应及时毁种补种谷子。夏谷区补种谷子尽可能赶在 7 月底之前播种完毕,同时也要考虑不影响后茬作物如小麦、油菜、大麦、豌豆等的种植。夏谷区在 7 月 30 日之前补种谷子一般能成熟,但夏谷区不同地区由于种植制度和有效积温的差异,要尽量选择生育期稍短的谷子品种,同时加大种植密度,以保证补种的谷子能得到更好的收成,且不影响后茬作物种植。黄河以北地区补种谷子最好在 7 月 20 日之前,尤其种植制度为一年两熟的地区,要保证后茬作物小麦(或油菜)等越冬作物的种植;而种植制度为一年一熟的地区,补种谷子的时间可稍微推迟,但越早越好。黄河以南夏谷区基本属于一年两熟、三熟种植制度,补种谷子最好在 7 月 30 日之前播种完毕;沿淮泄洪区最迟播种时间为 8 月10—15 日,否则可能影响下季小麦种植。

依托单位

山西农业大学谷子研究所,郭二虎,0355-2204248。

(四)谷子雹灾防灾减灾技术

1. 西北春播早熟区

冰雹灾害是威胁西北(榆林)农业生产的重要气象灾害之一,多发生在夏秋两季,每年因雹灾造成的经济损失少则几千万元,多则上亿元。为了减轻灾后损失,可采用以下雹灾应急补救技术措施。

(1)及时排涝,及时补种 对水毁田应及时排涝,严重田块及时补种适宜作物,比如糜子、荞麦等,减少损失。

(2)采用人工辅助技术,加强田间管理 谷子受雹灾后,叶片损伤严重,应及时将粘连叶片分开,保护生长点和叶心。雹灾过后,应及早进行田间管理,做好田间病虫防治,使其尽快恢复生长。

(3)中耕松土 雹灾常常会伴随暴雨,雹灾过后土壤水分过多、土壤过湿,或导致根系缺氧,或由于土壤温度较低而不利于谷子恢复生长。应及早进行中耕松土,破除板结,增强土壤通透性,促进根系生长和发育。

(4)喷施叶面肥 受灾程度较轻的采取叶面喷肥,提高光合能力,增强抗逆性,可用0.1%尿素和0.3%磷酸二氢钾喷施,或喷施碧护、芸苔素内酯等叶面肥。受雹灾后,植株上产生大量的伤口,抵抗能力下降,容易受病菌侵入。应及时喷药防治,可用代森锰锌600倍液或多菌灵500倍液喷施。

依托单位

山西农业大学谷子研究所,郭二虎,0355-2204248。

2.西北春播中晚熟区

西北春谷中晚熟区包括辽宁朝阳、河北承德、山西代县以南地区、陕西米脂以南到延安以北地区,均为无霜期145 d以上地区。谷子生育期通常从北到南在100~125 d。地处中纬度东亚季风气候区,由于太阳辐射、季风环流和地理因素影响,气候具有四季分明、雨热同步、光照充足等特点。同时,旱、涝、雹、风、冻等气象灾害频繁。成灾的冰雹主要发生在6—8月,处在谷子生长期,特别是抽穗、开花至灌浆、成熟期。此外,冰雹天气往往还会伴随局部洪涝灾害,致使谷子生产上的损失进一步加剧。

(1)及时进行补种或改种其他短生育期作物 若有效积温允许,应选择重新播种,西北春谷中晚熟区播种一般在5月10日以后,山西、陕西等地在5月20日前后。若冰雹出现在谷子刚刚出苗时,计算当地主推谷子品种所需的有效积温条件与常年初霜期来临日期的有效积温,若积温能够满足,应选择重新播种。若冰雹发生在谷子拔节前后,已经错过了最佳种植时节,积温不能满足主推品种积温条件,应选择改种短生育期谷子品种或改种黍子、糜子、绿豆、荞麦、白菜、芥菜等短生育期作物。山西、陕西谷子中晚熟区在7月5—10日以前种植黍子、糜子比较合适。若受灾地块种植常规品种或抗拿扑净品种,对改种作物影响不大,单双子叶均可。若受灾地块种植抗咪唑乙烟酸品种,谷田喷施过咪唑乙烟酸除草剂,改种作物应考虑单子叶作物,不得改种双子叶作物,对绿豆、大白菜、芥菜之类影响较大。

(2)中耕追肥 冰雹过后往往会迎来涝害、干旱,造成表土严重板结。对受灾地块抓紧组织排涝、中耕和追肥,通过中耕破除板结、提升地温,促进植株拔节发叶。追肥以施氮肥尿素为主,一般每亩追施尿素7~10 kg。

(3)人工处理 对受灾植株叶片发生扭曲使新叶不能正常抽出的,采用人工平头处理,确保新叶正常生长。

(4)喷施叶面肥 受灾植株恢复正常生长后,可根据具体情况喷施磷酸二氢钾等叶面肥,加强谷子营养供应,促进谷子的正常生长和发育。

(5)加强灾后田间管理 凡茎秆折断不多、多数叶片未被打掉的谷子田,尽管叶片被撕裂,但还可进行光合作用,只要加强管理,还可获得一定收成,应予以保留。凡茎秆折坏严重或多数叶片被冰雹打掉的田块,应立即将谷子秆割掉青贮,或深翻压青翻犁整地,改种绿草、绿肥或萝卜、白菜、甘蓝等秋菜,以弥补损失;凡心叶完整的灾害苗,要及时采取人工扶苗,并视苗情结合中耕培土进行追肥,结合实地气候加强肥水管理。

依托单位

山西农业大学谷子研究所,郭二虎,0355-2204248。

3. 东北春谷区

东北春谷区包括黑龙江、吉林、辽宁和内蒙古东部地区,属于温带季风气候,四季分明,夏季温热多雨,冬季寒冷干燥。自东南向西北,这一带的气候类型主要受极地海洋气团和极地大陆气团影响,天气多变,雹灾等极端天气频繁,6—8月为冰雹高发期。可采取以下措施进行预防与应急补救:

(1)及时铲蹚,疏松土壤　破除板结,提高地温,改善土壤通透性,促进灾害苗早生快发。

(2)及时剪掉枯枝烂叶　指导农民对心叶完整的倒伏谷子幼苗或淹没在水中的谷子幼苗进行人工扶苗,及时剪去枯叶和被冰雹打碎的顶部烂叶,促进心叶生长,并视苗情和气候情况结合中耕培土进行适当追肥或喷施叶面肥等。

(3)及时进行毁种　受灾较重地块,多数作物植株生长点被破坏的,可以毁种改种鲜食玉米、青贮玉米或生育期更短的作物。若受灾地块种植常规品种或抗拿扑净品种,对改种作物影响不大,单双子叶作物均可。若受灾地块种植抗咪唑乙烟酸品种,谷田喷施过咪唑乙烟酸除草剂,改种作物应考虑单子叶作物,不得改种双子叶作物,尤其对绿豆、大豆、白菜等影响较大。

(4)加强田间管理　及时中耕追肥,使其尽快恢复生长。受灾作物可适时喷施磷酸二氢钾、尿素溶液或芸苔素内酯等植物生长调节剂,促进作物正常生长发育。

(5)加强冰雹灾害监测预警工作　及时掌握气候动态变化情况,并针对冰雹灾情变化和发展区域做好预测预报工作,提高冰雹灾害预报预测的及时性、准确性。建立健全人工防雹作业体系,掌握积雨云及雹云发生发展机制、变化规律、移动路径等,适时实施人工减雹、消雹作业。

依托单位

山西农业大学谷子研究所,郭二虎,0355-2204248。

4. 夏谷区

谷子苗期遇冰雹会容易发生灌心现象;拔节期遇冰雹和降水过多容易造成叶片受损和倒伏;抽穗开花期遇大雨和冰雹会影响授粉,极度低温会使初期灌浆不实,形成一定数量的秕粒。近年来极端天气频发,为科学指导谷子灾后生产恢复,全力夺取丰产丰收,减少灾情不利影响,特提出如下指导意见:

(1)查苗补缺　遭受冰雹整株打烂造成的缺苗,要采取大田直播补种;对于没有受灾有多余谷子苗地块,及时组织秧苗余苗调剂,尽量保证满栽满种,保证谷子生产。

(2)抢排积水　加强田间管理,尽快排水,疏通沟渠,尤其是雹灾大雨后会出现高温天气,谷子长时间泡在水里,会对植株和产量造成较大影响,甚至导致死亡和绝收。因此,抓住排水窗口期,迅速组织排水,降低土壤湿度,促进根系生长。雨量大、积水严重地块,要组织抽水机尽快排水,缩短田间积水时间。同时要把茎秆上的泥土冲洗干净,恢复叶片光合作用,保证谷子正常生长。

(3)中耕松土、除草　排水后土壤容易出现板结,水、热、气失调,田间杂草易疯长,在能够进地作业时,选用中耕除草机械或者人工除草。进行中耕松土、散墒、除草等工作,既能增强土壤透气性,防治烂根,又能实现培土防治倒伏和达到除草效果。

（4）追施肥料　在能够进地作业地块，用机械或人工追施尿素 10～20 kg；暂时不能进地作业田块，避开高温时段，可在晴天傍晚进行飞防叶面喷施尿素、施磷酸二氢钾、芸苔素内酯等混合液，有利于缓解积水造成的根茎部病害。

（5）病虫害综合防治　当谷子处于拔节或孕穗期，雨水大有利于细菌性褐条病、谷瘟病发生，特别是有积水的田块，根系呼吸受到影响，容易发生根腐病、茎基腐、纹枯等根部病害。褐条病常发区可选用噻菌铜、噻森铜、氢氧化铜等常用的有机或无机铜制剂，防治细菌的药剂一般是碱性的，不宜与酸性农药混用。谷瘟病易发区或品种，要喷施三环唑、丙环唑、苯醚甲环唑、嘧菌酯等。

（6）及时补种和改种　对于地势低洼、淹水时间长、大部分植株不能恢复生长、难以形成产量的地块，应及时铲除整地。改种绿豆、红小豆等杂粮作物或者速生蔬菜、耐热蔬菜，如空心菜、生菜、苋菜、芫荽、茼蒿等。对于一年一作的地块也可选择补种早熟谷子，如果 7 月底谷子能够完成播种，10 月中下旬成熟，一般每亩还可收获 150～200 kg 的产量。

依托单位

山西农业大学谷子研究所，郭二虎，0355-2204248。

（五）谷子抗旱播种减灾技术

1. 春播早熟区

谷子春播早熟区农业生产的主要形态是旱作农业，旱作区降水量少，蒸发量大且时空分布不均，水资源短缺严重制约了农牧业可持续发展。抗旱栽培技术措施极大地提高了用水效率，为农业生产做出了重要贡献，可以有效推动旱作区产业进步，应用前景广阔。该技术主要包括以下内容：

（1）品种选择　在当地主栽品种的基础上，引进抗旱能力较强的品种，如金苗 K1、峰红 2 号等品种。在春季墒情较差、无法播种的情况下，可以选择生育期较短的品种，推后播种。

（2）整地　通过冬春镇压达到保墒的目的。

（3）播种调整　包括播期、播量及播种方式的调整。

①播期。根据当地气候特点，0～10 cm 土层温度达到 10 ℃以上抢墒播种。

②播量。通过精量播种机播种，常规种播种量为 0.2～0.25 kg/亩，杂交种播种量为 0.35～0.45 kg/亩。

③播种方式。采用配套的全覆膜双垄沟精量播种机进行精量播种，实现保墒、增温和降水的有效利用。

（4）田间管理　包括以下 3 项。

①浇水补墒。采取一切措施挖掘可利用水源，抢早浇水补墒，可在播种时预铺滴管，提高水资源利用率。

②病虫害防控。注意种子清选和包衣，有效防控种传、土传病害；针对田间黏虫、粟叶甲等虫害及时进行田间防控，做好绿色防控和统防统治。

③中耕。及时结合除草进行浅中耕，切断土壤表层毛细管，有条件的可利用杂草覆盖垄间，抑制土壤水分蒸发流失，提高水分利用效率。

（5）适时收获　在谷粒断青、籽粒变硬时及时收获。遇大风预警，在成熟率达 95％时，可进行割晒后熟，减少损失。

(6)残膜清除 在收获后,及时清除埋在地里和地表的残碎地膜,防止白色污染。

依托单位

山西农业大学谷子研究所,郭二虎,0355-2204248。

2. 春播中晚熟区

我国春播中晚熟区降水量少、气候干旱,谷子种子萌发期遇干旱就会明显推迟种子的萌发时间,降低种子萌发率,延缓植株生长;苗期适当的干旱有利于蹲苗,小苗根扎得深,节间短,苗壮实,可为以后抗旱、抗涝、抗倒伏打下了基础。拔节期遇到干旱,就会形成小穗、秃尖等现象,穗粒数减少,即为"胎里旱"。抽穗期遇到干旱,就会使花粉发育不良,或抽不出穗来,造成大量的空壳秕粒,即"卡脖旱"。抽穗到籽粒成熟阶段遇干旱会显著降低产量和品质。

1)预防措施

(1)精细整地 秋作物收获后,及时灭茬,秋深耕,增施基肥,随即耙糖,可以蓄积秋雨和冬雪。未秋耕的谷田春季及早翻耕,同时进行"三墒整地",即浅犁塌墒、耙耢保墒、镇压提墒,起到活土、保墒、增温的作用。

(2)选用良种 合理选择适于区域内种植的耐旱谷子品种,达到抗旱节水的目的。

(3)适期播种 适宜的播种期应该是使谷子苗期处于干旱少雨季节,有利于蹲苗,使谷子长得壮实;拔节期生育加快,需要水分较多,正逢雨季开始;幼穗分化期赶在多雨季节,水分供应得到充分保证;抽穗期正赶在降水高峰;开花灌浆期雨季高峰过去,降水量减少,日照增多,昼夜温差增大,有利于开花授粉和干物质积累,灌浆饱满,秕谷减少。

(4)抗旱播种 采用深开沟浅覆土再镇压的播种方法,保证种子播在墒土上,是增强谷子抗旱能力的有效方法,有利于幼苗和根系发育、调用土壤深层水分,沟垄互换可促进根深叶茂。播深一般在 3~4 cm,过深出苗困难,过浅不利于抗旱。

(5)机械播种 不乱土层,土地开口度小,开沟、覆土、播种、施肥、镇压一次作业完成。该种方法具有减少土壤水分散失、保墒保苗等优点。

(6)地膜覆盖 覆膜栽培技术是提高谷子水分利用效率、抵御干旱的重要措施之一,具有保肥保水、增温增产的效果。

(7)播后镇压 播后镇压可把深层水分提到播种层,起到镇压提墒的作用,促进种子吸水发芽,还可以弥合土缝,减少土壤中水分蒸发,在旱地一般镇压 2~3 次。但要注意,土壤湿度大时不要镇压,以免造成地表板结,妨碍出苗。

(8)加强田间管理 谷子出苗后土壤干旱,谷苗根系伸长缓慢,只要底墒好,就能不断把根引向深处,形成粗壮而强大的根系。因此,应在土壤上层缺墒而有底墒的情况下蹲苗,控上促下培育壮苗。早间苗防苗荒,以减少谷苗间争水、争肥、争光照和养分消耗,保证谷子生产发育需要的水量。对轻度受旱的谷子,通过中耕锄草培土,可减少土壤水分蒸发,起到保墒的作用。

2)应急技术措施

(1)广辟水源,及时灌溉 有设施条件的区域可以进行滴灌,浅水勤灌,改白天补灌为夜间补灌,减少蒸发。要充分发挥蓄水池、水库、井等一切可以利用的水源条件,采取移动补灌等措施,扩大灌溉面积,优化灌溉时间,能灌尽灌,以水补旱。

(2)根外追肥,增强抗旱性 对受旱的谷子可喷施保水剂、抗旱剂、腐殖酸水溶肥、磷酸二氢钾等叶面肥,以达到抑蒸节流减耗及补充营养的目的,增强抗旱能力。

(3)及时补种 播期由于干旱缺苗的,可以及时采取补种措施,以保全苗。对于旱情严重、无法补种的地区,通过合理引导,科学预判,及时提供市场供求信息,在尊重农民自主选择的前提下,建议选择改种其他适合的作物,减少经济损失。

(4)适时青贮还田 谷子生长期如果旱情特别严重,80%的谷子无法完成抽穗,应适时青贮或者秸秆还田,达到及时止损的目的。

依托单位

山西农业大学谷子研究所,郭二虎,0355-2204248。

3. 东北春谷区

春季干旱易造成谷子缺苗、出苗不整齐,严重时不能及时播种,使谷子不能正常生长成熟,导致谷子减产。可采取以下措施进行预防和应急处理:

(1)秋季整地保墒 秋季深耕可以熟化土壤,改良土壤结构,增强保水能力,加深耕层,有利于谷子根系下伸,扩大根系数量,增强吸收肥水能力,使植株生长健壮,从而提高产量。耕后紧接耙、耱,消灭大土块,减少水分蒸发。秋耕深度一般要求达到 20 cm 以上,结合秋耕最好进行秋施肥,对贮墒保墒有良好的作用。

(2)保护性耕作 采用大量的秸秆残茬覆盖地表,减少耕作,只要能保证种子发芽即可。其核心是利用茎秆覆盖地表,对土壤和水分进行管理。农作物秸秆通过农业机械粉碎后直接还田,形成土壤有机质覆盖,减少土壤水分蒸发,起到抗旱保墒作用。

(3)抢墒播种 4 月 25 日之后对于墒情充足地块,充分利用良好墒情,及时抢种,做到足墒播种。

(4)造墒播种 对墒情不足、具有灌溉条件的地块,充分利用一切水源,因地制宜采用滴灌、微喷灌或垄灌等措施,适时播种。

(5)雨前抢播 密切关注天气变化,及时收听天气预报,在有效降水前 3 d 内,抢时播种。

(6)及时改种、补种 根据往年气象资料,充分利用无霜期种植早熟或超早熟谷子品种,或种植饲草类型用谷子品种,作青贮饲草。也可种植早熟糜子、荞麦、绿豆、向日葵等其他作物,减少损失。

依托单位

山西农业大学谷子研究所,郭二虎,0355-2204248。

4. 夏谷区

夏播区谷子一旦由于干旱引起严重缺水,就会影响正常发育而造成损害,长期大范围干旱形成旱灾,使农作物大幅度减产,对农业生产的危害严重。干旱会影响谷子的适时播种,使幼苗出土困难,产量显著降低。谷子的不同生育阶段对干旱的敏感性不同,在其水分临界期出现旱灾对产量影响最大。抗旱不再是应急行为,更不能只从补水的角度来认识抗旱,只有走可持续抗旱道路才能解决或缓解干旱对粮食安全的威胁。

(1)选用抗旱品种 选用适应种植地区生态条件的抗旱丰产夏谷品种,在缺水旱作地区适当扩大种植面积。如中谷 2 号、衡谷 13 号、冀谷 42、冀谷 168、衡谷 11 号。

(2)早期蹲苗 在谷子出苗后,逐渐减少水分供应,使之经受适当的缺水锻炼,增强谷子对干旱的抵抗能力。

(3)施用保水剂、抗旱剂 施用调节生长的抗旱剂、保水剂、保湿剂等化学制剂,通过抑制土壤蒸发和作物蒸腾,尽量减少水分损失,同时促进根系发育,力争多吸收水分,从而提高抗旱能力。干旱时对谷子植株喷施 0.03%～0.05%阿司匹林溶液,可使叶片细胞闭合,从而减少植株本身的水分蒸发,抗旱能力明显增强。

(4)耕作栽培技术 包括以下 4 项。

①免耕法。采用免耕播种机播种,少动土,减少水分蒸发,提高了雨水利用率;深松不翻地保持了原耕层不变,提高了贮水量;秸秆粉碎还增加了有机质含量,提高了土壤通透性;减少了机车进地次数,降低成本,提高了经济效益,可使亩施肥量逐年递减 10%。保护性耕作项目有明显的保护环境、抵御干旱、培肥地力、节约成本、增加产量的综合效益。

②松土法。在谷子播种前疏松土壤,打破犁底层,使雨水渗透到深层土壤,增加土壤储水能力,不破坏地表植被,减少土壤水分无效蒸发损失。

③防旱保墒。采用中耕、镇压、覆盖等措施保蓄土壤水分。可用作物残茬覆盖、草把覆盖、塑料膜覆盖等,再配合翻耕、旋耕、深耕等不同耕作手段效果更好。其中作物残茬覆盖只利用作物本身秸秆或残茬,既能秸秆还田,又能达到蓄水、保墒、保土、增产的效果。

④增施有机肥。在旱地施足有机肥可降低用水量 50%～60%,在有机肥不足的地方要大力推行秸秆还田技术,提高土壤的抗旱能力。合理施用化肥,也是提高土壤水分利用率的有效措施。

(5)节水灌溉 一是根据谷子的类型、发育期、需水关键期和需水量等,在谷子的出苗期、孕穗期等需水关键期进行灌溉,灌溉量为 40～50 m³/亩。还要根据地块的墒情安排灌溉时间和灌溉量,做到既节约用水又不降低产量。二是改过去的渠道灌溉为管道灌溉、喷灌、滴灌和渗灌等,推广节水灌溉,增强抵御自然灾害的能力。

(6)及时改种、补种 对于干旱下错过适宜播期或者已经绝收的田块,要及时翻耕整田,选择生育期相对较短的早熟品种如冀谷168、衡谷 9 号进行补种,播期不迟于 7 月 25 日。

依托单位

山西农业大学谷子研究所,郭二虎,0355-2204248。

(六)谷子抗倒伏减灾技术

1. 西北春播早熟区

西北早熟区谷子生长期多大风暴雨,每年都有不同程度的倒伏发生,会对谷子生产造成影响。谷子倒伏之后,相互遮苗和挤压,或拉断根系,影响光合作用和田间作业。此外,茎叶堆在一起,散热慢,往往保持较高的温度,呼吸加强,耗费多,积累少,秕籽率高,最严重的可减产60%～70%,同时降低谷子品质,还可造成收获困难,甚至绝收。

1)预防措施

(1)选用抗倒伏品种 不同品种的谷子抗倒伏能力差异很大,抗倒伏品种一般表现为株高适中、基部茎节短且粗壮、秆壁厚、机械组织发达等。

(2)合理施肥 根据谷子生育期内的需肥规律进行科学施肥,播前施足底肥,一般亩施农家肥1000～2000 kg、过磷酸钙 40～50 kg。追肥以尿素为好,施用时间最好分两次施入,第1 次于拔节始期,称为"坐胎肥",应结合中耕进行培土,有利于根系向下深扎,多发气生根,发达健壮的根系有助于增强抗倒性。第 2 次在孕穗期,称为"攻籽肥",不可晚施,以免贪青晚熟,追肥应结合浇水或雨后进行。抽穗开花期,喷施磷酸二氢钾溶液,有壮秆作用,防止倒伏。

(3)合理密植 谷子密度与品种、地力、管理水平密切相关,选用矮秆品种、土壤地力肥沃、田间管理精细的田块宜密植,而株高较高、土地贫瘠、采用粗放管理方式的地块宜稀植。

(4)加强田间管理　精细的田间管理有助于提高植株的抗倒伏能力。苗期2～3叶期进行压青,控制地上部生长,起到蹲苗作用。3～5叶期及时间苗定苗,结合浅中耕,既可以除草,又能控苗定根,还能促进根系生长。拔节前深中耕,刨断部分侧根,促进根系发育,防止后期倒伏。谷子抽穗前根部培土,使谷田行中成垄、行间成沟,增强植株的支持能力。

(5)注意防治病虫害　容易造成谷子倒伏的害虫主要是粟灰螟,以幼虫蛀食谷子茎秆,苗期受害形成枯心苗,穗期钻蛀造成倒伏或白穗,要及时防治。引起谷子倒伏的病害为纹枯病,可在苗期结合中耕除草,疏苗定苗,合理密植进行预防。在成株期,当病株率达到5%时,可喷施药剂进行防治。

2)应急技术措施

(1)人工辅助技术　若倒伏发生在生育期中前期,因植株具有自我恢复能力,应顺其自然,不必进行人工处理。若倒伏发生在灌浆期,因"头重"不易完全恢复直立,只有穗和穗下茎可以抬起头来,如果小面积出现倒伏,让谷子慢慢恢复生长,不要强行扶正,否则会折断谷子茎秆,造成减产。

(2)根外喷施药剂　倒伏发生后,高温高湿条件下易发生各种病害。应及时喷施杀菌剂,如2%春雷霉素可湿性粉剂、20%三环唑可湿性粉剂、12.5%烯唑醇可湿性粉剂及20%噻森铜悬浮剂等,以防止病害的发生蔓延。同时,喷施磷酸二氢钾,促进籽粒灌浆,最大限度地降低损失。

(3)捆扎支撑　谷子抽穗后,若倒伏面积超过一半,对产量造成极大影响时,可以把倒伏的谷子扶正扎成小捆,用竹竿支撑,并提早进行收获,以减少损失。

依托单位

山西农业大学谷子研究所,郭二虎,0355-2204248。

2.西北春播中晚熟区

夏季至初秋时节雨水增多,且常伴强对流天气形成的大风暴雨,抽穗期到灌浆期的谷子易出现倒伏灾害。谷子倒伏后不能很好地进行光合作用,导致籽粒不饱满,空瘪粒增多,且常伴随穗粒发芽,影响产量和品质。

1)预防措施

(1)选择抗倒伏高产品种　优良的品种特性是预防后期灾害的首要保障。

(2)抓好苗期蹲苗措施　苗期间苗的目的是促进根系发育,控制地上部分生长,使茎基部变粗,提高植株抗倒伏能力。如遇苗期干旱,要适当控制地表水分,尽量不浇灌。

(3)及时间苗,合理密植　为保证全苗,谷子播种量一般要比留苗数大很多。谷子苗期生长拥挤,相互争水、争肥、争光,会造成单株生长细弱。如不及时间苗会影响后期发育,形成弱株,降低抗倒伏能力。

(4)加强中耕培土　中耕培土是促进根系发育,使基部茎节间粗壮,增强植株抗倒伏性的重要措施。中耕培土一般结合追肥和灌水等措施为好。

(5)合理追肥灌水　追肥是为了解决底肥不足而采取的一种补充施肥方法。追肥时期和数量不当也能造成谷子严重倒伏。因此,要根据谷子各生育时期的需肥规律合理追肥,一般苗期和抽穗期数量少些,而拔节期要大些。后期如遇干旱可进行轻浇而不要进行淹灌,以防止由于根系松动遇大风天发生倒伏。

（6）及时防治钻心虫　钻心虫即粟灰螟,幼虫以钻蛀谷子茎秆为害。茎部被蛀成孔道的部分遇风便容易发生折断,造成植株倒伏。

（7）加深耕层　秋季对种植谷子的地块进行深翻深耕,为来年谷子根系良好发育做好准备。

2）应急措施

（1）及时排涝　谷子发生倒伏后应及时做好田间排涝工作,避免地表积水。

（2）根据不同倒伏情况做好应急处理　谷子后期倒伏分茎倒、根倒、茎折三种情况。由于倒伏情况的差异,其产量损失程度也不同。茎倒仅仅是作物茎秆倾斜,待天气好转生长一段时间后会自行恢复直立状态,因此,这种倒伏产量损失较轻。茎折倒伏是指茎秆折断,一般很难恢复生长,也不易采取挽救措施,产量损失较大。根倒会使作物侧根拔起,茎秆倾伏角度较大,甚至平铺地面,叶片和穗贴地,水分降低慢,受光少,光合强度减弱,降低产量,延长了成熟时间。一般建议用棍子挑起贴地叶片而不扶起,减少对根系的伤害,缓苗快,产量高。如果倒伏较轻,可以进行追肥、中耕,以使产量损失降到最低限度。

（3）加强管理,促进根系发育　随着地膜覆盖及机械穴播的逐年普及,传统的中耕培土田间管理已无法大面积实施。覆膜种植谷子根系较浅,后期遇强风暴雨易造成倒伏。建议秋季深翻深松,促进根系发育。同时合理密植,靠穴内植株集体根系力量,减少倒伏发生。

依托单位

山西农业大学谷子研究所,郭二虎,0355-2204248。

3. 东北春谷区

倒伏是造成减产的一个重要因素。倒伏不仅可使谷子的产量和品质降低,同时造成收获困难,甚至绝收。

（1）选用适合当地的高产、优质抗倒伏品种　这类品种在株型上应表现出以下特征:一是植株不过于高大,一般在 140 cm 以下;二是基部茎节间较短且粗壮;三是叶片分布由下至上呈塔形或纺锤形且生长紧凑;四是穗茎节较短,穗成熟时下垂角度较小。

（2）合理密植　结合品种特性、地力及肥水水平,确定科学合理的种植密度,种植密度过大,造成弱苗,易发生倒伏。

（3）加强管理,培育壮苗　抓好苗期蹲苗措施,苗期蹲苗可促进根系发育,控制地上部分生长,使茎基部变粗,提高植株抗倒伏能力。可在谷子苗长出 2～3 叶时进行压青,如遇苗期干旱,要适当控制地表水分,尽量不浇灌。加强中耕培土是促进根系发育,使基部茎节间粗壮,增强植株抗倒伏性的重要措施。中耕培土一般在谷子拔节孕穗期进行。

（4）合理追肥灌水　追肥时期和数量不当也能造成谷子严重倒伏,一般苗期和抽穗期数量少些,而拔节期要大些。谷子生育期间需水以拔节孕穗期较多,这个时期要保证充分的水分供给,后期如遇干旱可进行轻浇而不要进行淹灌,以防止由于根系松动遇大风天发生倒伏。

（5）坚持防治病虫害　容易造成谷子倒伏的害虫主要是粟灰螟,以幼虫蛀食谷子茎秆,苗期受害形成枯心苗,穗期钻蛀造成倒伏或白穗。第 1 代幼虫 6—7 月为害,7—8 月进入第 2 代幼虫为害期。可在谷子疏苗前后用 45% 高效氯氰菊酯乳油与 1.8% 阿维菊素混配 2500 倍液喷雾防治。引起谷子倒伏的病害为纹枯病,可在苗期结合中耕除草,疏苗定苗,合理密植进行预防。而在成株期,当病株达到 5% 时,采用 12.5% 禾果利可湿性粉剂 400～500 倍液,或用 15% 粉锈宁可湿性粉剂 600 倍液在谷子茎基部喷雾,7～10 d 后酌情补防 1 次。

（6）人工辅助技术　谷子抽穗后，当倒伏面积超过50％、倾角大于45°时，就会对产量造成较大影响，应把倒伏的谷子扎把扶正或用竹竿间隔扶持，并提早进行收获，以减少损失。

依托单位

山西农业大学谷子研究所，郭二虎，0355-2204248。

4. 夏谷区

倒伏是谷子高产、稳产的一个重要限制因素。一般谷子在不同生育阶段发生倒伏可减产5％～60％，灌浆初期发生严重倒伏不能恢复生长，还会绝产，俗话"谷倒一把草"就形象地说明了倒伏对谷子产量的影响。倒伏不但会降低生物产量，而且还会影响品质和商品价值。应及时采取措施进行预防和应急处理：

（1）选择抗倒品种　应选择适于当地种植的抗逆性强、综合性状好的抗倒伏品种，各品种搭配比例协调，布局合理，达到"灾害年份不减产，丰产年份更高产"。

（2）合理密植　夏谷区谷子播种量根据土壤墒情、整地质量调整播量，一般亩播量在0.3～0.5 kg，土壤墒情好、整地精细的亩播量在0.3～0.4 kg，墒情差、整地质量较差的亩播量在0.4～0.5 kg。播深3～5 cm，播后及时镇压，保证苗全苗壮，每亩留苗密度在4.0万～5.0万株为宜。春季播种采用沟播，苗期防旱，雨季防倒。

（3）科学施肥　谷田施肥要注意氮磷钾均衡施用，使植株稳健生长，避免倒伏。

（4）田间管理　苗期注重蹲苗，促进根系下扎；拔节后及时进行中耕培土，促进根系发育，使基部节间粗壮，增强植株抗倒伏能力。

（5）及时防治病虫害　7月中下旬要及时防治玉米螟、粟灰螟等钻心虫，预防谷锈病、谷瘟病、纹枯病的发生。

（6）人工辅助技术　谷子苗期到抽穗期遇到大雨加风的天气发生倒伏，植株自动调节能力很强，无须人工干预，2～3 d后谷子可自行恢复直立生长。灌浆期发生倒伏，倒伏不严重的地块，谷子自行恢复生长；倒伏严重地块，谷子不能自行恢复生长，可采用人工扶起或捆把。

（7）田间中耕　苗期倒伏后，等地面半干时，植株自行恢复直立，此时进行深中耕，可减少田间持水量，增强通风透气，提高地温，促进根系生长、下扎。

（8）喷肥防早衰　谷子倒伏后，光合作用差，根系活力降低，根据田间长势，适量喷施尿素、磷酸二氢钾等，特别是喷施钾肥，可提高茎秆的抗倒伏能力。

依托单位

山西农业大学谷子研究所，郭二虎，0355-2204248。

（七）谷子病虫害防灾减灾技术

1. 谷锈病

1）发生特点

谷锈病为气传性病害，一般在8月上中旬发病，主要在叶片正反面形成红褐色的夏孢子堆，影响叶片的光合作用。高温多雨年份易造成大面积流行，严重地块可造成倒伏而绝产。

2）典型症状

谷锈病可为害谷子叶片和叶鞘，但在叶片上发生更加严重。发病初期在叶片两面，特别是背面产生红褐色夏孢子堆。夏孢子堆稍隆起，圆形或椭圆形，约1 mm，成熟后突破表皮而外露,周围残留表皮,散出黄褐色粉末状物,即夏孢子。严重时夏孢子堆布满叶片,造成叶片枯死,茎秆柔软,籽粒秕瘦,遇风雨易倒伏,甚至造成绝产(图6-1)。

图 6-1 谷子谷锈病植株受害症状

3)防控措施

采取以抗病品种应用和精准施药为核心的绿色防控技术。

(1)选用抗病良种 选择种植抗病品种是防控该病最经济有效的措施,在重发区选用抗耐病品种,如冀创1号、冀创2号、豫谷11、朝谷13等品种。

(2)农业措施 加强田间管理,合理密植,雨季田间及时排水,少施氮肥,增施磷钾肥,提高植株抗病力。及时清除田间杂草,尤其是谷莠子和狗尾草等锈菌的寄主。

(3)化学防治 在田间发病中心形成期,即病叶率1%~5%时,及时喷施内吸性杀菌剂,如25%三唑酮可湿性粉剂(30~35 g/亩)、10%苯醚甲环唑水分散粒剂(50~80 g/亩)、12.5%烯唑醇可湿性粉剂(25~40 g/亩)等,隔7~10 d再喷1次,可达到良好的防治效果。

4)应用区域

适用于全国谷子主产区。

5)依托单位

河北省农林科学院谷子研究所,董志平,0311-87670712。

2.谷瘟病

1)发生特点

谷瘟病为气传性病害,可为害谷子叶片、叶鞘、穗颈、穗小梗和小穗。主要症状为叶瘟、穗瘟,其中以穗瘟造成的产量损失最大。降水较多且出现较长期的阴湿天气最适合谷瘟病发生。病菌靠风和雨水传播。

2)典型症状

谷子各生育期均能发病,可侵害谷子叶片、叶鞘、节、穗颈、穗轴或穗梗等部位,引起叶瘟、穗颈瘟、穗瘟等不同症状,其中叶瘟、穗瘟发生普遍且为害严重。

(1)叶瘟 谷子苗期即可发病,病菌侵染叶片,先出现椭圆形暗褐色水渍状小斑点,之后发展成梭形斑,中央灰白色,边缘褐色,部分有黄色晕环。空气湿度大时,病斑背面密生灰色霉层(病原菌的分生孢子梗和分生孢子)。严重时病斑密集,汇合为不规则的长梭形斑,造成叶片局部枯死或全叶枯死(图6-2a)。

(2)穗瘟 小穗梗发病,变褐,阻碍其上小穗发育灌浆,早期枯死呈黄白色,后期变黑灰色,形成"死码子",不结实或籽粒干瘪(图6-2b)。

图 6-2 谷子谷瘟病植株受害症状

3）防控措施

（1）选用抗病良种　谷子不同品种对谷瘟病的抗性差异非常明显,种植抗病品种是防治谷瘟病的一项经济有效的措施。近年来鉴定筛选出子目齐、疙毛黄、黑粘谷、沙谷等抗源材料供各地育种单位应用,并对各地育种单位培育的高代品系进行鉴定,淘汰高感材料,全面提高品种的抗病性。

（2）农业措施　加强田间栽培管理,合理调整种植密度,及时排灌,合理施肥,避免偏施氮肥,要配合施磷钾肥,或结合深耕进行分层施肥,增强植株抗病性。病田收获后及时清除病残体,实行 2~3 年轮作。

（3）化学防治　谷瘟病的防治要抓住早期施药,在发病初期,及时喷药防治可控制危害。一般叶瘟初发期施药 1 次,如果病情发展较快,5~7 d 再喷 1 次,特别在抽穗前需要喷施 1 次,以防穗瘟。可用药剂有 10％苯醚甲环唑水分散粒剂（50～80 g/亩）、20％稻瘟酰胺悬浮剂（50～60 g/亩）、2％春雷霉素水剂（100～110 g/亩）、20％三环唑可湿性粉剂（75～100 g/亩）等。

4）应用区域

适用于全国谷子主产区。

5）依托单位

河北省农林科学院谷子研究所,董志平,0311-87670712。

3. 白发病

1）发生特点

谷子白发病病菌主要以卵孢子附着种子表面作远距离传播,带菌的有机肥和带菌的土壤都可传播引起发病。连作田土壤中带菌数量多,病害发生严重,而轮作田发病轻。使用未经腐熟的粪肥和带菌的种子都会增加土壤的带菌量。春季早期播种,地温低,湿度大,出苗缓慢,发病较重,而晚播则相应减轻。两季作地区夏播时,一般晚播的发病较轻。播种过深,发病重。影响游动孢子囊再侵染的主要外界条件是大气的温湿度和降水量,多雨潮湿且温暖的天气,再侵染发病多。

2）典型症状

谷子白发病为系统性侵染病害,从发芽到穗期陆续显症,且不同时期表现不同的症状。种子萌发过程中被侵染,幼芽变色扭曲,严重时导致腐烂,可造成芽死;出苗后至拔节期发病,植株叶片正面产生与叶脉平行的苍白色或黄白色条纹,背面密生粉状白色霉层,称为灰背（图6-3a）。白色霉层为白发病菌无性世代的游动孢子囊梗和游动孢子囊。游动孢子囊和游动孢子借气流和雨水可进行再侵染,除形成灰背外,还可形成正面黄色、背面褐色、边缘深褐色、形状不规则的局部黄斑症状（图 6-3b）。田间湿度大时,病斑正面和背面也密被游动孢子囊形成的白色霉层。灰背病株继续发展,抽穗前,病株顶部 2~3 片叶丛生,叶尖或全叶黄白,心叶抽出后不能正常展开,而是呈卷筒状直立,黄白色,形成白尖（图 6-3c）。以后病株逐渐变成深褐色,枯死,直立田间,称为枪秆（图 6-3d）。枪秆顶部的叶片组织纵向分裂为细丝,内部包被的黄褐色卵孢子散落,残留灰白色卷曲的纤维束,故称白发病（图 6-3e）。有些病株能抽出穗,但发生各种各样的畸形,病穗上的小花内外颖片伸长呈尖刺状,整穗如扫帚或刺猬状,称为看谷老或刺猬头（图 6-3f）。

a.灰背;b.黄斑;c.白尖;d.枪秆;e.白发;f.刺猬头

图 6-3 谷子白发病植株受害症状

3）防控措施

（1）选用抗病良种　谷子品种间抗病性有显著差异。基于谷子白发病病菌具有明显的生理分化现象,同一品种在不同地区抗病性有可能不同,可种植用当地菌源鉴定的抗病品种或在当地种植表现抗病的品种。

（2）物理防治　在播种前可采用温汤浸种的方法杀灭种子表面的白发病病菌,具体做法为:55～56 ℃温水浸种 10 min,然后用清水漂洗,去除秕粒,晾干后播种。

（3）种子消毒　可选用 350 g/L 精甲霜灵种子处理乳剂,或 35％甲霜灵拌种剂按种子质量的 0.2％～0.3％拌种。

4）应用区域

适用于全国谷子主产区。

5）依托单位

河北省农林科学院谷子研究所,董志平,0311-87670712。

4. 粒黑穗病

1）发生特点

谷子粒黑穗病属于芽期侵染的系统侵染性病害,谷子幼芽特别是胚芽鞘被侵染后可使整个植株带菌。附着在种子表面的冬孢子是当年致病的主要侵染源。土壤温度在 12～25 ℃、含水量达 30%～50% 时适于病菌侵染。通常种子带菌率高、土壤温度低、墒情差、覆土厚、种子出苗慢时发病重。

2）典型症状

部分高感品种苗期表现"绿矮"症状，植株矮化、丛生，节间缩短、分蘖增多，叶片缩小、浓绿上冲，后期几乎不能抽穗，但田间以穗部受害更为常见（图 6-4）。病菌摧毁大部分或整个子房，但不侵害外颖，孢子堆隐藏其中，起初外被黄白色薄膜，后期变为灰色。病粒一般比健粒稍大，外膜破裂后散出大量黑粉状冬孢子（也称厚垣孢子或厚壁孢子）。病穗上的全部籽粒或绝大部分籽粒均受害，整体颜色灰白，一般无畸形。植株的其他部分与健株无明显差异。

图 6-4　谷子粒黑穗病植株受害症状

3）防控措施

在收获前，于田间进行穗选，选留穗大、籽粒饱满、无病的谷穗，单收单打留作种子，这是最简便易行且有效的防治方法。因谷子粒黑穗病是种子表面带菌，种子处理可有效控制该病危害，可通过物理和化学方法进行种子处理。播种前，用 55～56 ℃温水浸种 10 min，晾干后备用。也可通过农药拌种防治谷子粒黑穗病，如用 2% 戊唑醇可分散粉剂按种子质量的 0.2%～0.3% 拌种，或用 30 g/L 苯醚甲环唑悬浮种衣剂按种子质量的 0.2%～0.3% 拌种。

4）应用区域

适用于全国谷子主产区。

5）依托单位

河北省农林科学院谷子研究所，董志平，0311-87670712。

5. 线虫病

1）发生特点

谷子线虫病病原线虫的寄生方式为外寄生，在谷粒及秕子的壳皮内侧休眠越冬的成虫和幼虫遇湿复苏，侵入幼芽，在生长点外活动为害并少量繁殖。以后随着植株的生长，侵入叶原始体，直至幼穗，大肆繁殖为害。带线虫的种子是该病的主要侵染来源，谷秕子和落入土壤及混入肥料的线虫也可传播。谷子线虫病的发生轻重，主要取决于种子带线虫量和穗期雨量大小，二者同时具备，则可造成毁灭性危害。一般平地重，山地轻；沙土地轻，黏土地重，积水洼地更重；早播病轻，晚播病重。高温高湿有利于线虫活动、繁殖，尤其是开花灌浆期多雨，利于线虫在穗部大量繁殖传播，造成病害大发生及减产，甚至绝收。谷子品种抗病性强弱与发病轻重也有很大关系。凡生育期长,特别是孕穗期到灌浆期长,而且穗粒较紧、穗毛较长的品种发病重,反之发病则轻。

2）典型症状

线虫病可侵染谷子的根、茎、叶、叶鞘、花、穗和籽粒,但主要为害花器、子房,只在穗部表现症状。病株一般较健株稍矮,上部节间和穗颈稍缩短,叶片苍绿较脆。病株在抽穗前一般不表现明显症状,感病早的植株抽穗后即表现症状。感病植株的花初呈暗绿色,渐变黄褐色,后呈暗褐色。因大量线虫寄生于花部破坏子房,因而不能开花,即使开花也不能结实,颖片多张开,籽粒秕瘦,尖削,表面光滑有光泽,病穗瘦小,直立不下垂。发病晚或发病轻的植株症状多不明显,能开花结实,但只有靠近穗主轴的小花形成浅褐色的病粒(图6-5)。不同品种症状差异明显。红秆或紫秆品种的病穗向阳面的护颖在灌浆至乳熟期变红色或紫色,以后褪成黄褐色。而青秆品种无此症状,直到成熟时护颖仍为苍绿色。

图 6-5　谷子线虫病植株受害症状

3）防控措施

(1)农业措施　选用抗(耐)病品种。建立无病留种田。施用腐熟的粪肥和堆肥。重病田实行 3 年以上轮作倒茬,禁止秸秆还田。

(2)种子处理　采用温汤浸种和药剂拌种处理。

①温汤浸种。在播种前可采用温汤浸种的方法杀灭种子表面线虫,具体做法为:用 55～56 ℃温水浸种 10 min,然后用清水漂洗,去除秕粒,晾干后播种。

②药剂拌种。播种前可用 30%乙酰甲胺磷乳油或 50%辛硫磷乳油按种子量的 0.3%拌种,避光闷种 4 h,晾干后播种。

4）应用区域

适用于全国谷子主产区。

5）依托单位

河北省农林科学院谷子研究所,董志平,0311-87670712。

6. 褐条病

1）发生特点

在降水较多年份,或比较低洼潮湿的田内,病情发生相当严重,一般发病株率为 1%～5%,重病田块病株率达 20%以上。谷子生长期连续阴天寡照,高温多雨有利于病害的传播发病;偏施氮肥,过度密植,株间通风透光不好有利于该病发生;重茬地、低洼地发病重;虫害发生严重地块该病发生重。

2）典型症状

该病主要为害叶片，也可侵染茎秆、叶鞘和穗部。叶片发病主要以植株中上部叶片为主。被侵染后，在叶片基部主脉附近形成与叶脉平行的水渍状浅褐色条斑或短条纹，后沿叶脉向上或向下延伸，病斑色泽逐渐加深，变为深褐色或黑褐色，边缘常有黄绿色晕圈。被害植株心叶被侵染，往往导致病穗畸形，全部或部分小穗被侵染，发生褐色坏死（图6-6）。叶鞘被侵染也可产生褐色条纹，田间湿度大时，条纹上着生腐生的白色霉层。高感品种除在叶片上出现条斑外，植株顶梢嫩叶常枯萎甚至腐烂，不能抽穗。穗部被害后，轻者部分籽粒不实，重者全穗干瘪减产。

图6-6　谷子褐条病植株受害症状

3）防控措施

（1）农业措施　选用抗病和耐旱品种。精细整地，平衡施肥，合理密植，加强田间管理，排除田间积水，保持田间通风透光。

（2）化学防治　常发区在抽穗前雨后，可选用30％噻森铜悬浮剂（20～50 g/亩）、20％噻菌铜悬浮剂（100～130 g/亩）、50％氯溴异氰尿酸可溶粉剂（40～60 g/亩）、3％中生菌素可湿性粉剂（30～40 g/亩）针对心叶喷雾，若加上吡虫啉等杀虫剂效果更佳。

4）应用区域

适用于全国谷子主产区。

5）依托单位

河北省农林科学院谷子研究所，董志平，0311-87670712。

7. 粟负泥虫

1）发生特点

粟负泥虫在华北、西北和东北每年发生1代，均以成虫潜于杂草根际、作物残株内、谷茬地土缝中或梯田地堰石块下越冬，且在田间分布有一定的选择性，一般离山丘越近，越冬虫口密度越大。背阴地埂斜坡要比向阳地埂斜坡的越冬虫口密度大。华北和西北越冬成虫于翌年5月上旬和中旬开始活动，东北则在5月下旬和6月上旬开始活动。越冬成虫出蛰后，先在杂草上为害。谷子出苗后，即成群转迁到谷田为害。连作田块较轮作田块发生严重。粟负泥虫一般在山坡旱地、早播田、谷苗长势好的地块发生严重，而平川水浇地、晚播田、谷苗长势差的地块发生较轻。干旱少雨的年份发生严重。

2）典型症状

成虫和幼虫在谷子苗期至心叶期为害叶片。初孵幼虫爬行缓慢,陆续潜入谷苗心叶或接近心叶的叶鞘为害。一般一株有虫3～5头,多至20余头潜入同一株谷苗心叶里取食叶肉,残留叶脉及表皮,致使叶片呈现白色焦枯纵行条斑,严重为害可导致枯心、烂叶或整株枯死。成虫顺叶脉取食叶肉,只留表皮,形成断续的白色条状食痕,严重为害可使叶片焦枯破碎(图6-7)。

图6-7　谷子粟负泥虫植株受害症状

3）防控措施

(1)农业措施　秋后或早春,结合耕地,清除田间农作物残株落叶和地头、地埂的杂草,集中烧毁,破坏成虫越冬场所,减少越冬虫源。

(2)种子处理　播种前用600 g/L吡虫啉悬浮种衣剂或70%噻虫嗪可分散粉剂按种子质量的0.2%～0.3%拌种,晾干后播种。

(3)化学防治　在苗期用10%溴氰虫酰胺可分散油悬浮剂20～40 mL/亩或70%吡虫啉水分散粒剂3～6 g/亩等持效期长的强内吸性药剂喷雾,杀灭粟负泥虫的成虫。

4）应用区域

适用于全国谷子主产区。

5）依托单位

河北省农林科学院谷子研究所,董志平,0311-87670712。

8. 玉米螟

1）发生特点

以老熟幼虫在作物茎秆或穗轴中越冬。春谷区以1代幼虫和2代幼虫为害为主,1代幼虫6月中下旬盛发,取食心叶并钻蛀茎秆造成枯心,2代幼虫蛀茎造成穗死或倒折。1代幼虫是造成春谷减产的主害代,此期也是防治的最佳时期。夏谷区主要以2代幼虫和3代幼虫为害,2代幼虫7月中旬为害,3代幼虫8月中下旬为害。

2）典型症状

以幼虫蛀茎或蛀食穗轴为害,造成枯心苗、枯白穗、枯死株或植株倒折等;取食叶片常形成排孔(图6-8)。

3）防控措施

(1)农业措施　选用抗虫品种。秸秆还田粉碎要细,及时处理谷茬、秸秆,以减少越冬虫量。

(2)物理防治　根据玉米螟成虫的趋光习性,可利用杀虫灯诱杀,单灯防治面积30～40

图 6-8　谷子玉米螟植株受害症状

亩,设置高度距地面 1.5～2.0 m,可有效诱杀成虫,减少田间落卵量,减轻田间为害。每年越冬幼虫化蛹羽化前(4 月底前后),可对田间残存的玉米、高粱、谷子秸秆、根茬和玉米穗轴等越冬幼虫栖息处采取锄、轧、沤、烧、封等措施进行处理,以压低虫源基数。

(3)生物防治　可在各代成虫羽化初期和盛期(间隔约 7 d)释放赤眼蜂,选用当地优势蜂种进行长效生物防控。玉米螟对性诱剂有较强反应,可用人工合成的玉米螟性信息素诱芯,在田间诱杀雄虫,降低雌虫交配率和繁殖系数。

(4)化学防治　在成虫盛发期,可用 35％氯虫苯甲酰胺水分散粒剂 4～6 g/亩、5.7％甲维盐可溶性粒剂 15～30 g/亩或 5％高效氯氟氰菊酯水乳剂 30～50 mL/亩喷雾。

4)应用区域

适用于全国谷子主产区。

5)依托单位

河北省农林科学院谷子研究所,董志平,0311-87670712。

 二　**高粱防灾减灾技术**

(一)高粱低温冷害防灾减灾技术

1.春播早熟区

春播早熟区包括黑龙江、吉林、内蒙古等省(自治区)全部,河北省承德地区、张家口坝下地区,山西省,陕西省北部,宁夏干旱区,甘肃省中部与河西地区,新疆北部平原和盆地等。本区有效积温(≥10 ℃的积温量)为 2000～3000 ℃,生产品种以早熟和中早熟种为主。由于积温较低,高粱生产易受低温冷害的影响。

春季低温,可导致大田的高粱出苗率明显降低,重者可导致粉种霉变。低温造成高粱出苗延迟,有时还会遭受冻害,而秋霜冻往往使果穗不能正常成熟,影响产量和品质。苗期或生育后期遇低温、霜冻受害可造成减产。夏季低温持续时间长,抽穗期推迟,在秋季早霜到来时籽粒难以正常成熟。灌浆期气温低,灌浆速度缓慢,籽粒不能正常成熟而减产。低温危害后还容易诱使真菌和细菌病害的发生。

1)预防措施

(1)采用垄播法提高地温　东北地区通常在秋翻地春做垄的垄上,或在旋耕耙茬后起垄的垄上播种高粱。由于垄体高出地面,受光面积大,温度高,有利于出苗和幼苗生长。该方法多在气候冷凉和低洼易涝地区采用。

(2)选择适宜品种并进行播前种子处理　不同的品种其拱土能力不尽相同,选择拱土能力强的品种,有利于提高高粱的出苗率。播前种子处理是促进全苗壮苗的有效措施。例如,播前晒种能促进种子后熟,提前打破休眠,增加干燥度,还可以杀死种皮上的细菌,提高发芽率和发芽势;浸种催芽,种子萌动快,能够防止早播粉种,提高出苗率,有利于早熟增产。

(3)适时播种　生产上可把土上 5 cm 平均气温达 12 ℃时作为适时播种的温度指标,播种过早,土温低,出苗缓慢,种子容易霉烂,影响出苗率,且容易感染真菌而发病。

(4)苗带重镇压技术　机械播种后及时进行苗带重镇压,能为高粱生长创造适宜的土壤紧实度,增强土壤提墒保墒能力,保全苗、齐苗、壮苗,促进高粱生长,是增加产量的重要措施。播后表土层刚刚出现干土迹象时,俗称"背白"时,进行镇压最为适宜,过早或过晚均不能取得良好的镇压效果。

(5)地膜覆盖　高粱覆膜种植不仅可以节约水资源,还可以有效地提升地温,可以抵御播种期的低温灾害,减少高粱粉种,提高出苗率。覆膜种植还可以缩短高粱生育期,减少生育后期的冷害危害。

2)应急技术措施

(1)查苗补苗　高粱播种后,在播种至出苗阶段要进行田间检查。由于低温粉种造成出苗率低、缺苗断垄的田块,要立即补种补苗。在缺苗不很严重的地段两端留取双株或多株,对分蘖力强的品种保留分蘖。

(2)补种　在土壤墒情以及生育期允许的条件下进行补种,补种时应当先浸种催芽,然后补种。土壤墒情不足时,应先浇水补墒,然后补种,以加速出苗,达到幼苗生长一致。

(3)补苗移栽　补栽应在 5~6 叶前移栽,可选择晴天下午或阴天进行。移栽后要压实土。土壤干旱时应坐水移栽,以保证成活。移栽后的苗要比正常苗埋深 1 cm 左右,以免风干死苗,并要增加水肥供应,促其赶上正常苗的生长。

(4)毁种、改种　在缺苗严重的情况下,要及时进行毁种,毁种生育期短的高粱,或生育期短的作物如绿豆、荞麦等。

(5)及时追肥或喷施叶面肥、生长调节剂　早追肥可以促进高粱早生快发,起到发苗、促早熟和增产的作用。同时追肥时深松土壤可以防旱,提高地温。叶面喷施生长调节剂,受冷害地块,待高粱生长到拔节期时喷施磷酸二氢钾叶面肥 2 次,以促进高粱快速生长。

(6)加强田间管理　出苗后及时疏苗、定苗,铲除杂草,深松耕地。特别是低洼易涝地,地温低,可采用垄作,提高地温。雨后及时排除田间积水,促进生长发育。

(7)人工处理　受低温冷害较重时,高粱苗症状表现为顶部叶片整叶干枯,但尚未影响心叶。待气温回升正常后 2~3 d,用剪刀将干枯叶片剪去,以便心叶及早抽出。

依托单位

辽宁省农业科学院高粱研究所,卢峰,024-31029903。

2.春播晚熟区

春播晚熟区冷害以低温多雨寡照型以及低温干旱早霜型受害最重,高粱播种至拔节期间持续低温,经常造成毁种或弱苗。本区域高粱播种期集中在4月下旬,以平均气温12～14 ℃时播种为最好,高粱种子发芽最低温度为7～8 ℃,出苗温度为12～14 ℃,高粱幼苗期在4～5 ℃时就发生受害现象,播种后到5叶期发生低温易造成粉种或者弱苗。

1)预防措施

(1)选择适于不同生态区种植的品种　根据当地气候特点和生育期,选用不同熟期的品种,适期播种,合理密植。不同生态区品种选择要能经得起丰、平、欠年及高温、平温和低温年的考验。即高温、平温年获丰收,低温年产量不至大幅度下降。要求在一般年份霜前5～10 d成熟,低温年也能在霜前基本成熟。

(2)适时晚播,早生快发　春季低温发生时可适时晚播,躲过低温期。

(3)增施磷肥、有机肥　高粱对肥料要求很高,增施有机肥及速效磷肥,不仅高产,而且能促进早熟,尤其是磷肥效果更为明显。

(4)地膜覆盖栽培技术　高粱覆膜种植可以节约水资源,还可以有效地提升地温,抵御播种期低温灾害。覆膜种植还可以缩短高粱生育期,减少生育后期的冷害危害。

2)应急技术措施

(1)喷施叶面肥、生长调节剂　采用叶面喷施磷酸二氢钾或矮壮素,以促进生长,减少损失。具体做法:高粱拔节后,用磷酸二氢钾(叶面肥)每亩600～800 g,浓度为0.3%～0.6%,进行叶面喷施。也可喷洒0.1%～0.15%矮壮素,促进早熟,增加产量。

(2)提前收获　制种田、材料圃对种子发芽率有较高要求,受低温影响较大,一般采用提前收获的方法,在高粱乳熟中期及时抢收,可获得约70%发芽率的种子。

依托单位

辽宁省农业科学院高粱研究所,卢峰,024-31029903。

(二)高粱抗涝播种减灾技术

1.春播早熟区

春播早熟区高粱大多种植在山坡地,少量播种在平原、洼地。洪灾对于春播早熟区高粱种植是毁灭性的,但多为带状损害,多为形成径流的谷地被冲刷。长时间涝灾会抑制高粱根系呼吸,致使根系中毒、腐烂。雨涝灾害会降低叶片光合作用,叶片生长速度延缓,随着时间的延长叶片逐渐失绿、萎蔫、老化等,进而影响到光合作用、蒸腾作用的正常进行,加快叶片的黄化和衰老,进而影响高粱产量。

(1)观察墒情延迟播种　在涝灾不严重的情况下,可根据具体情况,等冰雪消融积水排干后,及时整地播种,适当调整品种及播期,推迟播种应当选择早熟品种,确保安全生产。

(2)起垄晾墒,适时播种　遇正常播期土壤含水量仍过大,可采取起垄晾墒、翻地晒田等措施来降低土壤水分。秋翻的地块,要在早春顶凌耙地,当土壤化冻时采取春耕、旋耙和起垄。对土壤含水量较低的低洼地块,进行起垄晾墒可降低土壤含水量,消除土壤板结,达到适时播种的目的。

(3)增施有机肥料,提高地温　湿涝的耕地土壤温度较低,会影响适时播种。为了提高地温,可施用腐熟的农家肥或秸秆沤肥,可提高地温和增加土壤中的有机质含量,使土壤的物理性能改善,增强土壤的通透性能,并适当增施磷肥,促进种子萌芽和出苗。

(4)进行种子处理,控制播深,避免重压　播前对种子进行晾晒和包衣等处理可促进种子发芽。要在播种前晒种2～3 d,并进行包衣处理,促进幼苗生长,保证苗齐苗壮。在低洼地播种时,一定要控制播种深度,切忌深种,覆土不能过厚。播种后也不能过早镇压,当地表的土壤较松散时,再进行镇压,有利于种子发芽出苗。

(5)及时排除田间积水　对低洼地中积水,抢时间挖掘排水渠道,排除田间积水,有效降低土壤含水量。

(6)加强田间管理　洪涝过后,应及时清除田间杂物和杂草,并进行中耕松土,提高土壤通透性,提高地温,改善通风透光条件,以利进行光合作用,促进植株生长。

(7)科学判定,及时毁种补种,合理安排作物与品种　对于被洪水冲毁的地块,应该及时准确做出判定,及时采取毁种补种措施。合理安排种植作物、品种。选择早熟、耐涝、喜肥水的作物或品种种植,成熟时间控制在早霜之前。

(8)合理施肥,调节植株生长　因雨水过多造成土壤养分流失,应先及时喷施速效氮肥促进苗情转化,但不要过量施用,以防高粱徒长贪青。结合病虫害防治叶面喷施尿素、磷酸二氢钾、氨基酸等肥料,加强高粱抗逆性,促进高粱生长发育、提早成熟,提高高粱产量及品质。对于因为土壤黏重而长势不良的高粱,及时根外施肥。

(9)适时收获　根据高粱具体生长情况及时抢收或适时晚收。对于即将成熟的地块,如果受灾,根据实际情况可及时抢收,加工或出售,尽量减少损失。

依托单位

辽宁省农业科学院高粱研究所,卢峰,024-31029903。

2.春播晚熟区

夏季低温持续时间长,抽穗期推迟,灌浆速度缓慢,秋季早霜到来时籽粒不能正常成熟而减产。高粱低温冷害在春季、秋季常常出现。

(1)浅播、晚播法　采用浅覆土增加地温,加速表层土壤水分蒸发,加快出苗速度,降低粉种率。通常覆土厚度不超过3 cm。将播种期往后移,等到土壤5～10 cm温度稳定在12 ℃以上再播种。

(2)及时排涝　暴雨过后,四周开挖排水沟,及时打通入河排水沟渠,保证积水能够顺利排出;针对地势低洼、积水严重且自然排水不畅的农田,要及时开挖排水沟,或采用机泵等设施排水。

(3)分类管理　高粱受淹后要尽快清除田间枯枝烂叶等杂物,以利植株保持正常的光合作用;若出现倒伏,在高粱苗期和抽穗前,不用扶正;抽穗后开始灌浆田块,需要对倒伏的高粱扶正,提高上部功能叶光合能力。

(4)适时中耕散墒　雨后天晴,要适时进行中耕锄划,既有利于土壤散墒、改善根际环境、促进根系恢复生长,又可破除土壤板结,兼顾防除杂草,同时进行高培土,防止倒伏。

(5)补施速效肥、生长调节肥　田间积水排干后,要及早补施速效肥,可叶面喷施0.2%～0.4%磷酸二氢钾、1%～2%尿素以及0.01%～0.04%芸苔素内酯等助其尽快恢复生长。在机械能够进地时,要将大喇叭口期追肥与灾后施肥相结合,尚未追施穗肥的夏高粱,追施尿素;已经追施穗肥的地块,每亩可再酌情追施尿素和钾肥。

（6）防治病虫害　针对雨后高粱大斑病、顶（根、茎）腐病、纹枯病等病害的发生，采用多菌灵、百菌清、异菌脲、代森锰锌、戊唑醇、福美双、苯醚甲环唑、丙环唑、春雷霉素、氯溴异氰尿酸等进行针对性防治，蚜虫、螟虫的发生可用吡虫啉、氯虫苯甲酰胺等进行防控。

（7）补种改种，挽救损失　针对积水严重、产量无法挽回的田块，可在灾情过后重新整地，进行时令作物的补种和改种。冬季要接茬小麦种植的田块，可补种绿豆、鲜食玉米、青贮玉米、红薯、谷子等生育期短的作物；对于面积小且不考虑接茬的田块，可改种胡萝卜、萝卜、马铃薯、大白菜等时令作物。

依托单位

辽宁省农业科学院高粱研究所，卢峰，024-31029903。

3. 春夏兼播区

在华北地区，既有春播高粱，也有夏播高粱，涝灾主要发生在7—8月的雨季，因此防涝的重点应该放在7—8月。此时高粱处在拔节到灌浆期，涝灾会导致倒伏、病虫害加重、籽粒霉变、穗发芽等现象，会对产量和品质造成不利影响。但在一些沿海地区的地势低洼地块有时也会在播种期遇到连阴雨，造成不能适时播种、不易出全苗、杂草危害加重、苗期虫害加重等现象，对今后管理带来不便，更会对产量造成影响。针对历年涝灾发生情况，提出以下防控措施。

（1）选好品种　选择耐涝性好、耐低温、生育期适中的品种，根据天气预报，在降水到来前选用生育期较长的品种；在降水后如错过适宜播种期，要选择生育期较短的品种。

（2）整地与播种　在易发生涝灾地区或地块，采用起垄播种的方式，在垄上播种，使多余的水集中到沟内，减少对植株的危害。如天气预报在适宜播种期内有降水过程，可选择晚熟品种，采用干寄子播种方式，等雨出苗，但降水结束后应立即喷施除草剂，防治杂草。最好在降水后播种生育期短的品种。土壤水分合适时，耕翻土地，一般用旋耕犁耕2遍，镇压耙糖一遍然后播种。如果田间积水严重，土壤黏重，宜耕期短，可采用撒播的播种方式，即在降水前，或雨后先将种子均匀地撒在地表，进行浅旋耕将种子埋入土内，然后及时喷施封地的除草剂。

（3）及时除草　苗期遇到涝灾，杂草容易形成危害，最好在播种后及时喷施封地除草剂。如果没有封地或效果不好，在草2～4叶时及时喷施苗后除草剂，防除杂草。

（4）强化农田基本建设　在易发生涝灾的地区或地块，要建排水渠，准备好水泵，平整好土地，以备降水过多时排水。

（5）病虫害防治　多观察病虫害的发生情况，提早测报，一有苗头，就要及时打药，主要是防治黏虫、蝗虫、钻心虫、棉铃虫等。如果在灌浆期出现连阴雨，喷施多菌灵防治籽粒霉变，喷施小麦上应用的穗发芽抑制剂（脱落酸为主成分），防治高粱籽粒在穗上发芽，以免造成减产和淀粉含量降低。

（6）毁种和改作其他用途　播种后遇到大雨形成涝灾或地表板结，出苗不足一半时应及时毁种，改种其他生育期短的作物，如谷子、绿豆、荞麦、黍子等。在拔节以后出现涝灾，要及时排水。在开花后出现持续的阴雨天，如果出现了严重倒伏、穗发芽或霉变，可以连秆一起收获，改作青贮饲料，并及时耕作种植下茬，如大白菜、萝卜、油菜等。

（7）储备救灾种子　因涝灾不常出现，人们缺乏储备救灾种子的意识，当涝灾出现时，没有补救的种子，会延误时间，错过毁种的机会。

（8）救灾设备准备　平时要准备水泵、农机等，以备应急使用。

（9）注意天气预报和田间观察　目前天气预报准确度较高，根据天气情况及时调整种植计划。平时要多到田间观察,特别在极端天气后,根据田间情况作出准确判断,及时采取相应措施。

依托单位

辽宁省农业科学院高粱研究所,卢峰,024-31029903。

4. 南方区

南方地区多为亚热带季风气候,受季风影响,雨季长。南方高粱多在春季播种,这一时期冷暖空气活动频繁,气温变化幅度大,常出现寒潮,尤其以山区或丘陵为主的西南地区,连绵阴雨多。田间积水过多,时间过长,常造成高粱根部氧气不足,并产生乙醇等有毒有害物质,从而影响高粱的正常生长发育,出苗难以保证,造成减产。

(1)选择适宜时期,浅播、晚播　适当浅播可以加快高粱出苗速度,同时有效减少病原菌侵染。根据地区气候特点,适当晚播以错开连绵阴雨天气。适时抢墒播种,播前催芽促进出苗。

(2)因地制宜,改变播种方式　一是采用育苗移栽、漂浮育苗等方式;二是采取宽窄行、起垄等种植模式,以利于田间排水等工作;三是改春播为夏播,以避开阴雨天气对播种的影响。

(3)及时排水降渍　开沟排除田间积水,降低土壤湿度,减少涝害持续时间。

(4)及时中耕松土　涝灾发生后及时中耕松土,翻耕晾晒,提高土壤通透性。增温、散墒、防寒,防止土壤板结,促进土壤散墒透气,改善土壤环境,促进高粱根系生长。

(5)及时补种或改种其他作物　对受淹时间过长、缺苗严重的田块,应采取移栽与补种相结合的方法,如选用适宜品种进行夏直播,重新补种或用催芽补种促进早出苗,确保苗全、苗匀、苗壮,以不误农时,保证收成。对错过播种时节的,可改种其他作物。

(6)加强田间管理　注意防控病虫草害。土壤湿度大,有利于病虫害和杂草的发生,涝害过后,应及时加强田间管理,防控病虫草害,最大限度减少因灾而造成的后续损失。

依托单位

辽宁省农业科学院高粱研究所,卢峰,024-31029903。

(三)高粱雹灾防灾减灾技术

1. 春播早熟区

冰雹常给高粱生产造成严重损失。冰雹所引起的灾害程度与雹粒大小和降落速度有直接关系。体积与比重越大的雹粒,降落速度也越大,其灾害也就越重。高粱春播早熟区为一年一熟制,通常5月上中旬播种,9月底10月初收获。春播早熟区的雹灾主要发生在6—7月。

苗期遭遇雹灾,高粱幼苗叶片通常呈斑点状或线状破损、撕裂,破损部位叶片组织坏死、干枯,影响光合作用。若高粱心叶展开受损,由于受损组织死亡,叶片不能正常展开,致使新生叶展开受阻、叶片卷曲皱缩。雹灾后土壤湿度过大,植株养分缺乏,根系长时间处在缺氧状态,最终导致根系衰亡,靠近根茎部位生长点腐烂。

高粱孕穗期营养生长与生殖生长并进,此阶段遭受冰雹灾害,不仅易引起叶片和茎秆的损伤,影响植株的正常生长与光合能力,降低营养输送,还会造成穗粒数降低,引起减产。雹灾过重还会造成穗茎节被冰雹砸断,植株基本不能正常生长。所以,雹灾过后要及时促进植株恢复生长,减少产量损失。

(1)加强冰雹灾害的气象预测　汛期是气象灾害多发期,气象部门要充分利用天气雷达、卫星云图、计算机和通信传输等先进设备,时刻监测天气变化,及时提供准确的冰雹预报服务和预警信息,努力减轻雹灾对高粱生产的危害,增强农民的防雹抗雹意识,从而提前做好防御措施。

(2)选择适宜品种 高粱的抗雹能力与品种特性有关,应选择茎秆强壮、穗码坚韧、码口较紧的品种,这样的品种抗雹能力较强。

(3)人工防雹 当监测到有冰雹发生时,气象部门要抓住时机组织开展人工防雹作业,达到大冰雹化小、小冰雹变成水滴的目的,最大限度地减少雹灾对农作物造成的损失。目前使用的防雹方法有两种:一种是爆炸方法,另一种是化学催化方法。爆炸方法主要采用空炸炮和土追击炮,可发射至300~1000 m高度,有些地区也使用各种类型的火箭或高射炮,可以射到几千米高空。化学催化方法是利用火箭或高射炮把带有催化药剂(碘化银)的弹头射入冰雹云的过冷却区,药物的微粒起了冰核作用,过多的冰核分"食"过冷水而不让雹粒长大或拖延冰雹的增长时间。

(4)人工辅助技术 雹灾过后,晴天适时剪除其枯叶和受伤叶片;及时用手将粘连、卷曲的心叶展开,以便使新生叶片及早进行光合作用。

(5)加强田间管理,进行中耕松土 作物恢复生长发育后要加强田间管理,适时中耕松土,破除板结层。中耕时要深浅结合,苗期要深中耕,旺盛生长期要浅中耕,以免损伤根系。

(6)增加追肥次数和数量 追肥可提高土壤肥力,促使作物生长。同时适当喷洒增温剂,可提高地温和作物体温,减轻冷冻带来的危害。

(7)病虫害防治 雨后气温回升,有利于田间杂草滋生,及时做好田间杂草药剂防治,促进其生长。

依托单位

辽宁省农业科学院高粱研究所,卢峰,024-31029903。

2. 春播晚熟区

"雹打一条线",冰雹危害区域主要呈条带状分布。当受到雹灾后,首先要明确高粱的生长时期、冰雹大小、受灾区域和中心区。春播晚熟区雹灾一般发生在6—7月。在雹灾发生的边缘区,高粱主要表现为叶片多处出现伤口、易受病菌感染,容易出现病害;在受灾中间区域,高粱整株叶片受到损伤,生长和代谢受到破坏,植株生长缓慢;在受灾中心区,大面积死苗,甚至出现绝收。

(1)提早追肥,喷施叶面肥、生长调节剂等 受雹灾危害的高粱植株,由于叶片损伤,光合面积减少,植株体内有机营养不足。可喷施磷酸二氢钾、芸苔素内酯、复硝酚钾等叶面肥、植物生长调节剂,补充高粱所需营养,促进根系发达,增强高粱光合作用。

(2)及时中耕除草 雹灾过后,适时中耕松土,铲除杂草,改善土壤通透性,促进根系恢复活力。

(3)及时防虫防病 叶部病害(靶斑病、炭疽病)可使用苯甲·嘧菌酯、氯氟醚·吡唑酯等防治;细菌性病害使用氯溴异氰尿酸、辛菌胺醋酸盐、中生菌素等;病毒病使用氨基寡糖素、香菇多糖等叶面喷施;蚜虫可使用吡虫啉或噻虫嗪水分散粒剂防治。

(4)及时补种、毁种 雹灾中心区受灾特别严重,必须毁种的,根据当地无霜期结合作物生育期,选择适当的作物及时补种以减少损失,如草高粱、草玉米、荞麦、绿豆、糜子等作物。

依托单位

辽宁省农业科学院高粱研究所,卢峰,024-31029903。

3.春夏兼播区

冰雹灾害严重威胁着高粱生长,对高粱生长的影响主要有以下几点:①叶片破损。由于冰雹的机械击打,高粱叶片被撕裂,破损部位叶片组织可能会坏死、干枯。②心叶展开受阻。高粱顶尖部位未展开幼叶受损后,由于受损组织死亡,叶片不能正常展开,可能会使新生叶展开受阻、叶片卷曲皱缩。③受冻死亡。如果冰雹数量较大,春季高粱幼苗长时间受低温冰雹压埋,易使幼苗受冻死亡。④淹水窒息死亡。由于冰雹发生时常伴随大风和暴雨,高粱植株如果在齿期易被冰雹和暴雨击倒,后因水淹而窒息死亡,这种情况在有地表径流的地块比较严重。⑤生长点腐烂。冰雹造成大部分叶片破损,不能正常地进行光合作用。湿度过大的地块可能会因植株养分缺乏,根系长时间处在缺氧状态,最终导致根系衰亡,靠近根颈部位的生长点腐烂。

(1)人工防雹　用火箭、高炮或飞机直接把碘化银、碘化铅、干冰等催化剂送到云里,在积雨云形成以前送到自由大气里,让这些物质在雹云里起雹胚作用,使雹胚增多,冰雹变小;在地面上向雹云发射火箭打高炮,或在飞机上对雹云发射火箭、投放炸弹,以破坏对雹云的水分输送;用火箭、高炮向暖云部分撒凝结核,使云形成降水,以减少云中的水分;在冷云部分撒冰核,以抑制雹胚增长。

农业生产常用方法有:在多雹地带,种植牧草和树木,增加森林面积,改善地貌环境,破坏雹云条件,达到减少雹灾目的;高粱成熟及时抢收。

(2)排除积水　地势较平坦的高粱地,过多的降水量往往造成田间长时间积水,土壤湿度过大,植株生长受到严重影响,根系因缺氧而窒息坏死,生活功能衰退,对产量影响很大,因此应及时排除积水,以降低地下水位,降低田间土壤湿度。

(3)扶苗、舒展叶片　雹灾发生时部分幼苗被冰雹或暴雨击倒,有的则被淹没在泥水中,容易造成幼苗窒息死亡;有的植株顶部幼嫩叶片组织受雹灾危害后往往因坏死而不能正常展开,导致新生叶片(心叶)卷曲、展开受阻,影响植株的光合作用。雹灾过后,一方面要及早人工扶正遭受冰雹危害程度小、心叶完整的倒伏或淹没在水中的灾害幼苗,使其尽快恢复生长;另一方面应及时用手将粘连、卷曲的心叶展开,以使新生叶片及早进行光合作用。

(4)植株伤口消毒　灾后高粱植株受损伤,特别是茎秆受损部位,容易受到细菌或真菌等病原物的侵染而引发其他病害。为防止茎秆受损部位坏死,应及时用25%吡唑醚菌酯悬浮剂或48%甲硫·戊唑醇悬浮剂整株喷雾,以减少侵染。

(5)查苗补缺　对苗期遭受冰雹、整株被打烂造成缺苗的,要及时采取苗床育苗或大田直播方式进行补苗,尽量确保苗株数,以保证高粱生产。

(6)培土　雹灾发生时伴随暴雨,雹灾过后土壤水分过多、过湿,易导致根系缺氧,或由于土壤温度较低而不利于植株恢复生长。雹灾过后,应及早进行浅中耕松土,增强土壤通透性,促进根系生长和发育。

(7)追施速效氮肥　受雹灾危害的高粱植株,由于叶片损伤严重,植株光合面积减少,光合作用微弱,植株体内有机营养不足,雹灾过后应适当喷施磷酸二氢钾或植物生长调节剂,促使植株尽快恢复生长。使用量及注意事项应根据商品具体说明确定。一般结合培土酌情追施尿素6～10 kg/亩,以促进后续展开的叶片能够形成较大的叶面积,保证在籽粒灌浆期间植株能够制造较多的有机营养供给籽粒发育。

依托单位

辽宁省农业科学院高粱研究所,卢峰,024-31029903。

4. 南方区

南方区冰雹主要发生在3—6月,其中4月降雹日数最多,在其他季节偶有发生。高粱生育期如遇雹灾,在短时间内对高粱的茎秆、叶片与果穗进行猛烈地击打,伴随着大风的强力袭击,造成高粱不同程度的损害。严重的受灾地块,将会颗粒无收。

(1)调整高粱的播期或选择育苗移栽 高粱苗期如遇雹灾,此时可采用补救措施,如立即重新播种或者选择育苗的方式进行移栽,育苗时间4月中旬,5月左右即可进行移栽,此时正好错过冰雹高发期。

(2)中耕起垄,促进高粱根系生长 雹灾的发生一般伴随着强降水天气,会使土壤的表层受到伤害,导致土壤板结不利于高粱的正常生长,可以对耕地进行中耕、松土及起垄,预防土壤板结,并有促进高粱地下部分生长和防止高粱倒伏的作用。

(3)扶苗、排涝 高粱生长中期如遇冰雹灾害和强降水,受灾较轻的地块,可以对倾斜的植株进行手动扶直,还要及时进行施肥工作,并做好病虫害的预防,保证当年的产量;受灾严重的地块,可以选择补种其他农作物,以减少损失。

(4)抢抓农时,及时收获 高粱生长后期如遇雹灾,籽粒已完成灌浆的,可适当提前收获,以便迅速完成后熟过程。如果在尚未抽穗时发生灾害,可直接收割饲喂牛、羊等动物。

(5)及时关注天气变化和省、市、县气象预警信息 及时关注天气变化和预警信息,提前做好应对措施,尽量减少冰雹灾害对高粱产生的影响,最大限度减少经济损失。

(6)补种和改种 对于受灾严重的高粱地块,需要及时将其清除,再补种其他生育期较短的农作物,尽可能减少损失。

依托单位

辽宁省农业科学院高粱研究所,卢峰,024-31029903。

（四）高粱霜冻防灾减灾技术

1. 春播早熟区

霜冻分为早霜冻和晚霜冻,早霜冻使高粱叶片受冻、结霜,温度升高后叶片干枯,失去功能,生长停滞;籽粒受冻后,发芽受阻,成熟度受到影响,产量下降。而晚霜冻最晚出现在5月初。晚霜冻使高粱幼苗叶片受冻害,生长缓慢,抗性减弱,生育期延长。

(1)选择适宜品种 根据当地具体气候条件,选择适宜品种并进行播前种子处理。

(2)错期播种,提前收获 及时掌握气象信息,出现晚霜冻危害时,未播种的可适当推迟播种期,错开晚霜冻。制种田、材料圃对种子发芽率有较高要求,受早霜冻影响较大,一般采用提前收获的方法,在高粱乳熟中期及时抢收,可获得约70%发芽率的种子。

(3)少追或不追肥 遭受霜冻的高粱,在栽培管理上要减少追肥量的1/3~1/2,重施氮肥易导致高粱贪青晚熟。

依托单位

辽宁省农业科学院高粱研究所,卢峰,024-31029903。

2. 春播晚熟区

高粱春播晚熟区,有效积温 2500~4500 ℃,一般随海拔增高,积温降低,该区为一年一熟区。黄土高原沟壑区又决定了土地类型以山台地为主,约占 70%,塬地占 20%,川地占 10%,高粱种植多以山台地为主。本区域最早出现早霜是在 9 月中旬,一般是在 9 月底 10 月初,最晚出现在 10 月中旬。

(1)根据无霜期选择品种　无霜期 130 d 以上的地区选择晚熟品种,如平杂 8 号、川糯粱 1 号、吉杂 137 等。无霜期 130 d 以下的地区选择中早熟品种,如平试 140、吉杂 127、龙杂 18、吉杂 160 等。

(2)根据海拔高度选择种植技术　高海拔地区除选择早熟品种外,还可以选择地膜覆盖栽培技术,充分利用地膜覆盖保温、保水、保肥、除草作用,促进生长,增加高粱抗御霜冻能力,是增产增收的有效措施。

(3)及时掌握气象信息　要注意收听当地气象台、站的天气预报,及时掌握霜期,并做好相应防霜冻的准备工作。

(4)利用烟雾剂或施放烟雾进行预防　在容易发生霜冻的早春和晚秋,及时利用烟雾剂或施放烟雾预防霜冻。烟雾剂可提高田间和周围空间的空气温度,防止或减轻霜冻的发生和危害。具体方法:在下霜前,一般在 4:00—6:00,观测风向和空气流动情况,在高粱地块的上风处,有烟雾剂的每亩放置 4~6 个烟雾剂点;没有烟雾剂可用柴草或秸秆堆垛好,外层覆盖湿草或半干半湿的柴草,以断绝空气对流,减少明火燃烧,每亩布置 3~6 个柴草堆;当田间温度降到 3 ℃时,立即点燃所有烟雾剂或柴草堆,产生大量烟雾,达到增温抗霜效果。

(5)外源施用生长调节剂或叶面肥　已经受到晚霜冻危害的高粱,应积极喷施叶面肥如磷酸二氢钾或矮壮素,促进生长,减少损失。具体做法:高粱拔节后,用 0.3%~0.6% 磷酸二氢钾(叶面肥)每亩 600~800 g,进行叶面喷施;也可对高粱喷洒 0.1%~0.15% 矮壮素,促进早熟,增加产量。

依托单位

辽宁省农业科学院高粱研究所,卢峰,024-31029903。

(五)高粱抗旱播种减灾技术

1. 春播早熟区

高粱春播早熟区域种植品种以早熟和中早熟种为主,一年一熟制,5 月上中旬播种,9 月收获。这些地区高粱主要种植在旱地或瘠薄的坡地,大部分靠天种植生长,属于雨养农业。高粱出苗后发生干旱时,常导致高粱生长发育速度减慢,连续干旱则造成生长发育停滞,严重干旱则使植株枯萎死亡。春播早熟区高粱抗旱播种和旱灾防治可采取以下预防与应急技术措施:

(1)及时整地,适时早耕　秋季深耕整地,前茬作物收获后及时灭茬、耕翻,能够多积蓄秋冬雨雪,弥补春墒不足。有灌溉条件的要浇一次冬灌水。春季土壤化冻后要及时耙地,使土壤表面形成一层细碎、密实的覆盖层,减少水分蒸发。

(2)采用早熟品种,做好种子处理,选择适宜的播种方法　如果播种阶段迟迟不下雨,就要根据当地无霜期,选择生育期短的早熟品种,下雨前后及时播种,保证其正常成熟。同时,应用抗旱种衣剂等进行种子处理,增强高粱的抗旱能力。土壤墒情尚好、干旱程度不重,可充分利用原有墒情条件的播种方法,如抢墒早播法、提墒播种法。

当已发生干旱但深层土壤还含有足以使种子发芽出苗的水分时,可利用深层土壤水分进行深开沟播种,如两犁播种法、刮土播种法,播后及时镇压。干旱严重,只能采用通过灌溉使种子吸水发芽的播种方法,如催芽坐水播种法和润墒播种法等。

秸秆覆盖保墒播种法,前茬作物收获后用还田机械粉碎秸秆覆盖于地表。春季高粱播种时先进行土壤深松,可把秸秆深埋于土层 40 cm 处,然后播种。在播种时每亩加入 7.5～10 kg 尿素补充氮肥,促使秸秆腐烂,既可以补足幼苗营养,又可以保墒节水。

(3)采用膜下滴灌、浅埋滴灌等种植方式　采取一切措施挖掘水源,引水抢种。可根据品种生育期选择膜下滴灌、浅埋滴灌等灌溉措施,节水的同时保证了出苗,还能防低温促早熟。

(4)根据天气预报适时播种　下雨后及时覆膜播种,可增温保墒,缩短高粱生育期;或下雨前干埋播种等待下雨,但是在大雨或暴雨之后土壤容易变硬,影响种芽拱土,需要松土。

(5)加强田间管理　根据旱灾情况,在高粱 6～9 片叶期间耕耘两遍,切断土壤表层毛细管。在拔节前蹚地一次,同时应用抗旱保水剂,可增加抗旱能力。

(6)做好病虫害防控,喷施叶面肥　结合病虫害防治喷施叶面肥、抗旱喷洒剂等,增强高粱抗旱性。

(7)及时灌水　拔节至开花期是高粱需水临界期,这个时期一旦出现旱象,应立即灌溉。

(8)改种　如果遇到干旱严重错过高粱适宜播种期的情况,应改种绿豆、荞麦、早熟油葵等短熟期作物,可获得一定的经济效益。

依托单位

辽宁省农业科学院高粱研究所,卢峰,024-31029903。

2. 春播晚熟区

春播晚熟区高粱主要分布在辽宁省西部地区。辽西地区十年九旱,春旱、伏旱和秋旱经常发生,因此,该区高粱生产面临的主要气象灾害是干旱。由于受干旱影响,高粱无法适时播种,出苗困难,生长发育滞缓,光合作用减弱,营养失调,抽穗结实等发育过程受到严重影响,导致产量降低。

1)预防措施

(1)秋深松耕　前作收获后,结合施有机肥及时进行秋季间隔深松耕(耕深 30 cm 左右),打破犁底层,增厚耕层,增加降水入渗,减少坡面地表径流,提高土壤水库容。春季适时镇压,减少或避免春季耕翻作业,使土块破碎,密实土层,从而减少水分蒸发,以利提墒保墒。通常在化冻 10 cm 左右镇压,镇压要以表层形成一层薄薄的细土为宜。

(2)种子选择与处理　应选择适应性好、抗旱性强(如辽黏 3 号等)和发芽率高的种子。播种前,要进行种子精选、晒种、种子包衣等处理,以提高种子的生活力,增强抗旱能力,保证苗全、苗齐、苗壮。如用 0.25%氯化钙浸种 20 h,可提高作物抗旱效果。

(3)抗旱播种　可采用以下方法:

①适当加大播种量。根据品种的特性要求,在干旱情况下播种一般要较正常情况增加 30%左右的播种量。

②抢墒播种。凡 5 cm 地温稳定通过 10 ℃时,墒情适宜,即可立即开犁抢播。

③提墒播种。在干土层不超过 5 cm、底墒比较好时,于播前镇压 1～3 遍,压碎土块,压实土层,接通毛细管,提起底墒。镇压后应马上播种,播后还须加强镇压保墒。

④就墒播种(深播浅盖土)。在表层干土厚5～6 cm、底墒尚好的情况下,可深播就墒。将种子播在湿土中,然后薄盖一层湿土,及时镇压。

⑤造墒(坐水)播种。当土壤特别干旱时,应用此法效果较好。其操作要领是浇透水,接底墒,水渗下后播种覆土,适时镇压,可实现一次播种出全苗。

⑥集水播种。垄上覆膜集雨,沟内种植作物。降水时雨水沿垄膜面形成径流,汇入沟内种植区,使无效降水变为有效降水,提高土壤墒情。

(4)抗旱栽培 具体如下:

①在选择抗旱品种的基础上要结合适宜的种植方式,如宽窄行种植、根域集水种植、等高种植等。

②结合地力和管理水平,确定适宜的种植密度。无灌溉条件或土壤肥力较低的地块,适当减少种植密度;有灌溉条件或土壤肥力较高的地块,适当增加种植密度。

③苗期采用"蹲苗"的办法,或用0.05%硫酸锌喷洒叶面,都可提高作物抗旱性。

④合理施用磷钾肥,适当控制氮肥,可提高作物抗旱性。

2)应急技术措施

(1)补灌救命水 采取一切措施挖掘水源,充分利用可用水源,抢早浇水补墒,抗旱保苗促生长。示范推广膜下滴灌、地表浅埋滴灌、微喷灌、水肥一体化等节水灌溉措施,补充水分供应。

(2)加强田间管理 结合病虫害防治利用无人机叶面喷施抗旱剂和植物生长调节剂(如超敏蛋白、碧护、芸苔素内酯、生根粉、抗旱龙等),提高抗旱能力。没有灌溉条件的地块,及时进行浅中耕;有条件的地块,可利用杂草、秸秆等进行行间覆盖,抑制土壤水分蒸发,增强高粱抗旱能力。

(3)补种 如春旱严重,未及时播种或播种后出苗不全的地块,可补种一些早熟品种高粱,如辽杂37、龙杂18、龙杂19、龙杂20等。

依托单位

辽宁省农业科学院高粱研究所,卢峰,024-31029903。

(六)高粱抗倒伏减灾技术

1. 春播早熟区

高粱严重倒伏时,产量甚至可降低50%以上。高粱拔节后,受暴风雨影响,易发生倒伏,但此阶段植株茎秆处于急剧伸长阶段,能够很快恢复直立生长,所以对产量影响很小。高粱抽穗后倒伏对产量影响很大,抽穗期和籽粒发育早期对产量的影响最大。抽穗至灌浆期高粱倒伏越早减产越多,穗粒数减少,千粒重降低。成熟期倒伏不会对产量造成直接影响,但由于影响收获而损失产量,同时着地一面的高粱穗易发芽,影响高粱品质。

春播早熟区的倒伏主要发生在7—9月,这期间高粱主要处于拔节期至灌浆期,因此,倒伏主要对拔节后的高粱生产有一定的影响。近几年利奇马、美莎克、海神等台风,给春播早熟区的高粱生产造成了严重的影响。

(1)品种选择 应用根系发达、健壮紧凑、抗倒伏能力强、适合当地种植的品种。

(2)整地 每隔两三年进行一次深翻,并且细细地精耕一遍种植地,保证整个种植地区的土壤平实疏松,平整细碎,以便高粱根系的生长发育。

（3）拌种　处理好种子可以很大程度上避免倒伏现象的发生,根据实际种植情况选择药剂进行播前拌种。

（4）选择适宜的播种时间　要根据气候等条件灵活确定播种时间,尽量不要过早播种,可以适时晚播。同时播种的时候注意控制好间隔和深度,保证作物有充足的生长空间。

（5）镇压　一些生长环境比较好的地区常常发生徒长的现象,很容易造成后期倒伏。因此要提前镇压,控制高粱的长势,使它们保存养分,发展根系。

（6）松土　在春天追肥的时候,可以顺便对可能出现徒长的高粱中耕一次,松一松土,使它们的根系能够扎得更深,将养分都转移到根部来,进而避免发生倒伏等问题。一般来说,深度以 8 cm 为宜。

（7）做好水肥管理　浇水切忌大水浸灌,保持种植区土地微微湿润即可。底肥最好选择有机肥,追肥的时候要注意科学配比。除了追施氮肥以外,还要适当补充磷、钾等元素。除了及时补充水分和肥料外,对于下雨天多余的水分,要及时排除,避免积水沤根,影响根部呼吸而造成腐烂。

（8）适当使用药剂　高粱前期的旺长也是植株易倒伏的一个主要原因,所以必要的时候可以选用一些药剂来控制长势。常见的药物有多效唑、矮壮素等。使用的时候要注意控制好浓度以及用量。

（9）加强天气预警　当气象部门监测到即将有大风、雷雨天气时,要及时通过国家突发预警信息发布平台、手机短信、微信、微博和电视等多种途径发布多雨灾害预警,以便各级领导作出正确决策,同时组织群众对多雨灾害提前采取防御措施,以减少对高粱造成伤害。

（10）人工辅助技术　可以采用去除分蘖、打叶等人工辅助技术方法加强高粱抗倒伏能力,对易倒伏的品种用竹竿进行加固也是行之有效的方法。风雨天气之后如果高粱出现倒伏,可以用杆子将植株上的水珠轻轻抖去,减少根部承受的重量,帮助它们自然站立。对于抽穗期至灌浆期倒伏严重,特别是匍匐的高粱,应及时进行人工扶直,并在根部培土,也可以通过捆绑扶持的方法帮助其站立。成熟期以后发生的倒伏就不需要扶起,应及早垫扶果穗,防止果穗贴地或相互叠压发芽霉变。

依托单位

辽宁省农业科学院高粱研究所,卢峰,024-31029903。

2.春播晚熟区

在春播晚熟区,种植密度过大,高秆籽粒高粱易发生倒伏。8—9月病虫害的发生也是造成高粱倒伏的主要因素之一。春播晚熟区高粱倒伏影响机械化收割,机械化收割台难以拾起和收获倒伏的穗子,影响机械化收获干净率。同时,可能加剧病虫害的发生,也可能会导致穗部籽粒发霉,影响高粱品质和产量。

（1）栽培措施　选择矮秆抗倒伏高粱品种;针对不同品种,合理密植,防止密度过大根系弱小引起倒伏;加大行距至 50～60 cm,增强通风透光性。大风前不要浇水,避免前期过量施用氮肥和过早灌溉,避免徒长使茎秆支持力减弱;中耕培土,促进气生根生长。

（2）化学调控　对株高在 170 cm 以上的高秆高粱,在高粱 8～10 叶期(拔节初期、株高100 cm 左右)喷施如下生长调节剂:乙烯利(水剂、有效成分 40%),稀释倍数 200～400 倍为宜;矮壮素(水剂、有效成分 50%),稀释倍数 100～400 为宜;多效唑(可湿性粉剂、有效成分15%),稀释倍数 200～400 为宜。喷施尽量使用混合配施,混合剂能达到速效与长效相结合,受天气影响较小。

(3)及时排水　倒伏发生以后,土壤湿度大时应注意排水。

(4)人工扶起　如倒伏发生较早,在灌浆前应尽快将其扶起,在茎节生长素的作用下,促使倒伏的茎秆在一定节位背地性生长,以恢复直立状态。对生育后期的倒伏,可在午后作物失水不易伤折的情况下,扶起丛立,使每个植株都有一定的倾斜度,穗部不要重叠挤压,要交叉开,避免发霉。

依托单位

辽宁省农业科学院高粱研究所,卢峰,024-31029903。

3. 春夏兼播区

每年的 7—9 月是高粱春夏兼播区高温、多雨、多风、寡照的季节。高温、多雨使高粱茎秆的生长速度加快,寡照易使高粱的茎秆发育不良,大风则是高粱倒伏的直接诱因。尤其夏播高粱进入拔节期,茎秆的生长速度较快,茎秆的机械组织比较幼嫩、脆弱,极易发生倒伏和倒折。

(1)合理选种与密植　选用茎粗、矮秆、抗倒、丰产性好的优良品种是防止高粱倒伏的主要措施之一,是高粱丰产丰收的保证。种植形式采用宽行密株,行宽在 50～60 cm,每亩留苗8000～10000 株,利于通风透光,对防止高粱倒伏有一定作用。

(2)配方施肥　合理施用氮、磷、钾、微肥,增施有机肥,实行平衡施肥。缺钾地区要特别注意增施钾肥,以增强茎秆强度,提高茎秆抗倒伏能力。及时中耕培土,在拔节期至大喇叭口期结合中耕进行培土,以促进次生根发育,提高植株的抗倒伏能力。

(3)抗旱排涝　在苗弱、墒情不足或干旱严重影响幼苗生长时应及时灌溉,但要控制水量,切勿大水漫灌。土壤水分过多、湿度过大时,会影响根系活力,导致大幅度减产。因此,遇涝要及时排除。

(4)田间管理　一般中耕1～2次。拔节至小喇叭口期应深中耕,以促进根系发育、扩大吸收范围。小喇叭口期以后,中耕宜浅,以保根蓄墒。适时培土既可以促进生根生长、提高根系活力,又可以方便排水和灌溉,减轻草害。蹲苗有控上促下、前控后促、控秆促穗的作用,但应根据苗情、墒情、地力等条件灵活掌握。

(5)化控技术　高粱穗期喷施植物生长调节剂具有明显的矮化、增产效果。种植密度比较大、有倒伏危险的地块,可在拔节期喷施植物生长抑制剂来抑制株高,降低植株重心。应用化控技术时,要根据药剂说明书来严格掌握药剂用量和施用时间,防止发生药害,影响高粱正常生长。

(6)病虫害防治　积极防治茎腐病、纹枯病、高粱螟、蚜虫等病虫害,促使高粱生长健壮,增强抗逆性和抗倒伏能力。选用抗病、抗虫品种;轮作倒茬深翻,彻底清除田间病残体,减少初侵染源;越冬期防治,减少越冬虫口基肥;发病初期,打掉下部病叶,减轻发病程度;适期早播,加强肥水管理,避开发病时期,提高抗病力。

(7)人工辅助技术　高粱发生倒伏后,要根据不同情况采取不同的管理措施。发生根倒的地块,在雨后应该尽快人工扶直植株并进行培土,重新将植株固定;发生弯倒的地块,要打落植株上的雨水,以减轻植株压力,待天晴后让植株恢复直立生长;发生茎倒的地块,要根据发生程度来区别对待,茎秆折断情况比较严重的地块,可再补种晚田作物,茎秆折断比例较少的地块,可将茎秆折断的植株尽早割除。

依托单位

辽宁省农业科学院高粱研究所,卢峰,024-31029903。

4. 南方区

南方区高粱倒伏一般发生在大风、强降水等极端天气之后,灌浆期后易发生。高粱拔节前出现倒伏倒折的可能性较小。不同程度倒伏造成的影响也有所不同,轻度倒伏使产量降低10%~20%,中度倒伏使产量降低30%~45%,重度倒伏使产量降低50%以上,更严重的可能会达到100%。

(1)选用抗倒伏品种　选择抗倒伏品种是防止高粱倒伏的关键措施,要选择植株茎秆柔韧性强、抗病虫害性强、根系发达、茎秆粗壮的品种。

(2)合理密植　种植密度要根据品种特性、土壤肥力情况、施肥习惯等因素来确定。

(3)加强中耕管理　中耕可以疏松土壤,促进高粱根系发育,控制地上部分生长;还可以消灭杂草,减少地力消耗。中耕配合培土,可有效预防倒伏。

(4)科学施肥　根据高粱的需肥特点确定施肥时间和施肥量。合理增施磷钾肥,可增强植株生长强度,提高抗倒伏能力。

(5)及时防治病虫害　除恶劣天气因素外,茎基腐病是导致高粱倒伏的主要原因,对高粱茎基腐病进行防治,可有效防止高粱倒伏。

(6)选择适宜土地种植　夏秋季节降水和大风多的风口地块不要种植高粱,尽量选择有防风屏障的地块进行种植。

(7)提前收获　高粱生长中期倒折的植株没有抢救价值,不必人工扶直,可直接收割饲喂牛、羊等。高粱生育后期发生倒伏的,如果果穗基本成熟,可适当提早收获。

依托单位

辽宁省农业科学院高粱研究所,卢峰,024-31029903。

(七)高粱生育后期低温寡照防灾减灾技术

1. 春播早熟区

我国高粱春播早熟区,尤其是吉林省中西部地区经常发生低温阴雨,光照不足。长期的低温阴雨造成高粱生理活性下降,生长发育迟缓,产量降低,品质下降。霜前不能充分灌浆,致使产量锐减,品质变劣,籽粒不饱满,带壳籽粒增多,蛋白质含量低。针对低温寡照对高粱生长产生的不利影响,需采取相应的措施:

(1)选择生育期较短的高粱品种　选择耐低温寡照、生育期相对较短的高产高粱品种,适当调整播期,避开低温寡照不利于高粱授粉和籽粒生长发育的气候条件;适当降低种植密度,采用大小行种植,在抽穗期后拔除小弱株,改善其通风透光性能,提高光能利用效率。

(2)采取人工辅助授粉　开花后可采用人工辅助授粉,提高结实率,减轻高温或低温寡照的不利影响。

(3)加强田间管理　拔节以后,勤中耕,深中耕,能保持土壤疏松,中耕要和培土结合进行,以促进须根早生快长,增强防风、抗倒伏、土壤蓄水保墒的能力。在高粱抽穗以后,可采用叶面施肥,喷洒磷酸二氢钾(一般亩用肥0.5 kg,配制成200~400倍液,于抽穗前后喷洒)和市场上普遍推广的植物生长调节剂,增加穗粒重,促进早熟。

（4）喷施植物激素　在高粱生长后期，适时喷洒植物激素，可以调节植株营养生长和生殖生长的关系，防止倒伏，促进氮磷的吸收和转运，使植株提早开花，加速灌浆，提早成熟，增加产量。常用的植物激素有：①矮壮素，在高粱拔节期喷洒 0.1% 矮壮素，每亩用药液 75 kg，可降低株高，千粒重增加，增产显著。②赤霉素，开花末期，即穗下部小花基本萎蔫时，用 30 mg/kg 药液喷穗。③丰产素，可在高粱抽穗前和扬花期进行叶面喷雾，浓度为 5000～6000 倍液，每亩每次用药 50 kg。

（5）打底叶　如遇连续低温阴雨，高粱杂交种在成熟时仍保持较多的绿叶。对贪青晚熟的地块，可适时打去底叶，促进成熟和增强株间通风透光。打叶应在蜡熟后期进行，并保留上部 6 片叶左右为宜。

（6）及时做好病虫害防治　在高粱拔节期至抽穗期，低温阴雨会导致高粱叶片发生严重的病虫害。可喷洒 70% 甲基硫菌灵可湿性粉剂 600～800 倍液＋80% 代森锰锌可湿性粉剂 600 倍液、50% 多菌灵可湿性粉剂 500～600 倍液、50% 苯菌灵可湿性粉剂 800～1500 倍液、20% 溴菌腈可湿性粉剂 500 倍液等药剂，防治炭疽病、大斑病、紫斑病等。

可喷施 6% 联菊啶虫脒（亩喷 27～30 mL）或 2.5% 高效氯氟氰菊酯（亩喷 35～50 mL）防治蚜虫。可用 55% 氯氰毒死蜱（亩喷 30～40 mL）或用 20% 氯虫苯甲酰胺悬浮剂（亩喷 5～10 mL），喷施于穗部，兑水亩喷 50～70 L；或每亩用 8000 IU/mg 可湿性粉剂 100～150 mg，喷雾，防治穗螟、玉米螟等害虫。注意开花盛期不要打药，以免伤害柱头，影响结实率。

依托单位

辽宁省农业科学院高粱研究所，卢峰，024-31029903。

2. 春播晚熟区

高粱春播晚熟产区主要表现为延迟型，即在营养生长期或生殖生长期较长时间遭受低温，生活活性明显减弱，生长发育明显滞缓，抽穗成熟延迟，霜前不能充分灌浆，不仅产量锐减，且品质变劣，籽粒不饱满，带壳籽粒增多，蛋白质和淀粉含量低。如果霜期提前，影响更为严重。

（1）及时排放田间积水　低温寡照都与多雨相连，盐碱地高粱易积水，因此，要及时排放田间积水，加快土壤干燥速度，提升低温。

（2）适当追肥　水淹地块造成高粱养分吸收困难，排水后适当进行追施氮肥，促进高粱生长。

（3）及时进行人工防霜　对晚熟品种地块和低洼地块高粱，可采取人工熏烟防霜。方法：在凌晨 2:00—3:00，于上风口位置放置一些谷壳、秸秆等，点燃，进行人工烟熏防霜，改变局部环境温度。

（4）尽量延长成熟期　割掉无穗和不能成熟的植株，增加通风透光性，争取较好的产量。一旦发生轻度早霜，不要急于收割，适当延长后熟生长时间，充分发挥根茎储存养分向籽粒传送的作用，提高产量和品质。

依托单位

辽宁省农业科学院高粱研究所，卢峰，024-31029903。

（八）高粱收获期多雨防灾减灾技术

1. 春播早熟区

春播早熟区高粱收获期遇到多雨天气，首先影响高粱的正常收获，推迟收获时间，延长收获期；其次，多雨极容易造成倒伏甚至倒折，导致人工、机械收获难度加大，损失籽粒产量，同时也增加了收获成本；再次，容易导致高粱穗子发芽，籽粒发霉变黑，影响高粱的品质；最后，增加籽粒含水量，不利于籽粒降水、晾晒与贮藏。可采取以下技术措施进行预防：

（1）加强监测预警　通过国家突发预警信息发布平台、手机短信、微信、微博和电视等多种途径发布风雨灾害预警，以便各级领导作出正确决策，同时组织群众对风雨灾害提前采取防御措施。

（2）及时收获、抢晴收获、分类收获　加强秋收高粱后期管理，时刻关注天气预报，积极联系收割机或组织人力做好抢收准备，抓住晴雨间隙迅速抢收，全力加快收获进度。倒伏的高粱穗易发生穗芽，对倒伏的高粱与没有倒伏的高粱应分开收获，以免倒伏植株中可能发芽的高粱穗混杂在正常高粱穗中，影响高粱品质。

（3）及时查田排涝　加强田间排水，开挖排水沟或采取机械强排，在短时间内排除田间积水，增强土壤通透性，促进根系和植株恢复生长；增加倒伏高粱的通风透光性，提高地温，促进高粱正常成熟。

（4）湿高粱穗处理　湿高粱穗抢收后，如当地有烘干中心，可立即送烘干中心进行烘干处理。少量湿高粱穗可采取薄层摊凉方法，利用电风扇或鼓风机吹除湿气，并经常翻动。

依托单位

辽宁省农业科学院高粱研究所，卢峰，024-31029903。

2. 春播晚熟区

春播晚熟区收获期多雨易形成农田涝渍，影响正常收获，并且增加了植株倒伏、茎穗腐烂、穗发芽以及多种病虫害发生的风险，对高粱的产量和品质形成产生不利影响。为消减收获期多雨对高粱生产带来的不利影响，可采取如下措施：

（1）加强监测预警　加强雨情、水情及植株长势的监测预报，及时发布预警信息。加强农业与气象、水利、应急等部门的会商，研判降水发生的时间、强度和趋势，进一步细化各部门防灾减灾工作的联动举措。

（2）适时开展指导服务　在收获时节或气象灾害发生时期，组织专家和农技人员深入生产一线，采取点面结合的方式开展防灾减灾技术指导，减轻灾害天气的不利影响。

（3）强化救灾支持　做好防涝设备、农机设备、烘干设备及农药等物资的调剂调运，确保收获期对各项农用物资的需要。

（4）提前检修设备　对相关防涝设备和农机设备提前进行检修，例如抽水机、挖掘机、常规收割机、倒伏收割机、拖拉机及农药喷洒等相关工具，确保灾害发生后的第一时间可以正常使用。

（5）及时排水排涝　高粱田受灾后，应及时对积水田块进行排水排涝，抓紧疏通农田沟系，开挖排水沟，开启排水设施，降低外围水位，确保田间积水迅速排出。对于地势低洼、积水严重且自然排水不畅的农田，应及时采用动力排水，以降低高粱枯死或倒伏的风险。

(6)分类收获、抢晴收获 针对已经成熟的高粱,在降水间隙集中组织人力及机械进行快速收割,防止植株倒伏、茎穗腐烂以及穗发芽等情况的发生。如遇大面积倒伏情况,及时使用倒伏收割机进行收割。倒伏的高粱穗易发生穗发芽现象,对倒伏与没有倒伏的植株应分开收获,以免倒伏植株中可能发芽的籽粒混杂在正常高粱籽粒中,影响籽粒品质。

(7)湿粮处理 收获之后,立即对潮湿的高粱籽粒进行烘干处理,有条件的立即送往烘干塔进行集中烘干;如不具备条件,可采用0.75%食盐水对籽粒进行均匀喷洒,籽粒水分越高,盐水浓度相应提高,此法可保持湿的高粱籽粒在10 d内不生芽、不霉变。天晴后,采用薄层摊凉的方法,配合电风扇或鼓风机吹除高粱籽粒的湿气。晾晒过程中需经常翻动,或者利用空地空坪建立简易烤棚,在简易烤棚内进行湿粮烘干处理,同时用电风扇或鼓风机吹除湿气。

(8)加强田间管理 如灌浆后期多雨,待田间积水排出后,对于根系未遭受严重伤害的高粱植株,酌情扶正,对不能自行直立的倒伏植株进行搭架扶植,使植株尽快恢复正常生长。同时,进行中耕划锄,促进土壤散墒,改善根际环境,破除土壤板结,兼顾防除杂草,必要时进行培土,防止倒伏。

依托单位

辽宁省农业科学院高粱研究所,卢峰,024-31029903。

3. 春夏兼播区

春夏兼播区高粱一般在8月底或9月初成熟,每年的7—9月是高粱春夏兼播区高温、多雨、多风、寡照的季节。夏播高粱在9月底10月初收获,也可能遇到连阴多雨的情况。收获期多雨会对高粱收获和籽粒品质造成很大的影响:一是造成穗部吸水过多,产生穗发芽;二是植株上的籽粒脱水变慢、籽粒霉变,或造成已经收获的籽粒无法晾晒,严重影响籽粒品质;三是田间积水严重,甚至造成倒伏,机械收获难度加大。

(1)加强栽培管理 春播高粱适时早播,收获期避开雨季;合理密植,降渍除涝,灌排畅通;提前准备烘干设备。适时早收是预防穗发芽的有效措施。

(2)加强天气预报监测预警 及时通过国家突发预警信息发布平台、手机短信、微信、微博和电视等多种途径发布风雨灾害预警,同时组织群众对风雨灾害提前采取防御措施。

(3)及时抢收 时刻关注天气预报,积极联系收割机或组织人力做好抢收准备,抓住晴雨间隙迅速抢收,全力加快收获进度。

(4)及时查田排涝 要加强田间排水,开挖排水沟或采取机械强排,在短时间内排除田间积水,提高土壤通透性,促进根系和植株恢复生长;增强倒伏高粱的通风透光性,提高地温,促进作物正常成熟;基本成熟的倒伏地块可根据墒情采取人工和机械相结合的方式进行收获。

(5)加强田间管理 对植株倾斜、未完全倒伏且没有相互叠加的地块,尽量维持现状,依靠自身能力恢复生长;对植株完全倒伏、茎秆未折断的田块,根据实际情况及早垫扶穗子,防止穗子贴地或相互叠压发芽霉变。

(6)及时烘干或晾干 做好干燥和通风,防止高粱籽粒发霉是重中之重。籽粒抢收回家后,利用烘干设备进行烘干处理。如没有烘干设备,可采取薄层摊凉方法,利用电风扇或鼓风机吹除湿气,并经常翻动。

依托单位

辽宁省农业科学院高粱研究所,卢峰,024-31029903。

4. 南方区

在南方区,夏季雨涝和洪涝均时常发生,对高粱生产造成极大影响。特别是我国四川、重庆、湖南、浙江等南方高粱种植区,高粱灌浆收获期多与雨季重叠,极易对高粱生产造成影响。南方区高粱生产多采用传统的人工种植方式,机械化生产方式相对较少,收获持续时间较长。收获期多雨常导致不能及时收获、晾晒,影响高粱品质、产量及后茬再生高粱的生产。

(1)选择适宜品种　选用耐穗发芽、中散穗、中矮秆、抗倒伏的品种,减少虫害、倒伏等,推广种植收获期对多雨天气适应性强的高粱品种,以保证产量和品质。

(2)调整播期,选择适宜种植方式　根据区域气候特点,采用早播、夏播或覆膜种植等不同的种植方式和手段,以使收获期错过多雨季节。

(3)建设晾晒场地和烘干设施　为应对收获期多雨情况的发生,应建设一定面积的晾晒场地,积极采用烘干设施设备,做好及时收获准备。

(4)提高组织化生产水平,增强抗灾防灾应对能力　加强与农机专业合作社、烘干企业等的联系和协作,解决收获成本高、难度大、进度慢等问题,降低种植风险。

(5)分类分级及时收获,保障产量和质量　因地制宜地及时抢收快收:一是对能采用机收的地区及时采取机收,提高收获效率,加快收获进度;二是对因多雨影响而倒伏的高粱或高秆品种进行优先收获,以防止霉烂和鸟、鼠为害;三是抢时间提前收获,以降低适当产量的办法保证高粱的品质。

(6)加强田间管理　降低田间含水量,及时对低洼积水地块进行排水,同时突击抢收快收。

依托单位

辽宁省农业科学院高粱研究所,卢峰,024-31029903。

(九)高粱病虫害防灾减灾技术

1. 炭疽病

1)发生特点

炭疽病可发生于高粱各生育阶段,苗期能引起幼苗立枯病甚至死苗,孕穗期病情急剧发展,主要为害叶片,也可侵染茎秆、穗梗和籽粒。可借风或雨水传播到高粱叶片上,遇水滴萌发侵入叶部组织。高粱籽粒灌浆期最易感病,可侵染穗梗和穗颈。阴天、高湿或多雨天气有利于发病。

2)典型症状

感病品种株龄 50 d 以后叶片上即开始出现病斑,不同基因型品种在症状上有差别。病斑常从叶尖处开始发生,较小,2 mm 左右,圆形或椭圆形,中央红褐色,后期病斑中心有小的黑色点。遇高温、高湿或高温、多雨的气候条件,病斑数量增加并互相汇合成片,严重时可使叶片局部枯死。叶鞘上病斑呈椭圆形至长形,红色、紫色或黑色。叶片和叶鞘均发病时,常造成落叶、植株枯死和减产(图6-9)。

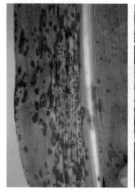

图 6-9　高粱炭疽病植株受害症状

3）防控措施

品种的抗病性、气候条件和栽培管理措施,是影响病害严重程度的主要因素。采取以抗病品种应用、精准施药、种子消毒、农业措施为核心的绿色防控技术。

(1)选用抗病良种　选用适合当地生产的抗(耐)病高粱品种,加强品种轮换,避免单一品种的长期种植。可选含有非洲血缘的品系抗炭疽病。

(2)精准施药　喇叭口期或抽穗期,可选用 32.5％苯甲·嘧菌酯悬浮剂 20 g/亩叶面喷雾或 25％吡唑醚菌酯水分散粒剂 1000～1500 倍液叶面喷雾进行防治。一般 7 d 左右施药 1 次,连续用药 2～3 次。

(3)种子消毒　选用 60 g/L 戊唑醇种子处理悬浮剂,100～200 mL/100 kg 种子包衣。

(4)农业措施　高粱炭疽病病菌在病株残体、野高粱、种子和杂草上越冬,成为第 2 年的初侵染菌源。清洁散落在田间地表的病株残体对育种田炭疽病防控尤为重要,建立无病繁种基地也是防病的重要途径之一。

合理轮作,注意与其他作物进行 3 年以上的轮作倒茬,提高土壤墒情,减少菌源,兼顾防治该病侵染为害玉米等其他禾谷类作物;适时播种,避免不适当早播,致使出苗慢,易于增加病菌的侵染概率;合理密植,防止种植过密,注意通风排水,及时中耕除草;加强肥水管理,在施足基肥的基础上适期追肥,增施钾肥可提高植株抗病性;高粱收获后及时翻耕,将病残体翻入土中加速分解,可减少田间初侵染菌源,减轻病害;及时处理掉堆积在村屯和农田附近的高粱秸垛,减少田间初侵染菌源。拔节期中耕培土。生育期间特别是孕穗期和灌浆期,遇干旱及时灌溉。在多雨季节应及时排水。

(5)注意事项　在高粱苗期或开花期等易感病生育期,密切监测病害发生,及时对初发病株或发病中心进行药剂喷施和封锁。施药时,一定要用够药量、均匀细雾喷施。

4）应用区域

适用于全国高粱主产区。

5）依托单位

辽宁省农业科学院植物保护研究所,姜钰,024-88419895。

2. 茎基腐病

1）发生特点

在高粱开花到乳熟期,遇高温和干旱的天气后,随之出现低温潮湿的天气条件,会导致高粱茎基腐病发病严重。病菌主要以分生孢子和菌丝体在病株残体上越冬,成为第 2 年的初侵染菌源,也可通过种传、土传和气传,成为茎基腐病的重要侵染来源。

2）典型症状

高粱茎基腐病主要为害高粱根部和茎基部,可表现根腐和茎腐两种症状类型。该病可导致病株籽粒灌浆不饱满,生长势弱或花梗折断,茎秆破损及植株倒伏(图 6-10a)。

(1)根腐症状　病菌先侵染高粱根部的皮层,在新根上形成大小不等、形状不一的病斑,在老根上随病情加重变为根部腐烂,形成锚状根,严重时植株很易从土里拔出,似抽扦状(图6-10b)。

(2)茎腐症状　先在植株下部的第 2 或第 3 节间处形成小圆形至长条状、淡红色至暗紫色的小型病斑,植株髓部变淡红色。叶片骤然青枯呈淡蓝灰色,似霜害或日烧状。病株穗部失去光泽,且明显比正常穗小,多数小花不育,籽粒瘦瘪。开花后的病株易从茎腐部位倒伏或发生花梗折断(图 6-10c)。

图 6-10　高粱茎基腐病植株受害症状

3）防控措施

品种的抗病性、气候条件和栽培管理措施,是影响病害严重程度的主要因素。采取抗病品种应用、田间清洁和精准施药为核心的绿色防控技术。

(1)选用抗病良种　选用适合当地生产的抗(耐)病高粱品种,加强品种轮换,避免单一品种的长期种植。目前尚无高抗的品种,一般晚熟的杂交种较抗倒伏,较为耐病。

(2)精准施药　抽穗期可选用 96% 噁霉灵水剂 3000 倍液喷施高粱根茎基部或 25% 甲霜灵可湿性粉剂 400 倍液喷根茎基部。一般 7 d 左右施药 1 次,连续用药 2 次。

(3)种子消毒　选用 25% 三唑酮可湿性粉剂,按种子质量的 0.2% 拌种。

(4)农业措施　在自然条件下,病菌的繁殖体离开植株残体后仅能存活 3 个月左右。病菌借机械伤害、虫害及其他原因伤害造成的伤口,侵入高粱的根部和茎部。合理轮作,注意与其他作物进行 3 年以上的轮作倒茬,提高土壤墒情,减少菌源,兼顾防治该病侵染为害玉米等其他禾谷类作物;适时播种,避免不适当早播,致使出苗慢,易于增加病菌的侵染概率;合理密植,防止种植过密,注意通风排水,及时中耕除草;加强肥水管理,在施足基肥的基础上适期追肥,增施钾肥可提高植株抗病性;高粱收获后及时翻耕,将病残体翻入土中加速分解,可减少田间初侵染菌源,减轻病害。拔节期中耕培土。生育期间特别是孕穗期和灌浆期,遇干旱及时灌溉。在多雨季节应及时排水。

(5)注意事项　在高粱苗期或抽穗期密切监测病害发生,及时用药。施药时,一定要用够药量、均匀细雾喷施,喷药后 24 h 内遇下雨应补喷。

4）应用区域

适用于全国高粱主产区。

5）依托单位

辽宁省农业科学院植物保护研究所,姜钰,024-88419895。

3. 纹枯病

1）发生特点

病菌以菌丝和菌核在病株残体中或散落于土壤内越冬,成为第 2 年的初侵染菌源。借气流和雨水传播到叶片和叶鞘上,进行初侵染。高温、潮湿多雨的条件适于病菌萌发侵染,形成病斑。田间靠病、健株相邻接触或借雨水反溅,病株上新产生的菌核或菌丝传播到健康植株上,进行重复侵染。

2）典型症状

主要为害植株叶片和基部1～3节的叶鞘。受害部位初生水浸状、灰绿色病斑,后变成黄褐色或淡红褐色,中央灰白色坏死,边缘颜色较深,椭圆形或不规则形,病斑大小不等,一般直径为2～8 mm(图6-11a)。后期病斑互相汇合,造成组织部分或全部枯死。后期在叶鞘组织内或叶鞘与茎秆之间形成淡褐色、颗粒状、直径为1～5 mm大小不等的似老鼠粪便状的菌核(图6-11b)。

图6-11 高粱纹枯病植株受害症状

3）防控措施

病害发生与气候条件的影响关系密切,高温、多雨、田间湿度大的年份和地区发病严重。

(1)选用抗病良种 选用适合当地生产的抗(耐)病高粱品种,加强品种轮换,避免单一品种的长期种植。目前尚无高抗的品种。

(2)精准施药 抽穗期可选用10%井冈霉素50～75 mL/亩喷雾、泼浇,或用50%甲基硫菌灵可湿性粉剂140～200 g/亩喷雾。一般7 d左右施药1次,连续用药2次。

(3)农业措施 栽培管理及种植方式也与病害发生的严重程度密切相关。合理轮作,提高土壤墒情,减少菌源,兼顾防治该病侵染为害玉米等其他禾谷类作物,减少土壤中菌原积累;氮磷钾合理施肥,控制长势;合理密植,防止种植过密,注意通风排水,及时中耕除草;在多雨季节,地势低洼处应及时排水。

(4)注意事项 在高粱苗期或抽穗期密切监测病害发生,及时用药。施药时,一定要用够药量、均匀细雾喷施,喷药后24 h内遇下雨应补喷。

4）应用区域

适用于全国高粱主产区。

5）依托单位

辽宁省农业科学院植物保护研究所,姜钰,024-88419895。

4. 粒霉病

1）发生特点

在高粱籽粒发育期间多雨有利于粒霉病的发生。从幼小花序到高粱穗成熟的任何生育阶段都可能发生穗腐病。开花后遇上潮湿的天气有利于发病,持续多湿天气越长发病越重。反之开花期至近成熟期天气干旱病害发生较轻。

2）典型症状

主要引起高粱籽粒发霉、腐烂，影响高粱品质，造成损失（图 6-12）。籽粒症状表现为三种类型：严重受害籽粒表面全部布满霉层；籽粒外观正常，仅局部变色；籽粒外观与健康籽粒无明显差别，但经表面消毒后，培养、分离可获得不同种类病原菌。根据病原菌种类不同，霉状物呈现石竹色、橘黄色、灰色、白色或黑色。

图 6-12　高粱粒霉病植株受害症状

3）防控措施

品种的抗病性、气候条件和栽培管理措施，是影响病害严重程度的主要因素。采取抗病品种应用、田间清洁和精准施药为核心的绿色防控技术。

（1）选用抗病良种　选用适合当地生产的抗（耐）病高粱品种，加强品种轮换，避免单一品种的长期种植。品种抗性与籽粒水分吸收量和种子硬度关系密切。

（2）精准施药　花期可选用 200 亿 CFU/ mL 枯草杆菌可分散油悬浮剂 70～80 mL/亩喷雾，或用 32.5％苯甲·嘧菌酯悬浮剂 20 g/亩喷雾。一般 7 d 左右施药 1 次，连续用药 2～3 次。

（3）种子消毒　选用 25％三唑酮可湿性粉剂，按种子质量的 0.2％拌种；或用 60 g/L 戊唑醇种子处理悬浮剂，100～200 mL/100 kg 种子包衣。

（4）农业措施　适当调节播种期，尽可能使该病发生的高峰期即高粱抽穗、开花至籽粒成熟期避开雨季；合理密植、适时追肥、及时收获、控制高粱螟等害虫对穗部的为害等措施，均可减轻穗腐病的发生；采收时果穗水分控制在 18％，脱下的籽粒含水量保持在 15％以下，做到安全贮藏；收获后及时清除病残体和病果穗，减少越冬菌源。

（5）注意事项　在高粱抽穗期或开花期及时用药。施药时，一定要用够药量、均匀细雾喷施，以傍晚喷施为宜，喷药后 24 h 内遇下雨应补喷。

4）应用区域

适用于全国高粱主产区。

5）依托单位

辽宁省农业科学院植物保护研究所，姜钰，024-88419895。

5.蚜虫

1）发生特点

发生世代短,繁殖快,北方以卵在荻草上越冬,南方以成虫及若虫在被害株的茎秆及叶鞘内越冬。在广西南部全年都可繁殖为害。在我国东北一年可发生16～20代。高粱蚜的发生和数量受多种环境因素影响,以气象和天敌因素最为密切,春夏干旱极易导致大发生。

2）典型症状

初发期多在下部叶片为害,逐渐向植株上部叶片扩散,高粱叶背布满虫体,并分泌大量蜜露,滴落在下部叶面和茎上,油亮发光,故称"起油株"(图6-13)。为害影响植株光合作用及正常生长,造成高粱叶色变红,"秃脖""瞎尖",穗小粒少,籽粒单宁含量高,米质涩,严重影响高粱的产量与品质。

图6-13 高粱蚜虫植株受害症状

3）防控措施

品种的抗病性、气候条件和栽培管理措施,是影响蚜虫严重程度的主要因素。

(1)选用抗病良种 选用适合当地生产的抗(耐)蚜高粱品种,高粱杂交种如辽杂6号、辽杂7号、辽杂10号、锦杂93号等对高粱蚜虫具有抗性,可因地制宜地选用。

(2)精准施药 田间发现"起油株"可选用70%吡虫啉可湿性粉剂3～7 g/亩,或2%苦参碱水剂20～30 mL/亩叶面喷雾。一般7 d左右施药1次,连续用药2～3次。

(3)农业措施 采用高粱、大豆间作,改善田间小气候,控制高粱蚜繁殖为害。采取人工剪除高粱底部带蚜虫的叶片,并及时携出田外,深埋处理,以降低田间初始蚜虫基数,减轻为害。利用蚜虫的趋光、趋黄色等习性,采用物理方法防治蚜虫,可利用黑光灯、荧光灯在夜间进行蚜虫诱捕,利用黄色粘蚜纸诱杀蚜虫。

(4)注意事项 防治高粱蚜应选择具有低毒、内吸传导、熏蒸作用的杀虫剂。高粱的抗药性差,对某些有机磷农药敏感,易造成药害。敌百虫、敌敌畏在高粱田内严禁使用。

4）应用区域

适用于全国高粱主产区。

5）依托单位

辽宁省农业科学院植物保护研究所,姜钰,024-88419895。

三 糜子防灾减灾技术

（一）糜子苗期冻害防灾减灾技术

1. 东北春糜子区

在东北春糜子区，糜子苗后常遇到"倒春寒"现象。糜子幼苗组织柔软，对低温十分敏感，遇到低温则会发生冷害，冻害可使其生理机能受损，代谢受抑制，长势减弱，甚至死亡。弱苗也容易受杂草和病害威胁，使生长发育受到影响从而造成减产。东北春糜子区糜子苗期冻害预防与应急技术措施主要有：

（1）合理选择品种，进行种子处理　要选择耐寒耐冷糜子品种，或选择早熟品种适期晚播错开倒春寒时期。同时用生物钾肥 0.5 kg 加水 250 mL 拌种，阴干后播种，以增强糜子抗寒能力。

（2）苗期早追肥，多施磷肥　早追肥可以弥补糜子苗期地温低造成的土壤养分释放少的不足，促进幼苗早生快发、苗粗根壮，增强抗寒能力。苗期多施磷肥对于缓解低温冷害有一定效果。因为苗期多施磷肥不仅可以保证苗期对磷素的需要，而且还可以提高根系的活性，是抗低温的最有效措施。在种肥中施入磷肥总量的1/3，或每亩施入富尔磷钾菌 2～3 kg。对于没有施入种肥的田块，可在苗期喷施磷肥叶面肥。

（3）深松深耥，早间苗　倒春寒发生时，更易发生冻害，深松深耥可有效提高地温。对于土壤水分较大的地块，进行深松，能起到散墒、沥水、增温、灭草等作用；对于土壤水分适宜的地块，进行深耥一犁，可使地温增温 1～2 ℃。在糜子 5～6 叶期间苗，留大苗、壮苗，去掉弱苗，以减少养分消耗。

（4）加强病虫害防治　糜子遭遇冻害后，绿叶减少，抗病能力下降，易受病菌侵染。要按当时病虫情况进行药剂防治，保持较多绿叶，维持光合效率。

（5）准确研判，及时补种　对冷害后出现苗连续死亡的地块，进行及时覆膜补种，地膜覆盖栽培可以有效地增加地温加快出苗。有条件的地块及时灌水，也可有效预防倒春寒危害。

（6）关注天气信息，做好应急预案　要充分利用现代网络信息及中长期天气预报，及时通过微信、短信等网络技术手段，发布倒春寒预告信息，做好防冻应急预案。

依托单位

甘肃省农业科学院作物研究所，杨天育，0931-7611900。

2. 北方春糜子区

糜子喜温早熟，在北方春糜子区一般播种较晚，苗期遭遇冻害很少，但在无霜期较短的冷凉地区，由于播种早在特殊年份仍会遭受到持续低温和晚霜的危害，造成烂种和幼苗冻死情况。北方春糜子区糜子苗期冻害预防与补救技术有：

（1）农事活动与气象预报相结合，合理安排农时　当地日平均气温稳定通过 12 ℃是糜子的适播期，因此在播种前要依据气象预报，合理安排播种时间。在冻害发生频繁的地区，结合实际情况适期晚播，推广地膜覆盖栽培技术，避免低温冷害危害。

（2）选用耐低温冷害的优良品种　不同品种的抗寒性是不同的，结合当地农业生态条件，根据品种特性,尽可能选用耐低温冷害的优良糜子品种。

(3)准确评估冻害,积极采用补救措施　播种后出现持续低温造成糜子烂种现象时,应及时进行抢墒重播。出苗后遇晚霜危害时,要根据危害轻重程度采取以下补救措施:一是存活幼苗在2.5万株/亩及以上地块,可以不补种或改种;二是幼苗受严重冻害的地块,要依据农时,结合农业专家的建议,及时毁种,抢墒重种,或改种生育期较短的荞麦、油料等其他作物。

依托单位

甘肃省农业科学院作物研究所,杨天育,0931-7611900。

3.黄土高原春糜子区

黄土高原春糜子区一般立夏后才陆续播种糜子,播种期可一直延续到夏至,也有小麦等前茬作物收获后复种糜子的,一般年份糜子苗期不会发生冻害,特殊情况下,如冬前播种、过早播种时苗期也有可能发生冻害。黄土高原春糜区糜子苗期受冻时可采取以下预防与应急技术措施。

(1)适期播种,避开晚霜冻害　防止苗期冻害发生的关键措施是适期播种,保证糜子在晚霜过后出苗。农谚有"立夏高山糜,小满到川里"的说法,立夏甚至小满季节后播种,糜子出苗时该区域晚霜期已过,一般不会发生冻害。

(2)加强田间管理,及时补救　糜子苗期发生冻害,只要没有伤害到生长点,对糜子生长发育影响不大。对于冻害发生较轻、仅有少数糜子苗发生全株冻害或植株部分叶片受冻的地块,不必进行特别的田间管理。对于大部植株叶片受冻但糜子苗茎部、生长点部位未发生冻害的地块,应让糜子缓苗3～5 d,待叶片开始生长出现一定新叶后,叶面喷施芸苔素内酯＋杀菌剂;待糜子苗长出1～2片完整绿叶时,再叶面喷施芸苔素内酯＋氨基酸水溶性叶面肥,1次即可。对于糜子苗生长点已冻死、无法恢复正常生长的地块,如果冻伤率低于40％并缺苗断垄,可穴播补种;如果超过40％,及时耕翻重新种植即可。

依托单位

甘肃省农业科学院作物研究所,杨天育,0931-7611900。

(二)糜子抗涝播种减灾技术

1.东北春糜子区

东北春糜子区每年6—8月都会有大范围暴雨或局部暴雨,常造成江河水位暴涨,引发洪水、山洪等灾害,不仅给农作物生长带来不利影响,也给人民生命财产造成重大损失。如果田间排水不畅,积水成涝,暴雨引起的涝灾会使糜子的新陈代谢难以正常进行而造成各种伤害。土壤孔隙被水充满后会造成糜子根系缺氧,使根系生理活动受到抑制,容易造成糜子生长受抑制;由于长时间在水里浸泡,糜子后期极易发生倒伏而影响产量和品质;同时涝灾也使糜子易发生黍瘟病、叶斑病等病害。东北春糜子区糜子抗涝减损应急技术措施有:

(1)强排积水,加强中耕　洪涝发生后,及时加强田间管理,尽快排水,疏通沟渠,防止糜子长时间泡在水里,同时要及时清除过水地块糜子叶片污泥,使其尽快恢复光合能力。积水排干净后,待糜子田表土略干(以不沾铁锹为宜),及时进行中耕,改善土壤通透性,加快土壤散墒,促进根系恢复活力。在田地排水时,要注意观察,防止跌入窖井、地坑中。

(2)防治病虫害,追肥保收　受涝后容易发生糜子病虫害,要根据病虫害发生种类适时进行防治。要及时追施速效氮肥或喷施叶面肥磷酸二氢钾,促进糜子恢复生长。同时结合追肥,追施芸苔素内酯,增强植株抗逆性,提高防涝效果。

依托单位

甘肃省农业科学院作物研究所,杨天育,0931-7611900。

2. 北方春糜子区

在北方大部地区,作物生长中后期,常会连降大雨和暴雨,给农业生产带来不利影响。北方春糜子区也不例外,这一时期正值糜子抽穗、灌浆前期,遇到大雨或大暴雨后,糜子不仅会出现倒伏,造成产量损失,地势低洼平坦地块还会积水,引发糜子病害发生。如果降水持续时间较长,光照不足,还会使糜子穗发芽,产生霉变。因此,加强大雨预警预报工作,及时做好排水和病虫防控,及时抢收抢晒十分必要。北方春糜子区糜子抗涝减损应急技术措施有:

(1)排积水,清污泥　要及时关注降水信息,加强与气象部门沟通。涝害发生后,要疏通沟渠,尽快排水,防止糜子长时间泡在水里,也要及时清洗污泥,使糜子尽快恢复光合能力。

(2)强化病虫害综合防控　降水量大、降水多、土壤湿润时间长,有利于黍瘟病、细菌性条斑病、纹枯病等病害的发生和流行。糜子黍瘟病发生较重时,可为害叶、节、穗、粒等部位,当田间发现叶片出现褐色病斑、茎秆发生褐色凹陷的植株时,要及时喷施20%三环唑1000倍液,或2%春雷霉素500～600倍液,或代森锰锌和甲霜灵防治糜子黍瘟病。湿度大有利于细菌性条斑病的发生,有积水的田块容易发生根腐病、茎基腐、纹枯病等根部病害,可通过全株喷施70%敌克松、72%农用链霉素来防治。土壤湿度高、排水不良的低洼地发生纹枯病后,可用38%噁霜嘧铜菌酯800倍液,或41%聚砹·嘧霉胺600倍液,或20%甲基立枯磷乳油1200倍液,或72.2%普力克水剂800倍液喷雾防治,隔7～10 d喷施1次。因涝害发生褐斑病及各种叶斑病时,可用丙环唑、苯醚甲环唑或嘧菌酯等单剂或复配剂防治,也可加入吡虫啉、高效氯氟氰菊酯、氯虫苯甲酰胺等防治蚜虫、鳞翅目害虫。

(3)加强中耕,培土追肥　排水后待糜子田块表土略干后,增加中耕次数,加快土壤散墒,改善通透性,促进根系恢复活力。同时,要及时追施速效氮肥和磷酸二氢钾,并结合追肥施用芸苔素内酯,增强植株抗逆性,促进恢复生长。

(4)及时抢收,改种减损　对抽穗期受涝害的糜子,水淹严重但没有绝产的地块,要尽快抢收糜子用作青贮饲料;渍涝严重绝产的地块,及时改种荞麦等极早熟作物,也可以改种短季蔬菜,降低因灾损失。对灌浆期受涝害的糜子,要及时抢收抢晒,防止糜子籽粒穗发芽、霉变。

依托单位

甘肃省农业科学院作物研究所,杨天育,0931-7611900。

3. 黄土高原春糜子区

黄土高原春糜子区降水时空分布不均,通常集中在7—8月,阵性降水易形成农田涝灾。由于这一时期正是糜子抽穗前后,遇到涝灾后对糜子生长发育影响较大,容易导致糜子倒伏减产,病虫害发生,严重时甚至绝收。黄土高原春糜子区糜子抗涝减损应急技术措施有:

(1)抢排积水防内涝　如发生内涝,首先要在雨停后,及时抢排田间积水。可开挖排水沟或使用机泵等,尽早疏通沟渠,排除田间积水,防止糜子长时间浸泡。如果发现糜子叶片上有大量污泥,要及时清洗污泥,清洗时注意避免喷向茎秆,保证不对糜子造成二次伤害,从而增加叶片受光面积。

（2）中耕施肥促生长　积水排净天晴后，适时中耕划锄，加快土壤散墒，改善通透性，促进根系恢复活力。要视禾苗的长势适当增施促苗肥或喷施叶面肥等以促进其生长发育，及时追施速效氮肥和磷酸二氢钾，促进恢复生长。

（3）加强管理　受长期阴雨和内渍涝害的影响，糜子的生长发育会偏缓偏弱，易受病虫侵扰。因此要注意及时防治病虫害，防止病虫害流行。要加强监测，做到早发现早防控，也可适当施用芸苔素内酯，增强植株抗逆性，提高防治效果。经洪水冲刷引起轻微斜倒的糜子可以不进行人工扶苗，让其自动调节；对倒伏严重的地块要及时培土扶正，减少损失，并适时收割。

（4）补种改种　对洪水浸泡时间过长、不能恢复正常生长、失去抢救价值的田块，改种适合的秋菜或选择短生育期作物品种补种来减少损失。

依托单位

甘肃省农业科学院作物研究所，杨天育，0931-7611900。

4. 华北夏糜子区

华北平原属于暖温带季风气候，雨热同期，降水多而集中，雨季主要集中在 7 月中旬至 8 月底，平均降水量占年平均降水量的 60% 左右，且降水强度大，分布极为不均，很容易造成夏涝。糜子耐旱怕涝，遭受涝灾后土壤中缺氧，很容易造成根系呼吸受限，影响养分运输和光合作用，造成减产。另外，长时间淹水还可导致根系死亡，从而导致植株死亡，造成绝产。华北夏糜子区糜子抗涝减损应急技术措施有：

（1）疏通排灌，提前备种，做好抗涝预防工作　耕种时做好田间排水系统规划，保证排灌畅通。6 月底至 7 月初雨季来临前，应注意田地周边河道的疏通，加强排涝设施的修缮和维护。对于常发生洪涝地区，大面积种植还需准备排污泵等排水设备。同时，根据生产经验，要提前准备早熟糜子或其他生育期短的豆类或蔬菜种子，保证发生涝灾后能及时改种。春播区糜子适时晚播，种植早熟品种；夏播区糜子适时晚播，种植晚熟品种。

（2）及时排涝，加强田间管理，做好涝后减损工作　出现洪涝灾害后，应及时排除田间积水，顺田间沟渠将田间积水引流，汇集后，使用排污泵排泄至河道，减少积水对糜子的淹渍，避免造成植株死亡。要及时进行糜子受害程度评估，根据受害情况指导农民采取适当措施，降低损失。

遭受涝灾较重的地块，导致植株死亡造成绝产的，可尽快毁种，深翻土地后，适时重播早熟糜子品种或种植其他适宜播期作物，尽最大可能止损。遭受涝灾较轻的地块，未造成死苗或倒伏，糜子能够自我恢复获得较好产量的，应及时进行深耕，增加土壤透气性，增强根部呼吸能力，同时施用叶面肥或有机肥等培肥地力，加快糜子恢复生长。

糜子受涝后，病害抵抗能力弱，很容易造成病害流行，应在全田喷施多菌灵 600 倍液加农用链霉素 2000 倍液，防止气传流行性病害或细菌性病害发生。同时注意观察植株根部，如出现变褐腐烂等现象，应及时使用多菌灵灌根，防治根腐病。

依托单位

甘肃省农业科学院作物研究所，杨天育，0931-7611900。

（三）糜子雹灾防灾减灾技术

1. 北方春糜子区

北方春糜子产区发生雹灾的频次较高，冰雹发生后，轻则造成糜子幼苗、叶片破损，影响生长;严重时茎秆折断、叶片被打掉,造成严重减产。雹灾的危害程度由冰雹的大小和持续时间等决定,也和糜子生长发育进程有关。北方春糜子区糜子抗雹灾减损应急技术措施有:

(1)科学研判,适时补种改种　坚持因地制宜的原则,对受灾特别严重的地块,要抓紧时间清理田间残苗和茎秆,修补整地,补种其他作物。对因雹灾绝收的田块(茎秆倒折、叶片全毁),要及时改种,以投资小、见效快、效益好的叶菜类蔬菜(白菜)为主,以生育期短、附加值高的玉米、高粱、荞麦、糜谷、燕麦、小豌豆等作物为辅。

(2)加强田间管理,培土扶正,补施肥料　要加强受灾糜子的田间管理,最大限度地降低灾害的影响。对于因大风暴雨造成严重倒伏的田块,在次日人能进地的时候,可实施根际培土,将植株扶正。对于因冰雹袭击但植株没倒伏的田块,要及时适当补施肥料,每亩宜追施尿素8～10 kg,尽量沟施,施深 10 cm,随即覆土。同时,要对灾后能收获的糜子及时抢收晾晒。

(3)抗雹减损,多渠道增加灾后收益　要积极争取惠农政策,为农户提供代储存、代清理、代烘干、代收购、代加工等服务,切实解决农户粮食收获后"晒粮难、储粮难、销售难"等问题,减少产后损失。也要充分发挥农业保险的作用,增强自救能力;还可通过糜子产品加工增值,促进节粮减损。

依托单位

甘肃省农业科学院作物研究所,杨天育,0931-7611900。

2.黄土高原春糜子区

在黄土高原春糜子区,春夏之交和夏季由于强对流天气易形成冰雹气象灾害。雹灾出现的范围虽然较小,时间也比较短促,但来势猛、强度大,并常常伴随狂风、强降水、急剧降温等阵发性灾害性天气过程,因此出现冰雹灾害时很难对其控制。黄土高原春糜子区冰雹灾害的发生期与糜子的生育期相交叉。针对糜子苗情长势和冰雹灾害发生特点,可采取以下预防与应急技术措施:

(1)加强雹灾预报预警,减少冰雹危害　要密切关注气象部门发布的天气变化情况及灾害预警信息,通过人为干预减少冰雹灾害发生。此外,要加强环境建设,植树造林,绿化荒山秃岭,通过改善气候条件,降低雹害发生频率。

(2)加强排水与扶苗　雹灾发生时伴随暴雨,雹灾后积水导致土壤含水量过高,造成根系缺氧而窒息坏死,生活功能衰退,进而影响产量;土壤温度低则不利于植株恢复生长。因此,雹灾后应及时疏沟排水防止淹水的发生;中耕松土,改善土壤通透性,促进根系生长发育。雹灾过后,一方面要及早对遭受冰雹危害程度小、心叶完整的倒伏或淹没在积水中的糜子幼苗进行人工扶苗,防止造成幼苗窒息死亡,使其尽快恢复生长;另一方面应及时用手将粘连、卷曲的心叶舒展开,以便新生叶片及早进行光合作用。

(3)加强田间管理,适时追肥,防治病虫害　雹灾后的糜子植株由于叶片受损,植株光合面积减少,光合作用受损,使植株体内有机营养供应不足,要适当追肥,促使植株尽快恢复。可喷施叶面肥或植物生长调节剂,促进后续叶片形成较大的叶面积,以保证在糜子籽粒灌浆期植株能给籽粒发育提供充分的有机营养。

糜子受雹灾后自身的抵抗能力降低,糜子植株尤其是受损部位容易受到病原菌和虫害的侵染,致使病虫害发生、蔓延。此时田间管理应以预防为主,及时喷施杀菌剂和杀虫剂,做好病虫害的预防管理工作。

(4)做好灾情调查和研判,及时补种和改种　受灾后要及时做好田间调查工作,根据糜子田间受害情况判断灾害等级,做出相应的补种和改种措施。遭受冰雹,若糜子整株被打烂而造成缺苗但缺苗所占比例较小,要及时进行移栽和补种;受灾严重且无法形成产量的应及时进行改种。

依托单位

甘肃省农业科学院作物研究所,杨天育,0931-7611900。

3. 华北夏糜子区

华北地区属于雹灾发生较重的地区,5月中旬至9月都能成灾,其中6—8月发生概率明显大于其他月份。如冰雹较小,持续时间短,雹灾发生较轻,仅造成部分叶片破损,生长点未受损或未造成穗部损伤,则对产量影响较小。如冰雹较大或持续时间较长,造成叶片破损,出现部分或全部叶片翻折,生长点或穗部受损严重,可造成绝产。华北夏糜子区糜子抗雹灾减损应急技术措施如下。

(1)做好雹灾预防,提前备种 5月中旬至9月,尤其是6—8月,雹灾常发地区,相关部门应做好防雹准备工作,一旦有强对流天气,要加强监测,及时采用人工干预的方式,防止冰雹云的形成。有条件的产区,可结合防鸟网架设防雹网。雹灾常发地区,可以根据经验,提前准备早熟糜子或其他生育期较短的豆类或蔬菜种子,以便造成毁种后根据生育期及时改种。

(2)做好灾后应急处置,减少雹灾损失 要加强灾后指导,及时进行糜子受害程度评估,根据受害情况,指导农民及时采取适当措施,降低损失。对于雹灾造成损伤较轻,仅部分叶片翻折,生长点或穗部未受损或受损较轻的,要及时中耕,提升地温,喷施叶面肥,加快植株恢复;对于造成损伤较大、受害严重的,要及时毁种改种适宜播期作物,减少损失。此外,雹灾造成的植株伤口很容易被细菌性病害侵染。对于未达到毁种程度的田块,在施用叶面肥时,可添加农用链霉素2000倍液或噻森铜等铜制剂600倍液预防细菌性病害发生。

依托单位

甘肃省农业科学院作物研究所,杨天育,0931-7611900。

(四)糜子霜冻防灾减灾技术

1. 东北春糜子区

霜冻是东北春糜子区糜子生产上重要的气象灾害,它是低温冷害的一种。霜冻可以破坏糜子正常的新陈代谢,使植物体内产生毒素而受害。霜冻形成之后,如果白天回温过快,细胞间隙中的冰晶会迅速升华成水蒸气而散失,植株常因失水过多而死亡,造成大幅度减产。东北春糜子区糜子霜冻预防与应急技术措施有:

(1)因地制宜,合理选用品种 选择抗冻抗寒糜子品种,提高糜子抵御霜冻的能力。经常发生早霜的地区应选择早熟品种,中晚熟品种贪青晚熟,早霜严重时可造成绝产失收。

(2)秋霜春防,适时早播 根据多年温度监测,严格掌握糜子播种期,力争适期早播,缩短播期,充分利用前期积温,夺得丰收。

(3)喷水喷药,减少冻害 一般情况下,霜冻发生后日出前的温度最低,对糜子造成的冻害也最严重,故有效提高日出前的环境温度,对减轻霜冻危害尤为重要。可利用水汽有较高比热容的性质,霜冻来临时在夜间0:00—6:00喷水或用烟雾机喷施水雾作为应急防御措施,以提高日出前的空气最低温度,降低地表逆温辐射,达到防御霜冻的目的。此外,喷施化学药剂也能减少霜冻危害。效果较为理想的防冻剂有油菜素内酯 1500 倍液和 0.5％氯化钙,二者均可以在霜冻防御中推广应用。

依托单位

甘肃省农业科学院作物研究所,杨天育,0931-7611900。

2. 黄土高原春糜子区

黄土高原春糜子区糜子通常播种时间为 5 月下旬或 6 月上中旬,因此糜子一般不会遇到早春晚霜冻情况;但糜子收获一般在中秋节前,这时候不排除极端气候条件造成的糜子早霜冻害,因此糜子防霜冻是必要的。黄土高原春糜子区糜子霜冻预防与应急技术措施有:

1)预防措施

(1)适期播种,加强田间管理,培育壮苗　糜子播种期一般在阳历 5 月下旬或 6 月上中旬,适期播种,保证糜子有足够的时间成熟;播种偏晚,生育期缩短,在霜冻来得早的地区易遭霜害而减产。有条件的地方适当采取深耕耙耱,精细整地,平衡施肥,适期精量匀播,防治病虫害,是培育壮苗、提高糜子抗寒能力的关键技术。

(2)冻害早预防早处理　时刻关注气象部门冻害预警,做到早预防早处理,冻害发生之前有条件的地方适当灌溉浇水,可以减轻冻害影响。除了浇水能预防霜冻外,往植株上喷水也能起到预防霜冻的作用,可以增加大气中水蒸气含量,这样能降低霜冻的危害,可以跟浇水法配合使用。

(3)施用有机肥　掌握好当地的气候规律,在霜冻来临之前,可以往土壤中施入半腐熟的有机肥,有机肥腐熟的过程中,会释放出热量,这样能提高土壤的表面温度,预防植株遭受霜冻。

(4)熏烟防霜冻　在低温霜冻来临之前,可以在田地里面熏烟,能有效避免霜冻出现。熏烟时注意要在静风条件下进行,当有风时不要使用这个方法,并且点烟的地点应密集一些,这样能使烟雾整个覆盖田地。

2)应急技术措施

黄土高原春糜子区糜子遭受霜冻后,可以通过追施速效肥,加强病虫害的防治等措施,有效促进糜子恢复生长,降低损失。冻害发生后,及时喷施芸苔素内酯等生长调节剂,能有效缓解冻害,减少损失,还可修复受损的细胞膜,减轻冻害程度。

依托单位

甘肃省农业科学院作物研究所,杨天育,0931-7611900。

3. 西北春糜子区

依霜冻发生的季节,西北春糜子区糜子霜冻分早霜冻(秋冬霜冻)和晚霜冻(春季霜冻)。晚霜冻发生在糜子生长初期(芽期和苗期),这种霜冻会使糜子出苗受到影响造成缺苗现象,严重晚霜冻会使幼苗死亡,从而造成减产甚至绝收。早霜冻是糜子秋末成熟前发生的霜冻,早霜冻发生越早,其危害性越大,严重的会导致糜子籽粒空瘪和大幅减产。西北春糜子区糜子霜冻预防和补救技术措施有:

(1)选用优良品种防霜冻　不同糜子品种抗霜冻能力存在差异,在晚霜冻常发区,可选用耐冻品种避免或减少霜冻对糜子出苗和幼苗生长的影响。在早霜冻常发区,可选用耐冻品种减少霜冻对糜子生长结实的影响,同时可选用早熟品种,通过早收获避免早霜冻害。

（2）熏烟造雾防霜冻　根据天气预报,在霜冻到来时,可用湿潮的柴草在糜子田周围点燃,制造烟雾减少热量向外辐射,或者用无人机喷施防霜冻剂、冰核活性细菌杀菌剂等,减轻霜冻危害。人工制造局部烟雾要注意防火,以免发生火灾。

（3）应用耕作栽培技术措施防霜冻　推迟播种期、适当晚播是避免晚霜冻害的有效措施,培育壮苗、提高幼苗抗冻能力也是预防晚霜冻害的有效措施。可以利用地膜覆盖栽培技术来培育壮苗全苗,也可以通过播前镇压田地、留沟播种、播后耙耱碾压等管理措施来压碎土块、促进扎根、改变微环境温度条件以培育壮苗。在霜冻前促使糜子早成熟是预防早霜冻害的有效措施,可以通过地膜覆盖栽培技术促使糜子早成熟早收获。

（4）通过合理水肥管理防霜冻　早霜冻发生后,有条件的糜子大田可及时灌水,同时喷施磷酸二氢钾、锌肥等叶面肥和芸苔素内酯类植物生长调节剂,减轻冻害,提早成熟,增加粒重。晚霜冻发生后,可以通过适当增施磷钾肥、喷施芸苔素内酯等增强糜子的抗寒性,培育壮苗。

（5）精准研判受害程度,及时改种和补种　对于遭受严重冻害、幼苗冻死无法恢复的糜子田,可以改种其他作物,或者破除前作后重新种生育期较短的糜子品种。

依托单位

甘肃省农业科学院作物研究所,杨天育,0931-7611900。

（五）糜子抗旱播种减灾技术

1. 东北春糜子区

在东北春糜子区,夏季多南风,蒸发量大,降水量少。7—8月正值高温时节,当土壤蒸发量大于降水量时,就会发生旱灾。旱灾发生后,糜子的光合作用减弱,呼吸功能受阻,蛋白质合成减少;糜子根系活力降低,细胞质变形,原生质失去溶胶状态,生命活动大大降低,植株因此停止生长,叶黄易掉落;同时也因为干旱水分缺失严重,糜子茎叶萎蔫、不能直立,影响受光和气体交换。东北春糜子区糜子抗旱播种和旱灾防治技术有:

（1）农艺措施　首先是选用抗旱品种,品种之间抗旱性有差异,选用耐旱品种更能适应干旱环境条件。其次是在适播期内,尽量提早种植。因为糜子从播种到拔节期,是以生根促茎叶为主的营养生长,这一时期让糜子加快根系生长,根部深扎,遇到干旱时能更好吸收土壤深层的水分,达到抗旱目的。用保水药剂拌种,也有一定的耐旱作用。增施有机肥并深耕土壤,也是一种有效的持水、保墒、抗旱措施,能提高糜子的水分利用率。

（2）灌溉措施　引水浇灌是最有效的抗旱救灾措施。引水浇灌时,推荐利用喷灌、暗灌或滴灌等方式,这些都比较节省水资源,比传统的沟渠节水50%左右。

（3）加强病虫害防控　干旱较为严重的年月,是地下害虫黏虫等多发的时节,要注意及早用药防治。

依托单位

甘肃省农业科学院作物研究所,杨天育,0931-7611900。

2. 北方春糜子区

我国北方春糜子区,年降水量少,十年九旱。春季气候干燥,少雨干旱,常常造成糜子播种出苗难和保全苗难;夏季高温少雨,干旱常常造成糜子"卡脖旱"抽穗难,最终影响产量。因此春季适时抗旱播种保全苗,夏季强化技术措施保增收是糜子高产稳产的关键。北方春糜子区糜子抗旱播种和旱灾防治技术有：

（1）选用抗旱良种，免春耕播种，采用保墒播种技术　选用抗旱糜子良种，既能增强抗旱耐瘠薄能力，也能在干旱条件下获得最大产量潜力。旱地蓄水保墒是应对干旱的有效技术措施，可以秋耕整地蓄住天上水，早春镇压耙糖保住土壤水，通过保住墒情，为春播创造一个良好的水分条件。免春耕播种也是防止土壤散墒失墒、抗旱播种的有效措施。

①抢墒播种。我国北方糜子产区，春季随着气温升高，土壤水分蒸发快，耕层土壤水分尤其表层土壤水分迅速下降。因此，要根据当地土壤墒情和温度条件，在两者适宜的条件下适时抢墒早播，尤其是无霜期较短的地区，抢墒早播是争取糜子充分生长，实现一次播种保全苗、高产稳产的重要措施。在严重干旱，采取各种措施均难播种出苗时，可以先把地整好，待降水后及时播种；或播种后等雨，这样可以节省农时。

②提墒播种。提墒的条件是底层墒情充足，播种层缺墒不太严重，通过镇压提墒达到糜子出苗所需的水分，应注意"沙土重压、黏土轻压，土块多重压、墒情差重压、墒情好轻压"等原则。提墒播种时，播前通过镇压创造紧实的耕作层，提高表层土壤水分，使播种层水分达到糜子种子萌发出苗所需的含水量，达到出苗、苗全的目的。同时，播后要搞好镇压。

③探墒播种。在严重干旱、表土无墒、底层有墒时，可通过各种措施将播种沟的表层干土去除，将种子播种到底层湿土上。东北地区的"深耙浅盖接墒播种"、甘肃地区的"深耧播种"，以及山西和内蒙古等地的前耧去表层干土、后耧播种到湿土的"套耧播种"等都是探墒播种方法。

④捂墒播种。在春季干旱频发地区，通过地膜覆盖技术，在早春采取早覆膜后播种的方法，减少土壤水分蒸发，提高耕层土壤水分含量，保证种子萌发出苗。地膜覆盖不但能提高地温，促进早熟高产，也是抗旱保墒的好办法。

（2）覆盖和增施有机肥等耕作栽培措施　可以利用塑料地膜覆盖或作物秸秆覆盖，抑制蒸发，保持土壤水分；也可以使用抗旱保水剂等拌种、浸种和喷施达到抗旱目的。增施有机肥，改善土壤理化性状，也可以有效提高土壤蓄水保墒能力。

（3）采用工程措施　通过加强农田水利基础设施建设，筑堤坝集水，引水灌溉，应用滴灌、渗灌、喷灌等节水灌溉技术，提高水分利用效率，达到抵御干旱灾害的目的。

依托单位

甘肃省农业科学院作物研究所，杨天育，0931-7611900。

3. 黄土高原春糜子区

糜子耐旱，生长期与雨热同步，多数年份水分不是限制糜子生产的主要因素。糜子种子发芽需水量仅为种子量的 25%，叶片相对含水量高，蒸腾速率低，自身可以减轻干旱对其的危害。尽管如此，我国黄土高原春糜子区经常遇到春季干旱，有时更会出现春夏连旱，对糜子生产带来较大影响。为抵御干旱，保证糜子生产优质高产，可采用以下抗旱播种技术和应急技术措施。

1）糜子微集流覆膜穴播技术

该项技术又称波浪式覆膜穴播，覆膜时将地表整成"W"状地形，覆盖地膜然后穴播糜子。采用糜子微集流覆膜穴播，可增温、保墒、提墒，减少土壤水分蒸发，减少水分流失，提高降水利用效率。主要技术内容有：

（1）地膜选择　地膜可采用普通 PE 膜，也可采用渗水地膜。根据地膜幅宽确定每膜上播种行数。建议使用幅宽 1300 mm 地膜,每亩地膜用量 3.5~4.5 kg。选用 2MB-1/3 或 2MBJ 铺膜覆土播种机,牵引动力 30~44 马力(1 马力=0.735 kW),一次完成探墒开沟、铺膜、打孔、精量穴播、覆土、镇压等作业程序。幅宽 1300 mm 地膜微集流覆膜穴播可形成 3 条播种浅沟和 2 行凹形集雨沟,1 膜 3 行波浪形覆盖,有利于集雨增温。

(2)选地整地　选用地势较为平坦、地块较大、土层深厚、土质疏松、保肥保水能力较强的地块,避免重茬,前茬以豆科作物、马铃薯为佳。前茬作物收获后及时灭茬,深耕 25 cm 以上,耕后及时耙耱保墒;前茬是地膜覆盖的旱地地块,到春季播种前 1~2 d 耕地,耕后及时耙耱镇压。

(3)一次性施肥　整地前每亩施优质农家肥 1000 kg 和相当于每亩纯氮 8~10 kg、五氧化二磷(P₂O₅) 6 kg、氧化钾(K₂O) 3 kg 的化肥,其中,氮肥应施 40% 左右 120 d 的控释肥,以保证灌浆期肥料的供给。推荐一次性施肥,利于实现全程轻简化栽培。

(4)品种与播种　根据各地气候条件,选择适合生态区的精选优质高产糜子品种。当 5 cm 地温稳定通过 10 ℃ 时即开始播种,黄土高原春糜子区适宜的播种时期为 5 月中下旬。冷凉区旱地抢墒重于抢时,温热区宜晚不宜早。在同一生态区生育期长的品种宜早播,生育期短的品种宜晚播。膜间距控制在 30~40 cm。播种器的穴距在 20 cm 或 25 cm,行距在 30~35 cm,条带间距 40 cm 左右。每亩种植密度在 7000~8000 穴。亩播种量 0.75~1.00 kg,单穴播种 8~10 粒。膜上覆土厚度为 3~5 mm。墒情好宜薄,墒情差、质地轻宜厚。

(5)田间管理　出苗后根据田间情况,苗孔错位的要及时接苗,防止烧苗。2 叶 1 心期,空穴率大于 25% 时抢时人工补种。根据田间病虫害发生情况及时进行药剂防治。覆膜种植,只要苗孔封闭严,很少发生草荒,多数情况下不需要除草。一旦发生草害,要及时除草。抽穗后灌浆前可根据旱情进行叶面喷施抗旱剂、叶面肥。

(6)适期收获　当 80% 籽粒变硬、黄熟时及时收获。

(7)注意事项　春季整地,一定要镇压,防止覆膜时压破地膜,同时有利于糜子扎根,防止"吊苗"死亡。为达到轻简化栽培目的,降低生产成本,要严格控制亩播量,推荐使用长效控释肥,避免糜子后期脱肥影响产量。收获后要做好残膜回收工作,防止地膜污染。

2）糜子膜侧集雨节水栽培技术

(1)选地整地　选用地势较为平坦、地块较大、土层深厚、土质疏松、保肥保水能力较强的地块,避免重茬,前茬以豆科作物、马铃薯为佳。前茬作物收获后及时灭茬,深耕 25 cm 以上,耕后及时耙耱保墒;前茬是地膜覆盖的旱地地块,到春季播种前 1~2 d 耕地,耕后及时耙耱镇压,达到上虚下实无土块,平整细碎无根茬。

(2)施肥施药　播前结合浅耕一次性施足底肥。亩施农家肥 1000~1500 kg 和相当于每亩纯氮 8~10 kg、五氧化二磷(P₂O₅) 6 kg、氧化钾(K₂O) 3 kg 的化肥,其中,氮肥应施 40% 左右 120 d 的控释肥,以保证灌浆期肥料的供给。推荐一次性施肥,利于实现全程轻简化栽培。若未施控释 N 肥,可根据田间生长情况,在拔节后或抽穗后雨前亩追施尿素 5 kg,以防后期脱肥。

(3)品种选择与种子处理　选用适合当地气候条件的抗旱、抗寒、抗病、抗倒伏、生育期适中的丰产性糜子品种。播种前 2~3 d 晒种灭菌,用 15% 粉锈宁可湿性粉剂或 50% 多菌灵可湿性粉剂或 40% 拌种双可湿性粉剂按种子质量的 0.2%~0.3% 拌种,防止黑穗病发生。清除秕、碎、病粒及杂物,使种子达到国家二级良种(纯度>96%,净度>96%,芽率>93%,水分<13%)以上。

(4)播期与播量　根据当地晚霜来临时间确定适宜的播种时期。一般 5 月中下旬即可覆膜播种,特殊干旱地区可以等雨播种,也可寄籽播种(播种后等雨)。亩播量在 1～1.2 kg。

(5)地膜选择与覆膜播种方式　选择宽 60 cm、厚 0.010 mm 的普通 PE 膜,起微垄。垄高 10～15 cm,宽 40 cm,垄面微微向上隆起成弧形。垄沟间距 60 cm,条播或穴播 4 行糜子,行距为 20 cm。采用膜侧覆膜播种一体机一次完成起垄覆膜播种工作。

(6)田间管理　出苗后根据田间情况及时查苗补种。拔节后结合中耕进行除草,之后根据田间杂草生长情况及时中耕 2～3 次。抽穗后灌浆前可根据旱情喷施抗旱剂和叶面肥。

(7)适期收获　当 80％籽粒变硬、黄熟时及时收获。收获后要做好残膜回收工作,防止造成污染。

3)糜子冬前播种技术

黄土高原春糜子区十年九旱,春旱发生频率高,春夏连旱也时有发生。受春季多风少雨干旱频发气候条件的影响,传统的糜子春季种植模式对出苗影响较大。糜子冬前播种可克服春季干旱对糜子生产带来的不利影响,减少春季整地带来的土壤水分丧失,做到秋冬雨春用,保证糜子全苗,从而保证糜子生产。该技术主要应用区域为黄土高原春糜子干旱半干旱区。

(1)播前准备　选用土层深厚、土质肥沃、保水保肥能力强、排水通气良好的平整土地。前茬选择未使用高残留农药的小麦茬及耕作条件好的玉米茬、马铃薯茬,避免重茬和迎茬。秋季作物收获后,及时进行深耕,耕地深度在 20 cm 以上,耕后耙糖保墒,保证地面平整无土块,便于机械化作业。

(2)重施底肥　以农家肥为主,结合秋收后灭茬深耕作业,亩施完全腐熟的优质农家肥 1500～2000 kg 和相当于每亩纯氮 8～10 kg、五氧化二磷(P_2O_5) 6 kg、氧化钾(K_2O) 3 kg 的化肥,也可根据不同地区土壤肥力做相应的调整。

(3)选用良种　选用高产、优质、抗性强的适于春播区的糜子良种。冬前播种由于早春糜子出苗早,宜选择生育期稍长的品种。种子达到国家二级良种(纯度＞96％,净度＞96％,芽率＞93％,水分＜13％)以上。播种前一周,选晴天将种子摊放在场上 2～3 cm 厚度,翻晒 1～2 d。播前使用 40％甲基异柳磷乳油或辛硫磷乳油、70％吡虫啉可湿性粉剂,按种子质量的 0.3％拌种,晾干后播种。

(4)播种方式　糜子冬前播种可采取微集流覆膜穴播、膜侧集雨节水技术、旱作精量条播技术等不同的方式。各地可根据当地实际灵活掌握。

(5)播期与播量　冬前土壤温度稳定在 10 ℃以下即可开始播种,土壤封冻前结束。黄土高原春糜子干旱半干旱区一般在 10 月下旬至 11 月上旬。采用微集流覆膜穴播、膜侧集雨节水技术时要领与春播一致。亩播量在 1～1.2 kg。

(6)冬春田间管理　冬前播种采用微集流覆膜穴播和膜侧集雨节水技术时,冬春季要做好田间地膜维护,防止放牧或其他人为损害。春季不需要对土壤进行扰动,当气温达到糜子发芽适宜的温度时,糜子即可正常出苗。采用微集流覆膜穴播种植的,春季应注意观察苗孔错位情况,一经发现,及时接苗。

(7)苗期冻害防控　冬前播种一般较春季播种提前 7～10 d 出苗,要注意做好苗期防冻工作。糜子苗期发生冻害,只要没有伤害到生长点,对糜子生长发育影响不大。对于冻害发生较轻,仅有少数糜子苗发生全株冻害,或植株部分叶片,或叶片部分受冻的地块,不必进行特别的田间管理。对于植株叶片大部受冻但糜子苗茎部、生长点部位未发生冻害的地块,应让糜子缓苗 3～5 d,待叶片开始生长出现一定新叶面积后,叶面喷施芸苔素内酯＋杀菌剂;待糜子苗长出 1～2 片完整绿叶时,再叶面喷施芸苔素内酯＋氨基酸水溶性叶面肥,喷施 1 次即可。

(8)中耕锄草与追肥　糜子采用膜侧集雨节水技术和旱作精量条播技术冬前播种,拔节后和封垄前,结合除草进行中耕。全生育期中耕 2～3 次。结合中耕进行培土,促进气生根发育。糜子拔节后,根据田间长势,可随时结合降水进行追肥。追肥以尿素为主,每次每亩 10 kg 左右。孕穗期,选择晴朗天气,亩喷施 0.2%～0.3%磷酸二氢钾水溶液 40～50 kg,促进籽粒饱满。

(9)病虫鸟害防治　选用抗性强的品种。定期轮换品种,保持品种抗性,减轻病害的发生。糜子主要病害是黑穗病,可选用 50%多菌灵可湿性粉剂,或 50%苯来特(苯菌灵),或 70%甲基托布津可湿性粉剂,按种子质量的 0.5%拌种,防止病害发生。糜子灌浆后,使用彩条带、稻草人、鹞子等防治麻雀等鸟害。

(10)适时收获　整穗 70%～80%成熟即可收获,收获最好采取割晒方式,也可以联合收获。

4)应急技术措施

(1)及时浅中耕　遇旱及时进行浅中耕,切断土壤表层毛细管,可疏松土壤,增加土壤蓄水保墒能力,促进糜子幼苗快速生长,是一项简单易行的早期抗旱措施。

(2)补灌救命水　有水源的地区,充分利用可用水源,抢旱浇水补墒,抗旱保苗促生长。示范推广滴灌、微喷灌、水肥一体化等节水灌溉措施,推广湿润灌溉,补充水分供应。

(3)做好病虫害防控　持续干旱,黏虫、玉米螟、叶螨、蚜虫、双斑蚴萤叶甲、椿象等虫害可能大面积发生,可选择高效氯氟氰菊酯、氯虫苯甲酰胺、氟苯虫酰胺或甲氨基阿维菌素苯甲酸盐等药剂防控黏虫、玉米螟等鳞翅目害虫;采用阿维菌素或高效氯氟氰菊酯等药剂防控叶螨;采用吡虫啉或杀单·噻虫嗪等药剂防控蚜虫。

(4)加强田间管理　结合病虫害防治可进行叶面喷施抗旱剂、叶面肥,增强糜子的抗旱性。有条件的可利用杂草、秸秆等进行覆盖,抑制土壤水分蒸腾,增强抗旱能力。覆膜种植要及时覆土封严膜孔,减少土壤水分蒸发。

(5)及时改种和补种　对部分难以形成籽粒的糜子田,可以用作青贮饲草。对绝收和减产严重的地块,等雨抢季节及时改种早熟露地速生蔬菜或豆科绿肥等作物,减少损失,为下年粮食生产提供保障。

(6)积极开展抗旱预警服务　加强与气象部门沟通会商,对雨情、墒情监测预报分析,及时发布灾害预警信息,组织农技人员和村组干部指导农民抗旱救灾。

依托单位

甘肃省农业科学院作物研究所,杨天育,0931-7611900。

(六)糜子抗倒伏减灾技术

1.东北春糜子区

糜子倒伏是由风雨或机械等外界因素引发的糜子植株茎秆从自然直立状态到永久错位的现象。糜子茎秆虽具有一定韧性,随外力不断加强,茎秆倾斜或弯曲程度加大,在一定限度内糜子茎秆上的力解除以后,植株可依靠自身抗倒伏能力恢复到自然直立状态;但一旦外力超过糜子所承受的抗倒伏能力,茎秆基部力矩被破坏,就会发生倒伏。糜子倒伏大多发生在生育中后期,倒伏会打乱叶片的合理分布,导致通风透光条件差;部分或相当多的叶片因被压或被盖,得不到足够的光照,致使下部叶片迅速枯黄腐烂,影响光合作用和籽粒灌浆的进行,降低有效穗粒数和千粒重,从而减少单位面积的籽实产量,也会极大地影响品质。

1)预防措施

(1)选用中矮秆抗倒伏品种 降低株高是提高糜子抗倒伏能力的最有效措施,矮秆植株的重心高度更低,因此选用茎秆强壮、根系发达的中矮秆糜子品种,如选择年丰 5 号、齐黍 2 号等中矮秆品种,可提高糜子的抗倒伏能力。

(2)科学用肥 研究表明,施用钾肥能有效降低糜子倒伏率和倒伏角度。其增强作物抗倒伏能力的原因是钾肥增加了维管束的数量,特别是小维管束的数量,从而提高了茎秆的机械强度,最终表现为作物的抗倒性能增强。因此,当前生产上施用氮肥、磷肥较多的情况下,尤其要注意钾肥的使用,平衡氮磷钾肥比例,是防止糜子倒伏的有效途径。

(3)适当降低密度 国内外大量的研究表明,通过降低播量而减小群体有利于防倒伏,在一定的种植密度内,糜子的群体结构可通过分蘖来补偿,从而达到相当稳定的茎密度。这种情况下,由于降低种植密度有利于茎秆增粗、茎壁增厚,提高了分蘖数,促进不定根的形成而提高抗倒伏性。

(4)强化管理 采用深耕高培土的耕作措施,提高根系抗倒伏能力。一般中耕 2~3 次,在封垄前结合追肥实行垄作深蹚作业,起高垄,形成"碰头土",有利于增温、通气、促进根系生长,进而提高根系抓土抗倒伏能力。

(5)化控抗倒 应用化控技术能在获得产量和品质提高的同时,显著降低糜子株高,提升抗倒伏能力。在水分充沛条件下,糜子植株易发生徒长现象,使用植物生长调节剂在糜子拔节初期进行叶面喷施处理,能够调控节间长度,显著降低糜子株高和鲜重,增加根重和茎粗、增大茎壁厚度及横截面积,提高茎秆抗折力,减小植株弯曲力矩,抗倒伏效果明显。

2)应急技术措施

(1)及时排除田间积水 如果是大风大雨造成的糜子倒伏,田间常伴明显的积水,应尽快排除田间积水,缩短糜子植株浸泡时间。可充分利用沟渠、排水沟等设施,或人工开挖排水沟,有条件可采用水泵等设备进行排水。同时做好糜子叶片清淤工作,促进植株恢复正常光合能力。

(2)叶面喷施钾肥 在灌浆前出现糜子倒伏的,通常能自动恢复直立生长。但是,灌浆后期出现倒伏的,往往仅有穗和穗下茎部能恢复直立生长。此时,可每亩用磷酸二氢钾 150~200 g 进行喷洒,既可以促进糜子生长和灌浆,也可以有效防止糜子倒伏。

依托单位

甘肃省农业科学院作物研究所,杨天育,0931-7611900。

2. 北方春糜子区

北方春糜子多种植于旱地,倒伏作为糜子生产中经常面临的问题,主要发生在拔节期以后。引起倒伏的原因主要有大风、暴雨等自然灾害和不合理耕作栽培措施、施肥技术等。糜子倒伏后会造成糜子减产,品质降低,病害增加,收获成本增加,尤其是抽穗期、灌浆期倒伏会引起大幅减产。因此,推广北方春糜子区糜子抗倒伏减损应急技术很有必要。

1)预防措施

(1)选择抗倒伏品种,适期播种,合理密植 选择适宜于当地生态区种植的优质、高产、抗病虫、抗倒伏糜子品种。选择当地适宜的播期进行播种,每亩用种 0.5 kg 左右。播深在 3～5 cm,土壤墒情好的可适当浅播,墒情差的可适当深播。行距在 20～30 cm,确保每亩留苗 3 万～6 万株,容易发生倒伏的区域可采取穴播技术。由于糜子分蘖能力较强,可适当稀植。

（2）选地整地,重施底肥　选用土层深厚、土壤结构适宜、保水保肥力强、保水通气性好的沙壤土,土壤有机质含量要求在 1% 以上,前茬以豆类、薯类、玉米等为宜。前茬作物收获（秋季）后及时深耕,耕翻深度要因地制宜,肥沃旱地、黏土地宜深些,瘠薄瘦地、沙土地应适当浅些,深度以 20～25 cm 为宜。深耕可灭茬晒垡,熟化土壤,接纳雨水。春耕于播种前 2～3 d 进行,耕深在 20 cm 左右,耕后及时耙耱。在施肥上,注意重底肥、轻追肥。秋深耕每亩施优质有机肥 2000～3000 kg,播前春耕每亩施硝酸磷 20～26 kg 或磷酸二铵 10～15 kg,硫酸钾 5～6.7 kg;每亩中耕追施尿素 15 kg。

（3）化学调控,强化管理　播种前可按种子质量 75 mg/kg 烯效唑或 300 mg/kg 多效唑干拌种;也可在苗期（5 叶期左右）喷施 100 mg/kg 烯效唑或 60 mg/kg 多效唑,进行控旺,培育壮苗。3 叶期后进行第 1 次除草,分蘖到拔节期间进行第 2 次除草及培土,苗密时可适当疏苗,孕穗中期进行第 3 次除草。

2）应急技术措施

（1）准确评估灾害　糜子倒伏发生后,要根据生育时期和倒伏严重程度对受灾情况进行评估,然后提出补救措施。

（2）分类进行补救　糜子拔节期倒伏后,一般可以自行恢复,也可根据情况人工进行扶起。糜子抽穗期及灌浆期倒伏多发生于 8 月前后,此时倒伏比较严重,很难自行恢复直立,对于倒伏程度较轻的可人工进行扶起;对于重度倒伏的,如果是大风、暴雨等自然灾害引起的倒伏,要及时查看田间积水情况,做到及时排水。同时要注意病虫害防控,可喷施磷酸二氢钾、50% 多菌灵可湿性粉剂 600～800 倍液、5% 高效氯氰菊酯,喷洒植株叶片防治病虫害。还要及时查看倒伏对穗部灌浆、产量形成产生的影响,根据糜子的成熟情况及时收获,降低倒伏对产量的影响。

依托单位

甘肃省农业科学院作物研究所,杨天育,0931-7611900。

3. 黄土高原春糜子区

黄土高原春糜子区糜子的生长期处在夏季气象灾害频发期,且糜子茎秆细弱,抗倒伏能力弱,倒伏成为影响糜子生产的重要问题。糜子倒伏包括根倒伏和茎倒伏两种,两者均会导致不同程度的减产,因此糜子抗倒伏减损对糜子的生产具有十分重要的意义。黄土高原春糜子区糜子抗倒伏减损应急技术要点有:

（1）种植抗倒伏品种　不同糜子品种间展示出不同的抗倒伏能力,在生产上要结合机械化栽培技术需求,选择叶片收敛、株型紧凑、植株矮、茎秆韧性强、根系发达的抗倒伏品种。

（2）改善田间栽培模式　生产上可以采用不同的栽培模式有效防止糜子的倒伏。免耕栽培可使糜子植株根系扎得紧实而促进根系牢固,起到防倒伏的作用;宽窄行栽培时,窄行通过交织在一起的根系达到植株互相稳固的作用,而宽行有利于通风透光,增加干物质积累,从而提高茎秆及根的强度,提高糜子抗倒伏能力;与绿豆等作物间作,通过高矮秆作物的合理布局,发挥田间风障的作用,防止或减轻糜子倒伏程度;沟播抗旱栽培也可以有效提高糜子植株的抗倒伏性能。

（3）加强田间管理　中耕培土是促进根系发育、提高作物抗旱性和抗倒伏性的重要措施。在苗期和拔节前结合间苗除草进行培土,能提高糜子抗倒伏性。合理密植也是提高单产、抗倒伏的有效措施。合理的田间密度可充分利用光能,提高植株的光合作用,进而促进植株生长和根系发育,使植株更健壮、根系更发达,实现抗倒减损的目标。

（4）合理施肥　生长前期,糜子的需肥量较少,生长中期速度逐渐加快并达到高峰,吸肥量最多,生长后期速度逐渐减缓,吸肥量明显减少。糜子吸肥量以氮最多,钾次之,磷最少,满足糜子对钾素的需求,对防倒伏、保证丰收有重要的作用。

（5）防治病虫草害　糜子倒伏后植株出现伤口,病虫害更容易侵入,此时要以"预防为主"为目标进行综合防治措施,喷施杀菌剂、杀虫剂和叶面肥以增强抗性。

（6）加强预测预报预警　密切关注天气变化,加强预警预报,及早做好恶劣天气应对。

依托单位

甘肃省农业科学院作物研究所,杨天育,0931-7611900。

4. 华北夏糜子区

糜子倒伏一直是生产上的重要问题,俗话说"谷倒一把草",糜子严重倒伏会造成绝产。华北地区,尤其是北部山区,5—10月整个糜子生育期均处于大风天气的常发期,如遇大雨或涝灾很容易造成倒伏。糜子一般在抽穗前造成倒伏的概率较小,即使倒伏,糜子也能快速自我调整生长姿态,恢复生长,产量损失一般较小。抽穗后造成倒伏,倒伏较轻,会影响结实率,造成减产;如严重倒伏,则会导致绝产。

（1）选用抗倒品种,提前备种　糜子品种的抗倒性有较大差异,可选用抗倒伏品种如冀黍3号等,有效防止倒伏发生。对于风灾常发地区,可以根据经验,提前准备早熟糜子或其他生育期较短的豆类或蔬菜种子;如果倒伏造成绝产,及时改种其他作物,以降低损失。

（2）起垄种植,适当稀植　容易受涝灾或降水较多的地区,可起垄采取垄上或垄侧种植。垄沟有排水作用,可有效减少因涝灾或风雨造成的倒伏。适当稀植能降低田间群体密度,增加通风效果,有利于抗倒伏。

（3）分类指导应急补救　对于倒伏较重地块,及时翻耕,根据生育期及时改种其他作物,以降低损失。对于倒伏较轻地块,喷施叶面肥,视情况进行中耕。

（4）加强倒伏后糜子病虫害防治　倒伏会造成糜子植株生长发育偏缓偏弱,病虫抵抗力减弱,而且糜子倒伏后,植株下部空间湿度增大,利于病菌传播。因此,在倒伏后要及时全田喷施农用链霉素2000倍液或噻森铜等铜制剂600倍液加多菌灵600倍液,预防病害发生。

依托单位

甘肃省农业科学院作物研究所,杨天育,0931-7611900。

（七）糜子生育后期低温寡照防灾减灾技术

1. 东北春糜子区

近几年我国北方部分地区连续出现阴雨天气,降水量与常年同期相比偏多,气温严重偏低,光照不足,长时间的低温寡照、热量不足使糜子生长受到很大影响。糜子是喜光作物,生育后期遇到低温寡照天气能够抑制糜子干物质积累,根系活性减弱,成熟期推迟,不仅增加植株倒伏风险,也使产量变低,品质变差。同时,由于低温寡照常常伴随着较大的降水量,田间湿度

加大,也极易引起糜子黑穗病大发生。东北春糜子区糜子生育后期低温寡照应急技术要点有:

(1)关注灾害性天气预警预报信息,制定应急预案 提高中长期天气预测预报能力,加强灾害性天气预警预报信息发布,是农业生产积极应对灾害性天气、减轻气象灾害损失的有效手段之一。要关注灾害性天气预警预报信息,及时制定应急预案,做到早知道早预防。

(2)强化田间管理,切实减少损失 针对低温寡照出现的不利影响,要加大糜子田中耕除草、喷施叶面肥、及时铲蹚等田间管理力度。一是要全面实施铲蹚措施,加快铲蹚进度,多铲多蹚,活化耕层,同时及时追肥,可加快农作物生长发育进程;二是根据病虫草害的田间监测和预测预报,及时采取防治和补救措施,切实减少灾害损失。

依托单位
甘肃省农业科学院作物研究所,杨天育,0931-7611900。

2. 北方春糜子区

在北方春糜子区,8—9月为糜子开花至成熟期的生殖生长阶段,开花期遇到低温寡照灾害,如果持续时间较长,植株光合速率迅速下降,造成干物质积累量减少。同时花粉活性受低温寡照影响而降低,异常受精造成不育,最终导致空秕率增加,结实率降低,产量降低。糜子遇低温寡照后应及时补救,但补救措施不能晚于9月,9月以后不适合种植任何作物。糜子长时间遭遇低温寡照,生育后期田间如有积水,应该及时排除,否则容易造成糜子根部腐烂,最终引起植株死亡。北方春糜子区糜子生育后期低温寡照应急技术如下:

(1)适时追肥 糜子进入生殖生长前期,抽穗期追施10 kg/亩尿素,叶面喷施磷酸二氢钾,可有效预防低温寡照灾害。如果糜子生长发育后期遭遇低温寡照天气,可适当喷施叶面肥,或者喷施赤霉素生长调节剂、生物菌剂、微量元素等高效叶面肥,有效预防低温寡照。

(2)适时改种和补种 如果糜子生育后期遇低温寡照造成籽粒花粉不育,产量近乎绝收,可把糜子植株收获当作青贮饲料,然后及时旋耕耙糖,改种和补种芥菜、白萝卜等蔬菜。

依托单位
甘肃省农业科学院作物研究所,杨天育,0931-7611900。

3. 黄土高原春糜子区

黄土高原春糜子区,夏末秋初,温度逐渐降低,光照强度下降,光照时间缩短,还不时有阴雨天气发生,这些都会导致低温寡照现象,给糜子生产造成不利影响。糜子夏季播种,夏秋交替恰处于籽粒灌浆期,是糜子产量形成的关键时期,此期如遇低温寡照,光合作用会受影响,植株无法提供充分的有机营养运输至籽粒,进而对产量造成威胁。针对糜子生育后期的低温寡照现象,提出以下黄土高原春糜子区糜子生育后期低温寡照应急技术:

(1)选择适宜品种 根据当地的气候条件,因地制宜选择适宜本地种植的糜子品种,选择适应性广、抗病性强、高产稳产、适期成熟的优质品种来应对低温寡照的发生。

(2)抢时播种 前茬作物收获后,根据土壤状况及时整地播种以延长糜子的生育期,充分利用水分、光能、土壤肥力等,积累更多的有机物向籽粒转运,为穗大、粒多、粒重奠定基础。

(3)加强田间管理 根据糜子的品种特性,选择适宜的种植密度,以提高叶片的光能利用率;通过中耕松土,培育壮苗,提高植株合成有机物的能力;也要及时间苗定苗,去弱苗、留壮苗,保证幼苗的整齐度,提高叶片同化能力,促进营养积累。

(4)合理肥水管理 糜子的需肥规律一般是前期需肥量少,中期吸肥量逐渐增加并达到高峰,但磷的吸收高峰晚于氮和钾,生长后期吸收速度逐渐减弱。糜子耐瘠薄,抗旱能力强,但在土壤墒情不足时,要及时浇水。合理的肥水管理促使苗强苗壮,能够提高植株自身抗性以应对生育后期的低温寡照。

(5)防治病虫害　一般低温寡照会与阴雨天气同时发生,进而引发病虫害。可选择抗病虫品种提高抗侵染能力;密切关注天气变化,在低温寡照来临前喷施杀菌剂和杀虫剂,以预防病虫害的发生。

(6)适时收获　在生产上延迟收获可增加光合产物积累,延长籽粒灌浆,提高粒重,从而获得高产。在籽粒成熟后及时收获,防止过晚收获造成籽粒散落。

依托单位

甘肃省农业科学院作物研究所,杨天育,0931-7611900。

(八)糜子病虫害防灾减灾技术

1. 黑穗病

1)发生特点

糜子黑穗病是糜子生产上重要的种传真菌性病害,主要以种子带菌传播,为害糜子花序。温度和水分是影响糜子黑穗病的主要因素。从播种到幼苗阶段,在 13～17 ℃条件下,植株被感染的最多,而在 20 ℃时感染的很少。雨水较多的年份,品种的感染性高,而且病害无论是在糜子生长发育的前期还是后期都开始出现。前期表现为降低了田间发芽率,提高了分蘖率,降低了植株的高度。后期在上部叶子的叶鞘中,包被膜白色、充满大量粉状厚垣孢子和剩余花序的"感染花序"。

2)典型症状

(1)早期症状　受感染植株矮小,上部叶片短小,直立向上,分枝增多,一直保持绿色(图6-14a)。抽穗迟,健株大部分进入乳熟期以后,病穗才抽出心叶。

(2)后期症状　抽穗后,孢子堆从苞叶中抽出后外露,所有分蘖上的小穗均已染病,形成多个病瘿,病瘿外包一层由菌丝组织形成的乳白色薄膜,薄膜破裂后散出黑褐色冬孢子(或称厚垣孢子),最后整个穗子变成一团黑粉(图 6-14b、c、d)。

a.簇叶状　　　　b.黑粉孢状　　　　c.刺猬头状　　　　d.部分结实状

图 6-14　糜子黑穗病植株受害症状

3)防控措施

根据糜子黑穗病是以土壤带菌传病和幼苗系统侵染的特点,对该病的防治主要有种植抗病品种、种子处理等。

（1）农业防治　因地制宜选用适合当地的比较抗病的品种,如榆糜 2 号、榆糜 3 号、陕糜 2 号,陇糜、宁糜、内糜系列等品种都高抗黑穗病。轮作倒茬、避免连作可以有效防止糜子黑穗病的发生,一般实行 3 年以上轮作。在糜子抽穗后,发现病株及时拔除,减少病源。病株要深埋、烧毁,不要在田间随意丢放,并及时清除田园,减少病菌滋生。

（2）化学防治　选择内吸性强、残效期长的农药可以有效防治黑穗病的发生,拌种双、烯唑醇、甲基硫菌灵和三唑酮对糜子黑穗病的防治效果较好。戊唑醇、福美双、甲基托布津等也可以有效地防治糜子黑穗病。

4）应用区域

适用于糜子主产区。

5）依托单位

西北农林科技大学,冯佰利,029-87082889。

2. 细菌性条斑病

1）发生特点

细菌性条斑病是糜子上重要病害之一,在我国糜子主产区个别地块发病率可达 20％～30％。细菌性条斑病为害范围广,谷子、大麦、小麦、黑麦、燕麦、珍珠稷、玉米等都可侵染。一般柔嫩组织易发病,害虫为害造成的伤口利于病菌侵入。此外,害虫携带病菌同时起到传播和接种的作用,如玉米螟、粟跳甲等虫口数量大则发病重。高温高湿利于发病,糜子生长前期如遇多雨多风的天气,病害发生严重。当均温 30 ℃左右、相对湿度高于 70％时,叶鞘上也可产生褐色斑点或条纹,但没有叶片上的明显,如果遇到连续高温多雨天气,感病品种可能会出现嫩叶枯萎或顶端腐烂,有臭味。均温 34 ℃、相对湿度 80％时扩展迅速。地势低洼或排水不良、施用氮肥过多、土壤肥沃,致使植株密度过大,枝叶繁茂,通风透光不良,则发病较重。

2）典型症状

为害叶片,尤其是基部叶片的中下部,一般在主脉附近出现水渍状细而长的条斑,后在叶脉间产生许多平行排列的短条斑或条纹。条斑沿脉向上、下两方伸长,后变为暗绿至绿褐或丁香色,最后呈深褐至黑褐色(图 6-15)。

图 6-15　糜子细菌性条斑病植株受害症状

3）防控措施

（1）农业防治　选用抗病品种;实行 3 年以上轮作,尽可能避免连作;收获后及时清洁田园,减少菌源;加强田间管理,地势低洼多湿的田块雨后及时排水,少施氮肥,增施有机肥;适时播种。

(2)化学防治 可用70%敌克松、72%农用链霉素或者40%拌种双拌种;从苗期开始注意防治传毒害虫,及时喷洒50%辛硫磷乳油1500倍液;一旦发生病害,应在发病初期喷施农用链霉素、新植霉素、噻唑锌或者敌克松,全株喷施药剂,可起到控制病害的作用。

4)应用区域

适用于糜子主产区。

5)依托单位

西北农林科技大学,冯佰利,029-87082889。

第七章

燕麦荞麦体系防灾减灾技术

一、燕麦荞麦非生物灾害防灾减灾技术

　　(一)燕麦荞麦干旱防灾减灾技术

　　(二)荞麦低温冷害防灾减灾技术

　　(三)燕麦荞麦洪涝灾害防灾减灾技术

二、燕麦荞麦生物灾害防灾减灾技术

　　(一)燕麦病虫草害防灾减灾技术

　　(二)荞麦病虫草害防灾减灾技术

一 燕麦荞麦非生物灾害防灾减灾技术

(一)燕麦荞麦干旱防灾减灾技术

我国燕麦荞麦主产区的西北、华北和东北地区水资源不足、干旱频发,尤其是冬旱、春旱严重,对燕麦荞麦生产造成极大影响,是燕麦荞麦产区主要的农业气象灾害。中华人民共和国成立后,我国政府大力兴修水利,不断提高抗旱能力,在一定程度上减轻了旱灾造成的损失。但西北、华北燕麦荞麦产区仍是雨养农业,生产中仍常受到干旱影响。

1. 发生特点

据乌兰察布综合试验站和赤峰市综合试验站联合调研,赤峰市、乌兰察布市、呼和浩特市、通辽库伦旗主要以旱作为主,5 月后无效降水少,旱情严重受灾面积较大。乌兰察布市达到 12 万亩左右,主要集中在四子王旗和察右中旗;赤峰市克什克腾旗 20 万亩燕麦普遍干旱,绝收 5 万亩,减产 6 成以上 15 万亩;2.5 万亩荞麦中出苗仅 1 万亩左右;通辽市库伦旗受干旱影响,荞麦播种时间推迟 1 周。

2. 典型症状

荞麦和燕麦播种后,出苗不整齐,出苗率低(图 7-1)。

图 7-1 荞麦受干旱胁迫后出苗情况

3. 防控措施

采取以抗旱品种应用和抗旱栽培技术为核心的绿色栽培技术。

选用适合当地生产的抗旱品种,推进抗旱作物抢播。对于出苗率达不到 50% 的地块,补种杂粮杂豆、饲草等短期作物,如降水后补种早熟饲用燕麦、荞麦、黍子等。根据地区气候特点,结合早熟品种适期晚播、抗旱坐水种、干埋等雨、一膜五行穴播燕麦、施用抗旱保水材料等栽培技术。对于已出苗燕麦和荞麦,喷施抗旱调节剂,可用 100 mL/亩腐殖酸溶液进行叶面喷施,或

600 mg/L 黄腐酸溶液进行叶面喷施。喷施腐殖酸、黄腐酸等叶面肥应选择在上午 9:00—11:00、下午 3:00—5:00;采用无人机喷施时,原液兑水稀释 50 倍喷雾;采用自走式喷雾机喷施时,原液兑水稀释 500 倍喷雾。

4. 应用区域

适用于燕麦和荞麦旱作产区。

5. 依托单位

①内蒙古农业大学园艺与植物保护学院,周洪友、张笑宇、东保柱,0471-6385692。

②云南省农业科学院生物技术与种质资源研究所,王莉花,0871-65894713。

(二)荞麦低温冷害防灾减灾技术

低温冷害包括冷害、冻害、霜冻、雪灾和寒潮等,是指由于北方冷空气南下,气温骤降危害动植物生长发育,甚至造成其死亡的气象灾害。作物的整个生长发育都与气温有关,当遭遇冷空气侵袭,温度超过其承受的极限时,就会发生冻伤、冻病,甚至冻死。研究表明,当作物遭到冷害时,作物体内细胞中具有生命的细胞质流动减慢,并逐渐停止流动,作物养分的吸收和输送也就因细胞质的停止流动而受到障碍。如果低温持续时间短,温度回升后,细胞内细胞质仍能恢复正常流动,作物也继续正常生长发育;若低温持续时间较长,作物就会因细胞质的停止流动而停止生长。低温冷害是一种全球性的气象灾害,它的发生常给农业生产造成重大威胁。

1. 发生特点

霜冻是我国农业主要自然灾害之一,发生范围较广,对荞麦生长危害较重,尤其对荞麦种子生产有很大威胁,直接导致荞麦严重减产甚至绝收。在秋季,当地面附近的空气温度下降到 0 ℃ 以下时,空气中的水汽在地面或近地面物体上凝华而成白色松脆冰晶。由低温引起的荞麦植株茎叶伤害或死亡的冻害,称为霜冻。

2. 典型症状

当受到霜冻时,荞麦植株细胞之间的水分被冻结成微小冰晶体,这些冰晶在荞麦植株体内进一步凝聚细胞中的水分后逐渐增大,进而破坏细胞结构。另外,由于冰晶体的相互作用,细胞内部的水分向外渗透,使植物的原生质胶体物质凝固。霜冻过程一般在几小时内形成,荞麦在遭受霜冻以后,叶片呈黄褐色,状似灼伤,受冻部分在解冻后呈水烫状,后转黄干枯;荞麦花和籽粒与植株的连接柄受霜冻后脱水枯萎变脆,极易脱落(图 7-2)。

3. 防控措施

采取以监测预警预报、物理防霜为核心的绿色防控技术。

(1)依据温度预测预判　密切关注天气预报,及时观察当地小气候温度变化,尤其是气温的变化。一旦出现剧烈降温、温度接近乃至于低于 0 ℃,需要采取预防措施。

(2)及时收获　当 70% 左右的荞麦籽粒变色成熟时,应及时收获;如预报有霜冻,尽量在霜冻前收获,避免落粒及霜冻减产。

(3)栽培措施　选择合适生育期内的品种,适时早播,缩短播期。合理搭配不同成熟品种的比例;加强田间管理,促进早熟,荞麦生长中后期如生长缓慢,可喷施磷酸二氢钾、芸苔素内酯等叶面肥,促进生长;施用足够的基肥,促进作物生长健壮,提高抗寒性。

a.轻霜冻后叶片变黄　　　　　　　　　　　　b.严重霜冻后干枯落粒

图 7-2　不同程度霜冻植株表现

（4）农业措施　有以下 5 种方法：

①熏烟法。晚霜来临前，根据风向、地形、面积设置堆积点，凌晨气温降至 2 ℃ 左右时利用能够产生大量烟雾的柴草、牛粪等点火，烟雾能够阻挡地面热量的散失，烟雾产生时也产生一定的热量，一般能使近地面层空气温度提高 1～2 ℃。

②覆盖法。低温寒潮来临前，用废报纸、稻草、地膜、遮阳网等覆盖作物，保护作物，抵御霜冻。

③扰动混合法。晴朗的夜晚近地层往往是逆温层，可用吹风机吹风搅动，将上层暖空气向下搅动，以提高下层温度，防止霜冻。

④灌水法。霜冻前浇水可提高土壤温度，增强土壤导热性，使土壤温度升高，降温幅度小，避免突然冷热后的危害。霜冻发生时，连续在作物表面洒水，使作物表面一层水膜在结冰时释放潜热，以保护作物免受霜冻。防冻剂可与防病喷洒相结合，如"植物动力 2003"1000 倍液、"根多壮"1200 倍液等，以提高抗寒性。

⑤加热法。在荞麦田周边，放置加热炉直接加热空气，防止霜冻。

（5）注意事项　霜冻会对荞麦造成局部伤害，导致落花落叶，失去食用价值或全株死亡，严重影响产量甚至绝收。霜冻也会影响荞麦籽粒的发芽率，使发芽率下降，无法正常留种使用。尽量选择适合播期内的荞麦种子，并及时进行收获。如荞麦填闲补种生育期不足或遭遇早霜，可视情况选择农业预防措施。但最根本原则还是马上收获，避免大量落粒损失。

4.应用区域

适用于东北、华北、西北地区荞麦主产区。

5.依托单位

云南省农业科学院生物技术与种质资源研究所，王莉花，0871-65894713。

（三）燕麦荞麦洪涝灾害防灾减灾技术

在我国，洪涝灾害对燕麦和荞麦产区影响相对较小，但是也应引起重视，一旦发生，其造成的经济损失也是巨大的。燕麦荞麦主产区年降水主要集中在夏季,当洪涝淹没农作物后,会阻隔农作物与空气的接触,从而导致农作物无法获得氧气。严重时还会滋生病害,给农作物生产带来无法挽回的损失。在灾区由于降水集中造成农田涝灾,影响燕麦荞麦结实并易造成倒伏,从而使其减产甚至绝收。

1. 发生特点

洪涝灾害包括洪水灾害和雨涝灾害两种,但由于两者经常同时或连续发生在同一地区,难以准确界定,故统称洪涝灾害。该灾害的发生具有范围广、突发性和灾害性强等特点,主要由台风、强降水等引发。该灾害在荞麦生长的全生育期都可发生,特别是鼓粒期以前因台风、暴雨较多易发生;属于突发性灾害,具有发展速度快、危害程度重等特点,对产量影响较大。

2. 典型症状

洪涝灾害会导致土壤缺氧,根系呼吸作用受到抑制,植株会减少根系对水分、养分的吸收,蒸腾作用下降,之后叶片萎蔫,根系腐烂。

典型症状是叶片变黄、植株萎蔫、数日后死亡。苗期发生常造成出苗率下降、根系受渍害、幼苗枯死等症状;生长中后期发生常造成植株倒伏严重、中下部开花结实率降低等影响(图7-3)。

a.苗期受涝症状　　　　　　　　　　b.盛花期受涝症状

图7-3　不同生育期受涝症状

3. 防控措施

采用预防和补救相结合,运用工程措施、抗涝品种应用和生产补救等减灾技术。

(1)工程措施　在燕麦和荞麦生产中,对易产生洪涝灾害的地区建设排灌系统,增强排水能力。生产上可在种植区内部沿种植行进行开沟,根据易产生涝害的严重情况,选择沟的深浅,一般为50 cm左右。沟数根据田块大小进行,一般横纵向各三条为宜。种植区边缘需挖大沟,用于排水和隔水,沟深比种植区内更大。另外,在生产中需要注意地下水位过高也会导致土壤湿度过大,造成涝害发生。在雨季前需疏通田间排水通道,确保种植区内沟和边缘外沟排水通畅,不积水。

(2)选用抗涝良种　选用适合当地生产的抗(耐)涝燕麦荞麦品种,如燕麦品种白燕2号、蒙燕1号、张燕4号等,荞麦品种黔苦5号、川荞2号、苏荞1号等。

(3)补救措施　燕麦和荞麦遭遇涝害后,要及时排除积水,加强田间管理,根据植株长势,适当追施速效肥,喷药防病治虫害,促进植株尽快恢复正常生长,将受灾损失降到最低。

①排除积水。涝灾发生后应及时排水抢救,减少受淹时间,减轻损失。立即清理田间沟

渠,加深畦沟和相应排水沟,尽快排水降渍,减少土壤水分,增加空气通透性,以保证燕麦和荞麦正常生长。

②强化田间管理。受淹后,及时清理漂浮物和污泥,将倒伏的植株扶起,可用木桩和绳子作适当支撑。有条件的可对植株进行适当喷水,把植株上泥土洗净,以恢复叶片正常光合作用。淹水后,土壤容易板结,应及时中耕散去多余的水分,提高土壤通透性,帮助根系恢复生长。应在地面泛白时进行中耕、深锄,破除土壤板结层,同时结合中耕进行杂草防除。

③合理追肥。涝灾会使土壤中的养分大量流失,易造成燕麦和荞麦缺肥。可结合燕麦和荞麦生长情况,追施尿素 3～8 kg、硫酸钾 5～10 kg。对脱肥较轻的地块,也可采用根外追肥的方式,每亩喷施 0.8%尿素和 2%磷酸二氢钾混合液 50 kg,确保植株的快速恢复和正常生长。

④综合防治病虫害。涝灾后,田间温度高、湿度大,加上植株生长弱、抗性降低,易发生病虫害,要及时调查和防治,尽量把受灾损失降到最低限度。

⑤抢时补种改种。因涝灾绝收的田块,条件允许时要抢时补种燕麦和荞麦,或改种其他适宜的作物,确保多种多收,弥补灾害损失。

4.应用区域

适用于全国燕麦和荞麦主产区。

5.依托单位

①内蒙古农业大学园艺与植物保护学院,周洪友、张笑宇、东保柱,0471-6385692。
②云南省农业科学院生物技术与种质资源研究所,王莉花,0871-65894713。

二 燕麦荞麦生物灾害防灾减灾技术

(一)燕麦病虫草害防灾减灾技术

1.燕麦叶斑类病害

1）发生特点

燕麦叶斑类病害是燕麦受到病原菌侵染而发生的一类在叶片上形成坏死斑的病害,主要包括燕麦德氏霉叶斑病和炭疽病。

2）典型症状

燕麦德氏霉叶斑病主要为害叶片和叶鞘,燕麦苗期易发病。发病初期病斑呈水浸状,灰绿色,大小为(1～2) mm×(0.5～1.2)mm,后渐变为浅褐色至红褐色,边缘紫色。病斑四周有一圈较宽的黄色晕圈,后期病斑继续扩展,呈不规则形条斑(图 7-4)。严重时病斑融合成片,从叶尖向下干枯。

燕麦炭疽病在全国燕麦种植区均有分布,其中以内蒙古和河北发生严重,主要为害燕麦叶片、下部叶鞘及茎基部。叶片染病初生梭形至近梭形黄褐色病斑,病斑中央呈溃烂撕裂状,病斑上可见黑色小粒点(图 7-5)。发病严重时,整株燕麦的叶片全部枯死,叶片及叶鞘均受害。

图 7-4　燕麦德氏霉叶斑病典型症状

a.燕麦炭疽病的田间为害状　　　　b.燕麦炭疽病叶部症状

图 7-5　燕麦炭疽病典型症状

3）防控措施

建立燕麦叶斑类病害发生的预警机制,了解各地叶斑类病害发生情况,对未来该地区发生情况做预测预报。

（1）选用抗（耐）病品种　因地制宜选用对叶斑类病害抗（耐）性较好的燕麦品种,如白燕 2 号、白燕 11 号、冀张莜 5 号、张燕 1 号等。

（2）合理轮作　对往年燕麦叶斑病严重的田块,应与马铃薯、油菜、向日葵等作物实行 2～3 年的轮作。

（3）整地施肥播种　深耕翻晒,收获后可以深翻土壤,要求翻耕深度 25 cm 以上;春播前平整土地,耙平耱碎,施入充分腐熟的有机肥,要适当增施氮肥和磷肥,控制钾肥用量。根据品种特性和当地气候特点,适期晚播,并合理密植。

（4）加强田间管理　防除杂草,收获后及时清理燕麦秸秆。

（5）化学防治　用 40%福美•拌种灵可湿性粉剂或 50%多菌灵可湿性粉剂按种子质量的 0.3%湿拌种,晾干后播种;发病初期可用 50%多菌灵可湿性粉剂或 40%福美•拌种灵可湿性粉剂 600 倍液田间均匀喷雾,每隔 7～10 d 喷施 1 次,喷 1～2 次。

4)应用区域

适用于全国燕麦主产区。

5)依托单位

内蒙古农业大学园艺与植物保护学院,周洪友、张笑宇、东保柱,0471-6385692。

2.燕麦红叶病

1)发生特点

燕麦红叶病是一种病毒病害,常常会造成叶部受害。受害叶先自叶尖或叶缘开始,呈现紫红色或红色,逐渐向下扩展成红绿相间的条纹或斑驳,病叶变厚、变硬。后期叶片呈橘红色,叶鞘呈紫色,病株有不同程度的矮化现象,病株表现十分明显。种子可带毒,蚜虫是主要的传毒媒介,燕麦从出苗到抽穗都有可能受蚜虫的侵染而发生红叶病,其发生为害与传播蚜虫发生的时间和数量有关。如果气温高,相对湿度小,气候干旱,蚜虫数量大,则发病较多。一般苗期侵染的植株在孕穗阶段开始表现症状,在抽穗阶段表现最重。燕麦感病后,生理机能遭到干扰和破坏,穗粒数、千粒重、籽粒产量、植株干物重减少,生物量损失 30％～75％。

2)典型症状

该病害主要侵染为害燕麦的叶片和叶鞘,燕麦染病后一般上部叶片先表现病症。发病初期自叶尖或叶缘向叶内逐渐褪绿,变成紫红色或红色,多数病叶的叶脉间组织变色快、早期形成紫绿或紫黄相间的条纹或斑驳,发病后期叶片为橘红色,从叶尖向叶基变色后枯死(图7-6)。病叶较健叶增厚变硬,叶鞘呈紫红色。病株有不同程度的矮化现象。

图 7-6　燕麦红叶病症状(a、b)和传毒蚜虫(c)

3)防控措施

(1)选用抗(耐)病品种　选择对红叶病抗(耐)性较好的燕麦品种,如白燕 2 号、坝莜 8 号、坝燕 14 号、张燕 8 号、燕 2014、远杂 8 号等。

(2)选育抗病品种　燕麦不同品种对红叶病的抗性差异不同,利用抗红叶病的良种是防治红叶病最为经济有效的措施。我国暂无专门的抗红叶病育成品种,引进品种 Rigdon 田间表现高抗,陇燕 2 号表现中抗。

(3)整地施肥播种　深耕翻晒,收获后可以深翻土壤 25 cm 以上;春耕前平整土地,耙平磨碎,施入充分腐熟的有机肥,控制钾肥用量。根据品种特性和当地气候适期晚播;合理密植,及时防除田间杂草。

(4)栽培防治　改善栽培条件,加强田间管理。播前清除田间及四周杂草,和非禾本科作物轮作,适当增施磷钾肥,高温干旱时灌水提高田间湿度,以减轻蚜虫危害与传毒。

(5)科学用药　药剂拌种或包衣是一种高效多功能的隐蔽施药技术。燕麦播种时采用高效内吸杀菌剂进行拌种或种子包衣,可有效控制红叶病的危害,还能兼治其他多种病害,具有一药多效、事半功倍的作用。特别是在红叶病病原基地进行药剂拌种或种子包衣,处理面积越大、越彻底,效果越好。可用吡虫啉、噻虫嗪和噻戊种衣剂对燕麦进行种子包衣处理,主要拌种方法有大型机械化拌种、拌种桶(箱)干拌、塑料袋干拌和人工搅拌等。此外,还可用抗蚜威可湿性粉剂、啶虫脒或者吡虫啉可湿性粉剂喷雾防治燕麦红叶病。播种前用60%吡虫啉悬浮种衣剂、70%吡虫啉水分散粒按种子量的0.3%拌种处理。发病初期喷施20%吗啉胍·乙铜可湿性粉剂500～600倍液。百穗蚜量为500头时可用70%吡虫啉水分散粒剂4000倍液喷雾,喷施2次,间隔7～10 d。

(6)生物防治　该病毒防治可选用8%菌克毒克200倍液、1.5%植病灵Ⅱ号乳剂1000倍液、25%阿米西达悬浮剂1000～25000倍液,隔10 d左右喷施1次,防治1～2次。

4)应用区域

适用于全国燕麦主产区。

5)依托单位

内蒙古农业大学园艺与植物保护学院,周洪友、张笑宇、东保柱,0471-6385692。

3. 黏虫

1)发生特点及形态特征

燕麦田黏虫具有暴发特性,往往短时间内造成严重危害。

(1)卵　长约0.5 mm,半球形,初产白色,渐变黄色,有光泽。卵粒单层排列成行成块。

(2)幼虫　老熟幼虫体长38 mm。头红褐色,头盖有网纹,额扁,两侧有褐色粗纵纹,略呈八字形,外侧有褐色网纹。在大发生时背面常呈黑色,腹面淡污色,背中线白色,亚背线与气门上线之间稍带蓝色。腹足外侧有黑褐色宽纵带,足的先端有半环式黑褐色趾钩。

(3)蛹　长约19 mm;腹部5～7节,背面前缘各有一列齿状点刻;臀棘上有刺4根,中央2根粗大,两侧的细短刺略弯。

(4)成虫　体长15～17 mm,翅展36～40 mm。头部与胸部灰褐色,腹部暗褐色。前翅灰黄褐色、黄色或橙色,变化很多;内横线往往只现几个黑点,环纹与肾纹褐黄色,界限不显著,肾纹后端有一个白点,其两侧各有一个黑点;外横线为一列黑点。后翅暗褐色,向基部色渐淡。

2)典型症状

因其群聚性、迁飞性、杂食性、暴食性,成为全国性重要农业害虫。黏虫属迁飞性害虫,北方春季出现的大量成虫系由南方迁飞所至。成虫昼伏夜出,傍晚开始活动。黄昏时觅食,且发生量多时体色较深。夜间交尾产卵,黎明时寻找隐蔽场所。成虫对糖醋液趋性强,产卵趋向黄枯叶片。在麦田喜把卵产在麦株基部枯黄叶片叶尖处折缝里。1、2龄幼虫多在麦株基部叶背或分蘖叶背光处为害,3龄后食量大增,5、6龄进入暴食阶段,食光叶片或把穗头咬断(图7-7)。食料不足时,常成群迁移到附近地块继续为害,老熟幼虫入土化蛹。幼虫食叶,大发生时可将作物叶片全部食光,造成严重损失。

3）防控措施

（1）预测预报　黏虫是世界性暴发性害虫，主要发生于禾本科作物，尤以小麦、玉米、谷子、高粱、燕麦发生较重。通过预测预报的方法，对黏虫进行监测，是最为有效的害虫防控策略。

（2）农业防治　因地制宜选用抗虫品种，加强田间管理，合理密植，科学灌溉施肥，控制田间小气候，降低卵的孵化率和幼虫的存活率。

（3）生物防治　20％灭幼脲 1 号悬浮剂 500～1000 倍液；或 25％灭幼脲 3 号悬浮剂 500～1000 倍液；或茼蒿素杀虫剂 500 倍液于幼虫 3 龄前喷雾。

图 7-7　黏虫幼虫及田间为害症状

（4）物理防治　黑光灯诱杀成虫；糖酒醋液诱杀成虫，糖 6 份、酒 1 份、醋 2～3 份、水 10 份，加适量化学农药；小谷草把或用稻草把插在麦田诱卵，每亩地插 10 把，草把顶高出麦株 15 cm左右，约 5 d 换一把，将有卵的草把销毁；杨树枝把诱杀成虫，将杨树枝插放到麦田里诱集成虫，集中捕杀（成虫白天隐蔽其中）。

（5）化学防治　务必在幼虫 3 龄以前进行化学防治，施药时要均匀、全面，田间、地头、路边及周边杂草都要喷到。可选用 20％氯虫苯甲酰胺悬浮剂 10 mL/亩，或 2.5％溴氰菊酯乳油 2000～3000 倍液，或 20％氰戊菊酯 2000～4000 倍液，或使用 4％高氯甲维盐稀释 1000～1500 倍喷雾。防治上应注意采用大面积联防统治和集中扑灭虫口密度高的地方相结合的方法。

4）应用区域

适用于全国燕麦主产区。

5）依托单位

内蒙古农业大学园艺与植物保护学院，周洪友、张笑宇、东保柱，0471-6385692。

4. 燕麦田草害

1）发生特点

燕麦田杂草是燕麦种植区春季面临的主要问题之一。燕麦田杂草具有种类多，分布不均匀，不同区域的杂草种类各异等特点。杂草种类主要包括禾本科杂草和阔叶杂草两类。禾本科杂草主要包括狗尾草、野稷、稗草、马唐、狐尾草等；阔叶杂草主要包括藜、反枝苋、卷茎蓼、田旋花等。杂草种类多、分布广及杂草种子深度不一、出苗时间不一等特点，造成了燕麦田杂草防治困难。

2）典型症状

燕麦田杂草与燕麦争夺光照、水分、养分以及生存空间，导致燕麦生长严重受抑制，燕麦的产量和品质下降（图 7-8）。

3）防控措施

采取以农业防控措施为主并辅以化学除草剂防治的绿色防控技术。

（1）精选种子　保证种子纯度高，不掺杂任何杂草种子。选用优质种子确保早出苗，出苗齐而壮。

图 7-8　燕麦杂草为害症状

（2）播前浅耕或耙地　有浇水条件的地块提前浇水,没有浇水条件的地块等待自然降水,待土壤表层大部分杂草种子萌发后浅耕 10 cm 左右或耙地,除去已经萌发的杂草幼苗。

（3）适时晚播　在保证燕麦籽粒成熟或燕麦草能够收获的前提下适时晚播,较正常播种期晚播 1 周左右。

（4）合理密植　尽量密植,播种量 15～20 kg,行距 10～15 cm。

（5）施肥浇水　非旱作燕麦种植区,在燕麦 3～5 叶期,追施氮肥并浇水,加速燕麦生长和封垄,以苗压草。

（6）化学防除　播种后,用 45％二甲戊灵微胶囊悬浮剂 150～180 mL/亩兑水 60 kg,进行土壤封闭。土壤墒情不好时避免使用,有机质含量高的土壤应增加用量,喷雾后不要破坏药土层。杂草种类以阔叶杂草为主的燕麦地块,每亩用 60～80 mL 二甲四氯·辛酰溴兑水 30 kg,均匀喷雾。

4）应用区域

适用于全国燕麦主产区。

5）依托单位

内蒙古农业大学园艺与植物保护学院,周洪友、张笑宇、东保柱,0471-6385692。

（二）荞麦病虫草害防灾减灾技术

1. 西伯利亚龟象

1）发生特点及形态特征

（1）蛹　体长 3～5 mm,离蛹,淡黄色。

（2）幼虫　体长 4～7 mm,乳黄色,头褐色。

（3）成虫　体长 1.8～3.1 mm,卵圆形,暗灰色,前胸背板及鞘翅布满点刻,每鞘翅上有 7～10 列纵点刻列,鞘翅基部小盾片后方有一个长形灰白色斑。足棕褐色,各足腿节均膨大。成虫有假死习性,善跳跃,能短距离飞行。

2）典型症状

在我国北方荞麦产区危害严重。在内蒙古赤峰市翁牛特旗于 5 月末始见越冬成虫,6月上旬为害刚出苗的荞麦子叶,导致受害幼苗死亡。6 月初到下旬开始交配产卵。7 月上旬幼虫开始蛀茎为害,由茎基部蛀入荞麦茎部自下而上在髓部为害,严重的甚至整株死亡(图 7-9a)。7 月中旬是幼虫为害盛期,7 月下旬出现害虫的蛹。成虫主要取食叶片(图 7-9b)。

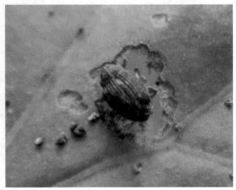

a.幼虫蛀茎为害   b.成虫取食叶片

图 7-9　西伯利亚龟象为害荞麦的症状

3)防控措施

(1)农业防治　大面积轮作倒茬,可有效减轻危害。及时清除枯茬杂草,秋翻土地,可降低越冬基数。适时提早或延后播期,可减轻危害。

(2)化学防治

①春季保苗。幼苗开始出土时,用 24% 高氯·辛硫磷乳油 300 倍液对刚出土的幼苗及土壤表层喷雾,田埂、田边杂草也应喷到。

②种子包衣。用 40% 噻虫嗪悬浮种衣剂,按照种子质量的 0.3%~0.5% 拌种。

③开花前虫口密度达到 20 头/百株时,可用 4.5% 高效氯氰菊酯乳油 1000 倍液,或 10% 虫螨腈悬浮剂 1000~1500 倍液,或 5% 高氯吡虫啉 2000 倍液喷雾。

4)应用区域

适用于全国荞麦主产区。

5)依托单位

云南省农业科学院生物技术与种质资源研究所,王莉花,0871-65894713。

2. 荞麦茎枯病

1)发生特点

该病常在荞麦生长中后期发生,该病害具有传播途径多、蔓延速度快、危害程度严重等特点。高温、高湿常易引发病害大面积发生。

2)典型症状

荞麦茎枯病主要是病菌侵染为害植株茎部引起的病害。发病初期,荞麦的茎部出现小面积褐色不规则病斑,随着病情发展,病斑沿上、下茎部及侧枝扩展蔓延,受害部位呈深褐色至黑色,高温高湿条件下,发病严重,病斑快速蔓延扩散,茎秆、叶片萎蔫干枯或腐烂,导致荞麦茎秆折断,植株倒伏,给荞麦生产造成严重损失。

3)防控措施

采取以抗病品种应用和精准施药为核心的绿色综合防控技术。

(1)选用抗病良种　选用适合当地种植的抗(耐)病荞麦品种,加强品种轮换,避免单一品

图 7-10 荞麦茎枯病田间症状

种的长期种植,可选用抗性鉴定筛选出来的抗性品种轮换种植。

(2)种子消毒 用 50％多菌灵可湿性粉剂或 50％甲基托布津可湿性粉剂配制成一定倍数的药液浸泡荞麦种子 1～2 h,然后取出种子,待种子晾干后播种。

(3)农业措施 合理密植,增强荞麦植株间的通风性和透光性,促使植株生长健壮;科学管理水肥,播种后要及时灌水,促进出苗,生长期适时灌水,但不能积水,大雨后要及时排除荞麦田积水;在荞麦整个生长期氮肥、磷肥、钾肥适当搭配施用,不偏施、迟施或重施氮肥;荞麦收获后及时清除田园植株病残体,集中处理;荞麦不宜长期连续种植,应与其他作物合理轮作。

(4)精准施药 大田防控病害主要以喷施药剂为主,对发病严重的荞麦片区进行重点防控,同时对发病中心点周围的荞麦区域进行防治。可选用 50％多菌灵可湿性粉剂 500 倍液,或 80％代森锰锌可湿性粉剂 1200～1500 倍液,或 50％甲基托布津可湿性粉剂 500～600 倍液进行防治;一般 7 d 左右施药 1 次,连续施药 2～3 次。

(5)注意事项 浸泡种子若采用 50％多菌灵可湿性粉剂要配制成 500 倍液,若采用 50％甲基托布津可湿性粉剂要配制成 500～600 倍液。药液浸泡种子时要完全浸没种子,浸种时间要充分,浸后要晾干再播种。田间施用药剂时要在病害暴发前及时施用,规范、科学、安全施药,防止用药量过大造成药害或用药量过小影响防治效果。

4)应用区域

适用于全国荞麦主产区。

5)依托单位

云南省农业科学院生物技术与种质资源研究所,王莉花,0871-65894713。

第八章

食用豆体系防灾减灾技术

一、食用豆非生物灾害防灾减灾技术

  （一）食用豆高温热害防灾减灾技术

  （二）食用豆洪涝灾害防灾减灾技术

  （三）食用豆低温冷害和低温冻害防灾减
      灾技术

  （四）食用豆季节性干旱防灾减灾技术

  （五）食用豆阴雨寡照灾害防灾减灾技术

  （六）食用豆台风倒伏防灾减灾技术

  （七）食用豆冰雹灾害防灾减灾技术

二、食用豆生物灾害防灾减灾技术

  （一）食用豆根腐病防灾减灾技术

  （二）食用豆叶斑病防灾减灾技术

  （三）食用豆锈病防灾减灾技术

  （四）食用豆枯萎病防灾减灾技术

  （五）食用豆细菌性晕疫病防灾减灾技术

  （六）蚕豆赤斑病防灾减灾技术

  （七）食用豆蚜虫防灾减灾技术

  （八）食用豆豇豆荚螟防灾减灾技术

  （九）食用豆豆象防灾减灾技术

  （十）食用豆点蜂缘蝽防灾减灾技术

  （十一）食用豆杂草防灾减灾技术

一 食用豆非生物灾害防灾减灾技术

（一）食用豆高温热害防灾减灾技术

1. 发生特点

高温热害是气温超过植物生长发育上限温度造成的，一般减产可达 30％以上。高温热害发生具有持续时间长、强度大、影响范围广等特点。在我国，高温热害主要影响蚕豆以及黄淮海区绿豆和小豆生长。

2. 典型症状

（1）蚕豆高温热害　蚕豆出苗期遇到高温，造成蚕豆幼苗生长发育延迟或不良、茎秆细软，植株抗倒伏能力减弱；开花期遇高温天气，出现花粉不育或授粉不良，导致减产甚至绝收；结荚期高温高热，土壤水分蒸发加快，水分供给不足降低产量和品质。此外，高温热害还会引发赤斑病、蚜虫等病虫害的发生。

（2）绿豆和小豆高温热害　超过 35 ℃会引起生长障碍，田间表现为叶片萎蔫，植株生长停滞，光合作用减弱，处于盛花期的植株大量落花落荚，严重时植株大面积干枯死亡。

图 8-1　高温影响蚕豆、绿豆和小豆生长情况

3. 防控措施

采取以应用耐高温品种、喷施外源调节剂以及科学管理相结合的综合防控技术。

(1)应用耐高温品种　高温热害对食用豆的危害在不同品种之间存在差异,选用抗高温热害的高产、优质品种,是防御高温热害较为有效、关键的措施。

(2)喷施外源调节剂　喷施磷酸二氢钾、碧护和芸苔素内酯等叶面肥料或生长调节剂,增强食用豆高温抵抗力和生长、开花坐荚能力。

(3)科学管理　以水调温,改善农田小气候,缓解高温热害。调整播期,避开蚕豆关键发育时段与高温出现时间的耦合。

(4)防控虫害　高温干旱容易引发虫害,需及时予以防控。

(5)注意事项　田间作业避免高温时段,防止中暑和药物中毒。

4. 应用区域

适用于全国食用豆产区。

5. 依托单位

①蚕豆高温热害

云南省农业科学院粮食作物研究所,何玉华、李琼,0871-65894983。

②绿豆和小豆高温热害

安徽省农业科学院作物研究所,周斌,0551-65149817。

(二)食用豆洪涝灾害防灾减灾技术

1. 发生特点

我国食用豆生产中洪涝灾害发生频率较高,具有影响范围广、经济损失大等特点,呈现多发、频发及重发趋势。一般发生在6—9月,与热季豆类生育期高度重合。

2. 典型症状

涝灾严重影响食用豆的生长和产量。苗期遭受涝灾容易造成出苗难、苗势弱,根系长时间缺氧导致呼吸不畅、活力下降,叶片光合能力减弱,植株生长受阻甚至整株死亡。花荚期遭受涝灾影响籽粒灌浆,成熟期发生涝灾则会造成籽粒发芽从而严重影响品质。

3. 防控措施

加强农田排涝设施建设,应用监测预警、灾后及时排涝防病、科学施肥、化学调控相结合的综合防控技术。

(1)加强农田排涝设施建设　改善农田基础设施薄弱环节,完善配套防洪排涝基础设施,对年久失修、功能减弱的防涝系统进行加固除险,提高抗灾减灾能力。

(2)监测预警并加强田间管理　关注当地天气预报,雨前清理田间三沟,确保排水畅通。储备充足的防涝物资,确保在涝害发生后能及时补救,减少损失。

(3)灾后及时做好田间管理,排除田间积水　雨后及时清沟清淤、排除田间积水,力争雨过田干。植株浸泡在水中容易发生倒伏,必须及时扶正、培土,清洗叶面淤泥以恢复光合作用,保证植株后期的正常生长;中耕松土,以破除土壤板结层,散去土壤多余水分,提高土壤的通透性,促进根系生长。

（4）及时增施速效肥 涝灾之后，土壤肥力流失较多，根系吸收能力减弱，应及时结合中耕进行追肥补足地力。苗期可喷施烯效唑于植株叶面，促进苗期生长，花荚期可喷施尿素和磷酸二氢钾保花保荚，也可适当喷施芸苔素内酯等植物生长调节剂，以诱导植株提高抗逆性，恢复生长。

（5）化学调控 持续的阴雨天气和湿涝易造成绿豆生长过旺、徒长，应合理采用化学调控技术，喷施多效唑、烯效唑等，适当控制营养生长，防止落花落荚，以控高增粗，达到抗倒、增产的目的。

（6）防治病虫草害 涝灾过后田间温度高、湿度大，容易杂草丛生，并滋生根腐病、叶斑病、白粉病、蚜虫、豇豆荚螟等病虫害，应加强病虫测报，做好病虫害防治，控制病虫害暴发。涝灾后根据田间杂草情况，及时中耕除草或化学除草，防止雨后草荒。抓好病害的防治工作，及时进行调查和防治。容易发生的病害有根腐病、叶斑病等病害，可喷施50%多菌灵可湿性粉剂600倍液或70%甲基托布津可湿性粉剂800倍液；对于易发生的虫害，可用10%吡虫啉可湿性粉剂2500倍液、菊酯类农药1500倍液喷雾。

（7）补种或改种 如田间积水时间较长，出现烂根、死苗，要及时补种或重种，也可改种其他生育期短的绿豆等作物，尽量减少损失。

4. 应用区域

适用于全国食用豆主产区。

5. 依托单位

①西南区

云南省农业科学院粮食作物研究所，何玉华，0871-65894983。

大理白族自治州农业科学推广研究院，段银妹，0872-5366901。

②华东区

安徽省农业科学院作物研究所，周斌，0551-65149817。

③东北区

辽宁省农业科学院，葛维德，024-31029901。

黑龙江省农业科学院齐齐哈尔分院，王成，0452-6111703。

④华北区

河北农业大学，刘宏权，0312-7521283。

（三）食用豆低温冷害和低温冻害防灾减灾技术

1. 发生特点

低温冷害一般发生在11月到翌年的2月，通常对蚕豆、豌豆等作物的出苗期、花期和结荚鼓粒等阶段影响较为严重，在遭遇重霜和降雪等极端低温伤害时会导致严重减产甚至绝收。蚕豆和豌豆是越冬作物，当气温降至0 ℃以下时，易发生低温冻害，尤其是正当开花结荚期的蚕豆和豌豆。蚕豆结荚适宜温度为16～22 ℃，豌豆开花结荚适宜温度为15～18 ℃，荚果发育期最适宜温度为18～20 ℃。低温冻害不但影响蚕豆和豌豆的植株长势，还能引发或加重蚕豆霜霉病、尾孢叶斑病、蚕豆赤斑病、豌豆白粉病等病害，严重影响蚕豆和豌豆的产量。

2. 典型症状

食用豆类在整个生育期间均有可能受低温冷害。

苗期受冻容易导致烂根、不生长;叶片受冻后由绿色逐渐变成黄色,失去光合作用能力、扭曲干枯,严重时可能脱落;茎部组织也容易受到低温冻害,表现为茎部变软,颜色变暗,出现水肿和裂缝。生长点及花序受害时不能正常开花结荚;开花期受低温冷害时落花落荚,严重影响产量甚至绝收。

生育迟缓症状一般表现为生长势弱、小老苗。此时将植株拔出后会发现,近地表部主茎有褐色斑块,但叶片和植株表面无菌斑;主根短小、无须根或者须根极少。叶片发黄症状一般表现为叶片有水渍状、新叶枯黄,产生的原因是出苗后遭遇短期低温,叶片受冻,最初表现为浅黄色,后期发黑枯萎。但这种状况在后期温度升高后得到缓解,可生成新的分枝或者新叶,对发育进程有影响,对产量影响不大。

蚕豆和豌豆低温冻害症状见图 8-2。

a.蚕豆低温冻害   b.豌豆低温冻害

图 8-2　蚕豆和豌豆低温冻害症状

3. 防控措施

我国食用豆种类丰富,分布范围广泛,不同豆类的适宜生境和种植方式差异较大,在生产中应对低温冷害主要有如下常用措施。

(1)选用耐寒品种　选育和推广耐寒耐冻食用豆类品种是应对气候变化和环境低温冷害的重要举措之一。耐寒品种相较于其他品种对低温的生理应激反应更加迟钝,在低温冷害中能较好地缓解低温伤害,在一定程度上可显著降低冷害和冻害带来的产量损失。

(2)种子拌种　噻虫嗪＋甲霜·噁霉灵＋芸苔素内酯＋吲哚乙酸混匀后,翻动拌种,种子表面均匀附着即可,晾干后播种。

(3)适时播种,避开霜期　食用豆类适应性广,对播期的要求较宽,但我国不同种植区划间的食用豆对温度的要求差异较大,在生产中需根据当地气候条件选择适宜播种期,以豆类生长最敏感的花期和结荚期避开低温时段为宜。播种前关注当地气象预报,若遇连日阴雨天气适当晚播,可避免播种后连续降水导致的烂种现象。

(4)清沟排水,防止积水结冰　通过及时高效地排灌水来调节土温、改善土壤理化性质和豆类植株长势,在生产中开沟排渍,确保"三沟"(围沟、腰沟、畦沟)畅通,田间无积水,避免渍水过多妨碍根系生长,做到冰冻或雪融化后生成的水能及时排掉。

(5)采用覆盖技术预防冻害　密切关注天气预报,做好防护工作。低温来临前,可采用稻草或麦秆等覆盖田间,减缓受害;低温期结束后及时掀开覆盖物,可在一定程度上缓冲低温冷害,同时也有利于防治病虫害。

(6)折除冻枝,合理整枝　低温冷害过后及时查苗,对于表土层冻融时根部拱起土层、根部露出、幼苗歪倒等造成的"根拔苗"现象,要尽早培土壅根;解冻时,及时撒施一次草木灰或喷洒一次清水,防止冻害和失水死苗。待气温回升,植株恢复生长后,及时去除受冻害叶片、主茎和分枝,以调节营养,促进分枝生长,提高结荚数。

(7)喷施叶面肥和营养调节剂　植株受冷害后,不要立即浇水追肥,可在天气好转后 3～4 d,视苗情追施速效氮、磷、钾,一般每亩追施尿素 3～5 kg、氧化钾 3～4 kg,同时根外喷施 0.2％磷酸二氢钾。也可以考虑喷水溶性复合肥或 0.3％～0.5％磷酸二氢钾水溶液,并加入碧护 5000～7500 倍液＋安融乐 5000 倍液。这样既可以增强抗冻害能力,促进冻害后迅速恢复生长,又有保花保荚作用,将损失降到最低程度。

4.应用区域

适用于全国食用豆类主产区。

5.依托单位

①西南区

云南省农业科学院粮食作物研究所,何玉华、杨新,0871-65894983。

②华东区

宁波大学,葛体达,0574-87609157。

青岛市农业科学研究院,张晓艳,0532-87621640。

(四)食用豆季节性干旱防灾减灾技术

1.发生特点

干旱发生频率高、影响范围广、持续时间长,其强度和频率呈显著增加趋势。干旱发生时持续高温少雨,常出现夏秋连旱叠加冬春旱,使农作物无法播种或影响农作物的生长发育和产量形成。食用豆作物在结荚期、鼓粒期、成熟期对水分的需求较高,干旱使得食用豆落花落荚概率增加,影响籽粒充实过程,干物质积累减少,进而降低收获指数和经济产量。

2.典型特征

植株叶片萎蔫,生长停滞,叶片黄化甚至脱落、坏死;开花结荚期遇到干旱天气,造成植株萎蔫,枝叶早衰,落花落荚,豆荚干瘪,严重影响产量。豌豆、蚕豆和绿豆季节性干旱情况见图 8-3。

3.防控措施

(1)气象监测和预警　建立气象监测和预警系统,及时获取高温干旱的气象信息,提前做好防护措施。

(2)选择耐热抗旱品种　苏绿 2 号、中绿 5 号、冀绿 19 号、吉绿系列、并绿系列等绿豆品种抗旱性较好,这些品种能够更好地适应高温干旱条件,减轻高温干旱胁迫对植株的影响。

(3)采取降温措施　有条件的地方可以搭建遮阴网、棚架或遮阳棚等结构物,减少阳光直

图 8-3 豌豆、蚕豆和绿豆季节性干旱情况

射植物的时间和强度,降低植株受热的程度。或通过覆盖地膜等措施减少水分蒸发。

(4)灌溉管理 合理规划和利用灌溉设施,确保食用豆在关键生长阶段有足够的水源供给,减缓高温干旱对植株的影响。可采用微喷灌、滴灌、膜下滴灌等节水灌溉方式,缓解高温和旱情。灌溉时应注意避开高温时段,选择早晨或傍晚时段进行灌溉。

(5)中耕覆盖 对未封垄的地块,及时中耕,疏松土壤,减少蒸发。

(6)科学施肥 播种前合理施用有机肥和化肥,为食用豆提供足够的养分,提高其抵抗高温干旱的能力。可以在早晚时段进行叶面喷雾补肥,每亩可喷施 0.2%～0.5%磷酸二氢钾溶液 30 kg 以上,减缓叶片失水,提高抗旱能力。对于已发生的高温干旱伤害,可喷施碧护、芸苔素内酯等进行缓解。

4. 应用区域

适用于全国食用豆类主产区。

5. 依托单位

①华东、华中区绿豆和小豆种植区域

河北省农林科学院粮油作物研究所,田静,0311-87670655。

②华东、华中区蚕豆和豌豆种植区域

中国农业科学院作物科学研究所,宗绪晓、杨涛,010-62186651。

③江苏、浙江、广西食用豆种植区

江苏沿江地区农业科学研究所,王学军,0513-89111839。

④新疆区域

新疆农业科学院粮食作物研究所,季良,0991-4502397。

⑤青海区域

青海省农林科学院,刘玉皎,0971-5369516。

⑥甘肃区域

临夏回族自治州农业科学院,郭延平,0930-6282198。

⑦陕西区域

榆林市农业科学研究院,王斌,0912-3352382。

⑧东北区域

辽宁省农业科学院,葛维德,024-31029901。

⑨山西地区

山西农业大学农学院,张耀文,0351-7123700。

（五）食用豆阴雨寡照灾害防灾减灾技术

1. 发生特点

广西阴雨寡照天气容易发生在春季 2—3 月，江苏、浙江地区夏季、冬季均有发生。连续的阴雨寡照天气造成食用豆苗架瘦小，生长势弱，杂草丛生，可能影响产量。

2. 典型症状

植株发黄、植株生长不良、停止生长、倒伏甚至死亡，病虫草害发生也加重（图 8-4）。

3. 防控措施

（1）加快播种及做好田间管理工作，利用气温升高和土壤湿润的有利时机抢播抢种，并注意开好排水沟，防止田间渍害发生。

（2）对早播豆类应及时查苗补苗、追肥和防治病虫害，促进幼苗健壮生长。

图 8-4　阴雨寡照下豌豆植株发黄、生长不良

（3）注意防范暴雨、短时雷雨大风等强对流天气对已播出苗植株的危害。

（4）阴雨寡照天气土壤湿度较大时，极易发生根腐病，可用多菌灵灌根防治。

4. 应用区域

适用于各食用豆种植区。

5. 依托单位

江苏沿江地区农业科学研究所，王学军，0513-89111839。

（六）食用豆台风倒伏防灾减灾技术

1. 发生特点

台风是气象灾害中常见的自然灾害之一，主要集中在 6—11 月，其中 8 月和 9 月是台风最为活跃的时期。台风来袭时常伴随强风和暴雨，食用豆类作物容易在台风过程中受到机械压力、风力和湿重等影响，导致植株倒伏、折断或脱落，严重影响产量和品质。

2. 典型症状

对于根系相对较浅的豆类作物，台风暴雨可能导致根部脱离土壤，使植株失去稳固的支撑。此外，暴雨容易导致农田积水，影响作物的正常生长（图 8-5a）。食用豆类作物的茎秆和根系相对较为柔弱，在台风的冲击下会倾斜或倒伏（图 8-5b），特别是幼苗期和开花期的植株更容易受到台风的机械压力和风力影响。倒伏后，部分植株的茎秆可能会由于强风的机械压力而折断，导致植株无法继续正常生长。豆类作物的叶片通常较为扁平、宽大，这使得叶片在台风的冲击下更容易受到损害和破损，出现撕裂、断裂或脱落。豆荚是产量和品质的重要组成部分，较为娇嫩，容易在台风中受到损伤或脱落，影响产量。

3. 防控措施

（1）**防护措施**　在台风来临前，及时采取防护措施，为植株建立支撑结构，如搭建竹竿或铁

a.暴雨涝害　　　　　　　　　　　　　　b.蚕豆倒伏

图 8-5　台风引起的豆类倒伏及后续涝害

丝网支架；加压土壤，以增强植株的抗风能力；在作物周围设置防风带屏障，如植树、搭建篱笆等，减弱台风风力对植株的影响；适当调整收割高度，避免植株高度过高导致倒伏后难以恢复。

（2）选育抗倒品种　选择具有较好抗倒伏能力的食用豆类品种，培育新的抗倒伏品种，以提高食用豆类作物抵御台风的能力。

（3）及时收获　预测台风路径后，及时采摘成熟的豆荚和豆粒，减轻植株负担，降低倒伏损失。

（4）修复措施　台风过后，及时进行清理和修复工作。对水淹田块进行及时排水，避免豆类作物长期浸泡在积水中；对倒伏的植株进行支撑，挽救有生机的部分。此外，台风过后植株通常会因受损而变得脆弱，容易遭受病虫害的侵害。为防止病虫害的发生和传播，可以适时施用有机肥料和磷酸二氢钾叶面肥，快速补充植物所需的营养元素，增强植物的抵抗力，提高植株的抗病虫害能力。同时，还应根据食用豆常见的病虫害种类选择合适的农药进行喷洒，及时控制病虫害的扩散，具体可见相应的病虫害防控减灾技术。

4.应用区域

受台风影响的地区，尤其是台风多发的食用豆主产区，如浙江省宁波市和台州市、江苏省南通市等沿海地区。

5.依托单位

宁波大学，葛体达、刘琼，0574-87609157。

（七）食用豆冰雹灾害防灾减灾技术

1.发生特点

冰雹是从发展强盛的积雨云中降落到地面的坚硬球状、锥形或不规则的固态降水，是一种季节性明显、局地性强，且来势凶猛、持续时间短，以机械性伤害为主的灾害性天气。

冰雹与海拔高度有关，主要在山脉、河谷地带，大多数冰雹直径不超过 5 mm，持续时间一般不超过 5 min。青藏高原是我国冰雹频发的区域，四川省凉山州和阿坝州地处青藏高原东部横断山脉中段和青藏高原东南部横断山脉北端,地貌类型为中山峡谷和高山峡谷,亚热带湿润季风气候,干湿季节分明。冰雹是四川这两个地区的主要气象灾害之一,主要集中在2—5月,4月最多,5月次之,6—8月为次多发期。广西冰雹主要出现在2—5月,其中以3月、4月最多。江苏和浙江冰雹主要出现在夏季。

2. 典型症状

遭受冰雹后,蚕豆、豌豆全田倒伏(图8-6a和b)。蚕豆茎秆折断,叶片呈砸烂状,绝大多数花萎蔫、黑化、凋谢。豌豆全部植株匍匐在地,茎秆、叶片带有绿色液体渗漏状斑块,荚带有白色斑块(图8-6c)。同时,在冰雹的发生过程中往往伴随着暴风雨,进一步增强了摧毁能力,导致植株受到严重危害。在开花结果阶段发生冰雹,将严重影响授粉、结荚率,最终影响产量。

a.蚕豆田雹灾后　　　　b.豌豆田雹灾后　　　　c.豌豆荚雹灾后

图 8-6　雹灾后蚕豆、豌豆田间表现

3. 防控措施

加强监测预警预报,采取以人工防雹、物理预防、灾后修复、病虫害防治、加强后期管理为核心的绿色防控技术。

(1)气象干预　在冰雹多发期,地方应备足防雹炮弹和火箭弹,气象部门应对冰雹多发区域利用雷达进行重点监控,当出现雹云时迅速采取措施进行预防,有效地避免雹灾造成的经济损失。

(2)物理预防　在冰雹灾害发生前,应采取一些预防措施,如覆盖薄膜、搭建遮阳网等,以保护食用豆免受冰雹伤害。

(3)灾后修复　冰雹灾害发生后,要及时清理作物残体和田间的冰雹,以免对作物造成二次伤害。同时,要对作物进行修剪和整理,促进食用豆的恢复和生长。例如,蚕豆可从植株折断处割除,促进蚕豆分枝结荚。植株处理后,施用氨基酸液体肥或磷酸二氢钾迅速恢复植株长势,20 d后再追施水溶性磷钾肥以提高蚕豆植株的抗逆性。

(4)排除积水　冰雹灾害往往伴随强降水。如果田间积水,应开挖田间排水沟和渗水沟,疏通地边、路边沟渠,迅速排除田间积水,降低土壤含水量,确保作物正常生长。

(5)病虫害防治　由于冰雹对作物会造成机械损伤,食用豆的抗病能力会下降,容易受到病虫害的侵袭。对受灾较轻的田块,指导农户在天晴后及时排水,降低田间湿度;并施用一些广谱性杀菌剂,如多菌灵混合叶面肥喷施,以利于快速恢复生长势及减少病害发生,减少损失。

(6)加强后期管理　在冰雹灾害后,要加强作物的日常管理,如浇水、施肥、除草等,促进作物的生长和发育。同时,要注意合理密植和搭架,保证作物的通风和光照。

4. 应用区域

适用于全国发生冰雹危害的区域。

5.依托单位

①青藏高原区域

四川省农业科学院作物研究所,项超,028-84504242。

②冀西北地区

张家口市农业科学院,徐东旭、李姝彤,0313-7155758。

③江苏地区

江苏沿江地区农业科学研究所,王学军,0513-89111839。

④甘肃地区

临夏回族自治州农业科学院,郭延平,0930-6282198。

二　食用豆生物灾害防灾减灾技术

（一）食用豆根腐病防灾减灾技术

1.发生特点

该病苗期和成株期都可发生。地势低洼、土壤水分大、地温低及根系发育不良易造成发病。大风雨天气有助于病菌的传播蔓延。

2.典型症状

发病初期幼苗下胚轴产生红褐色至暗褐色病斑,皮层裂开,呈溃烂状。发病较轻时,植株变黄,生长迟缓。严重时病斑逐渐扩展并环绕全茎,导致茎基部变褐、凹陷、折倒;叶片凋萎,植株枯萎死亡。4～8 d 的幼苗在 22～30 ℃时最易被病菌侵染。

成株期发病时,地上部分生长缓慢、矮小,病情严重的则表现为枯黄和枯萎。根部发病最初是从根尖开始的,出现褐色水浸状的斑点,之后在主根下半部出现褐色、红褐色至黑褐色的近圆形或不规则形病斑;发病后期,根茎部主根上出现凹陷、长条形病斑,随病斑发展至整个主根(图 8-7)。这些病斑也可联结成一片,严重时主根的下半部会腐烂,表皮层脱落,失去吸收运输营养功能。湿度大时,根部产生白色霉状物,致使整株干枯死亡,植株结荚少而小,籽粒不饱满,产量和品质严重降低。

3.防控措施

食用豆根腐病防控应以预防为主,强化田间管理和栽培技术的提升。

(1)精选良种　优良品种是高产稳产的基础,同时具有一定的抗病耐病特性。一定要选择适合当地条件、在当地口碑好、结荚多、产量高、质量优、抗逆性强的品种。

(2)种子处理　一是晒种:播种前选择晴天晒种 2 d,提高种子发芽能力,利用太阳紫外线杀灭种子表面病菌。二是药剂拌种:通常可用含多菌灵、福美双成分的绿豆种衣剂进行种子处理;对于地下害虫或根线虫病发生严重田块,推荐用 22.2%噻虫嗪＋1.1%咯菌腈＋1.7%精甲霜灵等 3 种药剂制成 25%噻虫·咯·霜灵种衣剂,按种子量的 0.3%进行拌种。

(3)轮作倒茬　重茬连作常会使土壤中病原菌累积,导致豆类作物发病早、发病重,应避免重茬连作。最好采取与禾本科作物 3～5 年轮作,如难避免则连作应控制在 2 年。选择地势高燥、排水良好田块,不要在低洼地、容易积水地种植。

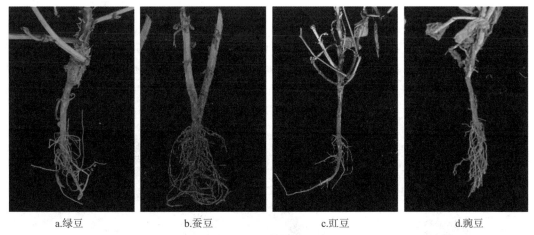

| a.绿豆 | b.蚕豆 | c.豇豆 | d.豌豆 |

图 8-7 部分食用豆根腐病根部发病表型

（4）加强田间管理　苗期应注意控水蹲苗，及时间苗和定苗，加强中耕除草，提高地温。从出苗到开花要中耕 3 次，中耕深度按先后应掌握"浅—深—浅"的原则，结合进行培土，以利护根排水。种植密度不宜过大，防止苗欺苗。除草剂尽量选择苗后用药种类，以防影响出苗，加重病害。

4.应用区域

适用于全国食用豆主产区。

5.依托单位

江苏省农业科学院，袁星星、闫强，025-84390803。

（二）食用豆叶斑病防灾减灾技术

1.发生特点

尾孢叶斑病是危害绿豆最严重的病害之一，蚕豆、豌豆、芸豆上也有发生。该病害通常在温暖潮湿的季节广泛发生并传播。长期阴雨、重露，种植密度大，以及土壤黏重、低洼潮湿、排水不良或缺钾地块发病重。该病主要为害叶片，以开花结荚期受害最重。

2.典型症状

（1）绿豆尾孢叶斑病　发病初期叶片上现水渍状褐色小点，扩展后形成边缘褐色至红棕色、中间浅灰色至浅褐色近圆形病斑（图 8-8a）。斑点叶的正背两面生近圆形、多角形至不规则形病斑，直径 2.0～15.0 mm，常多斑愈合，造成叶片局部枯死。叶面斑点中央黄褐色、灰褐色、褐色至红褐色，边缘淡红色、红褐色至暗红褐色；叶背斑点黄褐色至红褐色。湿度大时，病斑上密生灰色霉层；病情严重时，病斑融合成片，很快干枯。发病植株叶片枯萎和脱落，植株早衰，严重时也为害分枝和豆荚。

（2）蚕豆、豌豆叶斑病　为害叶片、茎和豆荚。初期下部叶片上产生红褐色小病斑，随后，上部叶片也开始发病，条件适宜时，病斑迅速扩大至圆形、长圆形或不规则形，浅灰色至黑色，具有深褐色凸起的清晰边缘；病斑常形成同心环轮纹（图 8-8b 和 c）。尾孢叶斑病则在潮湿条件下病斑会产生大量银灰色分生孢子；或在下部叶片产生褐色小圆斑，随后扩展成具有黑色边缘的褐色同心圆轮纹病斑,环境潮湿时,病斑上产生黑色霉层。茎上病斑呈梭状或长圆形,中央灰色凹陷,边缘深褐色。荚上病斑呈圆形或不规则形,黑色凹陷,具清晰边缘。

(3)芸豆叶斑病　叶片感病后形成小的、褐色、不规则形病斑,随后发展成具有同心环,灰褐色、椭圆形病斑或角形病斑。几个病斑合并时,大部分区域坏死,之后部分脱落,形成枪眼(图8-8d)。潮湿时,病斑上生细微的黑色霉点。最下部叶片成熟前开始落叶。在荚上,最初产生小的水渍状斑点,随后合并成长条纹形红褐色病斑。

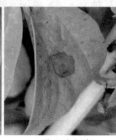

a.绿豆叶斑病　　　b.豌豆叶斑病　　　　c.蚕豆叶斑病　　　　　d.芸豆叶斑病

图 8-8　部分食用豆叶斑病症状

3.防控措施

采取以抗病品种应用和药剂防治为核心的防控技术。

(1)选用抗病良种　目前我国已培育出抗叶斑病绿豆品种。选用适合当地生产的抗病品种,加强品种轮换,避免单一品种的长期种植。目前生产上主要使用的抗病品种有中绿1号、中绿2号、鄂绿2号、苏绿1号等。

(2)药剂防治　在发病初期采取药剂防治。在发病初期开始第1次药剂防治,通常选用代森锰锌、多菌灵、三唑酮等广谱杀菌剂叶面喷施进行防治,以后每隔7 d防治1次,连续防治3次,能有效地控制病害流行。

(3)农业措施　适当降低种植密度和加宽行距,可以降低田间湿度从而减轻病害的发生。播种后覆盖麦秸、减少土壤病残体中病原菌产生分身孢子、与禾本科作物间作或者轮作等方法,可以阻挡病原物的田间传播,减轻病害的发生。同时应注意及时清除病残株,发病地收获后深耕,重病地于生长季节结束时彻底收集病残物烧毁并深耕晒土。有条件的应与禾本科作物轮作或间作,减少重茬和迎茬导致的严重病害。及时调整播期,使绿豆花荚期尽量避开高温、高湿天气,从而减少病害的发生。

4.应用区域

适用于全国食用豆主产区。

5.依托单位

①绿豆叶斑病

江苏省农业科学院,袁星星、闫强,025-84390803。

②蚕豆、豌豆、芸豆叶斑病

云南省农业科学院粮食作物研究所,何玉华、胡朝芹,0871-65894983。

（三）食用豆锈病防灾减灾技术

1. 发生特点

该病害为气传病害,主要在花荚期发生和流行。春季多雨、高湿有利于病害流行。

2. 典型症状

（1）蚕豆锈病　发病初期在叶片两面产生白色的斑点,随后病斑变为淡黄色、稍隆起的夏孢子堆,直径约 1 mm。夏孢子堆颜色逐渐加深,变为黄褐色或褐色,病斑扩大和隆起,表皮破裂,释放粉末状深褐色夏孢子(图 8-9a)。夏孢子堆常常被一淡黄色晕圈包围。在条件适宜时,老的夏孢子堆周围常常依次形成新的复孢子堆,最后形成夏孢子堆同心环。受到严重侵染的叶片很快干枯和脱落。茎秆和叶柄上的夏孢子堆与叶上的相似但较大,略呈纺锤形(图 8-9b)。荚上也常常产生一些夏孢子堆。到后期,叶、叶柄和茎秆上的夏孢子堆逐渐形成深褐色、椭圆形或不规则形、凸起的疱斑,即冬孢子堆,其表皮破裂后向左右两面卷曲,散发出黑色的粉末,即冬孢子。

（2）豌豆锈病　发病初在叶面或叶背产生黄白色小斑点,然后在叶背产生杯状、白色的锈孢子器,继而形成黄色锈孢子堆,破裂后散出黄褐色的锈孢子。有时环绕老病斑四周产生一圈新的疱状斑,或不规则散生。发病重的叶片上满布锈褐色小疱,随后全叶遍布锈褐色粉末(图 8-9c)。后期病斑上产生黑色隆起斑,为冬孢子堆,破裂后散出黑褐色粉状物,即病菌的冬孢子。被侵染的茎、叶柄、荚上的病斑与叶片上相似(图 8-9d)。

| a.蚕豆锈病叶部症状 | b.蚕豆锈病茎部症状 | c.豌豆锈病叶部症状 | d.豌豆锈病茎部症状 |

图 8-9　部分食用豆锈病症状

3. 防控措施

采取以抗病品种应用和药剂防治为核心的防控技术。

（1）选用抗病良种　目前我国已培育出抗(耐)锈病蚕豆品种。选用适合当地生产的抗(耐)病蚕豆品种,加强品种轮换,避免单一品种的长期种植。在云南省,可选用凤豆 15 号、凤豆 16 号、凤豆 18 号、凤豆 20 号、彝豆 1 号、保蚕 9 号、保蚕 12 号。

（2）药剂防治　在发病初期进行药剂防治。可喷施 43％菌力克悬浮剂 6000～8000 倍液、40％福星乳油 6000～8000 倍液、30％特富灵可湿性粉剂 4000～5000 倍液、50％多硫悬浮剂600 倍液、50％混杀硫悬浮剂 500 倍液、15％三唑酮可湿性粉剂 1500～2000 倍液、10％世高水悬浮剂(苯醚甲环唑)2000～3000 倍液、43％戊唑醇悬浮剂 3000 倍液等,根据病害发生情况隔

10～14 d 防治 1 次,连续防治 3～4 次,不同药剂交替使用。

(3)农业措施　选用早熟品种,在锈病大发生前蚕豆接近成熟,以避开锈病危害;与小麦、大麦、小黑麦、燕麦间作;高垄栽培,合理密植,保持通风透光,避免田间积水,适量增施磷钾肥,增强植株抗病力;收获后及时清除病残体,深埋或烧毁,降低锈菌在田间的越冬基数。

4.应用区域

适用于云南蚕豆、豌豆主产区。

5.依托单位

中国农业科学院作物科学研究所,朱振东,010-82109609。

(四)食用豆枯萎病防灾减灾技术

1.发生特点

该病害为土传病害,主要在食用豆生长后期为害。温暖潮湿的气候条件有利于病害发生和流行。土壤贫瘠和黏重、偏酸性、缺钾肥、连作、重茬或根结线虫多的田块发病较重。

2.典型症状

(1)豌豆枯萎病　发病初期,豌豆叶片和托叶向下卷曲、逐渐失绿,根系表面正常,但维管束变为橙色或黄色;随着病害发展,从茎基部到顶端的叶片从下往上逐渐变黄、卷曲,根部皮层组织及维管束变为褐色或红褐色、逐渐腐烂;最后整个植株枯萎、死亡(图 8-10a)。

(2)绿豆枯萎病　地上部分症状表现为叶片叶脉间退绿变黄、叶尖和叶缘焦枯,叶片由下而上逐渐枯萎但不脱落;根和茎部皮层组织及维管束变褐。早期侵染导致植株严重矮化(图8-10b)。

(3)普通菜豆枯萎病　发病初期先在下部叶片的叶尖、叶缘出现似开水烫状的褪绿斑块,无光泽,之后全叶萎蔫,呈黄色至黄褐色,并由下向上发展;叶脉呈褐色,叶脉两侧变为黄色至黄褐色。病株根系发育不良,皮层变色腐烂,容易拔起,剖开根、茎部或茎部皮层剥离,可见维管束变黄褐色至黑褐色(图 8-10c)。

a.豌豆枯萎病症状　　　　　　b.绿豆枯萎病症状　　　　　c.普通菜豆枯萎病症状

图 8-10　部分食用豆枯萎病症状

3.防控措施

(1)选用抗病良种　目前我国已培育出抗枯萎病食用豆品种,例如豌豆品种成豌 7 号、成豌 8 号、定豌 4 号、定豌 6 号、食荚大菜豌 1 号,绿豆品种冀绿 20、郑绿 8 号、鄂绿 1 号、鄂绿 3

号、苏绿 5 号、桂绿豆 1 号、潍绿 6 号、普绿 1 号。选用适合当地生产的抗（耐）病品种，加强品种轮换，避免单一品种的长期种植。

（2）健康栽培 与非寄主作物如玉米、大麦、谷子、荞麦、高粱等作物轮作，轮作 3～5 年；收获后耕地深埋病残体；施用腐熟的厩肥，增施磷肥、钾肥和石灰，避免漫灌，雨后及时排水。

（3）科学用药 用 2.5% 适乐时悬浮种衣剂、35% 多·福·克悬浮种衣剂或 6.25% 亮盾种衣剂进行种子包衣处理，用代森锰锌和甲基硫菌灵混合处理种子。发病初期喷淋或灌根氯溴异氰尿酸、根腐灵、嘧啶核苷类抗菌素（农抗 120）、多菌灵等，隔 10 d 左右防治 1 次，连续防治 2～3 次。

4. 应用区域

适用于全国食用豆产区。

5. 依托单位

中国农业科学院作物科学研究所，朱振东，010-82109609。

（五）食用豆细菌性晕疫病防灾减灾技术

1. 发生特点

该病害为普通菜豆和绿豆主要病害，属低温病害，具有传播途径多、增殖速度快、危害程度严重等特点。冷凉、多云、高湿天气有利于病害发展。18～23 ℃冷凉天气适合于病原菌产生毒素，有利于晕圈发生，25～28 ℃温暖天气有利于病原菌生长和病害发展。

2. 典型症状

在适宜条件下，普通菜豆、绿豆出苗后即可发生晕疫病。叶片被侵染首先出现小的水浸状病斑，随后变为淡黄色至棕褐色坏死小斑且不扩展，但在病斑的外围产生一个宽的亮黄色晕圈，病斑一般为圆形，直径 3～6 mm，晕圈直径可达 2.5 cm。幼嫩小叶最易感病，受感染的幼叶扭曲、皱缩和褪绿。严重发病时，幼苗产生系统性黄化，发育迟缓，甚至死亡。老叶片上的病斑受叶脉限制，通常为黑褐色角斑，无晕圈，在冷凉和潮湿条件下，病斑扩大，有时合并成大面积的坏死区域。荚上病斑最初为小的圆形或椭圆形水浸斑，随后病斑逐渐扩大，形成大小不一的凹陷斑，潮湿时病斑上产生白色的菌脓。叶和荚上的病斑常常合并。荚的侵染能够扩展到正在发育的种子，导致种子比正常种子小、皱缩和变色（图 8-11）。

a. 普通菜豆晕疫病   b. 绿豆晕疫病

图 8-11 普通菜豆和绿豆晕疫病症状

3.防控措施

采取以加强引种检疫、选用无菌种子和抗病品种为核心,辅以药剂防治的绿色防控技术。

(1)加强引种检疫 虽然晕疫病在我国的一些普通菜豆和绿豆产区已有发生,但我国晕疫病病原菌小种或致病型、群体多样性研究尚未开展。为了防止国外病原菌新的生理小种或致病型、遗传群体进入我国,对引进种食用豆种质资源必须严格进行检疫。

(2)利用抗(耐)品种 目前,我国已筛选出适宜不同地区的耐晕疫病绿豆品种或品系,如冀绿20、冀绿0911、绿丰2号、鹦哥5号、科绿2号、张绿3号、吉绿9号、吉绿11号。选用适合当地生产的抗病品种,加强品种轮换,避免单一品种的长期种植。

(3)农业措施 建立无病种子繁殖基地和利用无菌种子,绿豆晕疫病可以通过南繁北种防治,即将病害发生区域的品种移至石家庄以南地区进行无菌种子繁殖。合理轮作,发病田块至少用非寄主作物进行3年轮作。合理进行农事操作,收获后翻耕深埋病残体,铲除田间自生豆科植株和其他杂草寄主,在植株潮湿时避免进行农事操作;机械从一个田块到另一个田块进行操作之前要进行清洁;避免喷灌以防止病原菌随水溅传播。

(4)科学用药 病症出现前或初现时喷施杀菌剂进行防治,如新植霉素4000倍液、77%可杀得可湿性微粒粉剂(氢氧化铜可湿性粉剂)500～600倍液、3%噻霉酮500倍液、20%噻菌铜500倍液、2%春雷霉素250倍液,隔7～10 d防治1次,防治2～3次。

(5)注意事项 喷药后如果下雨,放晴后立即再进行喷药防治。

4.应用区域

适用于华北北部、西北及东北普通菜豆和绿豆产区。

5.依托单位

中国农业科学院作物科学研究所,朱振东,010-82109609。

(六)蚕豆赤斑病防灾减灾技术

1.发生特点

在适宜条件下,病斑上产生大量的分生孢子并借助风雨的传播侵染。遭遇阴雨连绵的时候,这些病斑迅速扩大并且相连成片,最后导致叶片变黑、死亡脱落以致全株死亡。田间的湿度和温度对赤斑病的发生影响很大,病菌的最适侵染温度为20 ℃,一定的空气湿度和寄主组织表面的水膜是病菌孢子萌发以及侵染的必要条件。蚕豆在进入开花期后,植株的抗病能力减弱,容易被病菌侵染而发病,如果秋播过早,常会导致冬前发病较严重。田间栽培植株密度过高、排水不通及土壤中缺少某种元素等,都有助于蚕豆赤斑病的发生。

2.典型症状

蚕豆赤斑病主要侵害叶片,同时也侵害花、豆荚及茎秆(图8-12)。在叶片上,形成不同症状的病斑,初期多为红褐色的小点,后来逐渐扩大变成圆形或椭圆形的病斑;在茎秆上,病斑初期为红色的小点,后来纵向扩展形成长条斑。赤斑病病原菌还可以侵染豆荚,在豆荚上产生红色的条纹病斑;病原菌还能透过豆荚种皮侵染里面的种子,在种子上面形成红色的病斑;当花被侵染后,整个花瓣遍生棕褐色小点,严重时花冠变成褐色。

a.赤斑病感染蚕豆叶片　　　b.感染赤斑病的植株　　　c.赤斑病大面积为害

图 8-12　蚕豆赤斑病症状

3.防控措施

对于蚕豆赤斑病引起的病害,应当加紧防治,尽量减少病害带来的损失,可以采取以下措施:

(1)选用健康的种子　如果种子被侵染,将直接传播病害,因此选用健康的种子可以减少田间的病株。选用早熟品种可以躲避病害,从而减轻损失。

(2)药剂防治　用 80% 代森锰锌可湿性粉剂 500～800 倍液于发病初期进行防治,间隔10 d 防治 1 次,连防 2～3 次。

(3)栽培防治　在阴雨多发的蚕豆种植区,采用开深沟的栽培方式,使雨后田间的积水及时排出,降低土壤的湿度。通过适当地调整种植密度,保持植株间的通风及透光,减轻病原菌的侵染;通过控制氮肥,增施草木灰和磷肥、钾肥,增强植株的抗病力;与禾本科作物轮作 2 年以上,田间收获以后及时清除病残体。

4.应用区域

适用于我国长江流域各蚕豆主产区。

5.依托单位

①江苏省农业科学院,陈新、袁星星、闫强,025-84390803。

②重庆市农业科学院,张继君,023-49847798。

（七）食用豆蚜虫防灾减灾技术

1.发生特点

为害食用豆的主要蚜虫有豆蚜、豌豆蚜、桃蚜等。豆蚜在我国一年发生 20～30 代,长江流域一年发生 20 代以上,完成 1 代需 4～17 d,冬季以成蚜或若蚜在蚕豆、紫云英和豌豆等植物的心叶或叶背处越冬。每年 5～6 月和 10～11 月发生较多。豌豆蚜在我国一年能繁殖 10 余代,其发育历期在不同地区、不同气候条件下差异较大,一般随温度的升高而缩短。桃蚜在我国华北地区一年发生 10 余代,长江以南一年可发生 30～40 代。干旱、高温有利于蚜虫发生。

2. 典型症状

豆蚜以成虫和若虫刺吸嫩叶、嫩茎、花及豆荚的汁液,使生长点枯萎,叶片卷曲、皱缩、发黄,嫩荚变黄,甚至枯萎死亡(图 8-13a)。

豌豆蚜喜聚集于植株幼叶、嫩茎、花序和幼荚上吸食汁液。受害苗长势减弱,有时变褐,结荚数减少;受害荚弯曲皱缩以致生长停滞,部分不结实。发生严重时,全田植株变褐,部分于花前枯死(图 8-13b)。

桃蚜以成虫和若虫群集芽、叶、嫩梢上刺吸汁液,被害叶向背面不规则地卷曲皱缩。大量发生时,密集于嫩梢,叶片上吸食汁液,使嫩梢和叶片全部扭曲成团,梢上冒油,阻碍了新梢生长,影响果实产量及花芽形成(图 8-13c)。

a.豆蚜为害绿豆　　　　　　b.豌豆蚜为害蚕豆　　　　　　c.桃蚜为害蚕豆

图 8-13　部分食用豆蚜虫为害症状

3. 防控措施

在虫情监测的基础上,对蚜虫的防治宜采取栽培防治、物理防治和药剂防治相结合的综合防控措施。

(1)栽培防治　清除虫源植物,播种前和生产中要清除田间及周边的杂草;加强田间管理,创造湿润而不利于蚜虫滋生的田间小气候。

(2)物理防治　利用蚜虫对黄色有趋性的特点,用黄板诱集有翅蚜;利用银灰色反光塑料薄膜忌避蚜虫。

(3)科学用药　当月均温度达 10 ℃以上时,在田间定期检查常见寄主植物上的蚜虫,及时掌握虫情变化,及时进行喷药防治,尽量做到"消灭在点片发生阶段",即杀灭蚜虫于迁飞扩散之前。目前,防治蚜虫可选用喷施 50％辟蚜雾可湿性粉剂 2000 倍液、10％吡虫啉可湿性粉剂 2500 倍液、绿浪 1500 倍液、25％噻虫嗪可湿性粉剂 6000 倍液、25％阿克泰水分散粒剂 5000 倍液、2.5％保得乳油 2000 倍液等。以上药剂应交替使用,并做到及时周到、细致,叶片正反面沾药,才能达到理想的防治效果。

4. 应用区域

适用于全国食用豆主产区。

5.依托单位

中国农业科学院作物科学研究所,朱振东,010-82109609。

(八)食用豆豇豆荚螟防灾减灾技术

1.发生特点

豇豆荚螟在华北地区一年发生 3～4 代,华中地区 5～6 代,华南地区 7～9 代,以蛹在土中越冬。在不同的温度下有不同的发育历期,温度高历期短,温度低历期长。18 ℃幼虫期的历期最长,32 ℃以上历期最短。成虫白天潜伏在寄主作物叶背面、杂草丛或灌木丛中,黄昏后活动,取食花粉。幼虫有昼伏夜出及背光的习性,白天幼虫躲在花器、豆荚或卷叶中,排出虫粪堵住蛀孔;傍晚时分开始从虫孔陆续爬出来活动,晚上 8:00—10:00 时达到高峰,10:00 以后逐渐减少,至翌日早晨 7:00 终止外出活动。田间以 7—9 月为害重,特别是高温下雨天为害最重。

2.典型症状

幼虫为害豆叶、花及豆荚,常卷叶为害或蛀入荚内取食幼嫩的籽粒,荚内及蛀孔外堆积粪粒(图 8-14)。

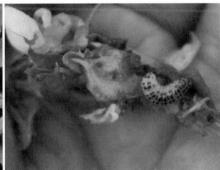

图 8-14 豇豆荚螟幼虫及对食用豆叶、花、荚的为害症状

3.防控措施

在做好虫情监测的基础上,结合田间环境,对豇豆荚螟采取农业防治、物理防治、生物防治和药剂防治相结合的综合防控措施。

(1)农业防治 在 6 月下旬至 7 月的高温季节,结合抗旱,在化蛹高峰期进行放水灭蛹;及时清除田间的落花、落荚,人工摘除被害的卷叶、虫蛀花蕾和虫蛀荚,是减少田间虫口密度的有效措施。

(2)物理防治 利用豆荚螟成虫的趋光性,架设黑光灯或频振式杀虫灯,诱杀成虫。

(3)科学用药 做好虫情测报,掌握防治适期。选用代表性的食用豆田 1 块,从始花期查100 朵花,在卵高峰后 5～6 d 或 1 龄幼虫高峰后 2～3 d 进入防治适期,当花蕾受害率达 10%或百花有虫 15 头时,应马上进行药剂防治,做到早治、治花不治荚。

防治药剂可选用 1.8%阿维菌素乳油 1500 倍液、每亩 10 mL 康宽兑水 30 L 或 40%灭虫清乳油每亩 30 mL 兑水 50～60 L 后喷施,或 5%锐劲特 1000 倍液、24%甲氧虫酰肼悬浮剂

2000 倍液、20％氰戊菊酯乳油 1500 倍液、10％溴虫腈乳油 2000 倍液、2.5％菜喜 1000 倍液、48％乐斯本 1500 倍液,或 10.5％甲维氟铃脲水分散粒剂 1500 倍液、20％虫酰肼悬浮剂 2000 倍液,不同农药交替轮换使用。从现蕾开始,每隔 10 d 喷蕾、花 1 次,共 2～3 次,可有效控制为害。晚上 8:00—12:00 至清晨 5:00—7:00 通常为幼虫转移为害的活动高峰,因此在傍晚和早晨施药,能提高防治效果。

4. 应用区域

适用于全国食用豆主产区。

5. 依托单位

中国农业科学院作物科学研究所,朱振东,010-82109609。

（九）食用豆豆象防灾减灾技术

1. 发生特点

绿豆象为豆象科内食性最广、对食用豆类危害最严重的害虫之一,能为害 10 余种豆类,主要包括绿豆、豇豆、红小豆、蚕豆、豌豆、鹰嘴豆、菜豆等。绿豆象在我国除青藏地区外的所有食用豆产区均有发生,通常成虫迁飞产卵于豆荚或豆粒,幼虫孵化后即蛀食豆类籽粒。在田间和仓库内均可发生,一年可发生 4～7 代,在环境适宜的南方地区甚至可超过 10 代。

2. 典型症状

豆象首次为害均发生在田间,于花荚期豆象采食花粉花蜜,交配产卵在嫩荚上,随着种子成熟,卵孵化为幼虫并通过豆荚蛀入种子,蚕食子叶。不同发育阶段幼虫危害程度不同,老龄幼虫和蛹危害最大。仓储期间在所寄生的豆种上可多次产卵侵染,因其蛀食造成产量损失可达 20％～30％,严重者高达 80％～100％。受害种子的商品性和食用品质严重下降(图 8-15)。

a.豆象为害绿豆　　　　　　b.豆象为害蚕豆　　　　　　c.豆象为害豌豆

图 8-15　部分食用豆豆象为害症状

3. 防控措施

(1)加强检验检疫　绿豆象迁飞性强、分布隐蔽、有假死性,繁殖周期短,在食用豆类中寄主较广,一旦发生很容易快速蔓延为害。因此,在食用豆种质引进、异地调配和运输等过程中必须加强检验检疫,从源头遏制其传播。

(2)利用抗性品种　目前,国家食用豆产业技术体系已选育出适宜不同地区的抗豆象绿豆品种或品系,如苏绿 2 号、中绿 4 号、冀绿 13 等,宜选用适合当地生产的抗性品种。

(3)农业措施防治 主要包括选育抗虫品种和虫源清理,其中筛选和培育抗虫品种是控制绿豆象危害最为安全绿色的措施,而虫源清理主要是对仓库缝隙、旮旯、仓库周边以及田间杂草堆等进行清理。

(4)物理方法防治 绿豆象的物理防治主要包括高温处理、低温处理、辐射防治和气调防治等方法。

①高温处理。a.日光暴晒法,选择烈日天气,地面温度不低于 45 ℃时,将豆粒薄薄地摊晒在水泥地面暴晒,每半小时翻动 1 次,使其受热均匀 3 h 以上,可以有效杀死豆粒内绿豆象幼虫。b.开水浸烫法,把豆粒装入竹篮内,浸入沸腾的开水中并不停搅拌,持续 25～30 s 后迅速取出(切记在热水中浸泡时间不可超过 30 s,否则会导致种子失活),然后置于冷水中冲洗再晾干,经此可有效消杀食用豆籽粒内的幼虫及虫卵。

②低温处理。a.自然低温杀虫,选择寒潮过后的晴冷天气,将豆粒在水泥晒场摊开,每隔 3～4 h 翻动 1 次,夜晚以篷布遮盖防霜露,持续 5 昼夜左右可有效冻死豆粒内幼虫。b.利用制冷设备,将豆粒置于冰箱、冷柜或冷库等进行冷冻,控制温度在 -10 ℃ 以下持续 24 h,也可有效杀死豆粒内害虫。

③辐射防治。利用电子辐射消杀绿豆象对不同虫龄阶段的绿豆象危害均有较好的效果,如钴 ^{60}Co-γ 射线处理可以有效消灭其幼虫、蛹和成虫。

④气调防治。主要在仓储条件优越的仓库进行,先向仓库充入二氧化碳,使浓度达到 75% 并保持 15 d,对食用豆籽粒内绿豆象的消杀率可达 99%。

(5)化学方法防治 化学防治是目前使用最多的绿豆象防治措施,可在田间和仓储环节分别进行。田间在花期使用 40% 辛硫磷乳油浸种加喷雾及 20% 瓢甲敌(氰戊·马拉松)乳油 1000 倍液喷雾处理。种子收获后仓储期间使用熏蒸防治效果较佳,常用的熏蒸剂有植物精油、磷化铝、溴甲烷、二硫化碳和环氧乙烷等。

4.应用区域

适用于全国食用豆类主产区。

5.依托单位

江苏省农业科学院,陈新、袁星星、闫强,025-84390803。

(十)食用豆点蜂缘蝽防灾减灾技术

1.发生特点

每年发生世代数因地域不同而稍有差异,例如,在河北廊坊和唐山、北京、辽宁朝阳市一年发生 3 代。其生长发育和繁殖显著受温度的影响,在 16～32 ℃,各虫态的发育历期均随温度的升高而缩短。发生动态均与点蜂缘蝽生活史一致,8 月上旬至 9 月为食用豆上发生盛期。

2.典型症状

成虫及若虫刺吸植株汁液,导致植株生长发育不良、荚果不饱满或脱落。当食用豆类开始结荚时,常群集为害,造成蕾、花凋落,荚而不实或形成瘪粒、畸形粒(图 8-16)。

a.点蜂缘蝽成虫和若虫　　　　　　　　b.受害的绿豆荚和籽粒

图 8-16　点蜂缘蝽为害豆类典型症状

3.防控措施

(1)农业防治　绿豆、小豆等食用豆在秋后收获后,清除田间植株残体及周围的杂草、残枝落叶,及时销毁;冬前深耕,深埋豆类枯枝落叶,减少地面成虫越冬的场所,压低越冬虫源基数。

(2)物理防治　在成虫发生盛期,在田间设置性诱捕器进行诱杀。

(3)科学用药　在食用豆开花和初荚期喷施高效氯氰菊酯乳油＋氟啶虫胺腈水分散粒剂、高效氯氟氰菊酯水乳剂＋啶虫脒或吡虫啉可湿性粉剂、噻虫嗪＋高效氯氟氰菊酯或氰戊菊酯＋吡虫啉等。连续施药2～3次,间隔7～10 d。杀虫剂应交替使用,施药宜在早晚气温低时进行,此时点蜂缘蝽活动迟钝,防治效果较好。

4.应用区域

适用于华北绿豆、小豆主产区。

5.依托单位

中国农业科学院作物科学研究所,朱振东,010-82109609。

(十一)食用豆杂草防灾减灾技术

1.发生特点

食用豆田间杂草发生特点有4个。一是田间杂草种类多,其中优势杂草就有20多种,但主要以发生周期短、耐寒、耐干旱、耐瘠薄性阔叶杂草(如温带杂草苣荬菜、西伯利亚蓼等)和禾本科杂草(如早熟禾、野燕麦、藜)为主,一年生杂草占绝大多数。二是杂草种群密度大、发生迅速、危害持续时间长。杂草的萌发出苗往往参差不齐,出苗持续时间长,杂草种群基数大。三是杂草与食用豆共生期长,杂草发生高峰期往往是食用豆苗期、分枝期、花荚期和成熟期等生长发育的关键期。四是随着全球气候变暖等农业生态因素的变化以及除草剂技术的应用,杂草种群演替加速,小蓟、大蓟、苣荬菜、鸭跖草等难治杂草和耐除草剂杂草危害日趋严重。

2.典型症状

田间杂草对食用豆生长影响弊大于利。不同时期的田间杂草对食用豆生长造成的典型症状不同。苗期草害往往导致缺苗断垄、苗小苗弱,甚至导致根腐病、茎基腐病、枯萎病等病害的发生和流行。分枝期田间杂草发生严重,往往导致植株生长矮小、分枝和花芽数减少、根部根须变少、固氮能力下降等;花荚期田间杂草可导致落花落荚以及白粉病和褐斑病的发生和流行;成熟期或鼓粒期田间杂草可显著影响食用豆的正常成熟和收获,导致贪青晚熟、百粒重下降、籽粒色泽变差等典型症状(图 8-17)。

a.蚕豆田　　　　　　　　　　　　　　　b.豌豆田

图 8-17　食用豆成熟期田间杂草为害典型症状

3.防控措施

采取以农业防控为基础、精准化学防除为重要手段的综合防控措施。

(1)农业防控　播前精选种子,以杜绝和预防外来杂草为害;采用草铵膦、阿特拉津等持效性除草剂,及时彻底清除田间地埂、沟渠、道旁的杂草;施用腐熟的有机肥;选用青蚕 14 号、临蚕 12 号、云豆 1183、陇豌 6 号、科豌 7 号、苏豌 7 号、云豌 18 号、定豌 10 号、中绿 23、冀绿 0802、苏绿 7 号、中红 21 号、中豇 7 号、龙芸豆 16 号等适宜密植、能有效抵御杂草生长的优良品种;与玉米、小麦、油葵、马铃薯等作物合理的间作套种和轮作;结合水肥管理,及时开展苗前耙地和苗期中耕除草,或人工铲除,以降低田间杂草基数和抑制杂草生长;选用地膜覆盖、高台大垄密植、宽窄行双垄沟覆膜、膜侧种植等有效控制田间杂草危害的种植模式。

(2)化学防除　应用化学方法是当前食用豆田间杂草防控的重要手段。化学防除坚持"早防、防小"的原则,在杂草发生早期和低龄阶段及时进行。根据不同种植方式和杂草发生情况,可选择播前土壤处理、播后苗前土壤封闭处理和苗期茎叶处理 3 种化学防控技术。

①播前土壤处理。主要适宜我国北方春播区,即在播前 5～7 d,将精异丙甲草胺、氟乐灵、二甲戊乐灵、地乐胺等易被杂草幼芽、幼根吸收的除草剂兑水,进行地表喷雾和浅层土壤混土处理,剂量参照除草剂使用说明推荐。该措施的优点是可早期控制杂草,推迟或减少中耕次数;不足之处是使用药量与药效受土壤质地、有机质含量、pH 制约。选择土壤处理除草剂时要考虑上下茬衔接科学施药,当与玉米、油菜、瓜类等作物轮作时,不宜喷施咪唑乙烟酸、异噁草松等长残留除草剂,以免在土壤中残留影响后茬敏感作物生长。

②播后苗前土壤封闭处理。主要适宜我国南方秋播区,即在播种后出苗前 5～7 d,将精异丙甲草胺或精异丙甲草胺、异丙甲草胺、乙草胺复配噻吩磺隆等易被植物幼芽、幼根吸收的内吸性除草剂兑水,直接喷施于湿润的土壤地表以防除和抑制杂草生长,剂量参照除草剂使用说明推荐。该措施的优点是无须混土,当杂草出苗时,其幼芽吸收药剂而生长受到抑制,以致枯死;不足之处是如果是沙质土,遇大雨可能将某些除草剂淋溶到种子上而产生药害。

③苗期茎叶处理。在食用豆分枝期或开花显蕾前,当杂草出苗后,选用精喹禾灵、精吡氟禾草灵、高效氟吡甲禾灵、吡氟乙草灵、乳氟禾草灵等茎叶处理除草剂叶面喷雾防除禾本科杂草,同时复配灭草松、三氟羧草醚、嗪草酸甲酯等除草剂防除阔叶杂草,剂量参照使用说明推荐。

4. 应用区域

适用于全国食用豆主产区。

5. 依托单位

甘肃省农业科学院,王昶,0931-7613938。

第九章

马铃薯体系防灾减灾技术

一、马铃薯非生物灾害防灾减灾技术

　（一）马铃薯抗旱减灾技术

　（二）马铃薯抗冻减灾技术

　（三）马铃薯防涝减灾技术

　（四）马铃薯冰雹防灾减灾技术

二、马铃薯生物灾害防灾减灾技术

　（一）马铃薯晚疫病防灾减灾技术

　（二）马铃薯早疫病防灾减灾技术

　（三）马铃薯枯萎病防灾减灾技术

　（四）马铃薯黄萎病防灾减灾技术

　（五）马铃薯黑痣病防灾减灾技术

　（六）马铃薯干腐病防灾减灾技术

　（七）马铃薯粉痂病防灾减灾技术

　（八）马铃薯黑胫病与气生茎腐病防灾减
　　　　灾技术

　（九）马铃薯软腐病防灾减灾技术

　（十）马铃薯疮痂病防灾减灾技术

　（十一）马铃薯网痂病防灾减灾技术

　（十二）马铃薯青枯病防灾减灾技术

　（十三）马铃薯环腐病防灾减灾技术

　（十四）马铃薯病毒病防灾减灾技术

　（十五）马铃薯虫害防灾减灾技术

一 马铃薯非生物灾害防灾减灾技术

（一）马铃薯抗旱减灾技术

1.发生特点

马铃薯是比较耐旱的作物,但干旱对各生育期马铃薯均有影响。东北、华北、西南地区春旱较为严重,西北地区旱作马铃薯长年遭受干旱胁迫影响。

2.典型症状

植株生长缓慢,株型矮小,常见叶片下垂、落蕾严重、花期提前、块茎二次生长、产量减少,严重时整株萎蔫甚至死亡。

3.防控措施

(1)选用抗旱良种　一是选用抗旱、丰产、优质品种,在同样干旱情况下,相比普通品种能做到少减产或不减产。二是选用符合《马铃薯种薯》(GB 18133—2012)规定的优质种薯,宜采用25～50 g的小整薯播种,种薯无严重机械损伤、腐烂、生理年龄过大现象。

(2)采取适宜农艺措施抗旱减灾

①东北地区。通过秋季收获后根据土壤墒情及时翻耙、平整和起垄蓄墒保墒,4月下旬至5月中旬根据土壤墒情适时播种,采用地膜覆盖栽培和叶面喷施抗蒸腾剂减少水分蒸发,采取节水滴灌水肥一体化精准管理等措施进行抗旱保苗减灾。

②华北地区。通过秋季收获后集蓄雨水,深耕30 cm整地,播前增施有机肥,雨后及时覆盖地膜保墒,避开春旱适期播种,10～15 cm深播保苗、保墒蓄水,耙茬播种,合理施用抗旱保水剂,旱地平播镇压,行上覆膜或覆膜盖土,平播后起垄栽培,水浇地膜下滴灌等方式进行抗旱保苗减灾。

③西北地区。通过挖掘水源潜力、积极蓄水,推广"沟道坝蓄水＋光伏发电提水＋土工膜窖高位储水＋膜下滴灌补水"的"四位一体"集雨补灌、宁夏"软体窖集水＋覆膜集雨＋水肥一体化"节水补灌绿色增产增效的技术模式,以及先抢墒覆膜后点播种植、全程机械化覆膜覆土种植、覆膜垄上微沟集雨种植、全生物降解渗水地膜覆盖种植等技术,实施覆膜"抗"旱、科学施肥、有机肥与化肥配合施用、防病虫"抑"旱、叶面喷施调控"防"旱等措施减灾抗旱。

④西南地区。通过每亩施农家肥2000～3000 kg增施有机肥、每亩3500～4000株合理密植、与玉米间作套种栽培、平播后起垄栽培、大垄双行地膜覆盖集雨、集雨覆膜滴灌栽培、旱期每次20 m³水定额滴灌等措施进行苗期抗旱减灾。建设蓄水抗旱工程,减少春季季节性干旱。

4.应用区域

适用于东北、华北、西北、西南马铃薯主产区。

5.依托单位

①黑龙江省农业科学院,盛万民,0451-86689851。

②山西农业大学,白小东,0352-5168764。

③宁夏回族自治区农林科学院,郭志乾,0954-2032678。

④云南农业大学,郭华春,0871-65227730。

(二)马铃薯抗冻减灾技术

1. 发生特点

马铃薯普通栽培品种喜冷凉,但对霜冻敏感,低于-3 ℃将被冻死并且没有冷驯化能力。全国马铃薯主产区苗期常遭受晚霜危害,东北、华北、西北以及西南高海拔地区马铃薯生育后期常遭受早霜危害。

2. 典型症状

植株在遭受霜冻后,叶片呈墨绿色、水渍状,茎干瘫软,整株倒伏在地上。如果苗期遭受严重霜冻,叶片无法再进行光合作用并停止生长,产量将受到严重影响甚至绝收;如果生长后期遭受冻害,此时马铃薯植株大部分块茎都已形成,因此产量只受一定影响。

3. 防控措施

(1)选用耐霜冻或早熟品种,适期播种 选用耐寒品种或苗期受冻后恢复快的品种,依据品种生育期、常年初霜和终霜日期,合理选择播期,最大限度避开霜冻。

(2)加强预防,减轻冻害 在霜冻易发生期,密切关注精准的灾害性天气预警,在霜冻来临前一周,喷施芸苔素内酯等叶面肥2~3次,增强植株耐冻性;霜冻来临前苗期覆盖稻草、秸秆和地膜等,生长的中后期搭小拱棚以保护植株;在霜冻前及时田间培土,追施草木灰等热性农家肥;霜冻来临前1 d在垄沟灌1/3水,有效降低田间成霜的强度,减轻损害,霜冻过后立即排水,以免造成渍害;有条件的在霜冻发生当晚采用微喷,在植株冠层上方形成一层水雾,缓和温度的降低。

(3)霜冻发生后采取适宜农艺措施抗冻减灾

①华北地区。及时浇灌解除冻害,喷施植物生长调节剂以及微肥促进新枝萌发生长;发出新茎新叶后,亩用0.3%磷酸二氢钾溶液叶面喷施促进植株生长,喷洒70%甲基托布津800~1000倍液或百菌清600~800倍液等药液预防病虫害的发生。

②川渝鄂北地区。播前防止贮藏种薯受冻。播前清沟排水、整地起垄、催芽拌种、科学施用热性肥和适时播种,灾后采取清沟排渍、中耕培土、追施速效肥、防治病虫害等灾后恢复措施抗冻减灾。

③云贵地区。对于生育中后期严重受害的地块,应及时收获,翻耕改种速生蔬菜;对于生育前期、中期严重受害的地块,及时进行灌水、追施速效肥;对于苗期冻死的马铃薯,发出新茎和新叶后,亩用0.3%磷酸二氢钾溶液喷施;对于现蕾期顶部受到冻伤的地块,尽快喷施0.3%磷酸二氢钾溶液;灾后用甲霜灵锰锌、大生等农药600~800倍液进行田间喷雾,防治灾后真菌和细菌病害发生。

④中原地区。对于设施栽培,通过清理棚室排水沟、大棚积雪等措施加强霜冻后管理;对于干旱地块,及时浇水,晴天白天适时通风,夜间低温时加盖薄膜、草帘(席)和网纱以保温。对于露地栽培,尽快排除田间积水,抢晴中耕,疏松土壤,提高地温,提高作物抗灾能力;及时清除地上部分冻死的枝叶(受冻害较轻地块),喷洒有效药剂(大棚内可用烟雾剂)防止病害发生;每亩追施适量尿素加0.2%~0.5%磷酸二氢钾,喷施碧护和其他灾后恢复剂(注意按说明

施用）。

⑤华南地区。对于露地和设施栽培，霜冻后尽快排除田间积水，抢晴中耕，疏松土壤，提高地温，提高作物抗灾能力；及时喷洒70%甲基托布津800～1000倍液或百菌清600～800倍液或其他有效药剂，防止病害发生；每亩叶面喷施1.0%～1.5%尿素加0.2%～0.5%磷酸二氢钾溶液60～80 kg，促进新芽萌发生长；对于处于现蕾或花期的地块，如果下部叶片受冻较轻，每亩叶面喷施0.2%～0.5%磷酸二氢钾溶液60～80 kg。

4.应用区域

适用于华北、西南、中原、华南马铃薯主产区。

5.依托单位

①中国农业科学院蔬菜花卉研究所，卞春松，010-82109543。
②重庆市农业技术推广总站，黄振霖，023-67826617。
③云南农业大学，郭华春，0871-65227730。
④华中农业大学，宋波涛，027-87287381。
⑤福建省农业科学院，汤浩，0591-87276906。

（三）马铃薯防涝减灾技术

1.发生特点

马铃薯耐旱、耐瘠薄，但不耐涝，马铃薯苗期易遭受干旱胁迫，生育中后期如遇集中降水，易遭受洪涝危害。

2.典型症状

涝害常导致马铃薯茎叶倒伏、徒长，块茎畸形、皮孔放大、腐烂、减产，严重时导致绝收，易引起晚疫病等病害流行。

3.防控措施

(1)加强田间清理　洪涝后及时排涝、清沟沥水，清除沟渠内淤泥杂草，确保马铃薯田块不淹或过水后及时排除，提高田块的抗涝防涝能力，降低田间湿度和涝渍危害；中耕培土除草，改善土壤结构，提高根系活力；对正处于膨大期的马铃薯，促进块茎膨大，可抢晴天亩用0.3%磷酸二氢钾进行叶面喷雾追肥。

(2)加强晚疫病防控　采取专业化防控，通过专业机防队进行统防统治；加强技术培训和宣传，使农户进行"群防群治"；使用多种预防性药剂和治疗性药剂进行交叉防治，每隔7～10 d喷1次，连喷2～3次。

(3)抢晴收获　对处于收获期的马铃薯，应及时抓住晴好天气收获；对生长盛期的马铃薯，可采用以上措施。

4.应用区域

适用于我国各马铃薯主产区。

5.依托单位

湖南农业大学，胡新喜，0731-84618171。

（四）马铃薯冰雹防灾减灾技术

1. 发生特点

6—8月在华北地区易出现冰雹天气。冰雹发生的时间短，损害程度大，经常伴有强降水或狂风天气，易给局部地区马铃薯生产带来较大损失。

2. 典型症状

冰雹常导致植株不同程度的断枝、落叶、茎折，受灾严重的植株茎秆表皮被撕裂，甚至枝叶全无，成为光秆，导致植株光合面积减少，光合物质供给不足，生长推迟。

3. 防控措施

（1）灾前预防

①播前预防。尽量避免选择山脉的阳坡、迎风坡以及地表复杂的山区等冰雹多发区播种；选择植株长势强、枝叶繁茂、恢复能力强的中晚熟品种。

②冰雹天气预警。冰雹易发时段加强冰雹天气监测，关注网络、媒体、电视平台预警信息，及时采取防灾措施，有条件的单位实时监测、识别冰雹云并进行火箭、高炮或飞机人工消雹作业。

（2）灾后管理

①及时排除田间积水。降雹常伴随较大的降水，地势低洼、降水量大的田块如有积水，要及时排除。

②中耕松土。冰雹常导致马铃薯田板结，在田间适宜耕作后，要及时中耕。

③补肥促长。对于受损伤较轻、残存叶面积较大的马铃薯田，可先进行叶面施肥，叶面交替喷施氨基酸500倍液或0.5%尿素等，尿素每次追施10 kg/亩，每隔7 d追施1次，连续喷施2~3次。对于叶片受损较轻的马铃薯田，及时叶面喷施磷酸二氢钾2000倍液，对植株恢复生长具有明显的促进作用；或在新叶片出现后喷施，可提高抗病虫害能力。

④喷施营养药剂。在基本没有枝叶的马铃薯田，可先选用细胞分裂素、芸苔素内酯等促进植物生长的调节剂及时喷施，待长出枝叶后再加强喷施叶面肥；叶面肥可喷施萃丽（植物源游离氨基酸）1遍，以快速补充能量，促进枝叶的二次生长；喷施高抗逆生物刺激物，可快速缓解逆境产生过氧化物对马铃薯长势的影响。

⑤及时防病。冰雹造成茎叶受伤破损，形成大量伤口，易受病菌侵染，灾后要及时喷施杀菌剂，每隔7 d喷施1次，连续防治2~3次。

4. 应用区域

适用于我国华北马铃薯主产区。

5. 依托单位

张家口市农业科学院，马恢，0313-7155778。

二 马铃薯生物灾害防灾减灾技术

（一）马铃薯晚疫病防灾减灾技术

1. 发生特点

晚疫病是马铃薯第一大病害，连续阴雨、潮湿和相对低温条件下易于发病，一旦发病具有暴发性和毁灭性的特点。

2. 典型症状

叶片染病常出现水浸状绿褐色斑点，病斑周围出现晕圈，湿度大时病斑迅速呈褐色扩大，叶背产生白霉；干燥时病斑变褐干枯，质脆易裂，不见白霉。茎部或叶柄染病现褐色条斑。薯块感病时形成褐色或紫褐色不规则形病斑，稍微下陷，病斑下面的薯肉呈深度不同的褐色坏死。

3. 防控措施

（1）强化监测预警　系统开展马铃薯晚疫病害动态监测，采取定点监测与大田调查相结合的方法，全面掌握病害发生动态，实时发布预报预警信息，确定重点防治区域，为及时防控提供依据。

（2）选用抗病品种，加强种薯处理　选择抗晚疫病品种，采用脱毒种薯。选用适合药剂拌种，种薯切块后 30 min 内均匀拌种，晾干后再进行播种。湿拌：采用 40% 苯甲·嘧菌酯 200 mL 或 69% 烯酰·锰锌 500 g 溶于水，对 1000 kg 切好种薯块进行拌种。干拌：采用 72% 霜脲·锰锌可湿性粉剂 500 g 加滑石粉拌匀，对 1000 kg 切好种薯块进行拌种。

（3）农艺措施防控

①北方区。通过发病前期喷施保护性杀菌剂，中后期交替喷施霜脲·锰锌、抑快净、银法利、丁子香酚、烯酰吗啉、克露等内吸性治疗剂及大生 M-45、安泰生、达科宁、阿米西达及瑞凡等保护剂进行化学防控；割秧前田间喷施内吸性杀菌剂，提前收获，去除病薯，减少贮藏期块茎腐烂；撒施生石灰消毒薯窖处理等。

②南方区。播种前清理前茬根茬、剔除残留病薯等清理侵染来源；苗期、封垄前施用代森锰锌等保护性药剂，开展田间调查发现中心病株立即拔出；对附近田块连续喷施烯酰吗啉等治疗性药剂 2～3 次，晚疫病防治压力大时进行用药间隔 7～10 d 常态化防治等。

4. 应用区域

适用于我国北方和南方马铃薯主产区。

5. 依托单位

①西北农林科技大学，单卫星，029-87080102。
②南京农业大学，董莎萌，025-84395513。

（二）马铃薯早疫病防灾减灾技术

1.发生特点

早疫病是马铃薯生长期叶部发生的重要病害之一,在我国各大马铃薯主产区均有发生。早疫病一般可致减产 10％左右,在发生严重的地块产量损失率达 30％以上。

2.典型症状

早疫病病原菌常从植株下部叶片开始侵染发病,逐渐向上部蔓延。病斑黑褐色,圆形或近圆形,大小 3～20 mm 不等;病斑黑色深浅相间呈同心轮纹状,湿度大时病斑上产生黑色霉层,发病严重时,叶片干枯脱落(图 9-1)。块茎受害产生褐色、圆形或近圆形稍凹陷病斑,病斑深褐色至黑色,稍凹陷,边缘清晰。病斑直径可达 2 cm,表皮下呈浅褐色海绵状干腐,一般深度不超过 6 mm。

图 9-1　马铃薯早疫病叶片典型症状

3.防控措施

(1)选用抗病新品种　选择种植适宜各区域不同种植目标的抗病良种。

(2)生长期加强管理　早疫病发生呈现明显的阶段抗病性,具体表现为前期抗病,中后期随着植株生长势减弱,其发病快速加重。因此,应根据地力和植株长势在现蕾期后叶面喷施或滴灌追施 2～3 次尿素,每次 2～3 kg/亩,同时注意补充中微量元素。

(3)化学防治　现蕾前可喷施 75％代森锰锌水分散粒剂 120～150 g/亩 1～2 次进行预防,现蕾后可喷施 25％嘧菌酯 40 g/亩,或 60％苯甲·丙环唑 15～20 mL/亩,交替使用 2～3 次。

4.应用区域

适用于我国马铃薯主产区。

5.依托单位

河北农业大学,朱杰华,0312-7528175。

（三）马铃薯枯萎病防灾减灾技术

1.发生特点

马铃薯枯萎病属于土传病害,在华北地区发病严重地块病株率可达 50％以上,损失可达 30％～50％。

2.典型症状

马铃薯感染枯萎病,初期叶片上出现轻微、清晰可见的脉状条纹,叶子下垂、变黄、萎蔫;被侵染植株根系皮层、茎下部腐烂,主茎出现黑色长条形病斑,病茎维管束变褐;被侵染的块茎维管束呈褐色(图 9-2)。

图 9-2　马铃薯枯萎病病株及茎基部维管束变色症状

3. 防控措施

（1）轮作倒茬　将马铃薯与玉米、燕麦、蚕豆、小麦等作物倒茬,以降低土壤中的病菌数量,实行 3 年以上轮作制,避免迎重茬。

（2）选用无病种薯　精选种薯,剔除烂薯、病薯,培育无病壮苗,建立无病留种地。

（3）种薯药剂处理　采用 2.5% 咯菌腈悬浮剂进行种薯包衣,100～200 mL/100 kg 种薯。

（4）垄沟施药　沟施 25% 嘧菌酯悬浮剂,每亩用量为 80 mL;同时在播种时沟施 1000 亿 CFU/g 枯草杆菌水溶性菌剂 2 kg/亩。

（5）块茎膨大期滴灌　枯萎病严重的地块可在块茎膨大期滴灌嘧菌酯等 2 次。

4. 应用区域

适用于我国马铃薯主产区。

5. 依托单位

河北农业大学,朱杰华,0312-7528175。

（四）马铃薯黄萎病防灾减灾技术

1. 发生特点

马铃薯黄萎病属于土传病害,在我国主产区均有不同程度发生。

2. 典型症状

黄萎病发病后,植株一侧叶片或全部叶片逐渐萎蔫,引起植株凋萎。感病植株初期早晚正常,中午萎蔫,经一段时间后萎蔫不能恢复正常(图 9-3)。感病植株茎秆维管束变褐,形成纵向的变色条带。块茎染病始于脐部,维管束变浅褐色至褐色。

3. 防控措施

（1）轮作倒茬　将马铃薯与玉米、燕麦、蚕豆、小麦等作物倒茬,以降低土壤中的病菌数量,实行 3 年以上轮作制,避免迎重茬。

（2）选用无病种薯　精选种薯,剔除烂薯、病薯,培育无病壮苗,建立无病留种地。

（3）种薯药剂处理　采用 2.5% 咯菌腈悬浮剂进行种薯包衣,100～200 mL/100 kg 种薯。

图 9-3 马铃薯黄萎病病株

（4）垄沟施药　沟施 25％嘧菌酯悬浮剂,每亩用量为 80 mL;同时在播种时沟施 1000 亿 CFU/g 枯草杆菌水溶性菌剂 2 kg/亩。

（5）块茎膨大期滴灌　黄萎病严重的地块可在块茎膨大期滴灌噻呋酰胺等 2 次。

4.应用区域

适用于我国马铃薯主产区。

5.依托单位

河北农业大学,朱杰华,0312-7528175。

（五）马铃薯黑痣病防灾减灾技术

1.发生特点

马铃薯黑痣病属于土传病害,近年来在华北地区发病普遍,在部分省份严重地块发病率可达 50％以上,损失可达 30％～50％。

2.典型症状

黑痣病病原菌出苗前为害幼芽造成芽腐、不出苗;苗期主要为害地下主茎,形成茎溃疡,再出现褐色凹陷的长条形坏死斑,严重时植株苗期枯死;结薯期以后近地表地上主茎的表面产生灰白色菌丝层,受害块茎表面长出大小不等、形状不规则、坚硬、颗粒状褐色或黑色菌核(图 9-4)。

3.防控措施

（1）种植抗病品种　抗黑痣病的品种有庄薯 3 号、陇薯 6 号、陇薯 3 号等品种。

（2）轮作倒茬　将马铃薯与玉米、燕麦、蚕豆、小麦等作物倒茬,以降低土壤中的病菌数量,实行 3 年以上轮作制,避免迎重茬。

（3）选用无病种薯　精选种薯,剔除烂薯、病薯,培育无病壮苗,建立无病留种地。

（4）调整播期　适时晚播和浅播,地膜覆盖,以提高地温,促进早出苗,缩短幼苗在土壤中的时间,减少病菌的侵染。以 10 cm 土温达到 7～8 ℃时大面积播种为宜。

（5）种薯药剂处理　采用 2.5％咯菌腈悬浮剂进行种薯包衣,100～200 mL/100 kg 种薯。

图 9-4　马铃薯黑痣病苗期茎溃疡(a)和块茎上的菌核(b)

（6）垄沟施药　沟施 25％嘧菌酯悬浮剂，每亩用量为 80 mL。同时在播种时沟施 1000 亿 CFU/g 枯草杆菌水溶性菌剂 2 kg/亩。

（7）结薯期滴灌　黑痣病严重的地块在结薯期滴灌嘧菌酯等 2 次。

4. 应用区域

适用于我国北方马铃薯主产区。

5. 依托单位

河北农业大学，朱杰华，0312-7528175。

（六）马铃薯干腐病防灾减灾技术

1. 发生特点

干腐病在马铃薯窖藏期间易于发生，在我国北方主产区均有不同程度发生。

2. 典型症状

干腐病发病块茎外表呈黑褐色，稍凹陷，薯皮皱缩。切开病薯腐烂组织可见呈淡褐色或黄褐色、黑褐色、黑色，病薯出现空洞。发病重的块茎病部边缘现浅灰色或粉红色多泡状凸起，剥去薯皮病组织现浅褐色至黑褐色粒状，并有暗红色斑；髓部有空腔，干燥时菌丝充满空腔（图 9-5）。

图 9-5　马铃薯干腐病块茎症状

3.防控措施

(1)生长期管理　生长后期和收获前抓好水分管理,雨后及时清沟排渍降湿。

(2)收获期管理　选晴天收获,尽量减少薯块伤口。收获及运输过程中避免块茎擦伤。收获后在田间晾干块茎表皮,再进行装运。

(3)贮藏期管理　贮藏前将块茎摊在通风干燥处2~3 d,使薯皮晾干、伤口愈合。同时,贮藏前做好窖内清洁消毒工作,入窖后做好温(1~4 ℃)湿调控,保持通风干燥。贮藏期间定时检查,及时剔除病烂薯。

4.应用区域

适用于我国北方马铃薯主产区。

5.依托单位

河北农业大学,朱杰华,0312-7528175。

(七)马铃薯粉痂病防灾减灾技术

1.发生特点

马铃薯粉痂病属于土传病害,病菌可长时间在土壤中残留,在我国主产区尤其是北方一作区广泛发生,已成为严重影响马铃薯品质的最重要病害之一。

2.典型症状

马铃薯粉痂菌主要为害块茎及根部,根部受害后多在根的一侧出现豆粒大小的小肿瘤,单生或群生。块茎染病初在表皮上现针头大的褐色小斑,外围有半透明的晕环,后小斑逐渐隆起、膨大,成为直径 3~5 mm 不等的"疱斑"。后随病情的发展,"疱斑"表皮破裂、反卷,皮下组织现橘红色,散出大量深褐色粉状物(休眠孢子囊);"疱斑"下陷呈火山口状,外围有木栓质晕环,为粉痂的"开放疱"阶段(图9-6)。

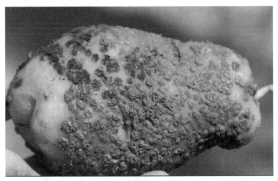

图9-6　马铃薯粉痂病块茎"疱斑"

3.防控措施

(1)植物检疫　严格执行检疫制度,对病区种薯严加封锁,禁止外调。

(2)轮作倒茬　重病区实行 5 年以上轮作。可以选择与豆类、燕麦、莜麦等非寄主作物轮作。

(3)垄沟施药　播种前沟施氟啶胺 45 g/亩。同时在播种时沟施 1000 亿 CFU/g 枯草杆菌水溶性菌剂2 kg/亩。

(4)结薯期滴灌　在结薯期滴灌氟啶胺 2 次。

4.应用区域

适用于我国马铃薯主产区。

5.依托单位

河北农业大学,朱杰华,0312-7528175。

（八）马铃薯黑胫病与气生茎腐病防灾减灾技术

1. 发生特点

马铃薯黑胫病又称黑脚病，是一种细菌性维管束病害，多发生在温带地区，主要传播途径为染病种薯及病残体。气生茎腐病多发生在热带地区，病原传播途径为染病种薯、土壤及水源，发生条件与环境密切相关。

2. 典型症状

黑胫病或气生茎腐病可发生在马铃薯各个生长时期，症状表现为受害茎部顶端叶片褪绿、变黄，叶缘向上卷曲。受害茎部组织带有鱼腥味。通常仅茎基部受害变黑，偶尔也从侵染部位沿主茎向上大面积扩展。染病的幼小植株通常无法正常生长并最终死掉。在马铃薯成熟植株上，黑胫病地上部分表现为健康植株快速萎蔫，叶片褪绿，茎基部变黑，并在整个茎部染病后凋零。马铃薯地下块茎侵染部位通常位于与匍匐茎连接处，侵染后块茎呈现黑色腐烂，并缓慢向块茎内部扩展，且病部与健康部位之间界限清晰（图9-7）。田间环境下不同品种及不同环境下病症会有所不同。

图 9-7　马铃薯黑胫病地下茎、植株和块茎症状

3. 防控措施

（1）选用耐受新品种　选择适宜各区域不同种植目标的耐受良种种植。

（2）综合防治　尽量整薯播种，需切薯时必须对切刀消毒（75%酒精或0.4%高锰酸钾），避免交叉感染。药剂拌种，播种前采用氢氧化铜可湿性粉剂、春雷霉素可湿性粉剂或者噻霉酮水分散粒剂按推荐剂量进行拌种。发现病株后，及时清除病株、剔除病烂薯（包括母薯）。注重栽培管理，避免过量灌溉，注意排水通畅，特别是播种前土壤不宜过湿。收获时避免对马铃薯块茎造成物理创伤。收获后对马铃薯块茎作低温、通风储藏。每次田间操作完成后彻底清洁所有机械与设备。如未拌种,应及时关注天气变化,连续降水或者中到大雨发生前,可选用氢氧化铜可湿性粉剂或噻霉酮水分散粒剂进行灌根或喷雾,优先选择灌根;病害发生初期避免立即灌溉,应及时采用氢氧化铜可湿性粉剂或噻霉酮水分散粒剂进行灌根或喷雾,按推荐浓度施用。如遇冰雹等天气造成茎秆损伤,应及时喷施叶面肥,增施铜元素,增强植株对黑胫病等细菌性病害的抵抗能力。

4. 应用区域

适用于我国马铃薯主产区。

5. 依托单位

内蒙古大学,张若芳,0471-4994155。

（九）马铃薯软腐病防灾减灾技术

1. 发生特点

在田间或贮藏期间,由于环境湿度大,可由多种病原菌(细菌、真菌、类真菌)在无氧条件下(雨水浸泡、密闭空间等)引起马铃薯软腐病,造成薯块溃烂。

2. 典型症状

发病初期,在块茎皮孔周围可见黄棕色的椭圆形小蚀斑。若环境条件较干燥,病斑将不再扩大;若环境条件较湿润,病斑则迅速扩大并导致薯块腐烂。病变组织呈乳白或浅米色的乳脂状,且病部与健康部位之间没有明显的界限(图9-8)。块茎腐烂初期无臭味,在有细菌进行二次侵染时病部变为黏稠状且散发出恶臭味。

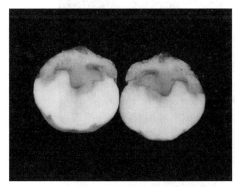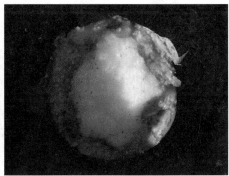

图 9-8　马铃薯软腐病块茎症状

3. 防控措施

(1)选用耐受新品种　选择种植适宜各区域不同种植目标的合格脱毒种薯。

(2)综合防治　尽量选用小整薯播种,播种前采用氢氧化铜可湿性粉剂、春雷霉素可湿性粉剂或者噻霉酮水分散粒剂按推荐剂量进行拌种。如未拌种,应及时关注天气变化,连续降水或者中到大雨发生前,可选用氢氧化铜可湿性粉剂或噻霉酮水分散粒剂进行灌根或喷雾,优先选择灌根;病害发生初期避免立即灌溉,应及时采用氢氧化铜可湿性粉剂或噻霉酮水分散粒剂进行灌根或喷雾,按推荐浓度施用。加强栽培管理,适度灌溉、注意排水,防止田间积水,确保土壤结构良好。合理贮藏,贮藏前剔除病烂薯,将块茎贮藏在阴凉干燥的地方,保持通风。贮藏期间严格控制温湿条件,并及时淘汰病烂薯。

4. 应用区域

适用于我国马铃薯主产区。

5. 依托单位

内蒙古大学,张若芳,0471-4994155。

(十)马铃薯疮痂病防灾减灾技术

1. 发生特点

马铃薯疮痂病是病原菌侵染造成的细菌性块茎病害。虽然疮痂病对马铃薯的产量影响微乎其微,并且对人类健康无影响,但其严重影响马铃薯外观品质,造成经济损失。年幼的块茎更容易受到病原菌的影响,尤其是在块茎发芽后的3～4周,包括块茎形成初期和膨大期。

2. 典型症状

疮痂病常见症状为在块茎表面形成直径为0.5～1.5 cm、表面粗糙的星状或者火山口型病斑,具体病症特点取决于马铃薯品种及致病菌种类。病斑通常表现为表面型疮痂(包括黄褐色病斑和星型病斑)、深坑型疮痂和凸起型疮痂(图9-9)。在土壤湿润时进行块茎收获,在病斑处能看到一层灰白色的孢子层,当块茎表面干燥后孢子层迅速分解。

图9-9　马铃薯疮痂病薯块症状

3. 防控措施

选用合格种薯,合理安排轮作,尽量长时间(至少4年)轮作,禁止与甜菜、萝卜、胡萝卜等寄主植物轮作。种植马铃薯前,限制使用石灰性土壤改良剂。尽量不使用碱性肥料,以防止pH升高;块茎形成初期的几周内及时补水,以保持垄面湿润;块茎膨大初期大量灌溉以削弱病原菌的侵染能力。进行土壤消毒,播种时可用五氯硝基苯粉剂、噻霉酮水分散粒剂或噻唑锌悬浮剂进行沟施。也可用生物制剂枯草杆菌可湿性粉剂和寡雄腐霉可湿性粉剂进行沟施。块茎膨大初期及时关注疮痂病发生情况,一旦发生,可采用噻霉酮水分散粒剂、噻唑锌悬浮剂或枯草杆菌进行灌根。

4. 应用区域

适用于我国马铃薯主产区。

5. 依托单位

内蒙古大学,张若芳,0471-4994155。

(十一)马铃薯网痂病防灾减灾技术

1. 发生特点

马铃薯网痂病是由链霉菌属细菌引起的块茎病害。与疮痂病不同,网痂病只在薯块表面形成棕色的特征性网状病斑,不会深入薯块内部,但在某些严重的情况下会造成薯块生长裂纹。同时可以影响植物的地下部分,尤其是植物根部,造成减产。网痂病发病条件也不同于疮痂病,喜湿且在不同土壤类型上均可发病。

2. 典型症状

与疮痂病不同,网痂病可使马铃薯植株的各个地下组织受害。从播种后块茎出芽、形成根系、出苗到块茎形成前均可发生侵染。根部受侵染时易造成较细的侧根和毛细根发生褐色的腐烂,影响根系发育,降低植株活力,最终导致单株结薯数和单薯重均下降。块茎受侵染时,块茎表面局部或者整个块茎表面形成由褐色病斑组成的网状痂斑,而疮痂病不会形成网状病斑(图9-10)。

图 9-10　马铃薯网痂病薯块症状

3. 防控措施

选用合格种薯,合理安排轮作,结薯期控制灌溉。播种时可用五氯硝基苯粉剂、噻霉酮水分散粒剂或噻唑锌悬浮剂进行沟施,也可用生物制剂枯草杆菌可湿性粉剂和寡雄腐霉可湿性粉剂进行沟施。块茎膨大初期及时关注疮痂病发生情况,一旦发生,可采用噻霉酮水分散粒剂、噻唑锌悬浮剂或枯草杆菌进行灌根。

4.应用区域

适用于我国马铃薯主产区。

5.依托单位

内蒙古大学,张若芳,0471-4994155。

（十二）马铃薯青枯病防灾减灾技术

1.发生特点

马铃薯青枯病是一种由青枯病菌侵染马铃薯植株、块茎造成植株迅速枯萎、死亡的细菌性病害。该病多发生在热带、亚热带地区,受害植株在染病初期无明显症状,发病中期茎叶骤然凋萎且叶片仍为绿色,故称"青枯病"。

2.典型症状

田间发病时,植株表现为突然萎蔫,且之前没有变色、发黄或者坏死等症状。一般单个主茎顶端的叶片先出现不可逆的萎蔫、下垂,但叶片不卷曲或折叠,很快沿着主茎向下全部叶片萎蔫,进而使同株其他主茎受害,并向其他植株蔓延。若马铃薯种薯带菌,出苗后很快开始萎蔫;若土壤带菌或灌溉水带菌,则在生长季的后期出现萎蔫。发病后期,病株主茎切面的维管组织处可见细菌黏液的液滴。若立即挤压纵切的茎部,两段茎部间会分泌出呈线状的细菌黏液。将茎部切面底端放在水中,可见细菌黏液从维管组织中缓慢下沉呈乳白色的"喷射状"。由于芽眼分泌大量的细菌黏液被土壤附着,收获时病薯常出现"脏芽眼"。块茎收获时可见初期形成的芽在芽眼中坏死、变黑并且渗漏出黏液。病薯纵切后,从维管束环处自发地(不需挤压)分泌白色细菌黏液的光亮液滴。如病原菌从伤口或芽眼侵染块茎,可在块茎表面形成数量不等局部轻微凹陷的圆形、褐色到红褐色腐烂(图9-11)。

图9-11　马铃薯青枯病植株和薯块症状

3.防控措施

严格实行检验检疫制度,使用健康的无病种薯,加强栽培管理。不使用未消毒的地表水进行灌溉。尽量采取高畦栽培,做好田间排水,及时拔除病株。发病初期用氢氧化铜可湿性粉剂进行灌根,按说明书推荐浓度施用,间隔 10 d 施药 1 次,连续 2～3 次。严格对贮藏库、贮藏容器、农业设备与机械进行清洁与消毒。

4.应用区域

适用于我国马铃薯主产区。

5.依托单位

内蒙古大学,张若芳,0471-4994155。

（十三）马铃薯环腐病防灾减灾技术

1.发生特点

马铃薯环腐病是一种发生在马铃薯植株或块茎的维管束组织上极具传染性的细菌性病害,是马铃薯检疫病害。该病病原菌可侵染植株茎部和块茎,症状多以块茎病症为典型特征。该病主要发生在潮湿的田间或块茎贮藏期,严重时可造成 50% 的减产。

2.典型症状

染病初期,植株下部叶片萎蔫、失绿、发黄,叶缘向上卷曲。染病后期,叶脉间出现浅黄色斑点,随后整株萎蔫。切开病株主茎,挤压其切面可见细菌黏液渗出。与快速萎蔫致死的青枯病不同,环腐病发病周期较长,病植株死亡缓慢。块茎发病可出现在田间种植期,但多发生在贮藏期。染病初期,维管束环出现浅黄色变色,用力挤压时有乳白色珍珠状细菌黏液渗出。发病后期,经挤压后块茎仅剩一个空腔(图 9-12)。

图 9-12　马铃薯环腐病植株和薯块症状

3. 防控措施

严格实行检验检疫制度,加强检疫与监管等,从源头上加以控制。使用健康无病种薯,田间严格执行卫生措施,对贮藏库、贮藏容器、农业设备与机械严格进行清洁与消毒,收获时避免病薯残留在田间,防止种薯次生污染。定期对种薯及田间病原菌存在、存活状况进行调查,及时清除病株。

4. 应用区域

适用于我国马铃薯主产区。

5. 依托单位

内蒙古大学,张若芳,0471-4994155。

(十四)马铃薯病毒病防灾减灾技术

1. 发生特点

马铃薯感染 Y 病毒和卷叶病毒,会产生明显的退化现象,在敏感品种上通常会造成大幅度减产,显著降低了马铃薯的商品属性,产生直接的经济损失。马铃薯生产上主要的 7 种病毒和类病毒的传播方式有摩擦接种及蚜虫持久性传毒、非持久性传毒和半持久性传毒。

2. 典型症状

马铃薯感染病毒后,按不同病毒种类,叶片常表现褪绿斑点、卷叶、皱缩等症状,植株常表现矮小、帚顶等症状,块茎常出现表皮环斑、龟裂和内部环纹等症状(图 9-13)。

3. 防控措施

(1)合理施用杀虫剂 化学防治能快速有效地控制蚜虫的数量,通过触杀性药剂和内吸性药剂的混合施用,可以快速灭杀蚜虫和抑制蚜虫增殖,同时,每一次用药种类尽量不与上一次相同。常用的触杀性杀虫剂有敌杀死、阿里卡、溴氰菊酯和矿物油等,常用的内吸性杀虫剂有吡虫啉、啶虫脒和氯噻啉等。

(2)采用无人机喷药 马铃薯生育后期晚疫病、蚜虫等病虫害防控力度应更大,喷药间隔缩短。有条件的单位可以通过采用无人机喷药替代机器打药,减少田间作业带来的人为影响,避免拖拉机带动的机器在打药过程中的摩擦而传播病毒。

(3)清除周边杂草 很多杂草也是马铃薯病毒的寄主,同时是蚜虫取食、繁殖的栖息地。杂草上的病毒可通过蚜虫迁飞传播到附近的马铃薯。因此,马铃薯种薯生产基地周围尽量不要有杂草,保持干净,及时清除毒源和虫源地。

(4)及时杀秧 蚜虫在温暖干旱的气候下繁殖较快,在马铃薯的生育后期,蚜虫迁飞高峰来临前,及时杀秧。可以采用除草剂杀秧和机械杀秧相结合。杀秧一定要彻底,否则植株残留部分新长出的嫩叶吸引蚜虫取食,植株更易感病。建议除草剂喷施 2 次,间隔 3~5 d,植株枯死后宜采用机械杀秧。

4. 应用区域

适用于我国马铃薯主产区。

5. 依托单位

黑龙江省农业科学院,白艳菊,0451-86619234。

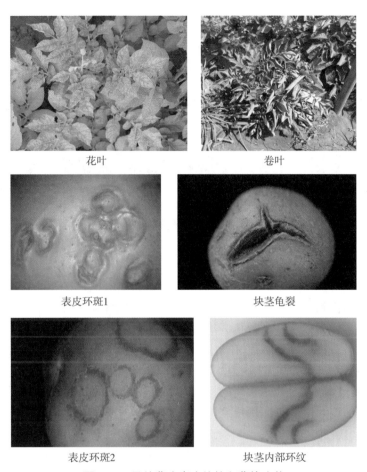

花叶

卷叶

表皮环斑1

块茎龟裂

表皮环斑2

块茎内部环纹

图 9-13 马铃薯病毒病植株和薯块症状

（十五）马铃薯虫害防灾减灾技术

1. 发生特点

马铃薯害虫包括甲虫（主要分布在新疆天山以北准噶尔盆地）、蚜虫、二十八星瓢虫、块茎蛾、地老虎、蛴螬、金针虫、黄蓟马等，在马铃薯全生育期及贮藏期间均可发生，影响植株长势、块茎产量和商品品质，严重时甚至导致绝产。

2. 典型症状

马铃薯害虫种类众多，常见害虫如图9-14。为害典型症状包括三个方面。其一，在为害部位常见害虫，其中甲虫、蚜虫、二十八星瓢虫和黄蓟马常群聚为害；而块茎蛾和地下害虫常分散为害。其二，植株具有典型的被害特征。被咀嚼式口器害虫为害后，常形成缺口和孔洞；被刺吸式口器害虫为害后，受害部位常变形，如卷曲或褶皱。其三，为害部位正下方具有排泄物，如蜜露或粪便。

3. 防控措施

（1）预测预报　通过实际调查取得数据，根据害虫发生规律，结合历史资料、天气情况及虫

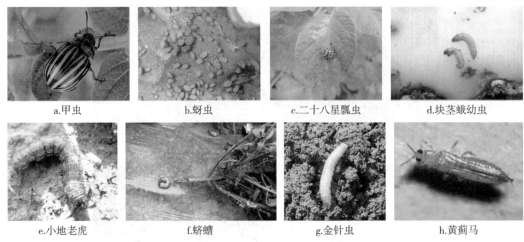

a.甲虫　　　　　　b.蚜虫　　　　　　c.二十八星瓢虫　　　　d.块茎蛾幼虫

e.小地老虎　　　　　f.蛴螬　　　　　　g.金针虫　　　　　　h.黄蓟马

图 9-14　马铃薯常见害虫

害发生规律等,对害虫的发生趋势加以预测,并通过电话、视频、广播和文字资料等多种形式及时发出情报,通知植保相关部门和农户,用以指导防治前的各项准备工作。

(2)害虫检疫　在马铃薯主要种植区的口岸和交通枢纽的货物和旅客物品中发现马铃薯甲虫,一律退回或销毁。一旦局部地区发生马铃薯甲虫疫情,应在当地行政主管部门的监督和指导下将该区域划为疫区,采取积极检疫、封锁和应急扑灭等响应措施,严防其扩散。马铃薯块茎蛾是国内检疫性有害生物,是重要的检疫对象,应避免从疫区调运马铃薯块茎、种薯和未经烤制的烟叶,已经调入的进行严格检疫,并且必须经过熏蒸处理,以杀死块茎蛾的各种虫态。

(3)农业防治　通过合理轮作、严格精选种薯、适当处理种薯、田园清洁、科学耕作管理、深耕改土、人工捕捉等方式进行农业防治,贯彻预防为主的主动措施,把马铃薯病虫消灭在为害之前。

(4)生物防治　通过天敌防治、利用其他有益动物、施用生物农药等方式进行生物防治,成本较低,对人、畜安全,对环境污染少,效果独特,有时对某些病菌和害虫可以达到长期抑制的作用。

(5)物理机械防治　通过毒饵诱集、黄板诱杀、灯光诱杀、水淹冰冻、防虫网阻隔、银灰膜避虫等方式进行物理机械防治,多数措施没有化学防治所产生的副作用。

(6)化学防治　对于蚜虫和斑潜蝇的防治,推荐化学药剂有 10％吡虫啉可湿性粉剂、25％噻虫嗪水分散粒剂、5％啶虫脒乳油、2.5％高效氯氟氰菊酯水乳剂、1.5％苦参碱可溶液剂、50％吡蚜酮·异丙威可湿性粉剂等,这些药剂均可作喷雾施用。防治马铃薯地下害虫的推荐化学药剂有 60％吡虫啉悬浮种衣剂、3％辛硫磷颗粒剂,施用方法有拌种、沟施、撒施和浇灌。防治马铃薯甲虫的推荐化学药剂有 20％康福多浓可溶剂、5％阿克泰水分散粒剂、70％艾美乐水分散粒剂、3％莫比朗乳油、20％啶虫脒可溶性液剂、48％多杀霉素悬浮剂、6％乙基多杀菌素、0.5％印楝素 800 倍液、7.5％鱼藤酮乳油、3％甲维盐、3％高渗苯氧威乳油等。

4.应用区域

适用于我国马铃薯主产区。

5.依托单位

南京农业大学,李国清,025-84395248。

第十章

甘薯体系防灾减灾技术

一、甘薯非生物灾害防灾减灾技术
  (一)甘薯高温热害防灾减灾技术
  (二)甘薯干旱防灾减灾技术
  (三)甘薯涝灾渍害防灾减灾技术
  (四)甘薯低温冷(冻)害防灾减灾技术
  (五)甘薯生长调节剂规范使用防灾减灾
      技术
  (六)甘薯除草剂药害防灾减灾技术
  (七)甘薯肥害防灾减灾技术
  (八)甘薯台风灾害防灾减灾技术
  (九)甘薯雹灾防灾减灾技术
二、甘薯生物灾害防灾减灾技术
  (一)甘薯病毒病防灾减灾技术
  (二)甘薯根腐病防灾减灾技术
  (三)甘薯茎线虫病防灾减灾技术
  (四)甘薯黑斑病防灾减灾技术
  (五)甘薯蔓割病防灾减灾技术
  (六)甘薯瘟病防灾减灾技术
  (七)甘薯细菌性黑腐病防灾减灾技术
  (八)甘薯软腐病防灾减灾技术
  (九)甘薯地上部害虫防灾减灾技术
  (十)甘薯地下害虫防灾减灾技术
  (十一)甘薯草害防灾减灾技术

一 甘薯非生物灾害防灾减灾技术

（一）甘薯高温热害防灾减灾技术

1. 发生特点

我国高温天气多发生于5—9月，集中在7—8月，此时，甘薯处于薯蔓并长期、薯块生长前期，此时的高温灾害将对甘薯产生不利的影响。在高温少雨的情况下，干旱常与高温同步发生，进一步加剧了甘薯受害程度。

2. 典型症状

高温、强光不仅会破坏甘薯叶绿素，影响光合产物的形成，还会使甘薯蒸腾作用过强，植株需求的土壤水分难以维系，从而使甘薯植株发生萎蔫、变黄，最后死亡（图10-1）。

植株萎蔫　　　　　　　　　　叶片枯黄

图 10-1　甘薯高温热害症状

3. 防控措施

可以通过选用耐高温的甘薯品种、进行科学的水肥管理、采取合理的土壤耕作制度、喷施植物生长调节剂和人工降水的方法进行防控。

（1）选用耐高温甘薯品种　选用适合当地生产的耐高温甘薯品种。例如，淀粉型品种选用鄂薯6号、济薯25、商薯19、济薯21、川薯27等；鲜食型品种选用鄂薯11、苏薯8号、济薯26、岩薯5号、川薯20号等；紫薯品种选用徐紫薯8号等。

（2）进行科学的水肥管理　根据天气、土壤等情况进行科学的水肥管理。在高温少雨、易发生旱灾的情况下，采取滴灌、喷灌等灌溉措施，无喷灌设施的地区可采用漫灌，运用"跑马水"式漫灌，灌水至垄高1/3～1/2深度为宜，谨防浸泡烂根；在高温多雨的情况下，采用0.5%磷酸二氢钾叶面肥溶液连续多次进行叶面喷施，既有利于防止甘薯地上部生长过旺，又能补充甘薯生长发育所必需的水分和营养。灌溉和叶面喷肥宜在清晨或傍晚进行。

（3）采取合理的土壤耕作制度 与翻耕相比,深松可促进根系生长,提高土壤水分,改善生态条件,增加叶绿素含量。深松与宽窄行种植技术相结合,通过改善土壤蓄水能力和调节甘薯群体结构,提高叶片光能利用率及单株生产力,促进物质转运、分配和积累,提高甘薯产量及抗逆境能力。

（4）喷施植物生长调节剂 利用植物生长调节剂,如赤霉素、脱落酸等,通过增强细胞膜抗氧化能力,延缓叶片衰老,增强植株的抗干旱和耐高温能力。施用时,宜在早晚温度较低时进行,避免高温烧叶,均匀细雾喷施。

（5）人工降水 大面积、持续高温天气往往带来干旱灾害,可进行综合经济分析,报请相关部门采取人工降水的方式,降低高温、干旱对甘薯的影响。

4. 应用区域

适用于甘薯主产区。

5. 依托单位

①江苏徐淮地区徐州农业科学研究所,李强、朱金城,0516-82189203。

②湖北省农业科学院粮食作物研究所,杨新笋、王连军,027-87389460。

（二）甘薯干旱防灾减灾技术

1. 发生特点

干旱可发生在甘薯大田生长的整个时期。生长前期块根形成对水分亏缺最敏感,干旱诱导块根木质化,单株结薯数显著减少。生长中期、后期的干旱不利于块根干物质积累,块根产量、品质同步降低。

2. 典型症状

干旱不仅影响地上部生长,封垄延迟,严重的干旱还导致植株缺水萎蔫、枯死,造成严重减产乃至绝收。

3. 防控措施

采取以兴修水利、节水灌溉、抗旱节水栽培为核心的防控技术。

（1）兴修水利,扩大灌区面积 有计划地兴建蓄水、提水、引水和调水工程,尽可能拦蓄天然降水,科学利用地表水,合理开发地下水。同时,加强对现有工程的整修、配套、改造和管理,因地制宜地开展小型和微型水利工程建设,如西北地区的集雨节灌、西南山区的蓄水塘坝、华北和东北平原宜井地区的井灌等。

（2）推广节水灌溉技术

①改土渠为防渗渠输水灌溉。在习惯大水漫灌或大畦大沟灌溉的地方,推广宽畦改窄畦、长畦改短畦、长沟改短沟,提高灌水的有效利用率。

②将低压的硬塑管管道埋在地下或软塑管铺在地面,将灌溉水直接输送到田间。

③采用微灌技术,包括滴灌、渗灌及微管灌等。

④采用喷灌技术。

⑤关键时期灌水。在水资源紧缺的条件下,可选择在甘薯栽后30～50 d薯块形成期灌水,以促进块根形成,预防不定根纤维化形成柴根。

（3）抗旱节水栽培

①深耕蓄墒，耙耱保墒。春薯区可于冬前深耕深松，增强通透性，加大土壤蓄水量。耙耱之后可切断土壤毛细管，减少土壤蒸发。

②优化施肥。以肥补水，增施肥料，有机肥、无机肥相结合，增施磷肥和钾肥。一般"能穴施，就不条施；能条施，就不撒施"。

③地面覆盖保墒。北方春薯区可在墒情好时提前起垄覆膜，可增温保墒，抗御春旱，也可将作物秸秆粉碎，均匀地铺盖在垄行间，起到保墒作用。

④选择适宜的抗旱甘薯品种。如淀粉型品种济薯25、徐薯18、商薯19、济薯21、川薯27、豫薯12号、南薯88等；鲜食型品种苏薯8号、济薯26、岩薯5号、川薯20号等；紫薯品种徐紫薯8号等。

⑤使用保水剂。将保水剂和化肥混合均匀，亩用量为6～8 kg，作底肥施入土壤，预防干旱效果较好，而且能够改善土壤结构，尤其适合黏重土壤使用。

⑥小垄栽培，增加栽植密度。山区丘陵旱薄地尽量采用小垄栽培，垄宽60～80 cm，垄高20～30 cm，垄向根据地势最好能够蓄水保墒。丘陵旱薄地亩栽植密度保持在3500～5000株。

⑦直栽或者斜栽，浇足窝水，封严窝口，增强抗干旱能力。

4. 应用区域

适用于全国甘薯主产区。

5. 依托单位

①江苏徐淮地区徐州农业科学研究所，李强、朱金城，0516-82189203。

②山东省农业科学院作物研究所，王庆美，0531-66659258。

（三）甘薯涝灾渍害防灾减灾技术

1. 发生特点

甘薯涝灾渍害多发生在地势低洼、排水不畅的地块，在我国南北方薯区均有可能发生，具有处置难度高、危害严重等特点。

2. 典型症状

涝灾发生后如果排水不及时，会造成甘薯垄体塌陷，土壤通气性变差，导致根系缺氧而活力下降，养分吸收受阻，甘薯地上部叶片会逐渐出现黄色、紫红色等养分缺乏症状或萎蔫现象，继而停止生长或逐渐死亡。如果涝灾发生在甘薯的薯块膨大期，长时间淹水还会使薯块在缺氧环境下无氧呼吸加强，轻则薯块表皮出现黄褐色、黑色沙粒状的斑点，重则会导致薯块腐烂，闻起来有一股酒糟味。

3. 防控措施

涝灾最根本的解决办法是及时排除田间积水以减轻危害。因此，灾害发生前需要通过各种手段，如开挖排水沟渠，完善田间水利工程，或选择地势较高或排水良好的地块实行深沟高垄耕作，或选用抗涝品种进行种植等，以避免或减少灾害的发生。当灾害无法避免时，可以采取以下措施进行应急补救。

（1）清垄开沟，排除田间积水　一旦发生涝渍灾害，应立即疏通田间沟渠，及时排水降渍，或通过抽水机外抽排水,保证甘薯正常生长,最大限度地降低损失。

(2)中耕除草,培土散墒 受涝渍后的甘薯田,其土壤容易板结,透气性差,从而造成甘薯根系缺氧,同时淹水还易导致甘薯田间杂草疯长。因此,当积水排除能正常进行田间作业时,应及时中耕松土,培土散墒,在清除杂草的同时,改善土壤的通气状况,增大昼夜温差,促进甘薯茎蔓生长和薯块膨大。

(3)化控提蔓,控制茎叶旺长 淹水后的甘薯田,其甘薯茎蔓上容易产生大量不定根而引起甘薯旺长。此时,可根据情况用控旺剂适当进行化控,或通过轻提沟中茎蔓,拉断不定根以控制茎叶旺长。需要注意的是,翻蔓易损伤茎叶或搅乱叶片分布,影响光合作用而减产,因此不宜进行翻蔓操作。

(4)及时追肥,促进薯块膨大 追肥是提高植物抗涝性的有效途径之一。积水排除后,通过土施或叶面喷施一些硫酸钾、磷酸二氢钾等速效肥料,促进地上部营养物质向地下转移,控制旺长。土施条件下每亩可追施硫酸钾 5~10 kg,叶面喷施时则要控制肥液浓度和用量,一般以 0.2%~0.3% 的浓度喷施硫酸钾或磷酸二氢钾溶液 2~3 次。

(5)防治病虫害 病害方面,高温高湿条件下甘薯易感根腐病、黑斑病、茎腐病等,防治办法是及时清除田间病株,避免病株加重成为发病中心。虫害方面,易发生食叶害虫如甘薯卷叶虫和甘薯天蛾为害,可采用黑光灯、糖蜜液诱杀其成虫,或在低龄幼虫期用 2.5% 高效氯氰菊酯 2000 倍液进行喷雾防治。用药时可在药液中加入一定的免疫诱抗剂如壳寡糖或芸苔素内酯等,以提高甘薯对病虫害的抵抗力。

(6)及时收获,科学贮藏 对于受涝害的甘薯地块,应在天气放晴之后及时收获,避免发生冷害、冻害等二次灾害。同时,由于受淹后的薯块若作鲜薯贮藏极易在贮藏期内腐烂,应及时晾晒收获后的甘薯薯块或进行室内通风,也可切片晒干后贮藏,切忌作鲜薯贮藏,以防烂窖。

4. 应用区域

适用于全国甘薯主产区。

5. 依托单位

①青岛农业大学,刘庆、李欢、王少霞,0532-58957467。
②江苏徐淮地区徐州农业科学研究所,李强、朱金城,0516-82189203。

(四)甘薯低温冷(冻)害防灾减灾技术

甘薯起源于中南美洲,是一种热带亚热带作物,对温度十分敏感,极易发生冷(冻)害。冷(冻)害主要受寒潮、霜冻和贮藏期极端寒冷气候影响。

1. 发生特点

栽插期低于 10 ℃薯苗不发根,如遇霜冻薯苗会很快死亡;贮藏温度低于 10 ℃,10 d 后薯块就会出现冷害病症;温度在 7~8 ℃时,约 15 d 薯块开始腐烂。

2. 典型症状

在甘薯栽插后幼苗期和生长期低温胁迫会导致其叶片萎蔫、皱缩,从而影响光合作用及地上部到地下部的营养运输,进而对甘薯的产量和品质都会产生显著影响。

甘薯薯块在受到冷(冻)害后,主要表现为硬心薯、冷烂薯等,同时其外观、形状、色泽和硬度等商品品质显著降低,失去商品价值。一些营养物质包括可溶性糖、淀粉、维生素和类胡萝卜素等会不断消耗和降解,导致失重率高,失去原有的风味和食用价值。

3.防控措施

(1)培育和选用壮苗,抵御早春低温　根据当地气候条件和市场需求选择早熟耐寒的甘薯品种,以提高薯苗的成活率和经济效益。

(2)采用适宜的育苗温度和育苗方式　苗床空间气温的高低直接影响薯苗的生长速度和素质。甘薯育苗从排种、萌芽、顶土到齐苗,开始 4 d 保持床土温度 32～35 ℃,其后 3～4 d 保持在 32 ℃左右,最后几天不低于 28 ℃。齐苗后 12～15 d,苗高达 15 cm 左右时,温度可在 25～30 ℃之间。采苗前 3～5 d,锻炼薯苗的适宜床温为 20 ℃左右。即掌握高温催芽、平温长苗、降温炼苗的措施。北方薯区育苗多在 2—4 月,多采用火炕育苗、加温育苗、电热育苗、酿热温床覆盖塑料薄膜育苗和地膜覆盖育苗等方法保障苗床温度。

(3)采用地膜覆盖措施　春薯栽插常遇低温天气,可在栽插时采用地膜覆盖的措施。在甘薯生长前期,盖膜相比不盖膜地温提高 3～4 ℃。可采用栽后覆膜或者栽前覆膜方式,一般采用厚 0.07 mm 的透明膜,要求地膜完整,紧贴表土无空隙,用土压实。

(4)做好田间管理,增强甘薯耐冷性　在北方薯区栽插时常因外界温度过低导致死苗而发生缺苗现象,应采用及早补苗和重点追肥的全苗壮株管理措施。此外,一般在封垄前进行中耕,中耕后的表土疏松,土壤通气性好,能较快地吸收辐射热能,提高土温。

(5)及时采收,并做好采后贮藏工作　当地温降至 18 ℃以下时,淀粉就停止积累。因此,对于淀粉加工用薯,在地温降至 18 ℃以下时,即可收获用于加工淀粉。若留种用及作商品薯贮藏的鲜薯,当地温降至 15 ℃以下时开始收获,先收春薯后收夏薯,先收种薯后收食用薯。由于甘薯在 10 ℃以下茎叶开始枯死,薯块在 9 ℃以下时间长易受冷害。一般在下霜前选择晴暖天气进行收获,并于当天全部入窖。如不能及时入窖,需堆起覆盖过夜,以防冻伤。

(6)实时关注天气预报,采取防冻措施　在最低温度低于 5 ℃情况下,应采取相应的防冻措施。对于苗床防冻,无论晾苗与否,均应保证夜间罩棚膜,且侧面封口。有条件的可在棚膜外加盖毛毡等保温物,以抵御夜间严寒。

4.应用区域

相较于南方薯区,北方薯区更容易遭受寒潮、霜冻、冰雹、雪害等农业气象灾害的影响,尤以北方春薯区和黄淮流域春夏薯区为重。

5.依托单位

江苏徐淮地区徐州农业科学研究所,李强、曹清河、朱金城,0516-82189205。

（五）甘薯生长调节剂规范使用防灾减灾技术

1.发生特点

在甘薯生产中,植物生长调节剂使用不当会产生药害,容易产生药害的植物生长调节剂主要有多效唑和矮壮素。植物生长调节剂过量施用会造成土壤药剂残留,影响后茬作物生长。在甘薯生产中,影响后茬作物生长的调节剂主要是多效唑。多效唑作为一种人工合成的植物生长延缓剂,在多次应用或者过量施用时,很容易在土壤中积累,其抑制作用可达数年。壤土的残留期相对较长,沙土残留期相对较短。多效唑残留将严重影响后茬作物的生长。

2.典型症状

(1)植物生长调节剂使用不当的药害症状

①多效唑药害症状。多效唑施用过早或者用量过大,会造成甘薯地上部生长发育迟缓,影响光合产物的积累。

②矮壮素药害症状。矮壮素过量施用会导致甘薯植株严重矮化,叶片畸形,节间过短。如果用过量的矮壮素浸苗,会出现发根缓苗迟缓,幼叶生长缓慢,幼苗扭曲、畸形等症状(图10-2)。矮壮素一般不会影响后茬作物生长。

图 10-2　过量矮壮素浸苗导致发根缓苗迟缓、幼叶生长缓慢

(2)植物生长调节剂过量施用影响后茬作物生长的症状

①影响蔬菜类作物生长的症状。对于白菜、萝卜、西葫芦、西红柿、黄瓜、豆角等蔬菜类作物,残留量大的地块,将影响发芽;残留量小的地块,往往表现为种子能够正常发芽,但植株矮小,呈莲座状,叶片浓绿增厚,有的虽能结果,但果实质量和数量不能达到商品要求。

②影响大田作物生长的症状。对于小麦、玉米、棉花、花生、谷子、高粱等作物,残留量大的地块,将影响作物发芽,表现为出苗不齐;残留量小的地块,往往表现为苗全,但苗不壮,植株生长缓慢,根量少,影响后期的开花、种子发育等(图10-3)。

图 10-3　过量多效唑残留土壤影响下茬小麦成熟
注:图中绿色部分为药害症状

③影响甘薯生长的症状。对于甘薯而言,残留量大的地块,将影响甘薯发根缓苗,表现为

死苗严重,缺苗断垄;残留量小的地块,往往表现为缓苗期延长,且缓苗后生长缓慢,地上部生物量显著降低,块根膨大数量显著变少,块根产量显著降低。

3.防控措施

（1）多效唑药害防控措施

应及时有针对性地喷施植物生长调节剂(赤霉素、天丰素、芸苔素内酯等)和速效氮肥等进行逆向调节,并及时追肥浇水,促使受害甘薯尽快恢复生长。同时还可施用锌、铁、钼等微肥及叶面肥促进甘薯生长,降低药害抑制作用。

（2）多效唑残留防控措施

①轮作倒茬。多效唑对阔叶作物影响较大,应尽量避免种植阔叶作物,可种植葱、姜、小麦、玉米等作物,种植3～5年后再改种其他作物。另外,还可利用残留地块作蔬菜种植或者蔬菜育苗用,例如种植西芹、香菜、生菜、菠菜等,培育西红柿、辣椒、茄子、西芹、西葫芦、生菜、南瓜等幼苗,可育出植株粗壮、敦实、抗病性强的幼苗。

②深翻地。残留地块实施深翻,整地前适当施用农家肥、氮肥、生物菌剂、微生物菌肥等。

③应用植物生长调节剂调控生长。残留地块种植的作物,可用赤霉素等促进生长的植物生长调节剂浸种或者浸苗,促进种子萌发或发根缓苗。

4.应用区域

适用于全国甘薯主产区。

5.依托单位

①山东省农业科学院,张立明,0531-66659093。

②江苏徐淮地区徐州农业科学研究所,李强、朱金城,0516-82189203。

（六）甘薯除草剂药害防灾减灾技术

1.发生特点

除草剂药害目前在全国各甘薯产区时有发生,主要是因为当季除草剂不科学使用或上茬作物使用专用除草剂后土壤中残留过量,从而造成甘薯生长异常。

2.典型症状

甘薯生产上常见的除草剂药害主要分为以下两种:

（1）当季封闭除草剂药害　如乙草胺若施用浓度过大或定向施药时药液漂移至甘薯上,就会造成甘薯矮化,分枝减少,节间距缩短,新叶片皱缩,有时叶片上卷或下卷,边缘呈烤焦状。异丙草胺施用浓度过大也可造成同乙草胺药害类似症状。二甲戊乐灵药后灌水或遇大雨天气,会造成甘薯缓苗慢、叶片发黄、生根少等药害症状。当季防除阔叶杂草的茎叶处理除草剂使用不当也会造成药害,如唑嘧磺草胺、灭草松用量过大会造成甘薯叶片发黄、边缘呈灼烧状干枯,茎尖节间缩短,生长缓慢等症状。

（2）前茬残留除草剂药害　如花生田专用除草剂百垄通(甲咪唑烟酸)可造成甘薯节间严重缩短,生长点簇生,植株严重矮化,造成甘薯严重减产甚至绝收。花生田使用咪唑乙烟酸12个月后栽种甘薯,仍能对甘薯成活率、蔓长及产量造成影响,尤以沙土药害更重。玉米田过量施用烟嘧莠去津,栽种甘薯15～25 d即显示药害症状,主要表现为植株黄化、矮小不长,根系发育受阻、短粗,地下部主茎变粗、木质化,严重时甚至导致植株死亡(图10-4)。

图 10-4　甘薯除草剂药害症状

3.防控措施

为降低除草剂药害,宜提倡科学合理的除草剂使用技术,坚持预防为主、防治为辅的防控原则缓解除草剂药害。

(1)深翻土壤　上茬残留长效除草剂严重时,可在甘薯起垄前深翻土壤,建议翻地深度在30 cm 以上,稀释除草剂浓度,创造较好的土壤团粒结构。提高土壤透气性,改良作物根基物理环境,可在一定程度上减轻除草剂药害。

(2)施用腐熟有机肥和生物菌肥　耕地时施用腐熟有机肥和生物菌肥,保证甘薯生长所需养分的充分供给,增加土壤中优异微生物的种类和数量,通过微生物的促生作用培育健壮植株,增强抗逆性,缓解除草剂药害。

(3)加强田间管理　甘薯除草剂药害症状较轻时可以适当追肥或喷施叶面肥,促进甘薯根系和茎叶生长。同时适当进行中耕,能够起到疏松土壤、增强土壤透气性、破坏土表药剂层、稀释土表除草剂浓度、降低除草剂在土壤中的残余活性的作用。中耕还可提高地温,促进好氧微生物活动和养分有效利用,同时去除杂草,促使根系伸展,调节土壤水分状况,降低除草剂药害。

(4)喷施缓解剂　对除草剂药害相对较轻且发现较早的田块,可适当喷施芸苔素内酯、碧护、解害灵等激素类生长调节剂,隔5～7 d 喷施 1 次,连用 3～4 次,能缓解部分除草剂药害。

4.应用区域

适用于全国甘薯产区。

5.依托单位

江苏徐淮地区徐州农业科学研究所,孙厚俊、李强、朱金城,0516-82028006。

(七)甘薯肥害防灾减灾技术

1.发生特点

肥害是一种人为活动导致的灾害,过量施肥或施肥不当引起植物生长受阻或过旺,导致甘薯块根产量降低、品质变差等。

2.典型症状

过量施肥常造成甘薯地上部旺长,尤其是雨水较多的年份,水肥耦合引起地上部旺长严重,土壤水肥气热失调,甘薯库源平衡关系被打破,抑制地下部薯块生长,薯块产量低、品质差(图 10-5a 和 b)。

施肥不当如施用未腐熟有机肥,其在土壤中腐熟并产生有毒气体及高温,造成甘薯活棵慢,限制根系生长分化和结薯;施肥离根系过近或局部浓度过高,造成根系受伤、抑制甘薯生长甚至造成死苗(图 10-5c);施用不适合的肥料,如复合肥中的三氯乙酸(醛)造成甘薯移栽后中毒死苗、烂根、黄叶等(图 10-5 d)。

a.甘薯生育中期旺长　　　　b.甘薯生育后期旺长　　　　c.施肥不当导致甘薯缺苗断垄

d.复合肥中的三氯乙酸(醛)造成甘薯移栽后中毒死苗、烂根、黄叶

图 10-5　甘薯肥害症状

3. 防控措施

采取科学的施肥技术,控制肥料的投入在经济最佳及生态最优的范围内,可用措施有测土配方平衡施肥、周年肥料运筹、化学调控、物理调控等。

(1)测土配方平衡施肥　根据土壤肥力状况、甘薯品种吸肥特性和目标产量、肥料效应等,确定每亩用肥总量和养分配比。开展测土配方平衡施肥主要掌握 3 个原则:有机与无机相结合;氮、磷、钾相配合,适当控制氮肥用量,补充必要的中、微量元素;合理轮作倒茬,用地养地相结合。

(2)周年肥料运筹　将两季作物作为一个整体,考虑周年肥料运筹。如长江中下游及北方薯区典型的薯麦轮作体系,麦季养分投入往往较多,甘薯季可适当减少氮肥和磷肥投入。

(3)化学调控　过量施肥引起旺长,常用的化学控旺剂有多效唑、烯效唑、缩节胺等。不合理施肥会抑制根系生长分化和结薯。叶面喷施芸苔素内酯、磷酸二氢钾等,能促进叶片养分吸收及光合作用,促进根系生长,加速块根膨大。在甘薯膨大初期叶面喷施水杨酸能显著提高块根产量。

(4)物理调控　缓解旺长的物理措施主要有中耕、提蔓、大田剪苗等。如果生长前期施肥过量且遇雨水较多引起甘薯旺长:一是可以结合除草进行中耕,以改善土壤通气性,同时除断部分藤蔓须根、缓解旺长;二是在劳动力条件允许的情况下,可以采取提蔓以拉断纤维根或使须根离土的方式来控制茎叶旺长;三是根据生产需要,可以进行大田剪苗,在提供薯苗的同时,起到物理控制田间群体量及茎叶旺长的效果。在雨水较多的地区,搞好排水也是防止甘薯旺长的重要措施之一,要做到沟渠配套,使垄沟、腰沟、排水沟"三沟"相通,保证田间无积水。

(5)注意事项　过量施肥可能加重病虫害的发生,需要及时关注及防治。

4. 应用区域

适用于全国甘薯产区。

5. 依托单位

①江苏省农业科学院农业资源与环境研究所,张永春、汪吉东、张辉、袁洁,025-84390242。
②江苏徐淮地区徐州农业科学研究所,唐忠厚、李强、朱金城,0516-82189235。

(八)甘薯台风灾害防灾减灾技术

1. 发生特点

我国台风登陆高频期在每年的7—9月,其中8月台风最为活跃,沿海地区都可登陆。台风多发区主要集中在浙江以南沿海,其中登陆次数最多的是广东省。台风登陆往往裹挟着狂风暴雨,短时强降水极易造成甘薯田洪涝,狂风大作常常导致植株受损、折断和撕裂,引起甘薯生理性腐烂和病虫害暴发,带来严重的经济损失。

2. 典型症状

台风登陆后短时强降水易导致地处低洼的甘薯田块积水,造成农田内涝,甚至出现严重的甘薯淹水等洪涝灾情。暴雨冲刷导致甘薯田垄高度降低,甚至被冲毁,或造成丘陵山坡和山区梯田严重的水土流失等。甘薯田积水引起甘薯根系受损或烂根、养分吸收受阻,影响块根形成与膨大发育,叶片布满泥土发黄早衰,生长发育受阻,植株腐烂,薯块表面出现白色凸起斑,甚至腐烂(图10-6)。狂风大作损伤植株,伴随7—9月高温高湿环境,滋生并加剧了病虫害的发生和蔓延。

a.台风后洪水淹没垄面　　b.遭台风雨水淹的植株死亡　　c.菜用甘薯遭水淹后腐烂　　d.水淹薯块上白色凸起斑

图 10-6　甘薯台风后涝害症状

3. 防控措施

主要包括台风暴雨期间及之后减轻田间排水不畅引起的积水、水淹等洪涝灾害的措施,做好台风前后病虫害防控。

(1)选用耐涝品种　选用适合当地生产的耐涝甘薯品种,例如,甘薯品种广薯87和济薯 26。

（2）及时排水　在台风来临前后均要疏通沟渠，开好田间排水沟，确保排灌畅通。对于平地和低洼地，在台风强降水后及时排积水，重点防止薯苗长时间浸水甚至水淹，争取雨停后短时间内地表无明显积水。

（3）培土扶垄　丘陵坡地或梯田在台风雨期间易出现水土流失、垄面被冲毁，应在雨后培土扶垄、恢复垄高。

（4）补施肥料　台风暴雨后，暴雨冲刷会导致薯苗受伤，积水或水淹的会导致根系受损。待田块排水干燥后，可采用喷施叶面肥，或喷施 0.2% 尿素液和 0.2%～0.3% 磷酸二氢钾，促使叶片恢复光合作用功能，待薯苗叶片返青恢复后再行施肥。

（5）加强病虫害防控　台风来临往往伴随狂风暴雨，造成甘薯植株基部物理损伤、田间排水不畅。植株被淹或积水后生长势减弱，易发生生理性腐烂和病虫害蔓延，尤其是在南方薯区极易导致茎腐病、薯瘟病等病害大暴发。因此，台风前可混合施用乙蒜素等细菌性药剂，以及多菌灵、甲基硫菌灵等真菌性药剂进行预防，台风过后应及时把病苗、死苗等清理出田园，识别病害的种类并积极采用相应药剂进行防控。

（6）抢时收获　对于生长发育处于收获期或膨大发育后期的田块，应在台风过后田间没有积水时抢在天气晴朗时收获，并在晾干薯块表面水分后包装入库保存。

（7）灾后重种　对于生长发育处于块根结薯前期且淹水导致根系严重损伤的田块，可考虑重新栽插。

4. 应用区域

适用于全国沿海甘薯产区及南方甘薯产区。

5. 依托单位

①广东省农业科学院作物研究所，黄立飞、陈景益，020-85514242。

②江苏徐淮地区徐州农业科学研究所，李强、朱金城，0516-82189203。

（九）甘薯雹灾防灾减灾技术

冰雹是一种从发展强盛的积雨云（冰雹云）中降落到地面的固态降水物，一些地区称为雹子、冷子和冷蛋子等，雹灾即冰雹灾害。

1. 发生特点

我国雹区主要分为春雹区、春夏雹区、夏雹区和双峰型雹区。春雹区在长江以南广大地区，以 2—4 月或 3—5 月为最多。春夏雹区在长江以北、淮河流域、四川盆地以及南疆地区，每年以 4—7 月降雹最多。夏雹区主要在青海、黄河流域及其以北地区，以 5—10 月为最多。双峰型雹区主要在四川西北部和东北的东部地区，降雹多出现 5—6 月及 9—10 月。

2. 典型症状

甘薯遭受雹灾后，危害主要有 4 个方面：一是砸伤，由于冰雹从几千米的高空砸向甘薯，轻者把叶片砸烂，重者砸断茎蔓，从而进一步影响甘薯地下部块根的生长发育；二是冻伤，从高空下落的雹块温度在 0 ℃以下，容易造成甘薯茎叶等的低温冻害；三是土壤板结，由于雹块的重力打击，农田土壤表层板结、不透气，从而使甘薯生长受到间接危害；四是冰雹对甘薯造成的茎叶等创伤及低温冻害，容易使甘薯感染病虫害或引起生理障碍等（图 10-7）。

图 10-7　甘薯地上部受雹灾后表现

3.防灾减灾措施

在预测到雹灾将要发生之后,要及时采取积极有效的措施进行防御和应对,将雹灾对甘薯的影响降到最低。

(1)灾前防御　对于经常发生雹灾的地区,可采取一些防御措施以减轻雹灾造成的危害。第一,通过调整甘薯品种类型、栽植期、收获期等来避开或减少雹灾。第二,在雹灾可能发生之前,对育苗棚、苗床等提前进行检修和保护,对甘薯田可采用垄沟灌水、茎叶覆盖或喷施防寒液等防御办法。第三,采用爆炸法、播撒催化剂法等进行消雹。

(2)移栽补苗　若甘薯在发根返苗前遭遇雹灾,尽快查看薯苗是否发生烂秧或死苗,缺苗的及时补苗。若发生在发根返苗后,尽管叶片或茎蔓被砸烂,只要还留有薯块,一般不需翻种,及时加强田间管理,就能逐步恢复生长。对受灾特别重的地块,则要考虑是否翻种或间作套种其他作物。

(3)追肥浇水　雹灾发生后,根据薯苗受灾情况、生育期和土壤肥力水平的高低,适时、适量追施速效氮、磷、钾等混合肥,增施有机肥,也可喷洒适量叶面肥,改善薯苗营养条件。同时,根据薯田土壤墒情,结合施肥进行适量浇水,充分发挥肥效,促进甘薯快速恢复正常生长。

(4)中耕松土　降雹时经常有狂风暴雨,可造成土壤板结,地温明显下降。雹灾后应及时中耕松土,改善土壤通透性,提高土壤温度,增强土壤保肥蓄水能力,以利于土壤微生物的活动,加速养分分解,促进甘薯根系生长及块根膨大。

(5)防治病虫害　甘薯遭受雹灾后,叶片和茎蔓因受到创伤而长势变弱、抵抗力变差,恢复生长的茎叶幼嫩,更易发生病虫害。因此,要及时查看并防止甘薯病虫害的发生,促进受灾后甘薯的健康生长。

4.应用区域

适用于全国冰雹易发生的甘薯产区。

5.依托单位

①河南省农业科学院粮食作物研究所,杨育峰,0371-63062822。

②江苏徐淮地区徐州农业科学研究所,李强、朱金城,0516-82189203。

二 甘薯生物灾害防灾减灾技术

（一）甘薯病毒病防灾减灾技术

1. 发生特点

该病在甘薯育苗期和大田期均可发生。种薯带毒是育苗期病毒病发生的关键因素。带毒种薯育苗引起苗期发病，病苗移栽到大田后形成发病中心，然后通过烟粉虱等介体昆虫进行田间传播，形成新一代带毒种薯，带毒种薯引起下一季育苗期发病。由病毒病造成的甘薯产量损失一般为20%～30%，严重的可达50%以上。多种病毒复合侵染可加重危害。

2. 典型症状

甘薯病毒病症状主要包括叶片斑点状、花叶、卷叶和畸形等。多种病毒复合侵染可加重病害症状。例如，由甘薯羽状斑驳病毒和甘薯褪绿矮化病毒共同侵染甘薯引起的甘薯复合病毒病可造成甘薯叶片扭曲、畸形、褪绿、明脉以及植株矮化等严重症状（图10-8）。

a.苗期症状　　　　　　　　　　　　　　　　b.大田病株

图 10-8　甘薯病毒病症状

3. 防控措施

采取以加强检疫和种植脱毒健康种薯、种苗为核心的综合防控措施。

（1）加强检疫　种薯、种苗调运是甘薯病毒长距离扩散的主要途径。因此，应加强产地检疫，避免带毒种薯、种苗远距离调运，以控制病害的扩散和蔓延。

（2）种植脱毒种薯、种苗　目前对于甘薯病毒病尚无特别有效的化学防治药剂，种植脱毒健康种薯、种苗是防治病毒病、提高甘薯产量最有效的方法。加强脱毒种薯繁育体系和繁育基地建设，严把种薯质量关。建立无病留种田，推广种植脱毒甘薯，并采取隔离措施，防止病毒再感染。

（3）选用抗（耐）病良种　不同甘薯品种对病毒病的抗（耐）病性有一定的差异，种植抗（耐）病品种可预防或减轻病害的发生。

（4）加强病害的早期预警　加强甘薯繁种田烟粉虱等介体昆虫的监测，及时防治烟粉虱等传毒介体昆虫，并根据烟粉虱发生量和带毒率预测种薯的带毒情况，对带毒率较高的种薯及时进行质量管控,防止病毒扩散蔓延。同时,要加强对育苗期病害的识别,及早剔除病苗、病株,防止把病苗栽入大田,以减少大田病毒病的发生和传播。

(5)加强田间管理 及时拔除大田中的病株,切断侵染源。使用化学杀虫剂、物理防治以及生物防治等方法防治甘薯田的传毒昆虫,减轻病毒病的扩散蔓延。合理轮作,提高土壤肥力,促进甘薯植株健壮生长,增强抗病能力。

4.应用区域

适用于全国甘薯种植区。

5.依托单位

①河南省农业科学院植物保护研究所,张振臣,0371-65711547。
②江苏徐淮地区徐州农业科学研究所,李强、朱金城,0516-82189203。

(二)甘薯根腐病防灾减灾技术

1.发生特点

该病在甘薯大田期发生为害,是一种土传真菌病害,造成甘薯严重减产。土壤贫瘠、干旱、连作地块发病较重。

2.典型症状

根腐病在地上部和地下部均可表现症状。地上部一般在甘薯栽种后 30 d 左右出现症状,表现为叶片自下而上发黄,植株矮小,分枝少,遇日光暴晒呈萎蔫状,部分品种能现蕾开花。重病株薯蔓节间缩短,基本不分枝,叶片自下而上发黄脱落,甚至整株死亡。地下部先在须根中部或根尖出现赤褐色至黑褐色病斑,并很快变黑腐烂。地下茎受侵染,产生黑色病斑,病部多数表皮纵裂,皮下组织发黑疏松,拔苗时易从病部拉断,病株不结薯或结畸形薯,薯块小,毛根多(图10-9)。块根受侵染初期表面产生大小不一的褐色至黑褐色病斑,稍凹陷,中后期表皮龟裂,易脱落。

图 10-9 甘薯根腐病症状

3.防控措施

目前甘薯根腐病的防治尚无有效的化学药剂。根据病害的传播途径和发病的环境条件,在防治上采用以种植抗病品种和培育壮苗为主的综合防治措施。

(1)种植抗耐病品种 目前尚无免疫品种,但品种间的抗病性差异明显,选用抗病良种是防治根腐病最经济有效的措施。根据不同需求,可选用商薯19、济薯26、徐薯37、济薯25、齐宁26、徐薯27、徐紫薯2号等品种。

(2)培育壮苗,加强田间管理 培育壮苗,春薯适期早栽,严重病地可与花生、谷子、芝麻、玉米等作物实行3~4年轮作。加强田间管理,增施磷肥、钾肥和有机肥,提高土壤肥力,增强甘薯的抗病力。栽苗后及时浇水防旱,同时修好排水沟,以防病菌随雨水漫流和扩散传播。

(3)建立三无留种地,杜绝种苗传病 建立无病苗床,选用无病、无伤的种薯利用多菌灵等杀菌剂进行浸种,培育无病种苗。通过无病地获得健康种薯,严禁从病地进行引种和引苗。

4.应用区域

适用于我国北方薯区根腐病发生区域。

5.依托单位

江苏徐淮地区徐州农业科学研究所,孙厚俊、李强、朱金城,0516-82028006。

(三)甘薯茎线虫病防灾减灾技术

1.发生特点

甘薯茎线虫病又称空心病、糠心病,主要为害薯块和薯苗,是我国北方薯区为害严重的土传病害,严重时造成减产30%~50%,甚至绝收。

2.典型症状

茎线虫病可侵染为害薯苗和薯块。薯苗受害则茎部变色,无明显病斑,组织内部呈褐色或白色和褐色相间的糠心状,根部受害时在表皮上生有褐色斑,薯苗矮小发黄。大田期茎蔓受害后,主蔓茎部表现为褐色龟裂斑块,内部呈褐色糠心,病株蔓短,叶黄,生长缓慢(图10-10a)。薯块症状根据线虫侵入的途径可分为3种类型:①糠皮型,土壤中茎线虫经薯皮侵入薯块,病部一般由下向上、由外向内扩展,使内部组织变褐发软,呈块状褐斑或小型龟裂;②糠心型,由染病茎蔓中的线虫向下侵入薯块,病部由上而下、由内向外扩展,薯块表皮层完好,内部糠心,呈褐白相间的干腐;③混合型,生长后期发病严重时,糠心和糠皮两种症状同时发生(图10-10b)。

a.甘薯茎线虫病侵害茎蔓表现　　　　　　　b.甘薯茎线虫病块根表现

图10-10　甘薯茎线虫病症状

3.防控措施

(1)加强检疫 加强种薯和种苗的调运检疫,尽量避免从病区调种、调苗,以防甘薯茎线虫病通过种薯和种苗调运传播扩散。

(2)选用抗病品种 种植抗病品种是防治甘薯茎线虫病害最经济有效的方法。薯农可根据实际需要选用适合当地生产的抗病品种,如郑红22、福薯13、苏薯24、商薯19、济薯26、黄玫瑰等。

(3)农业措施 实行轮作换茬,可以与小麦、玉米、棉花等作物轮作,如果条件允许,水旱轮作效果更佳。建立无病留种田,选用无病种薯,采用无病苗床育苗。对于发病严重田块,收获后清除田间病残体集中销毁,可降低田间虫口基数,减轻病害发生。苗床喷施茉莉酸甲酯,控制苗床线虫侵入速度。移栽时采用高剪苗措施,控制薯苗带线虫入田。

(4)化学防治 目前生产上防治甘薯茎线虫病较常用的杀线虫剂主要有3种,即三唑磷、辛硫磷和噻唑膦。可在栽种时用20%三唑磷微囊悬浮剂(1500～2000 mL/亩)按药：水＝1：5蘸根、30%辛硫磷微囊悬浮剂(1000～1500 mL/亩)按药：水＝1：5蘸根或兑水后随定植水穴施、10%噻唑膦颗粒剂(1500～2000 g/亩)沟施或穴施,均能达到良好的防治效果。

4. 应用区域

适用于我国北方薯区茎线虫病发生区域。

5. 依托单位

江苏徐淮地区徐州农业科学研究所,孙厚俊、李强、朱金城,0516-82028006。

(四)甘薯黑斑病防灾减灾技术

1. 发生特点

甘薯黑斑病又名黑疤病,全国范围内均有发生。每年由该病造成的产量损失为5%～10%,为害严重时造成的损失为20%～50%,甚至更高。黑斑病是造成甘薯烂窖烂床的主要因素之一。

2. 典型症状

黑斑病主要为害薯块和薯苗,在苗床期、大田生长期和贮藏期均可发生(图10-11)。

(1)苗床期 苗床发病初期,幼芽地下基部出现平滑稍凹陷的小黑点或黑斑,随后逐渐纵向扩大至3～5 mm;发病重时环绕薯苗基部,呈黑脚状,地上部叶片变黄,生长不旺,病斑多时幼苗可卷缩。当温度适宜时,病斑上可产生灰色霉状物。

(2)大田生长期 大田期发病一般在幼苗移栽1～2周后,即可显现症状,表现为基部叶片发黄、脱落,蔓短,根部发黑腐烂,只残存纤维状的维管束,秧苗枯死,造成缺苗断垄。薯蔓上的病斑可蔓延到新结的薯块上,病斑呈黑色至黑褐色,圆形或不规则形,轮廓清晰,中央稍凹陷;病斑扩展时,中部变粗糙,生有刺毛状物。切开病薯,可见病斑下层组织呈黑色、黑褐色或墨绿色,薯肉有苦味。

(3)贮藏期 此时期薯块感病,病斑多发生在伤口和根眼上,初为黑色小点,逐渐扩大成圆形或梭形或不规则形病斑,直径为1～5 cm不等,轮廓清晰。贮藏后期,病斑深入薯肉达2～3 cm,薯肉呈暗褐色,味苦。温湿度适宜时病斑上可产生灰色霉状物或散生黑色刺状物。

图 10-11　甘薯黑斑病茎蔓及薯块表现

3. 防控措施

甘薯黑斑病为害期长,病原来源广,传播途径多,应实行以农业防治为主、药剂防治为辅的综合防治措施。

(1)选用抗病品种　选育抗病品种是最为经济有效的防治手段。甘薯不同品种间抗黑斑病差异很大,要因地制宜地引进与推广适合当地情况的抗病品种,如苏薯 9 号、徐紫薯 3 号、徐薯 41、渝苏 303、苏渝 76、鄂薯 2 号、冀薯 99 等。

(2)培育无病壮苗　建立无病留种田、繁殖无病种薯,选择无病苗床育苗,有条件的地方可采用温汤浸种或火炕高温育苗,以抑制苗床黑斑病发生。采用高剪苗栽种,防止将苗床黑斑病带入大田。

(3)化学防治　药剂浸种、浸苗可有效防治黑斑病的发生。排种前可将薯块用 50% 甲基硫菌灵可湿性粉剂 200 倍稀释液浸种 10 min,或用 50% 多菌灵可湿性粉剂 500~800 倍药液浸种 2~5 min。剪苗栽种前可用 70% 甲基硫菌灵可湿性粉剂 300~500 倍稀释液浸蘸薯苗,防治效果良好。甘薯入库前可用多菌灵 500 倍液对薯窖进行消毒杀菌。

(4)安全贮藏　适时收获,避免薯块在田间受冻。入库时剔除病薯、烂薯,减少侵染机会。入库后将库温保持在 9~12 ℃,避免温度过高或过低。

4. 应用区域

适用于全国甘薯种植区域。

5. 依托单位

江苏徐淮地区徐州农业科学研究所,孙厚俊、李强、朱金城,0516-82028006。

(五)甘薯蔓割病防灾减灾技术

1. 发生特点

该病为土传病害,高温、高湿有利于病害发生,土温在 27~30 ℃ 时最有利于发病。夏季病害发生较春季重,夏秋季的台风暴雨可促使该病流行。甘薯扦插返苗期,遇阴雨天气则发病重。生长中后期降水多,则病害有继续蔓延的趋势。土质疏松贫瘠的酸性连作沙土、沙壤土地发病较重,而土质较黏、pH 较高的稻田土地等发病较轻。病地连作发病重,轮作发病减轻。

2. 典型症状

发病植株叶片先开始发黄,之后茎基部膨大,纵向开裂,呈纤维状、黑褐色,剖视近开裂处的茎可见维管束呈黄褐色,植株叶片自下而上逐渐黄化凋萎脱落,发病严重的最后全株干枯死亡。气候潮湿时在病状开裂处可见由病菌菌丝体和分生孢子组成的粉红色霉状物。薯块发病蒂部呈腐烂状,横切可见维管束呈褐色斑点(图 10-12)。

a.茎部开裂　　　　　　　b.维管束变褐　　　　　　　c.发病植株

图 10-12　甘薯蔓割病症状

3. 防控措施

采取以抗病品种及健康种苗应用和精准施药为核心的绿色防控技术。

(1)选用抗病品种　选育和应用抗病品种是防治该病最经济有效的措施,建议生产上选用徐薯 41、济薯 26、潔薯 10 号、川薯 221、烟薯 25、福薯 604、福薯 24 号、广薯 87、金薯 20、龙薯 10 号等抗病良种。

(2)培育健康种苗　选择排灌方便、土壤肥沃、光照良好的无病田块作为育苗床,结合无病的种薯和净水、净肥培育健康种苗。

(3)农业措施　加强田间水分管理,及时排灌;田间发现病株,尽量拔除销毁,并用药剂处理发病株根围土壤;发病田块与水稻、大豆、玉米等非寄主作物轮作 3 年以上,有条件的地区可采用水旱轮作;科学管理水肥,严防串灌、漫灌、水淹,健全排灌系统;多施磷、钾肥及中微量元素肥料;彻底清洁田园,对老病区土壤整地时撒施生石灰消毒。

(4)精准施药　可采用甲基硫菌灵、苯菌灵、多菌灵、苯醚甲环唑等药剂,在种薯育苗前进行药液浸种;移栽前用药液浸种苗基部,带药下田,进行病害预防。大田发现病株应拔除销毁,并用药剂对周边土壤进行喷淋、浇灌消毒,减少病菌扩散。采用水肥一体化技术栽培甘薯,可用氯溴异氰尿酸进行滴灌处理,间隔 5~7 d 施药 1 次,连续用药 2~3 次。

(5)注意事项　浸苗药液要超过基部剪口 3~5 cm,要控制药液浓度,且浸苗时间要充分,浸后取出晾干后进行扦插移栽。密切监测病害发生,特别是在暴风雨后要加强田间病害发生调查,及时对初发病株或发病植株及周边土壤进行处理。

4. 应用区域

适用于各甘薯蔓割病发生区域。

5. 依托单位

福建省农业科学院作物研究所,邱思鑫,0591-87572407。

（六）甘薯瘟病防灾减灾技术

1.发生特点

病害在高温、高湿的条件下发展迅速，遇强降水或台风暴雨常出现病害流行高峰。地势低洼、排水不良的黏质土壤，以及水分多的山脚和平地，比山顶、坡地、旱地或排水较好的沙质壤土发病重。偏碱性的海涂地比带酸性的红黄壤发病轻。甘薯瘟病病菌能在土壤中长期存活，病田连续种植甘薯会积累病原菌，导致病害发生逐年加重。

2.典型症状

在植株生长处于直立的苗期，晴天发病植株叶片呈现萎蔫但依然保持青绿，尤其在阳光照射下，植株凋萎症状更为明显，而早晚或阴雨天凋萎不明显；甘薯茎基部呈水渍状，后逐渐变黄褐色至黑褐色，严重的青枯死亡；纵剖茎蔓，可见维管束由下而上变黄褐色；根黑烂，易脱皮。成株期植株与土壤接触部位发病症状最严重，主茎基部维管束变褐变黑，严重时腐烂；薯块纵切可见黄褐色条斑，横切则可见黄褐色斑点或斑块，乳汁明显减少，严重时部分或全部腐烂，有苦臭味（图 10-13）。

a.植株萎蔫状　　　　　　b.维管束变色　　　　　　c.薯块变色

图 10-13　甘薯瘟病症状

3.防控措施

以品种的抗耐性为基础，采取以农业防治为主、精准施药为辅的综合防控措施。

（1）选用抗病良种　依据登记品种适宜区域及其抗病性状选择适合品种，抗病性较强品种有福薯 604、福薯 16、广薯 25、龙薯 34、龙紫 140、湘薯 203、齐宁 21 号、渝薯 15、莆薯 12 号、金山 57、广薯 87、泉薯 10 号、泉薯 19 号等。

（2）培育无病壮苗　提倡用秋薯留种，用净种、净土、净肥、净水培育无病健康壮苗，增强抗病力。

（3）土壤消毒　可采用棉隆、石灰、硫黄等对土壤进行消毒处理，或施用石灰氮作为基肥，可消毒土壤、调节土壤酸碱度，从而降低病害发生的概率。

（4）精准施药　种苗带药下地，在扦插前用登记用于防治作物青枯病的有机铜制剂或抗生素药剂进行切口处理，一般用药液浸苗基部 20 min。在发病初期可选用登记用于其他作物青枯病的防治药剂进行灌根处理。在有条件的情况下，可采用氯化苦或棉隆熏蒸剂处理种薯和育苗基质，减少种薯带菌率和基质中病菌的数量。

（5）农业措施　严禁从病区调运种苗，做好产业病情普查与生产规划，划分病区、保护区和无病区，封锁限制病区。加强种薯、种苗带菌检测，严禁带菌的种薯、种苗上市出售传入无病区,防止疫区扩大蔓延。合理轮作是防止此病的重要措施,与小麦、玉米、高粱、大豆或其他非寄主植物轮作 3 年以上,有条件的地方建议实行水旱轮作,应避免与马铃薯、烟草、番茄等轮作。发现病株应做好标记,及时拔除并带出田外集中深埋或销毁;用生石灰撒施病穴。清洁田园,病薯、病残体带有大量病菌,收获时应清除病残体并集中无害化处理,以免病菌重复感染。不用病区牲畜的粪便作为甘薯肥料,以防止病害传播。

(6)注意事项　浸苗药液要超过基部剪口 3～5 cm,浸苗时间要充分,浸后取出晾干后进行扦插移栽。在病区田间操作时,要防止发病田块土壤通过农具带入无病田块;各田块的排灌水不串流。密切监测病害发生,及时对初发病株或发病植株及周边土壤进行处理。

4.应用区域

适用于各甘薯瘟病发生区域。

5.依托单位

福建省农业科学院作物研究所,邱思鑫,0591-87572407。

(七)甘薯细菌性黑腐病防灾减灾技术

1.发生特点

高温和高湿有利于病害的发生和流行,高温季节种植的甘薯病害始见期早,若薯苗带菌移栽,春季扦插后 2～3 周、夏季扦插后约 1 周开始出现病株,在田间呈现明显的发病中心,如雨量大则会造成病害流行。多雨或土壤高湿及低洼积水地发病重。甘薯剪苗时淋雨或栽种时遇降水,常造成病害流行。中耕除草期降水多,则会造成甘薯膨大期病害再次流行。过量施用氮肥导致甘薯贪青徒长的发病重。台风易造成伤口和洪水,过境后田间常出现发病高峰期。

2.典型症状

一般先从苗基部自下而上出现水渍状黑褐色斑,湿度大时叶柄、叶片发黑腐烂。天气干燥,太阳暴晒下植株会出现严重的萎蔫,在阴雨天萎蔫症状不明显。移栽后,早期发病植株会造成全苗枯死;中后期发病植株,藤蔓基部先出现水渍状病斑,若天气干燥可造成仅个别枝蔓枯死,若降水多或田间大水漫灌,病斑迅速向上、下部扩展,茎、叶组织开始变软、腐烂,整个植株发病死亡。在分枝结薯期,病茎部呈暗褐至深黑色的湿腐,未形成空腔。病茎干缩时常出现纵裂,且茎基部膨大,症状与镰刀菌枯萎病类似,但病斑颜色较黑。其典型特点是"黑""软腐""臭"和"无菌脓",发病部位通常呈现水浸状暗褐至黑色腐烂,湿度大时手触发病部位易脱皮,剖开发病甘薯茎蔓可见内部褐化,髓部消失成空腔。薯块发病时表皮会发黑,横切面和纵切面可见黑褐色病斑,严重时地下薯块呈水浸状腐烂(图 10-14)。

a.苗期发病整株坏死　　　b.植株基部黑色开裂　　　　c.发病薯块横切　　　　d.植株侧枝发病

图 10-14　甘薯细菌性黑腐病症状

3. 防控措施

(1)阻断病原传播 规范种苗调运过程,以防病害随病薯和病苗传播。严格控制带菌种苗使用是从源头上预防该病的有效措施之一。生产上应注意严格执行健康种苗繁育标准,从非病区调运种苗和跨区调运种苗应采取严格的病原检测措施及后续监管;田间及时销毁病株,禁止病田甘薯留种和高剪苗种植。

(2)培育、筛选和使用抗病、耐病甘薯品种 选用甘薯抗病、耐病品种是从源头上防控甘薯黑腐病最经济有效的措施,尤其适合病区甘薯生产。但由于病原菌致病性分化,需依据生产地区黑腐病发生情况选择不同的甘薯抗病、耐病品种。

(3)农业措施 选择土壤透气性好、便于排灌的田块,采用高畦栽培方式种植甘薯;农事操作中减少对作物的损伤,避免产生伤口后的大水漫灌;发现病株及时拔除,并带出田外集中深埋或销毁,同时在病株栽植穴上撒生石灰或用杀菌剂消毒,在病株周围喷药预防;保持田间排水沟的通畅,以利于降水时及时排除畦面的雨水,降低土壤湿度;保持水分的均衡供应,避免久干久湿导致裂根;与非旋花科作物轮作,提倡水旱轮作;在施肥种类上,少施氮肥,适当增施磷钾肥,补施微量元素,有利于提高植株的抗病能力。

(4)精准施药 对育苗期使用的种薯和种植时期使用的种苗,提前用防治细菌病害的药物进行浸泡处理,晾干后栽种到田间。田间发现病株时,尽早喷施药液,可选春雷霉素、可杀得叁千、氯溴异氰尿酸等杀菌剂进行预防。采用滴灌或喷淋方式,栽后每隔1周左右1次,施2~3次。

4. 应用区域

适用于甘薯细菌性黑腐病发生区域。

5. 依托单位

福建省农业科学院作物研究所,邱思鑫,0591-87572407。

(八)甘薯软腐病防灾减灾技术

1. 发生特点

甘薯软腐病是甘薯贮藏期的一种主要病害,发展极快,常常引起烂窖,造成很大损失。该病在我国分布很广,凡甘薯贮藏地区均有发现。发病适温在15~25 ℃,相对湿度在76%~86%,薯块有伤口或受冻易发病。

2. 典型症状

病原先从伤口侵入薯块内部,病薯软腐、多水,用手不易拿起。后软腐面积呈水渍状扩大,流出淡黄色汁液。受害薯肉呈淡黄白色,并散发出芳香酒味。后期病部长出灰白色霉状物,霉状物逐渐变暗色或黑色。最后病部表面长出大量灰黑色菌丝及孢子囊,黑色霉毛污染周围病薯,形成一大片霉毛,病情扩展迅速,2~3 d整个薯块即呈软腐状,发出恶臭味。若周围薯块无严重伤口,则病原无法侵入薯块内部(图10-15)。

3. 防控措施

(1)选择健康种薯、种苗。

(2)适时收获,剔除病薯,避免带机械外伤的薯块进入贮藏窖,在收获、装卸、运输途中要轻拿轻放,避免伤口形成。

图 10-15　甘薯软腐病典型症状

（3）入窖前对薯窖进行彻底清理和消毒。

（4）有条件的地方在入窖后立即进行高温愈合处理。

（5）贮藏期进行科学管理。初期主要工作是通风降温、散湿散热。中期注意保温防冻，使窖温不低于 10 ℃，最好控制在 10～13 ℃。后期（3 月以后）外界气温逐渐升高，要经常检查窖温，适当通风，保持窖内温度在 10～14 ℃。

4.应用区域

适用于全国各甘薯产区。

5.依托单位

①浙江农林大学，陆国权、庞林江，0571-63745796。

②江苏徐淮地区徐州农业科学研究所，孙厚俊，0516-82028006。

（九）甘薯地上部害虫防灾减灾技术

1.发生特点

甘薯地上部害虫主要包括斜纹夜蛾、甘薯天蛾以及烦夜蛾等，具有突发性、暴发性、繁殖速度快、危害重等特点。

2.典型症状

斜纹夜蛾初孵幼虫群集叶背啃食叶肉，只留下表皮和叶脉，3 龄后分散为害，被害叶片多数只剩下主脉，全叶被吃完后，还可钻食甘薯块根为害（图 10-16）。甘薯天蛾和烦夜蛾为害甘薯的症状与斜纹夜蛾为害症状相似，为害轻者将叶片吃成花叶或缺刻，重者蔓、叶全部被吃光，

a.斜纹夜蛾幼虫　　　　　　　　　　b.受害甘薯

图 10-16　斜纹夜蛾为害甘薯状

造成大幅度减产。

3.防控措施

根据甘薯地上部害虫的发生特点,在加强害虫监测的前提下,采取农业、物理、生物与化学的综合防治措施。

(1)农业措施 ①中耕除草,减少斜纹夜蛾等害虫产卵场所。②清洁田园,将残株及落叶集中处理,杀灭部分幼虫。③合理调整作物布局,尽可能避免在种植斜纹夜蛾等害虫嗜好作物如甘蓝、花椰菜等十字花科植物的周边种植甘薯。此外,采用水旱轮作方式,可以消灭土壤中的蛹或幼虫。④土壤翻耕,冬前深翻土壤,破坏越冬幼虫生存环境,降低害虫越冬基数。

(2)物理防治 ①灯光诱杀,田间安装频振式杀虫灯,挂放高度以 1.5 m 为宜,每 30~50 亩安装频振式杀虫灯 1 盏,或每 30 亩安装黑光灯 1 盏。②糖醋液诱集,利用糖醋液诱集成虫。糖醋液中糖:酒:醋:水=6:1:3:10,另加少许杀虫剂,每 10 d 需要添加 1 次醋和酒。③植物诱集,利用斜纹夜蛾成虫在蓖麻上产卵的习性,在田间种植蓖麻 3~5 株/亩,每 30 d 种植 1 次,在幼虫 3 龄前集中杀灭,降低对甘薯的危害。

(3)生物防治 利用斜纹夜蛾性诱剂诱集,每亩放置 2~3 个诱芯;喷施 10 亿 PIB/ mL 斜纹夜蛾核型多角体病毒 60~75 mL/亩;喷施 16000 IU/mg 苏云金杆菌可湿性粉剂 100 亿~150 亿或 400 亿孢子/g 球孢白僵菌可湿性粉剂 25~30 g/亩。

(4)化学防治 药剂防治应坚持"防早治小"策略。利用害虫 3 龄前具有群聚性这一习性,在 3 龄前晴天的傍晚进行防治。兑水喷施 240 g/L 虫螨腈悬浮剂 25~33 mL/亩、5 g/L 氯虫苯甲酰胺悬浮剂 50~60 mL/亩、2%甲氨基阿维菌素苯甲酸盐微乳剂 5~7 mL/亩、25 g/L 甲维·虫酰肼悬浮剂 40~60 mL/亩、1.8%阿维菌素乳油 40~50 mL/亩等药剂。注意轮换用药,避免抗药性的产生。

4.应用区域

适用于全国甘薯产区。

5.依托单位

①河北省植物保护研究所,陈书龙,0312-5915192。

②江苏徐淮地区徐州农业科学研究所,李强、朱金城,0516-82189203。

(十)甘薯地下害虫防灾减灾技术

1.发生特点

此类害虫种类多,发生特点各异,隐蔽为害,为害时间长,防控难度大。

2.典型症状

不同种类地下害虫为害造成的症状略有不同。蛴螬啃食甘薯块根,形成大的孔洞;金针虫通过蛀食块根,产生小而深的孔洞;叶甲主要啃食薯块表皮;甘薯蚁象成虫则将卵产在薯块表皮的取食孔内,幼虫在茎内或薯块内取食为害,造成茎基部膨大,薯块内形成蛀道(图 10-17)。

3.防控措施

根据当地甘薯地下害虫主要的发生种类,合理运用农业、物理、生物以及化学的综合防控技术手段,实现地下害虫的可持续控制。

a.蛴螬为害甘薯　　　　　　　b.金针虫为害甘薯　　　　　　　c.甘薯蚁象为害甘薯

图 10-17　主要甘薯地下害虫为害症状

(1)农业措施　①清洁田园,清除田间、田埂、地边的杂草以及遗留在田间受甘薯蚁象为害的薯块及薯蔓。②土壤翻耕,在冬前深翻土壤,破坏越冬幼虫的生存环境。③合理轮作,在有水浇条件的地区实施水旱轮作,避免与地下害虫为害较重的作物如花生、马铃薯、小麦等作物轮作。④合理施肥与灌水,施用腐熟的有机肥,适时灌溉。⑤地膜覆盖,中耕培土防止土壤龟裂或防止薯块外露。

(2)物理防治　多数金龟子种类对光具有较强的趋性,在金龟子盛发期,合理布置频振式杀虫灯或黑光灯,对金龟子进行诱杀。每30～50亩设置频振式杀虫灯1盏,或每30亩设置黑光灯1盏。

(3)生物防治　每亩沟施或穴施2亿孢子/g金龟子绿僵菌颗粒剂4～6 kg;或每亩施用10^8～10^9头昆虫病原线虫,对蛴螬具有良好的控制作用。在甘薯生长期利用性诱剂诱捕甘薯蚁象,每亩放置2～3个诱芯,每2个月更换1次。

(4)化学防治　①苗床施药,主要用于控制甘薯蚁象在苗床上的为害,在摆好种薯后,每平方米苗床均匀撒施10%二嗪磷颗粒剂3～5 g或施用10%毒死蜱颗粒剂8～9 g,然后覆土。②土壤施药,在栽秧时沟施或穴施10%二嗪磷颗粒剂1～1.5 kg/亩、5%吡虫啉颗粒剂1.5～2 kg/亩、5%毒死蜱颗粒剂2～3 kg/亩。③地上喷雾,在甘薯叶甲成虫盛发期,于下午喷施40%毒死蜱乳油1000倍液、25 g/L高效氯氟氰菊酯乳油2000倍液或1.8%阿维菌素乳油2500倍液,每周喷施1次,连续喷施2～3次。④灌根施药,主要用于防控甘薯蚁象,在甘薯生长前期,对甘薯根部灌施50%二嗪磷乳油或40%毒死蜱乳油1000～1500倍液。

4.应用区域

适用于全国甘薯产区。

5.依托单位

①河北省植物保护研究所,陈书龙,0312-5915192。

②江苏徐淮地区徐州农业科学研究所,李强、朱金城,0516-82189203。

（十一）甘薯草害防灾减灾技术

1.发生特点

杂草具有适应性广、繁殖力强、生长速度快等特点,比作物更能适应高温、干旱等逆境条件,容易形成草害,造成甘薯减产。

2. 典型症状

杂草具有惊人的多实性、顽强的生命力及再生能力,和甘薯相比,杂草的根系更为发达,吸肥吸水能力更强,在田间生长迅速并同甘薯竞争土地和空间,生产中田间管理稍有不善即会造成草害成灾,从而严重影响甘薯的产量和品质。以北方薯区为例,在甘薯的生育期内杂草发生一般有三个高峰期:第一个高峰期为 5 月中下旬,此时土壤温度回升较快,杂草处于萌发盛期,杂草群落主要以阔叶杂草为主,杂草种类主要有反枝苋、藜、小藜、饭包草、苘麻、马齿苋等,兼有部分牛筋草、马唐、狗尾草等禾本科杂草;第二个高峰期为 6 月中下旬,此时正值雨季,降水量大、温湿度高,一年生禾本科杂草生长旺盛,杂草群落以一年生禾本科杂草为主,杂草种类相对较多,主要有马唐、牛筋草、稗草、狗尾草、反枝苋、饭包草、铁苋菜、马齿苋等;第三个高峰期在 7 月下旬至 8 月下旬,此时前期未能控制的反枝苋、苘麻、稗草等具有一定空间生长优势,生长旺盛,与甘薯争取光照及养分(图 10-18)。

图 10-18　甘薯杂草为害症状

3. 防控措施

甘薯田杂草防除时间上一般宜早不宜晚,防除时杂草宜小不宜大,防除措施主要有农业措施、物理措施和化学措施。

(1)农业措施　甘薯田杂草的农业防治措施主要有施用腐熟有机肥,降低牲畜粪便中杂草种子的萌发率;清理田间、地头杂草,降低田间杂草种子数量;秸秆覆盖甘薯裸露地面,抑制杂草萌发;采用轮作换茬的方法也可抑制部分杂草的发生。

(2)物理措施　在条件允许的情况下可以通过人工拔除、锄草等措施降低田间杂草数量;在甘薯栽种后封垄前,用中耕机中耕培土,既可有效防除甘薯田杂草,又能起到中耕培土疏松土壤的作用;春薯区栽种时利用黑色地膜覆盖,能够有效抑制部分杂草的发生及为害。

(3)化学措施　化学除草剂分为苗前土壤封闭处理和苗后茎叶处理两种类型。土壤封闭可在起垄后甘薯栽插前或栽插后杂草出苗前进行,每亩可用 50% 乙草胺乳油 150～250 mL、72% 异丙草胺乳油 100～300 mL、33% 二甲戊灵乳油 150～300 mL 或 96% 精·异丙甲草胺乳油 50～100 mL,加水 30～40 L 均匀喷雾,可封闭部分杂草的萌发。栽插后杂草出苗前用药,除异丙草胺外,采用其他药剂宜戴防护罩定向喷雾,同时要避免在雨前或浇灌前施药,以防产生药害。对于以禾本科杂草为主的甘薯田,可在杂草 3～5 叶期每亩用 5% 精喹禾灵乳油 50～

100 mL、10.8%精氟吡甲禾灵 25～40 mL、15%精吡氟禾草灵乳油 50～100 mL 加水 30 L 进行茎叶均匀喷雾。杂草较大时可适当增加用药量。对于阔叶杂草和禾本科杂草混发的田块，可在杂草 3～5 叶期每亩用 16%精喹禾灵·唑嘧磺草胺 70～90 mL 兑水 30 L 茎叶喷雾防除，也可用 5%精喹禾灵 50～100 mL 或 10.8%精氟吡甲禾灵 25～40 mL 复配 20%唑嘧磺草胺 10～20 mL 兑水 30 L,进行茎叶均匀喷雾防除。

4. 应用区域

适用于全国甘薯产区。

5. 依托单位

江苏徐淮地区徐州农业科学研究所,孙厚俊、李强、朱金城,0516-82028006。

第十一章

木薯体系防灾减灾技术

一、木薯非生物灾害防灾减灾技术
　（一）木薯旱害防灾减灾技术
　（二）木薯风灾涝害防灾减灾技术
　（三）木薯寒害防灾减灾技术
二、木薯生物灾害防灾减灾技术
　（一）木薯细菌性萎蔫病防灾减灾技术

（二）木薯褐斑病防灾减灾技术
（三）木薯花叶病毒病防灾减灾技术
（四）木薯害螨防灾减灾技术
（五）木薯粉蚧防灾减灾技术
（六）木薯地下害虫防灾减灾技术
（七）木薯地杂草防灾减灾技术

一 木薯非生物灾害防灾减灾技术

（一）木薯旱害防灾减灾技术

1.发生特点

我国华南地区是木薯主产区,常会无预见性地出现高温少雨叠加的旱灾,导致严重旱害而减产。春旱导致难于正常种植,造成缺苗、弱苗,结薯少;夏秋干旱容易导致植株长势弱,薯块难膨大。春旱和夏秋干旱导致严重减产。

2.典型症状

春旱容易造成种茎枯干、缺苗、苗弱、根系稀少和茎基膨大。夏旱易引起株矮、叶小叶黄、薯数少、薯块短小、纤维根多(图 11-1)。

a.缺苗   b.根稀苗弱   c.薯数少、短小

图 11-1　木薯旱害症状(黄洁 拍摄)

3.防控措施

选用耐旱品种、选用新鲜种茎、浸种、提早种植、加强水肥管理、采取水土保持措施等。

(1)选用耐旱品种　选用耐旱、耐贫瘠、出苗早而全、茎叶生长快而旺盛、耐旱不易落叶、结薯早且根系较深的早期速生品种,如华南 5 号、华南 205、华南 201、南植 199、桂热 3 号、GR911 等。

(2)选用新鲜种茎　选用水分和营养充足的新鲜、老熟、粗壮、皮芽无损伤的种茎,斩断切口可见白色汁液。新鲜的种茎,活力强,发芽率高,耐旱性强,幼苗能早生快发,增强抗旱能力。砍种时,要用利刀,避免扯裂茎皮和扩大切口面积。

(3)浸种　对贮藏时间较长、水分含量低的种茎,种植前可用清水或 2% 石灰水浸种 6~12 h,提高种茎的含水量,促进萌芽出苗,提高出苗率。

(4)提早种植　当春天气温或地温回暖(保证≥5 ℃)时,遇雨或逢地湿(土层下 5 cm 深处湿润),应尽早抢种,避开春旱。在降雨过后或灌足一次水后盖膜抢种,趁土壤湿润,整地并用地膜盖垄,膜边用土压实,在垄顶或两侧插入木薯种茎。

(5)加强水肥管理　种植木薯后,如果 15 d 以上不下雨,发现干旱迹象,要及时浇水保苗,保证木薯发芽和生长需要;在木薯生长块根膨大期(夏秋期间),如遇持续 20 d 以上高温干旱气候,有灌溉条件的可及时灌溉,也可叶面喷施 500 mg/L 多效唑溶液,有效提高木薯适应干旱逆境的能力,使木薯增产。种植时施足有机肥,增施钾肥,可增强土壤的保水能力,提高木薯的抗旱能力。

(6)水土保持措施 综合应用可持续发展的水土保持技术,提高土壤的保水抗旱能力,创造提高土壤湿度的耐旱环境。主要技术有建植等高线植物绿篱、竹节沟蓄水、等高犁耙起垄(畦)、免耕化学除草(死覆盖)、地膜覆盖等。综合采用提早种植、间套种、合理密植、合理施肥等措施,可以促进木薯早生快发,提高抗逆能力,且能够及早荫蔽地表,起到减少地表蒸发和土壤保湿的作用,能较好预防和减轻干旱灾害程度。

(7)注意事项 持续干旱期间,注意防控红蜘蛛等螨类为害。

4.应用区域

适用于全国木薯主产区。

5.依托单位

中国热带农业科学院热带作物品种资源研究所,黄洁,0898-66961663。

(二)木薯风灾涝害防灾减灾技术

1.发生特点

在我国海南、广东、广西、福建等省区的夏秋季节,强台风和暴雨天气常导致严重的风灾涝害。

2.典型症状

植株倒伏歪斜,茎枝断折;薯块外露,薯柄断裂。在遇涝害和土壤湿度高的情况下,植株会出现黄叶、烂叶、枯叶,严重的会有落叶和烂薯(图11-2)。

a.风灾倒伏　　　　　　　　　b.涝害黄叶　　　　　　　　　c.涝害黄叶枯叶

图 11-2　木薯风灾涝害症状(黄洁 拍摄)

3.防控措施

选用抗风良种,采取防风栽培、做好台风暴雨前后的防风减害等措施。

(1)选用抗风良种 选用植株矮秆、细叶、紧凑型的耐风品种,如华南 205 等。或选用茎基粗硬不易断折倒伏的抗风品种,如华南 5 号等。

(2)防风栽培 选择避风或有林带防护的地段。提早或推迟种植,使木薯的茂盛生长期避开台风季节。使用健壮种茎,采用种茎插植方法,合理密植与间苗疏枝,提早并合理施肥,控施氮肥,增强植株的抗风能力。

(3)台风前措施　在台风前适当砍顶和摘叶,降低植株受风面积,可减轻倒伏灾害。低洼积水地要挖好排水沟渠,清除排水沟渠的堵塞杂物,以顺畅排水。

(4)台风后措施　由于木薯是地下块根作物,当根系受到伤害后,块根的膨大基本受到抑制。同时,遭受强风暴雨后的块根容易受浸水而烂根烂薯,相较其他作物,木薯遭受风涝灾害后更易减产降质。强风暴雨后,应及早排除积水,降低地下水位,清除断折茎枝,趁灾后地湿松软时,尽快扶正并适当培土固定,务必用土覆盖所有外露薯块。在土壤较硬或需用较大力才能扶正时,切忌强硬扶正而加重薯柄的断伤,从而影响薯块的膨大。

(5)注意事项　台风多雨季节,注意木薯细菌性枯萎病等病害的发生及防治。适当推迟收获,延长生长期,以起到增产和提高鲜薯淀粉含量的作用。

4. 应用区域

适用于全国木薯主产区。

5. 依托单位

中国热带农业科学院热带作物品种资源研究所,黄洁,0898-66961663。

(三)木薯寒害防灾减灾技术

1. 发生特点

北回归线以北,北纬30°以南的木薯主产区,即江西、湖南、福建,以及广东、广西中部以北地区,容易出现寒害。低温对木薯的生长不利,当气温在10 ℃以下,木薯叶片受轻微伤害,幼苗停止生长,4 ℃以下会遭受冻害,逐渐枯萎死亡。寒害常在3—4月的木薯种植出苗期、11—12月的成熟期发生,危害程度与寒潮的强弱有密切关系。

2. 典型症状

在木薯苗期,幼苗受寒之后,会造成植株生长放缓,通常木薯茎秆、叶片无明显伤害特征。严重时,木薯叶片会出现萎蔫现象。

在木薯成熟期,植株受寒害后,嫩叶的抗寒能力最弱并最先受害,表现为叶片失绿、下垂;成熟叶片会出现黑色斑点、叶色黄化、叶姿下垂、水渍状,甚至脱落。幼嫩茎受寒害后,茎会变色,进而失水、干枯,嫩茎常褐化,最终枯死。老熟茎受害后,最初茎外皮出现少量黑点,进而芽眼内部的生长点变色,部分休眠芽处有糖分溢出(图11-3)。进一步加重后,茎褐色的木质部出现变色现象(刮去表皮可见)。严重受害情况下,整条茎褐化、韧皮部与木质部分离。受害茎不能用作种植材料。块根受害后,组织软化,薯肉出现黑点,淀粉含量下降,严重的会导致霉烂。

3. 防控措施

选用耐寒或早熟品种,采取以保温栽培和及时收获为核心的防灾减灾技术。

(1)选用耐寒或早熟品种　选用适合当地生产的耐寒或早熟木薯品种,如SC205、南植199、SC15、SC9和SC8等。

(2)保温栽培　种植期采用起垄、覆膜栽培,可以有效降低因前期低温天气造成的烂种情况。起垄后,可先覆盖地膜,再栽植木薯;也可先栽植木薯,再覆盖地膜。基肥宜增施有机肥,壮薯肥可增施钾肥。中期培土,促进木薯植株生长,增强植株抗性。

a.寒害后芽眼"流糖"　　　　b.顶部嫩叶寒害　　　　c.霜冻后整株冻死

图 11-3　木薯寒害症状

（3）及时收获　在冬季,关注当地气温变化,当预报未来夜间气温低于 4 ℃时,应及时收获木薯。在霜冻之前,必须完成木薯种茎的越冬贮藏。应选择叶片自然脱落、健康无病虫害、粗壮的主茎,采用窖棚、山洞贮藏方法进行安全越冬贮藏。

4. 应用区域

适用于北移木薯主产区。

5. 依托单位

江西省农业科学院土肥料与资源环境研究所,林洪鑫,0791-82728036。

二　木薯生物灾害防灾减灾技术

（一）木薯细菌性萎蔫病防灾减灾技术

1. 发生特点

该病在木薯整个生育期均可发生,发病程度与气候条件、品种感病性及生育期等因素密切相关。其中,温湿度对病害的发生与发展影响较大,特别是台风、暴雨常易引发病害暴发流行。

2. 典型症状

叶片受侵染后,最初形成暗绿色水浸状角形病斑,然后向周边扩展变大或多个角斑连片,最后呈褐色角形病斑或块状斑块,边缘略呈水浸状;暴发流行时,会出现大量角斑,叶片迅速萎蔫或变黄脱落;或者出现灰绿色病斑,叶片快速失水,数日后病斑变白变褐,形成小叶甚至叶片干枯。嫩茎和嫩枝发病初期出现水渍状病斑,然后变褐色,形状略凹陷,后期呈梭形凹陷或开裂状,严重时顶端回枯,甚至整株枯死。发病叶片和茎秆通常可观察到白色、浅黄色至褐色溢出物(菌脓)(图 11-4)。

3. 防控措施

采取以检测检疫、种茎消毒、农业防治、疫情监测与精准施药为核心的综合防控技术。

（1）植物检疫　引种或种茎调运时,对引进或调运种苗(茎)材料进行检测检疫。

（2）种茎消毒　用 0.4% 甲醛浸泡种茎 55～60 min 后,用清水冲净残留药液,晾干后种

a.水浸状多角形病斑　　　　　b.褐色多角形病斑　　　　　c.病叶变黄凋萎

d.病斑或叶片干枯　　　　　　　　　e.茎秆褐色病斑

f.茎秆受害后植株发病症状　　　　　g.台风后暴发流行的田间症状

图 11-4　木薯细菌性萎蔫病症状

植。注意浸泡种茎的药液要没过种茎,浸泡后要将种茎残留药液冲洗干净,并适当放置让药剂尽量挥发散去。

(3)农业措施　科学水肥管理,适当增施钾肥,控制氮肥,提高植株抗病能力;合理间种或轮作,与花生、大豆等作物间套作,与甘蔗、玉米等作物轮作;选用抗病良种,发病严重的地块适当选种农艺性状好、兼具一定耐病性的品种,如华南5号等;及时清除病株残体,苗期发现茎秆发病后要及时清除,防止病情进一步扩散。

(4)化学防治　当田间病害零星发生且雨季即将来临前,要及时喷药。可选用80%乙蒜素、20%噻唑锌、阿泰灵(6%寡糖·链蛋白)等药剂进行施药防治。根据病情的发展及天气情况,通常7 d左右施药1次,连续用药2~3次。喷施乙蒜素时应选晴天午后进行,且不可盲目加大用药浓度,避免产生药害。

4.应用区域

适用于全国木薯主产区。

5.依托单位

中国热带农业科学院环境与植物保护研究所,黄贵修,0898-66969299。

（二）木薯褐斑病防灾减灾技术

1.发生特点

当年春季种植的木薯,植株高度达到 1 m 左右,即田间封行后褐斑病即开始发生,生长中后期为害尤为严重。不同种植规格、不同前作作物和不同种植模式下的薯园均有病害发生。重病田会使所有植株受害,植株上大部分叶片出现黄褐色典型病斑,发病叶片变黄并提前脱落。

2.典型症状

病原菌主要为害叶片,最初侵染植株的下部叶片,随后病害向植株高处和四周扩散。叶片受侵染后,最初形成墨绿色、水浸状、近圆形或不规则病斑。病斑随后扩大变成灰褐色,最后形成黄褐色病斑。典型成熟病斑的正反两面均为褐色,近圆形或不规则形。病斑中央色泽较深并有同心轮纹,边缘常呈黑褐色。天气潮湿时,病斑迅速扩展并汇合成不规则的大斑块。发病后期病斑中央破裂、穿孔,潮湿时,叶片下表皮病斑上常出现灰橄榄色的粉状物,即病原菌子实体及分生孢子。发病叶片最终黄化、干枯并提前脱落。重病薯园内,受害植株叶片大量脱落,严重时仅剩上部少量叶片(图 11-5)。

a.褐斑病病斑　　　　　　　　　　b.病叶变黄、脱落

c.褐斑病重病田

图 11-5　木薯褐斑病症状

3.防控措施

采取以农业防治为主,辅以化学防治的综合防治措施。

（1）农业防治

①薯园选择。应选择排水良好的田块种植木薯,减轻病害为害程度。对于上一个种植季节发生严重病害的薯园,建议和其他作物轮作至少一个种植季节。

②种茎选择。种植时应选用来自无病木薯园的老熟茎秆作为种植材料,以减轻病害的发生。SC205受害程度相对较轻,病区可优选该品种。

③农事管理。适当密植,加宽株行距可有效降低田间湿度,平衡施肥可提高植株的抗病能力。做好杂草防除促进木薯生长并增强其抗病能力。做好薯园卫生,收获后收集并烧毁田间病残体,可推迟病害的发生时间并减轻受害程度。

（2）化学防治

①施药时机。正确的施药时机是取得理想防治效果的前提。对褐斑病来说,木薯封行后,病害零星发生且雨季来临前是最适宜的施药时机。

②有效药剂和施药方式。50%多菌灵可湿性粉剂、25%丙环唑乳油、25%咪鲜胺乳油和中国热带农业科学院环境与植物保护研究所研发的19%咪鲜·三唑酮可湿性粉剂等药剂对褐斑病有良好的控制作用。重病区每10 d施药1次,连续施药2~3次,可取得理想的防效,轻病区施药1~2次即可。

4. 应用区域

适用于全国木薯主产区。

5. 依托单位

中国热带农业科学院环境与植物保护研究所,黄贵修,0898-66969299。

（三）木薯花叶病毒病防灾减灾技术

1. 发生特点

国内木薯花叶病毒病主要由木薯斯里兰卡花叶病毒和木薯普通花叶病毒引起,在木薯整个生长季节均可发生,国内主栽品种对该类病害均不具备抗性。症状严重程度随病毒种类、季节、品种、田间管理等因素不同而异,杂草多的田块病害发生程度较重。在凉爽的雨季,花叶病症状尤为明显,夏季高温条件下常出现隐症(即不形成症状)或呈"浅花叶状"。病毒可通过多种途径传播,如烟粉虱、农事操作等,带病种茎的调运是病害远距离传播的主要途径。

2. 典型症状

木薯受害后,典型症状为系统性花叶。受侵染叶片最初出现褪绿的小斑点,随后逐渐扩大、黄化并与正常绿色形成花叶状,背面有时可见突起。发病叶片普遍变小,叶片严重受害时中部和基部常收缩成蕨叶状。发病植株通常矮缩,结薯少而小,严重时块根无法形成,导致产量降低甚至绝收。相比之下,木薯普通花叶病毒侵染引起的花叶病叶片黄化程度较轻,而且黄化和褪绿症状常受叶脉限制。在田间条件下,两种病毒常混合侵染同一植株(图11-6)。

3. 防控措施

采取检疫监测、农业防治和传毒介体防治等综合防治策略。

（1）检疫监测

①严禁从发病区引进感病的活体木薯、麻风树、豆科杂草等植物种植材料及携带病毒的烟

a.木薯斯里兰卡花叶病

b.感病植株产量受影响

c.木薯普通花叶病

d.感病及健康植株

图 11-6　木薯花叶病毒病症状

粉虱。

②在云南、广西,以及邻近木薯进口/港口、发病木薯园的木薯种植区,加强病害的监测工作,发现病株后及时进行深埋或集中销毁。

(2)农业防治

①合理进行水肥管理,清除田间杂草,提高木薯植株对病害的抵抗能力。

②选用无病种茎种植,发病田块种茎不能作为繁殖材料,注意进行田间清理并对病残体进行焚烧或深埋处理。

③必要时喷洒几丁聚糖、氨基寡糖素等诱抗剂,诱导植株提高抗病能力。

④可选种 ZMI93 等抗(耐)病品种,也可和谷物类作物进行轮作。

⑤在发病园区注意对操作工具(刀和锄头)进行消毒处理,如用多把刀砍木薯秆时可用70%乙醇浸泡刀具,轮流使用。

(3)传毒介体防治

①利用烟粉虱对黄色、橙黄色的强烈趋性,可购买或制作尺寸为 30 cm×21 cm 的黄色诱虫板,每亩设置 30～40 块,在黄板下缘高出木薯冠层 10 cm 处悬挂,进行成虫的诱杀。

②应用吡虫啉(2.5%和 10%)、阿维菌素(1%和 1.8%)、噻嗪酮(25%)等药剂进行烟粉虱的防治;也可以应用杀虫剂浸泡种茎进行防虫处理。

4. 应用区域

适用于全国木薯主产区。

5.依托单位

中国热带农业科学院环境与植物保护研究所,黄贵修,0898-66969299。

（四）木薯害螨防灾减灾技术

1.发生特点

木薯害螨包括木薯单爪螨、二斑叶螨和朱砂叶螨等,害螨多发生于高温、干旱季节,适宜温度 20~30 ℃,适宜湿度 75％~85％,可借风力、流水、昆虫、鸟兽、农业机具及吐露的白色丝网进行短距离扩散,也可以随插条等木薯种植材料进行远距离传播。

2.典型症状

害螨以成螨、幼螨和若螨为主,为害植株顶芽、嫩叶和茎的绿色部分,且常聚集在叶背刺吸汁液。木薯单爪螨为害后的叶片布满黄白色斑点,受害严重时可导致叶片褪绿黄化(图 11-7a 和 d)。二斑叶螨为害叶片初期,叶面出现失绿斑点,后逐渐连成片,后期致使叶片大面积黄化(图 11-7b 和 e)。嫩叶被害后,常引起皱缩、扭曲而变形,虫口密度大时,叶片被害螨吐露的白色丝网笼罩,新叶顶端聚成"虫球",其细丝还可在植株间搭接,害螨顺丝爬行扩散。朱砂叶螨为害叶片初期叶面出现失绿斑点,后逐渐连成片,后期导致叶片大面积呈黄褐色,为害严重时叶片脱落导致植株死亡(图 11-7c 和 f)。

a.木薯单爪螨　　　　　　b.二斑叶螨　　　　　　c.朱砂叶螨

d.木薯单爪螨为害症状　　e.二斑叶螨为害症状　　f.朱砂叶螨为害症状

图 11-7　木薯害螨及其为害症状

3.防控措施

采取以检疫处理、种茎处理、农业防治、生物防治和绿色化学药剂防治相结合的绿色防控技术。

(1)检疫处理　对于木薯单爪螨等检疫性害螨,加强检疫机关的检疫职能。

(2)种茎处理　如收获时不留种,则将茎秆叶子集中烧毁;如收获时留种,则用 40％啶虫脒可溶性粉剂 1500 倍液和 5.7％甲氨基阿维菌素苯甲酸盐水分散粒剂 3000 倍液混合液喷杀茎秆后储存留种;种植时,用40%啶虫脒可溶性粉剂1500倍液和5.7%甲氨基阿维菌素苯甲酸盐水分散粒剂3000倍液混合液浸泡种茎5~10 min后种植。

(3)农业防治　选择抗螨兼具高产优质品种,如SC5、SC9、SC15、利民等;做好田园清洁和中耕除草,减少螨源;调整品种布局,合理轮作和间套作,选留健康种苗,调控田间微生态环境,保护自然天敌,降低害螨种群数量及增长趋势;合理深耕和灌溉可杀死大量害螨;合理施用各种肥料,增强作物的生长势,提高作物自身的抗螨能力。

(4)生物防治　木薯单爪螨、二斑叶螨和朱砂叶螨均有大量的天敌,如捕食螨以及一些食螨瓢虫、草蛉、蜘蛛、蓟马和瘿蚊等。

(5)绿色化学药剂防治　合理使用5.7%甲氨基阿维菌素苯甲酸盐水分散粒剂5000倍液,或3.2%高氯·甲维盐微乳剂3000倍液,或20%阿维·杀虫单微乳剂2000倍液,或4.5%高效氯氰菊酯微乳剂2000倍液,或2.5%高效氯氟氰菊酯水乳剂2000倍液等喷雾防治,对木薯害螨具有良好的药效。

4. 应用区域

适用于全国木薯主产区。

5. 依托单位

中国热带农业科学院环境与植物保护研究所,陈青,0898-66969251。

(五)木薯粉蚧防灾减灾技术

1. 发生特点

木薯上为害较严重的粉蚧主要包括木薯绵粉蚧、木瓜秀粉蚧、美地绵粉蚧和双条拂粉蚧,均为木薯上的外来入侵害虫。上述4种粉蚧的发生特点较为相似,均于高温干旱季节发生为害较重,其发育繁殖的适宜温度为28~32 ℃,适宜湿度为75%~85%,逢雨种群数量会急剧下降。该虫繁殖速度快,30~60 d繁殖1代,1龄若虫十分活泼,且世代重叠严重,种群增殖快。该类害虫发育历期、雌成虫寿命和每雌产卵量在20~36 ℃均随温度的升高而逐渐降低。

2. 典型症状

繁殖体随风进行短距离扩散,随木薯种植材料如插条等进行远距离传播。雌性成虫和若虫通过刺吸叶片和嫩枝的汁液为害木薯,可造成叶片发黄、卷曲、脱落,生长点丛生,枝条畸形及嫩枝枯死。同时,木薯粉蚧还能分泌大量蜜露,诱发霉烟病,使木薯叶片光合作用降低,造成更为严重的产量损失(图11-8)。

3. 防控措施

(1)检疫处理　加强检疫机关的检疫职能,强化退货、就地销毁、消毒除害、异地卸货等检疫措施的有效实施,杜绝外来入侵粉蚧的传播。

(2)种茎处理　如收获时不留种,则将茎秆、叶子集中烧毁;如收获时留种,则用40%啶虫脒可溶性粉剂1500倍液和5.7%甲氨基阿维菌素苯甲酸盐水分散粒剂3000倍液混合液喷杀留种茎秆后储存留种,其他不用的所有茎秆、叶子集中烧毁;种植时,用40%啶虫脒可溶性粉剂1500倍液和5.7%甲氨基阿维菌素苯甲酸盐水分散粒剂3000倍液混合浸泡种茎5~10 min后种植。

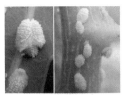

a.木薯绵粉蚧 　　　　　b.木瓜秀粉蚧 　　　　　c.美地绵粉蚧 　　　　　d.双条拂粉蚧

e.木薯绵粉蚧为害症状　f.木瓜秀粉蚧为害症状　g.美地绵粉蚧为害症状　h.双条拂粉蚧为害症状

图 11-8　木薯粉蚧及其为害症状

（3）农业防治　选择抗虫性强兼高产优质品种,如 SC5、SC9、SC15 等;做好田园清洁和中耕除草,减少虫源;调整品种布局,合理轮作和间套作,选留健康种苗,调控田间微生态环境,保护自然天敌,降低害虫种群数量及增长趋势;合理深耕和灌溉可杀死大量害虫;合理施用各种肥料,增强作物的生长势,提高作物自身的抗虫能力。

（4）生物防治　4 种粉蚧均有大量的天敌,如跳小蜂及捕食性瓢虫、草蛉、蜘蛛、蓟马等,可充分利用。

（5）绿色化学药剂防治　病害发生严重时,合理使用 40% 啶虫脒可溶性粉剂 1500 倍液,或 4% 阿维啶虫脒乳油 3000 倍液,或 80% 敌百虫乳油 1000 倍液,或 20% 阿维·杀单微乳剂 2000 倍液,或 4.5% 高效氯氰菊酯微乳剂 2000 倍液,或 2.5% 高效氯氟氰菊酯水乳剂 2000 倍液等喷雾防治。

4. 应用区域

适用于全国木薯主产区。

5. 依托单位

中国热带农业科学院环境与植物保护研究所,陈青,0898-66969251。

（六）木薯地下害虫防灾减灾技术

1. 发生特点

为害木薯的地下害虫包括蔗根锯天牛和铜绿丽金龟等害虫。蔗根锯天牛主要以成虫飞行传播,传播能力较强;铜绿丽金龟具有趋光性、趋腐性和奢食性,田间 28～32 ℃下高温潮湿条件下易暴发成灾。

2. 典型症状

蔗根锯天牛主要以幼虫取食木薯根颈部及主根,导致全株死亡,该虫在植株内呈片状蛀害,也有呈零星分布状蛀食个别植株;铜绿丽金龟主要以幼虫蛴螬取食种茎、根系和鲜薯等,且有转移为害习性,严重时可将根茎、鲜薯取食殆尽或仅留土表个别老根,受害植株极易倒伏,造成缺株或死苗(图 11-9)。

a.蔗根锯天牛   b.铜绿丽金龟

c.蔗根锯天牛为害症状   d.铜绿丽金龟为害症状

图 11-9　木薯地下害虫及其为害症状

3.防控措施

采取以种茎处理、农业防治、生物防治和绿色化学药剂防治相结合的绿色防控技术。

(1)种茎处理　如收获时不留种,则将茎秆、叶子集中烧毁;如收获时留种,用40%啶虫脒可溶性粉剂 1500 倍液和 5.7%甲氨基阿维菌素苯甲酸盐水分散粒剂 3000 倍液混合液喷杀留种茎秆;种植时,用 40%啶虫脒可溶性粉剂 1500 倍液和 5.7%甲氨基阿维菌素苯甲酸盐水分散粒剂 3000 倍液混合浸泡种茎 5～10 min 后种植。

(2)农业防治　选择抗虫兼具高产优质品种,如 SC5、SC9、SC15 等;做好田园清洁和中耕除草,减少虫源;合理深耕和灌溉可杀死大量害虫;合理施用各种肥料,增强作物的生长势,提高作物自身的抗虫能力。

(3)生物防治　多角体病毒、绿僵菌、白僵菌等对蔗根锯天牛和铜绿丽金龟等地下害虫具有良好的生物防治效果。

(4)绿色化学药剂防治

①生物药剂毒饵诱杀。种植时,在种植行间每隔 3～5 m 挖一个 30 cm 的土坑,坑中放入蘸有 5.7%甲氨基阿维菌素苯甲酸盐水分散粒剂 5000 倍液的米糠混合物作毒饵诱杀;或用90%晶体敌百虫 0.5 kg 或 50%辛硫磷乳油 500 mL,兑水 2.5～5 L,喷在 50 kg 碾碎炒香的米糠、豆饼或麦麸上,于傍晚在受害作物田间每隔一定距离撒一小堆,或在作物根际附近围施,每公顷用 75 kg。

②药肥预防。按每亩 1 kg 40%啶虫脒可溶性粉剂(具体剂量按照购买的商品说明使用)和 1 kg 5.7%甲氨基阿维菌素苯甲酸盐颗粒剂(具体剂量按照购买的商品说明使用)和基肥一同施于种植沟中后再种植。

③喷雾。发生虫害时,合理使用 5.7% 甲氨基阿维菌素苯甲酸盐水分散粒剂 5000 倍液,或 3.2% 高氯·甲维盐微乳剂 3000 倍液,或 20% 阿维·杀虫单微乳剂 2000 倍液,或 4.5% 高效氯氰菊酯微乳剂 2000 倍液等根基喷雾防治。

4.应用区域

适用于全国木薯主产区。

5.依托单位

中国热带农业科学院环境与植物保护研究所,陈青,0898-66969251。

(七)木薯地杂草防灾减灾技术

草害是影响木薯优质高产的主要因素之一,一般可使木薯减产 10%～20%,严重的可减产 50% 以上。木薯主栽区杂草以香附子、牛筋草、假臭草、马唐等常见且为害严重。

1.发生特点

木薯地香附子等多年生草本杂草、牛筋草、马唐等一年生草本和假臭草等一年生或短命的多年生草本为害较重,部分杂草具块茎,花果期一般在 5—11 月,木薯地发生普遍。

2.典型症状

(1)香附子,莎草科莎草属,匍匐根状茎长,具椭圆形块茎。叶状苞片 2～3 枚;穗状花序轮廓为陀螺形,稍疏松,具 3～10 个小穗;小穗轴具较宽的、白色透明的翅;小坚果长圆状倒卵形,三棱形,具细点(图 11-10a)。

(2)牛筋草,禾本科䅟属,秆丛生,基部倾斜,高 10～90 cm。叶鞘两侧压扁而具脊,松弛,无毛或疏生疣毛;叶舌长约 1 mm;叶片平展,线形,无毛或上面被疣基柔毛;穗状花序 2～7 个指状着生于秆顶;颖披针形,具脊(图 11-10b)。

(3)假臭草,菊科泽兰属,全株被长柔毛,茎直立,叶片对生,卵圆形至菱形,先端急尖,基部圆楔形;头状花序,总苞钟形,藏蓝色或淡紫色;瘦果黑色,条状,种子顶端具一圈白色冠毛(图 11-10c)。

a.香附子　　　　　　　b.牛筋草　　　　　　　c.假臭草

图 11-10　木薯地杂草为害症状

3. 防控措施

(1)非化学防治　运用深耕除草、覆盖除草、间作套作、捡拾香附子块根等农业、物理及生态措施。采取深翻土壤,对连年发生严重香附子等具有块根杂草的地块,需结合人工或机械捡拾措施,将块根捡走焚烧。

(2)化学防治　对香附子等莎草科杂草为主的地块,在整地前、整地后和种植前杂草已经长出,可采用灭生性茎叶处理等措施;整地起垄后土壤喷施75%氯吡嘧磺隆水分散粒剂5～6 g/亩,再采用"直插"的种植方式种植木薯;出苗后选用对香附子有效的除草剂如75%氯吡嘧磺隆水分散粒剂5～6 g/亩或480 g/L灭草松水剂150～200 mL/亩,定向喷施,避免产生药害。

对牛筋草等禾本科杂草为主的地块,萌芽前使用50%乙草胺乳油160～200 mL/亩向土表喷施。杂草苗期用10%精喹禾灵乳油30～40 mL/亩或108 g/L高效氟吡甲禾灵30～40 mL/亩喷雾。

对假臭草等阔叶类杂草为主的地块,萌芽前使用75%嗪草酮水分散粒剂50～70 g/亩土壤喷施。苗期选用250 g/L氟磺胺草醚水剂100～120 mL/亩或20%乙羧氟草醚乳油20～30 mL/亩,并用扇形喷头进行喷施,避开木薯新叶。

对木薯地杂草也可选用41%草甘膦异丙胺盐水剂360～400 mL/亩采取保护措施,如喷头带扇形防护罩定向喷施,避免产生药害。

4. 应用区域

适用于全国木薯种植区。

5. 依托单位

海南大学,陈银华,0898-66279046。

第十二章

油菜体系防灾减灾技术

一、油菜非生物灾害防灾减灾技术
　(一)油菜旱灾防灾减灾技术
　(二)油菜冷害和冻害防灾减灾技术
　(三)油菜渍害防灾减灾技术
　(四)油菜高温灾害防灾减灾技术
　(五)油菜连阴雨防灾减灾技术
　(六)油菜风灾(含台风和沙尘暴)防灾减灾
　　　技术
　(七)油菜土壤缺素(氮、磷、钾、硼、镁等)防灾
　　　减灾技术
　(八)油菜除草剂毒害防灾减灾技术
二、油菜生物灾害防灾减灾技术
　(一)油菜菌核病防灾减灾技术
　(二)油菜根肿病防灾减灾技术
　(三)油菜霜霉病防灾减灾技术

　(四)油菜黑胫病防灾减灾技术
　(五)油菜根腐病防灾减灾技术
　(六)油菜白粉病防灾减灾技术
　(七)油菜病毒病防灾减灾技术
　(八)油菜蚜虫防灾减灾技术
　(九)油菜菜青虫防灾减灾技术
　(十)油菜小菜蛾防灾减灾技术
　(十一)猿叶甲防灾减灾技术
　(十二)油菜跳甲防灾减灾技术
　(十三)油菜茎象甲防灾减灾技术
　(十四)油菜软体动物(蜗牛、蛞蝓)防灾减灾
　　　　技术
　(十五)油菜鸟害防灾减灾技术
　(十六)油菜草害防灾减灾技术

一 油菜非生物灾害防灾减灾技术

（一）油菜旱灾防灾减灾技术

1.发生特点

长江流域油菜干旱分为秋冬旱和春旱。秋季是油菜播种出苗、保全苗的关键时期，此期遇干旱会导致播种困难，直播油菜出苗缓慢、出苗率下降，不但密度不能达到高产要求，而且个体发育差。冬季是油菜花芽分化和营养体生长期，此期遇干旱会导致花芽分化显著减少。春季是油菜营养生长与生殖生长两旺的时期，此期遇干旱会导致营养生长与生殖生长矛盾加大，花期缩短，而且硼吸收困难易造成"花而不实"，产量和含油量显著降低。

2.典型症状

播种出苗时遭遇干旱天气，种子难以发芽出苗、出苗率低、出苗参差不齐。缺苗断垄、苗弱，苗情质量差，甚至出现死苗现象（图 12-1a）。同时，干旱伴随苗期跳甲发生。苗期遇干旱，根系吸收水分和养分困难，容易造成越冬前苗细弱、营养体较小，根系不发达，冬季极易受冻（图 12-1b）。薹花期是油菜需水的临界期，干旱会造成部分油菜分枝减少，下脚叶逐渐枯萎，营养生长受阻，花期缩短，授粉受精不良，严重影响结角结籽。角果期干旱会降低油菜粒重和含油量。

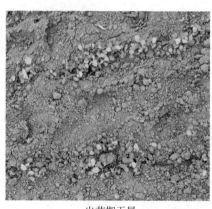

a.出苗期干旱   b.苗期干旱

图 12-1　油菜出苗期、苗期干旱症状

3.防控措施

油菜旱灾需要从抗旱品种选择、播种前种子处理和栽培管理等方面进行综合防治。

（1）选用抗旱品种，做好种子处理　选用适合本区域的审定或登记耐旱品种，播种前可用新美洲星原液、种卫士、碧护＋康宽等拌种，促进油菜速发快长，有效防治苗期油菜蚜虫等病虫为害。

（2）抢墒播种，合理密植　坚持适期适墒播种，适时早播，促进早发。湖北省一般播期为9月中下旬至11月初。如遇持续旱情，在播种前3～5 d 灌1次跑马水，造墒播种，或播后立即采用沟水渗厢方式灌溉保墒,确保出苗。充分发挥直播密植的增产、省肥、控草、补迟、适机收等优势,适当加大种植密度。如播种期推迟,可在每亩 0.25～0.35 kg 范围内逐渐增加播种量。

(3)平衡施肥　在干旱情况下,油菜的肥料利用能力下降,造成油菜生长较慢,但底肥充足的田块在墒情改善后能迅速恢复。因此,在追肥促苗时,注意氮、磷、钾平衡施肥,切忌增施和偏施氮肥,以免造成后期倒伏和病虫害加重发生。

4. 应用区域

适用于长江流域冬油菜主产区。

5. 依托单位

陕西省杂交油菜研究中心,田建华,029-68259006。

(二)油菜冷害和冻害防灾减灾技术

1. 发生特点

冷害和冻害(含倒春寒)是指温度低于油菜正常生长发育的下限温度,引起油菜非正常生长而造成的危害。冻害指气温下降到 0 ℃以下,引起体内组织发生冰冻,导致植株受伤或死亡;冷害指 0 ℃以上的低温引起油菜生理机能障碍造成的伤害;倒春寒指在春季天气回暖过程中,因冷空气的侵入,气温明显降低,对油菜生长尤其是生殖生长造成危害的天气。油菜在越冬期和蕾薹期易遭受冷害和冻害,花期容易遭遇倒春寒灾害天气。

2. 典型症状

油菜冷害症状表现主要有:轻度危害导致叶片出现大小不一的枯死斑,叶色变浅、变黄;严重危害则导致油菜叶片萎蔫、枯死,花蕾萎蔫及花器官脱落等。

油菜冻害症状表现主要有:根系受冻,土壤在不断冻融的情况下,土层抬起,根系扯断外露;叶部受冻,受冻叶片呈烫伤水渍状,当温度回升后,叶片发黄,最后发白枯死,重者造成地上部分干枯或整株死亡(图 12-2a);薹花受冻,蕾薹受冻呈黄红色,皮层破裂,部分蕾薹破裂、折断,花器发育迟缓或呈畸形,影响授粉和结实,分段结角明显(图 12-2b)。

当发生倒春寒温度陡降到 10 ℃以下时,油菜开花数量明显减少,5 ℃以下一般不开花,正在开花的花朵大量脱落,幼蕾变黄脱落,花序上出现分段结角现象。

a.苗期冻害　　　　　　　　　　　　　　b.薹期冻害

图 12-2　油菜苗期、薹期冻害症状

3.防控措施

油菜冷害和冻害(含倒春寒)需要从选用适宜品种、采取选择合适播种时期和密度、适时调控、培育壮苗等配套技术措施,加强田间栽培管理等方面进行综合防治。

(1)选用适宜于本生态区的优良油菜品种　不同的油菜品种其抗寒能力有差异,在寒害发生频率高的区域,应选用生长量大、抗寒性强、抗逆性好的适合本区域的审定或登记品种。

(2)选择合适播栽时期和密度　选择农业部门主推的在当地能够安全越冬抽薹的抗寒油菜品种,适期播种或移栽,防止小苗、弱苗以及早花、早薹。长江流域直播冬油菜播种期一般在9月中旬至10月中旬,过早和过晚都会降低油菜的抗寒能力。确保水田、旱地油菜每亩分别达到3.0万～3.5万株和2.5万～3.0万株的基本苗。对采取育苗移栽方式的地区,要抓住雨后墒情较好的有利时机,做到壮苗及时移栽,密度在6000～8000株/亩,抢墒早栽,确保早返青、早生长。

(3)中耕培土,适时调控,培育壮苗　冬季中耕培土,可疏松土壤,增厚根系土层,对阻挡寒风侵袭和提高抗寒能力有一定的作用。可在降温前利用无人机叶面喷施外源物质调控油菜生长状况,提高抗逆性。对于因氮肥过量而旺长的油菜,可连喷2次0.2%～0.5%磷酸二氢钾溶液,间隔期为7d。也可在越冬前喷施多效唑或烯效唑适度抑制生长,防止旺长。对于生长偏弱的油菜,也可喷施0.5%～1.5%尿素溶液,既能防冻,又能促进生长,提高叶片抗寒能力。对于长江流域迟播油菜,增施薹肥,一般在2月上中旬施用,亩追施尿素5～6 kg和氯化钾1 kg,均匀混合后施用。花期预防倒春寒,冷空气来临前可利用无人机叶面喷施有机水溶肥、磷酸二氢钾等,增强植株抗寒性。

(4)加强田间栽培管理　一是早熟油菜产区要及时摘除早薹早花,在薹高30 cm时摘薹,基部留薹长度以10～15 cm为宜,以延缓生育进程,减轻冻害,并在摘薹后亩追施3～5 kg尿素,促进分枝发育。对于已经受冻田块,应在晴天及时摘除受冻严重的叶片、早薹、早花。摘薹时,用刀从枝干死、活分界线以下2 cm处斜割受冻菜薹,并药肥混喷1～2次,每亩用磷酸二氢钾100 g或多菌灵150 g兑水50 kg,均匀喷雾,可起到补肥、防茎秆腐烂及油菜菌核病的作用。摘除后随即每亩追施5～7 kg尿素,补偿油菜植株体内养分,促进恢复生长,以利早生、快生、多生分枝。对叶片受冻较轻的油菜,也应每亩适当追施3～5 kg尿素,促使其尽快恢复生长。二是清沟理墒,降低田间湿度,促进根系发育。利用晴好天气,对田间的沟渠再进行一次疏通,做到厢沟、腰沟、围沟三沟畅通,确保明水能排、暗水能滤。对于移栽油菜,可利用清沟土培护幼苗,培土高度以接近第一片叶基部为宜。

(5)防治次生病害　油菜受冻后抗逆性下降,抵御病虫的能力减弱,应加强病虫害防治,避免次生灾害的发生。

4.应用区域

适用于全国冬油菜主产区。

5.依托单位

①华中农业大学,周广生,027-87288969。
②甘肃农业大学,武军艳,0931-7631145。

（三）油菜渍害防灾减灾技术

1. 发生特点

油菜渍害是由长期阴雨或洪涝灾害造成的,田间水分过多形成积水不能及时排除,土壤水分长期处于饱和状态,致使作物根际缺氧通气不良,肥料吸收利用能力降低,引起作物器官功能衰退和植株生长发育不正常而导致减产。渍害常发生于油菜苗期、花角期,在油菜生长期间遇连阴雨是引起渍害的主要因素,油菜较少遭遇洪涝灾害。

2. 典型症状

油菜遭遇连阴雨时,苗期渍害症状主要有:油菜根系发育不良甚至腐烂,外层叶片变红、黄化、凋萎死亡,新叶生长停滞,叶色灰暗,心叶不能展开,幼苗生长缓慢(僵苗)甚至死苗,油菜株高、根颈粗、绿叶数均明显降低(图 12-3)。花角期渍害症状主要有:油菜开花授粉结实受影响,造成花角脱落、阴角增多,严重时可导致植株早衰,有效分枝数、单株角果数和粒数大幅度下降。同时,长期阴雨还会导致病害加重发生。洪涝灾害可导致植株折断、倒伏、压埋、浸泡、腐烂等。

图 12-3　油菜苗期渍害症状

3. 防控措施

油菜渍害需要从选用抗渍耐渍品种,采取开沟排渍、补施磷钾肥等配套技术措施,加强农田水利基础设施建设等方面进行综合防治。

(1)选用抗渍耐渍品种　耐渍品种具有较高的相对发芽率、相对苗长、根长、苗重和活力指数,以及较高的抵御缺氧胁迫能力。

(2)选择合适播栽时期和密度　适期早播,不宜阴雨天抢播、抢栽油菜;加强管理,早施苗肥,培育壮苗;正常播种密度在 3 万株/亩,易发生渍害的田块应适当密植,以密保产。

(3)开沟作厢　前茬收获后及时耕翻耙平土地,之后开沟做厢,并结合整地施足基肥。厢宽 2 m 左右,厢沟深 25 cm、宽 25 cm 左右,腰沟深 30 cm、宽 30 cm 左右,围沟深 35 cm、宽 35 cm 左右,做到厢沟、腰沟、围沟三沟相通,确保灌排通畅。对于地下水位较高的积水地区,既要排除地表径流,又要降低地下水位,注意采用深沟高厢。对于地下水位高的地块,围沟的深度应大于耕作层。

(4)加强田间栽培管理　①查苗补苗。苗期渍害发生后,如季节允许,应做好查苗补缺工作,保证足够的种植密度。②清理三沟,防渍排涝。油菜返苗后或在冬春季进行三沟整修和清理工作,确保沟沟相通,排灌方便。渍害发生后,尤其是严重渍害或洪涝灾害发生后,要尽快清沟排水或用抽水机排水。③增施速效肥。渍害发生后,每亩追施 5~7 kg 尿素、3~4 kg 氯化钾或者根外喷施 1~2 kg 磷酸二氢钾。现蕾后每亩叶面喷施 50 kg 左右 0.1%~0.2%硼肥溶液,以防油菜花而不实。对于土壤黏重田,应增施有机肥。④防止倒伏。越冬初期,对有旺长趋势的地块,薹期要及时喷施 1 次生长调节剂,一般每亩用 15%多效唑 50 g 加水 50 kg 均匀喷雾,以改善株形,减少和预防渍害后倒伏发生。

(5)防治次生病害　渍害发生后还要注意防治油菜相关次生病害。渍水田块,在低温高湿情况下易发霜霉病,在高温高湿情况下则易发菌核病、加重根肿病等。初花期喷施新美洲星、沃农硼或速乐硼、磷酸二氢钾、硫酸镁混合咪鲜胺、氟唑菌酰羟胺等肥药实施"一促四防"。对于菌核病重发田块,盛花期再用无人机喷施氟唑菌酰羟胺、戊唑醇、多菌灵、菌核净、咪鲜胺等杀菌剂进行防治。

4. 应用区域

适用于长江流域冬油菜主产区。

5. 依托单位

中国农业科学院油料作物研究所,马霓,027-86739796。

(四)油菜高温灾害防灾减灾技术

1. 发生特点

高温灾害天气主要发生在油菜生长发育后期,油菜花期和角果期遭遇高温天气会严重影响油菜花粉活力和籽粒灌浆。高温对油菜的危害包括热害、干害和湿害。

2. 典型症状

油菜开花期气温高于 26 ℃时,开花显著减少,角果数下降;灌浆结实期气温高于 30 ℃时,灌浆结实期缩短,成熟期提前,影响产量和品质。受干热风危害的油菜茎秆变黄,角果壳呈白色或灰白色,籽粒干秕,千粒重下降,产量锐减,含油量下降(图 12-4)。湿害主要因雨后高温或雨后晴天高温植株强烈脱水引起,导致油菜青干或高温逼熟。

图 12-4　油菜花期高温灾害症状

3. 防控措施

油菜高温灾害需要从选用适宜品种,采取培育壮苗、适时灌水等配套技术措施,加强田间栽培管理等方面进行综合防控。

(1)选用抗逆性强的品种,适期播种 选用耐旱、抗高温的双低中、早熟油菜品种,适时早播,避开高温危害的时期。

(2)培育壮苗,增强抗性 ①合理密植。采取直播方式的地区,确保水田、旱地油菜每亩分别达到3.0万~3.5万株和2.5万~3.0万株的基本苗;采取育苗移栽方式的地区,做到壮苗及时移栽,密度在6000~8000株/亩。②平衡施肥。确保适宜的氮肥用量,并与磷钾肥配合施用。③优化土壤耕作参数。增加翻耕深度(水田25 cm、旱地30 cm),并在冬季中耕培土,可以增厚根系土层,利于培育发达的油菜根系,增强根系对水肥的吸收能力,减轻灾害危害。④喷施植物生长调节剂。苗期每亩喷施100~200 mg/L多效唑,可增强油菜植株耐高温的能力,减轻高温危害。

(3)适时灌水 根据天气预报,在高温发生前1~2 d浇水,改善农田生态环境,减轻高温的危害。在高温危害时,规模化种植的地方可以采取喷灌的方式降低冠层温度,减轻高温损伤。

(4)加强田间管理 在油菜初花至结角初期,每亩用磷酸二氢钾100 g、尿素150~200 g兑水50 kg叶面喷施,增强油菜抗性,减轻高温危害,防高温逼熟。规模化种植的地块,可用无人机进行操作。油菜角果期高温危害发生后,要及时少量追施速效氮肥,每亩追施尿素3~4 kg,延缓角果衰老速度,减轻高温危害。

4. 应用区域

适用于长江流域冬油菜主产区。

5. 依托单位

华中农业大学,周广生,027-87288969。

(五)油菜连阴雨防灾减灾技术

1. 发生特点

连阴雨是指较长时期的持续性的阴雨天气。从气象上讲,接连5 d或以上天数连续降水,过程降水量大于15 mm,阴雨连绵、阳光寡照的阴雨天气,称连阴雨。连阴雨天气过程中空气和土壤长期潮湿,日照严重不足,常常会导致湿害发生。长时间缺少光照,油菜植株光合作用削弱,生理机能失调,导致生长发育不良,易感染病害。作物结实阶段的连阴雨会导致籽实发芽、霉变,使油菜产量和品质受到严重影响。

持续的连阴雨也会造成连续低温冷害和洪涝灾害,对农业生产造成危害。连阴雨发生后还会形成次生灾害,如草害、病害、倒伏等。

2. 典型症状

油菜适播期发生连阴雨,会导致油菜晚播,油菜苗架小、抗逆性低。播种后发生连阴雨,则会导致烂种、烂芽,出苗缓慢,苗势参差不齐。幼苗期(指5叶期以内)发生连阴雨,容易引起烂根死苗、猝倒病、霜霉病、草害等次生灾害。油菜开花期发生连阴雨,易诱发菌核病、开花数量显著减少、结实性降低、植株早衰、易倒伏、严重影响产量。油菜成熟收获期发生连阴雨,成熟的油菜不能及时收割,造成倒伏,籽粒发芽、霉变,影响产量和品质。

3.防控措施

(1)加强预警预报工作 及时发布中长期气象信息,提前做好防灾减灾措施,特别是播种、收获等关键农事活动尽量避开连阴雨常发时段。

(2)选择优良品种 耐渍抗病油菜品种在阴雨渍害发生时可以有效提高出苗率,减少死苗,保障全苗,减轻菌核病危害。抗倒性品种可以有效防止油菜中后期倒伏。

(3)农业措施 ①抢播保苗。因连阴雨错过适宜播种期的,进行催芽播种,适当提高播种量,增加留苗密度,喷施多效唑减少高脚苗。②清沟排渍。连阴雨期间或结束后,及时清理好油菜田"三沟",做到主沟、围沟、厢沟沟沟相通,排水通畅,防止畦面渍水,降低田间湿度。③中耕培土。在冬前抓紧时间进行中耕,防治杂草,改善土壤透气性,促进根系发育。④抓好肥水管理。连阴雨会导致土壤养分流失,油菜根系营养吸收能力下降。轻施速效肥,加速植株生长,减轻涝灾损失。根据苗情对长势较差的二三类苗,每亩追施5~7 kg尿素、3~4 kg氯化钾或根外喷施1~2 kg磷酸二氢钾,促进冬前生长,增强植株抗性。⑤抢收抢晒。油菜成熟时要抓住阴雨间歇,抢时收割,降低灾害损失。

(4)注意事项 连阴雨结束后,如遇低温高湿,易发霜霉病、根腐病、茎腐病和菌核病,可选择晴天喷施菌核净、腐霉利、乙霉威、福美双、氰霜唑、霜霉威、甲霜灵锰锌、甲基硫菌灵、噁霉灵等农药进行防治。对草害较重的田块,选用选择性除草剂(如盖草能)在油菜4叶后进行叶面喷雾。对有菜青虫为害的田块,可用菊酯类杀虫剂防治。可以组织植保机防队,开展专业化统防统治,减轻病虫害流行程度。

4.应用区域

适用于全国油菜主产区。

5.依托单位

西南大学,徐新福,023-68251264。

(六)油菜风灾(含台风和沙尘暴)防灾减灾技术

1.发生特点

我国浙江及以东南沿海油菜产区的风灾发生频率较高,破坏力强,影响较大,主要类型为季节性台风;北方春油菜产区也易遭受风灾危害,其主要类型为沙尘暴。强风会卷走农田表层土壤,改变土壤结构。油菜在出苗至苗期因个体弱小,易遭受风灾危害,轻则降低产量,重则全株死亡。

2.典型症状

风灾易造成苗期油菜叶片破损、植株体内水分散失加快而干枯死亡。油菜抽薹后遭遇风灾,轻者叶片破损,重者薹茎折断。油菜花期和角果期遭遇风灾使分枝折断,角果受机械损伤脱落或大面积倒伏(图12-5)、断根和落粒等,并容易出现大面积返花现象。风还能传播病原体,加快油菜病害(如菌核病等)的蔓延。

图 12-5　油菜风灾症状

3. 防控措施

(1)种植防风林带　主要起到机械阻挡作用,防林带方向与风向垂直时防风、防沙尘暴及防台风等效果较好。

(2)选用抗倒、抗风灾能力强的品种　为了提高油菜抵御风灾的能力,宜选用株型紧凑、中矮秆、茎秆组织较致密、抗菌核病能力强、抗风抗倒能力强的油菜品种。在风灾较严重的地区,尤其要注意抗风良种的选用。

(3)农业措施　具体如下:

①调整植株种植行向。在风灾较为严重的地区,植株种植行向设置与风向相同,可以增强油菜抗风能力。

②增加土壤翻耕深度,合理密植。无论是直播油菜,还是育苗移栽油菜,增加土壤翻耕深度,均有利于油菜根系发育,增强其抗倒、抗风灾能力。在适宜的种植密度下,油菜后期分枝相互穿插交织,可在全田形成一个整体,抗倒、抗风灾能力也显著增强。但若密度过大,则个体发育不良,抗风能力差。

③培育壮苗,是提高油菜抵御风灾能力的重要措施。在肥料运筹环节,应适当增施有机肥和磷钾肥,避免偏施氮肥或后期追施氮肥。苗期如肥水充足,则应适时、适度蹲苗。偏旺田块,在 7～9 叶期叶面喷施 50～80 mg/L 烯效唑或 150～200 mg/L 多效唑控旺壮秆,既可防早薹早花,又可增强成熟期抗倒性。对于越冬前薹高超过 30 cm 田块,可考虑摘薹一菜两用;对于已抽薹的低密度育苗移栽田块,风灾危害后、在劳动力允许条件下,可摘除受害幼薹,促进分枝发生。但切忌在雨天进行,以免造成伤口溃烂。摘薹后随即每亩追施 5～7 kg 尿素,补偿植株养分,促进恢复生长,以利早生、快生、多生分枝。

④及时中耕除草,壅土培蔸,破除土壤板结,促进油菜根系发育以利于后期生长。对于长势正常的油菜,每亩施 5～10 kg 复合肥,并结合中耕进行培土。对于长势偏弱的油菜,每亩施 10 kg 复合肥、5 kg 尿素,可分 2 次施用,并结合中耕进行培土。

⑤北方油菜主产区采用免耕留高茬技术。在北方春油菜风灾易发区积极推广免耕留高茬等保护性耕作措施,增强冬季根壮固土能力;增加地表秸秆覆盖,减少沙尘,在保护耕地土壤的同时保护油菜幼苗免受沙尘危害。

⑥长江流域油菜产区及时清沟排渍,降低土壤湿度。在油菜生育后期,如土壤过湿,易造成油菜基部倒伏,且易引发菌核病,使油菜倒伏程度加重。因此,应该清沟排渍,降低田间土壤湿度,防治菌核病,增强油菜抗倒能力。

⑦推荐两段收获方式。对于角果期风灾易发的油菜产区,推荐使用两段收获的方式。与一段收获相比,两段收获可提前7~10 d腾茬,从而可减轻或避免角果期风灾危害。

(4)注意事项　遭遇严重风灾,如龙卷风、台风或沙尘暴时,适时补种短季作物,弥补损失。

4. 应用区域

适用于全国油菜主产区。

5. 依托单位

①江苏省农业科学院,张洁夫,025-84390657。

②华中农业大学,周广生,027-87288969。

（七）油菜土壤缺素（氮、磷、钾、硼、镁等）防灾减灾技术

1. 发生特点

油菜是一种养分需求量大且吸收强度较高,对部分养分如磷和硼缺乏很敏感的作物。目前,我国油菜主产区耕作土壤自身肥力不能完全满足油菜生长发育需求的主要有氮、磷、钾、硼、镁5种必需元素,生产中均需要施用相应的肥料来保障油菜正常生长发育和丰产优质。如果在油菜种植过程中没有施用相应的肥料或施用量不足,以及肥料的施用时期或方法不正确,均会造成相应的养分缺乏现象,直接影响油菜的生长,并最终导致油菜籽减产和经济收益降低。

2. 典型症状

油菜缺氮时,植株瘦弱,主茎矮、纤细,叶色淡、黄叶多,严重时下部叶还可能出现叶缘枯焦状,部分叶片脱落(图12-6a)。油菜缺磷时,植株瘦长直立,叶片呈灰绿色、暗绿色到淡紫色,茎秆呈灰绿色、蓝绿色或紫红色(图12-6b)。油菜缺钾时,下部叶片边缘失绿呈枯焦状,茎秆变脆,遇风雨易折断,荚果稀少,角果发育不良,多短荚(图12-6c)。油菜缺硼时,下部叶片边缘呈紫色,叶柄粗糙易开裂,根中部空心呈褐色,薹茎延伸缓慢、茎部开裂,蕾发育不正常,甚至枯萎,出现"花而不实"现象(12-6d)。油菜缺镁时,下部老叶呈现脉间失绿症,并逐渐由淡绿色转变为黄色或白色,并伴有大小不一的紫红色斑块,严重时叶片枯萎、过早脱落,植株开花受到抑制(图12-6e)。

3. 防控措施

(1)科学施肥防缺素　对冬油菜的施肥总体建议为:产量水平在200 kg/亩以上时,建议氮肥(N)13~14 kg/亩,磷肥(P_2O_5)4~6 kg/亩,钾肥(K_2O)5~7 kg/亩,硼砂1.0 kg/亩,镁肥(MgO)1.5~2.0 kg/亩;产量水平在150~200 kg/亩时,氮肥(N)10~13 kg/亩,磷肥(P_2O_5)4~5 kg/亩,钾肥(K_2O)4~5 kg/亩,硼砂0.75 kg/亩,镁肥(MgO)1.0~1.5 kg/亩;产量水平在100~150 kg/亩时,氮肥(N)8~10 kg/亩,磷肥(P_2O_5)3~4 kg/亩,钾肥(K_2O)3~4 kg/亩,硼砂0.6 kg/亩,镁肥(MgO)1.0 kg/亩。施肥时期为:氮肥、钾肥总量的70%作基肥、30%作追肥(苗肥或薹肥),其他肥料全部用作基肥。

a.油菜缺氮

b.油菜缺磷

c.油菜缺钾

d.油菜缺硼

e.油菜缺镁

图 12-6　油菜缺素症状

对春油菜的施肥总体建议为:产量水平在 200 kg/亩以上时,氮肥(N)9～11 kg/亩,磷肥(P$_2$O$_5$)5～6 kg/亩,钾肥(K$_2$O)3.0 kg/亩,硼砂 1.0 kg/亩;产量水平在 150～200 kg/亩时,氮肥(N)8～9 kg/亩,磷肥(P$_2$O$_5$)5 kg/亩,钾肥(K$_2$O)2.5 kg/亩,硼砂 0.75 kg/亩;产量水平在 150 kg/亩以下时,氮肥(N)6～8 kg/亩,磷肥(P$_2$O$_5$)4 kg/亩,钾肥(K$_2$O)2.5 kg/亩,硼砂 0.5 kg/亩。施肥时期为:氮肥总量的 70% 作基肥、30% 作追肥,其他肥料全部用作基肥。

(2)矫正施肥减损失　具体如下:

①缺氮矫正。发现油菜出现缺氮症状时,要及时追施氮肥。当土壤墒情较好时每亩追施 3～5 kg 尿素;当土壤较干旱时可结合灌溉施肥,或者兑水 100～150 kg 进行浇灌。当遇到干旱、涝渍、冻害等自然灾害后,油菜对土壤中的养分吸收能力减弱,为了及时恢复生长可在灾害环境解除后每亩追施 2～3 kg 尿素,或用 0.2%～0.5% 尿素溶液进行叶面喷施。

②缺磷矫正。发现油菜出现缺磷症状时,可追施水溶性磷肥(如磷铵或过磷酸钙),每亩用量 1～2 kg(P$_2$O$_5$计),或用 0.2%～0.3% 磷酸二氢钾溶液进行叶面喷施矫正。

③缺钾矫正。发现油菜出现缺钾症状时,可每亩追施氯化钾或硫酸钾 5～6 kg;在油菜生长后期可用磷酸二氢钾或硫酸钾溶液进行叶面喷施,浓度在 0.2% 左右。花期到结荚初期喷施磷酸二氢钾是一项提高千粒重和防早衰的有效措施。

④缺硼矫正。发现油菜出现缺硼症状时,及时喷施 1～2 次 0.2%～0.3% 硼砂或硼酸溶液,每次硼肥用量在 0.1～0.2 kg/亩(苗期、薹期和初花期均可进行)。

⑤缺镁矫正。发现油菜出现缺镁症状时,叶面喷施 1%～2% 硫酸镁溶液 2～3 次。在长江以南的区域,花期喷施镁肥是一项提高千粒重和增产的有效措施。

(3)其他配套技术　适时早播、早移栽,培育壮苗,促进根系发育,增加营养吸收的根群。加强田间管理,既要清沟排渍,又要及时灌溉,防止长期干旱,提高土壤养分有效性。增施农家肥。

4.应用区域

适用于全国油菜主产区。

5.依托单位

华中农业大学,鲁剑巍,027-87288589。

（八）油菜除草剂毒害防灾减灾技术

1.发生特点

油菜在发芽、3叶前及现蕾期对异丙甲草胺、甲草胺、乙草胺、乙草胺＋异噁草酮、草除灵等除草剂敏感,容易产生药害。

2.典型症状

除草剂药害症状主要分为两类:一类是植株生长抑制型,表现为植株矮化、茎叶畸形、分枝少等;另一类是触杀型,表现为叶片黄化、枯死等(图12-7)。

图 12-7 油菜异噁草酮药害

3.防控措施

(1)加强田间管理 药害轻时,及时增施速效肥,田间发生渍害时及时清沟排水,干旱时合理灌溉;药害严重时,翻耕土地,补种或改种选用抗病良种。

(2)应用植物生长调节剂 喷施4％赤霉素乳油,促进作物生长。

(3)应用安全剂 安全剂又称解毒剂,可保护作物,对多种除草剂有解毒作用,如芸苔素内酯对油菜除草剂药害有解毒作用。

(4)注意事项 为了防止除草剂使用不当而产生药害,必须严格按照除草剂使用技术和规范操作。认清除草剂的特点与性能,注意敏感作物和敏感时期,谨防误用或药剂漂移。为防止除草剂用量和浓度过高造成局部药害,在使用除草剂时,药液要均匀喷洒。施药时间和施药量均要精准,根据苗情、草情、天气、土质施药。根据杂草的种类及生长情况用药,气温较低时施药量在用药的上限。黏重土壤用药量较高,沙质土壤用药量较低,土壤干燥时不用药。禁止乱混乱用,除草剂混用可提高药效,扩大杀草谱,但盲目混用,易造成药害。用过除草剂的喷雾机要清洗干净,可先用清水冲洗,再用肥皂水或2％～3％碱水反复洗数次,最后再用清水冲洗。

4.应用区域

适用于全国油菜主产区。

5.依托单位

中国农业科学院油料作物研究所,方小平,027-86600020。

二 油菜生物灾害防灾减灾技术

（一）油菜菌核病防灾减灾技术

1.发生特点

该病在油菜各个生育期均可发生,病菌能侵染油菜地上部分的各器官组织,但侵染主要发生在花期,终花期以后茎秆发病受害造成的损失最重。

2.典型症状

①苗期症状。首先在根颈和叶柄上产生红褐色斑点,后转为白色,发病部位变软腐烂,长出大量白色棉絮状菌丝(图12-8a)。病斑绕茎后幼苗死亡,病部形成黑色菌核。

②开花期症状。花瓣感病后,变成暗黄色,水渍状,有时可见到油渍状暗褐色无光泽小点,晴天可凋萎,极易脱落,潮湿情况下可长出菌丝。花药受侵染后,变成苍黄色,并且通过蜜蜂携带有病的花粉,在植株间传播,引起顶枯。

③叶片症状。叶片感病后,出现暗青色水渍状斑块,后扩展成圆形或不规则形大斑,病斑呈灰褐色或黄褐色,有同心轮纹,外围呈暗青色,外缘具黄晕。潮湿时病斑迅速扩展,全叶腐烂,上面生出白色菌丝;干燥时病斑破裂穿孔(图12-8b)。

④茎秆、分枝与果轴症状。病斑初呈水渍状、浅褐色、椭圆形,后发展成长椭圆形、棱形直至长条状绕茎大斑。病斑略凹陷,有同心轮纹,中部呈白色,边缘呈褐色,病健交界明显。在潮湿条件下,病斑扩展迅速,病部软腐,表面生出白色絮状菌丝,植株渐渐干枯而死或提早枯熟,茎秆极易折断,剥开病茎,可见黑色鼠粪状菌核。病斑绕茎后,病斑上部的茎枝将枯死,角果早熟,籽粒不饱满(图12-8c、d)。

⑤角果症状。病斑初为水渍状浅褐色,后变为白色,边缘褐色,潮湿时全果腐烂变白,长满白色菌丝,在角果内部和外面形成黑色菌核(图12-8e)。角果感病后可传到种子,发病种子表面粗糙、无光泽,呈灰白色,粒秕,严重者变形,外面被菌丝包裹,形成小菌核(图12-8f)。

3.防控措施

采取以抗病品种应用、精准施药、种子消毒和农业措施为核心的绿色防控技术。

(1)抗病品种应用　选用适合当地生产的抗(耐)病油菜品种,甘蓝型和芥菜型油菜较白菜型油菜抗病;加强品种轮换,避免单一品种的长期种植。例如,可选用沣油737、丰油730、华油杂62、中双11号、华油杂9号、阳光2009、秦优10号、浙油50、青杂5号、庆油3号、中油杂19、大地199、华油杂50、赣油杂8号、青杂12号、中油杂501、邡油777、川油81、秦优1618、宁杂182、宝油150等品种。

(2)精准施药　在油菜初花期至盛花期施药最为适宜,可选用50%腐霉利可湿性粉剂30～60 g/亩,或25%咪鲜胺水乳剂80～100 g/亩,或50%啶酰菌胺水分散粒剂30～50 g/亩喷雾防治。一般喷施1～2次,病重或雨天多可适当增喷1次,每次施药时间相隔10 d左右。

(3)种子消毒　播种前用10%盐水或20%硫酸铵溶液淘选种子,清除浮在上面的菌核和秕粒;或用25%噻虫·咯·霜灵按药种比1∶100进行拌种,晾干后播种。

(4)农业措施　①合理轮作,包括水旱轮作、与其他非十字花科作物轮作等。②健康栽培,

a.苗期症状　　　　　　　　b.叶片症状　　　　　　　　e.角果症状

c.茎秆症状　　　　　　　　d.全株症状　　　　　　　　f.种子症状

图 12-8　油菜菌核病症状

选用无病种子、深耕培土、深沟窄畦、清沟防渍。③合理密植,适时播种。④科学施肥,氮、磷、钾等多种肥料配合施用,防止偏施氮肥。氮肥重施基肥和苗肥,早施或控施蕾薹肥,基肥和苗肥应占80％以上。油菜现蕾开花期喷施硼、锰、钼、铜、锌等微量元素。⑤彻底清洁田园,油菜收获后及时清除残体、残茬,集中烧毁或加水沤肥,消除残留菌核。

（5）注意事项　用手动喷雾器喷药时,主要均匀喷在植株中、下部茎叶上,全面覆盖;用动力喷雾器喷药时,主要喷在植株上部花序上,用药量适当加大。采用植保无人机喷药时,一般亩药液量为800～1500 mL,药液浓度较高,选择农药时一定要慎重;同时,建议向药液中添加喷雾助剂,以提高喷洒效果。

4.应用区域

适用于全国油菜主产区。

5.依托单位

中国农业科学院油料作物研究所,刘胜毅、程晓晖,027-86812896。

（二）油菜根肿病防灾减灾技术

1.发生特点

该病在油菜各个生育期均可发生。

2. 典型症状

苗期受害油菜的主、侧根上生有大小不等的根瘤,植株在烈日下表现失水萎蔫(图 12-9)。

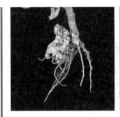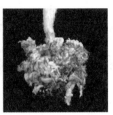

a.抗病植物根部　　　　　　　b.感病植物根部

图 12-9　油菜根肿病症状

3. 防控措施

采取选用抗病良种、精准施药、种子消毒和农业措施相结合的绿色防控策略。

(1)选用抗病良种　在土壤中根肿菌密度≥10^5 孢子/g 土的重病区,选用适合当地生产的抗病油菜品种,抗病品种根据根肿菌生理小种类型确定,如华油杂 62R。

(2)精准施药　在根肿菌密度≤10^3 孢子/g 土的发病区,可采用氟啶胺(福帅得)、氰霜唑等药剂进行精准防治。

(3)种子消毒　播种前用种衣剂包衣后播种。

(4)农业措施　①健康栽培,深沟窄畦,清沟防渍,采用无菌土育苗,育苗 20～30 d 后移栽。②适期晚播,加大播种量,一般适期晚播 10～15 d,在土壤湿度低于 50% 时播种。③加强土壤管理,增施石灰氮、石灰岩、熟石灰,使土壤 pH>7.5、含水量<50%。④彻底清洁田园,清除发病植株,带出田外集中销毁。

(5)注意事项　在根肿病发病区作业的农机用具离田时要彻底清洗和消毒,严防根肿菌蔓延,灌溉时防止大水漫灌。

4. 应用区域

适用于全国油菜根肿病发病区。

5. 依托单位

沈阳农业大学,朴钟云,024-88487143。

(三)油菜霜霉病防灾减灾技术

1. 发生特点

该病在油菜各个生育期均可发生,主要发生在秋季油菜播种出苗后至寒冬到来之前和翌年春季气温回升后至初夏两个时期,为害子叶、叶、茎、花、花梗和幼嫩的果荚。

2. 典型症状

苗期子叶受害后褪绿变黄,枯死叶片上布满白色霜霉状物。苗期叶片受害后,先出现褪绿的黄色小斑点,随后病斑逐步扩大成黄褐色大病斑,病斑因受叶脉的限制呈多角形或不规则形,病斑背面常有白色霜状霉状物。花梗和花轴受害,顶端部位肿大弯曲,呈龙头状,其上有霜状霉层(图 12-10)。

正面　　　　　背面　　　　　背面局部

图 12-10　油菜霜霉病症状

3.防控措施

采取选用抗病良种、精准施药、种子消毒和农业措施相结合的绿色防控技术。油菜霜霉病属于低温型病害,夜间温度在 10～15 ℃时,叶面若有雾、雨水或露水等,病斑迅速扩展。

(1)选用抗病良种　选用适合当地生产的抗(耐)病油菜品种,甘蓝型油菜比芥菜型油菜和白菜型油菜抗病;加强品种轮换,避免单一品种的长期种植。例如,可选用沣油 737、丰油 730、华油杂 62、中双 11 号、华油杂 9 号、阳光 2009、秦优 10 号、浙油 50、青杂 5 号、庆油 3 号、中油杂 19、大地 199、华油杂 50、赣油杂 8 号、青杂 12 号、中油杂 501、邡油 777、川油 81、秦优 1618、宁杂 182、宝油 150 等品种。

(2)精准施药　在油菜苗期、抽薹期和初花期,若阴雨连绵,田间病株率达 20％左右时,可选用 58％甲霜灵·锰锌可湿性粉剂或 80％烯酰吗啉水分散粒剂喷雾防治,隔 7～10 d 防治 1 次,连续防治 2 次为宜。

(3)种子消毒　播种前用 25％甲霜灵等药剂浸种或拌种,杀死混杂于种子中的卵孢子,对种子进行表面消毒,晾干后播种。

(4)农业措施　①合理轮作,包括水旱轮作、与麦类作物轮作 2 年以上等。②健康栽培,深沟窄畦,清沟防渍。③合理密植,适时播种。④合理施用氮、磷、钾肥。⑤清洁油菜田周围田块中十字花科作物病残体。

(5)注意事项　密植、排水不畅和施用氮肥不当及其他旱地作物与油菜免耕连作等会加重霜霉病的发生。

4.应用区域

适用于全国油菜主产区。

5.依托单位

华中农业大学,姜道宏,027-87282130。

（四）油菜黑胫病防灾减灾技术

1. 发生特点

该病在油菜各个生育期均可发生，可侵染油菜叶片、茎秆基部、茎秆上部、枝条、角果和籽粒。黑胫病是由斑点小球腔菌（*Leptosphaeria maculans*）和双球小球腔菌（*Leptosphaeria biglobosa*）两种近缘种真菌引起的。为了适应检疫工作需要，我国将由斑点小球腔菌引起的病害称为油菜茎基溃疡病，将由双球小球腔菌引起的病害称为油菜黑胫病。油菜茎基溃疡病是进境检疫对象。

2. 典型症状

在发病组织叶片、茎表面产生黑色分生孢子器，发病严重植株茎秆折断、倒伏。典型症状见图 12-11 和图 12-12。

d.籽粒腐

a.叶斑　　　　　　　　　b.茎基腐　　　　　　　c.角果腐

图 12-11　油菜茎基溃疡病症状

 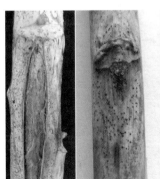

a.田间症状（茎秆折断）　　　　　b.茎腐（显示黑色分生孢子器）

图 12-12　油菜黑胫病症状

3. 防控措施

采取选用抗病良种、精准施药、种子消毒和农业措施相结合的绿色防控技术。

(1)选用抗病良种　选用适合当地生产的抗(耐)病油菜品种,甘蓝型油菜对黑胫病的田间抗性最强,芥菜型油菜次之,白菜型油菜最弱。加强品种轮换,避免单一品种的长期种植。在甘肃和陕西等地,选用抗寒性强的甘蓝型油菜品种,逐步取代白菜型油菜品种。

(2)精准施药　在油菜苗期和蕾薹期,使用内吸性杀菌剂咪鲜胺或氟硅唑等喷雾防治。在油菜花期,结合菌核病的防治,选用内吸性杀菌剂 25％咪鲜胺水乳剂 80～100 g/亩或 50％多菌灵可湿性粉剂 150～200 g/亩喷雾防治。

(3)种子消毒　在新疆、青海、甘肃和陕西等地,播种前采用含杀虫剂的种子包衣剂处理种子,晾干后播种,可杀灭茎象甲,减轻黑胫病。

(4)农业措施　①合理轮作,长江流域冬油菜产区,可实行水旱轮作;北方春油菜产区,可实行油菜-小麦轮作。②清洁田园,油菜收获后及时清除残体和残茬,集中烧毁或加水沤肥,消除残留在秸秆上的病原体。

(5)注意事项　实施严格的检疫措施,加强对油菜茎基溃疡病的检疫,外防输入,内防扩散。

4.应用区域

适用于全国油菜主产区。

5.依托单位

华中农业大学,李国庆,027-87282130。

(五)油菜根腐病防灾减灾技术

1.发生特点

该病在油菜苗期和成株期均可发生。

2.典型症状

(1)苗期症状　在苗期近地面茎基部发生褐色凹陷病斑,逐渐干缩,根茎部细缢成线状,湿度大时有淡褐色蛛丝状菌丝附着其上,病苗易折倒,造成缺苗断垄。

(2)成株期症状　油菜根受害,造成皮层或侧根腐烂脱落,严重时全株枯萎。

立枯丝核菌和镰孢菌引起的油菜根腐病症状及病菌检测分别如图 12-13 和图 12-14 所示。

3.防控措施

采取选用抗病良种、精准施药、种子消毒和农业措施相结合的绿色防控技术。

(1)选用抗病良种　选用适合当地生产的抗(耐)病油菜品种。例如,可选用沣油 737、丰油 730、华油杂 62、中双 11 号、华油杂 9 号、阳光 2009、秦优 10 号、浙油 50、青杂 5 号、庆油 3 号、中油杂 19、大地 199、华油杂 50、赣油杂 8 号、青杂 12 号、中油杂 501、邡油 777、川油 81、秦优 1618、宁杂 182、宝油 150 等品种。

(2)精准施药　在田间发现零星病株时,及时用百菌清、多菌灵、利克菌和环唑醇等药剂喷雾或浇灌,控制病害蔓延。施药后撒草木灰或干细土,降湿保温。

(3)种子消毒　采用 VA 菌根和荧光假单胞菌处理种子后播种。

(4)农业措施　①健康栽培,深沟窄畦,清沟防渍。②合理密植,均匀播种,不宜过密。

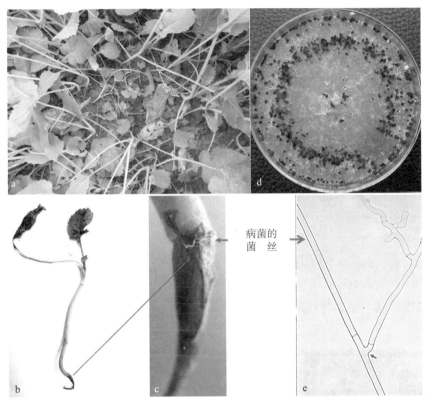

a.苗床发病症状,植株矮小,萎蔫;b.病菌为害幼苗的根部;c.根部病斑放大及其上的菌丝;
d.病菌的菌落形态,呈褐色的菌核;e.显微镜下病菌的菌丝。

图 12-13　立枯丝核菌引起的油菜苗期根腐病

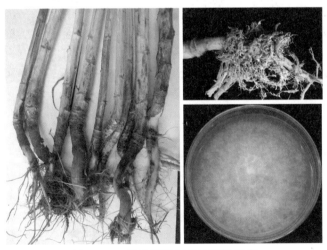

图 12-14　镰孢菌引起的油菜根腐病

③科学施肥,施用充分腐烂的有机肥和氮、磷、钾肥。④清洁田园,播种前清除田间杂草、秸秆等。

　　(5)注意事项　田间土质黏重、排水不畅会加重根腐病的发生。

4. 应用区域

适用于全国油菜主产区。

5. 依托单位

华中农业大学,姜道宏,027-87280487。

（六）油菜白粉病防灾减灾技术

1. 发生特点

该病在油菜各个生育期均可发生,主要为害油菜地上部分。白粉菌喜温暖条件,适宜的发病温度为 20～25 ℃,14 ℃以下很少发病。雨量少,土壤干旱的条件下易发病。晴雨交替有利于病害的扩展,导致发病重。

2. 典型症状

(1)苗期症状　叶片正面和背面产生白色的粉状霉层,开始时为放射状白斑,后继续扩展使病斑连成片,严重时整个叶片都布满白色粉状物。叶片褪绿黄化,枯死脱落(图 12-15a)。

(2)成株期症状　油菜茎秆和角果染病后,初期出现白色粉状霉层,后期形成黑色粒状物(图 12-15b 和 c)。

图 12-15　白粉病为害油菜叶片、茎秆和角果的症状

3. 防控措施

采取选用抗病良种、精准施药、生物防治和农业措施相结合的绿色防控技术。

(1)选用抗病良种　选用适合当地生产的抗(耐)病油菜品种。例如,可选用中双 6 号、中双 7 号、中双 8 号、中双 9 号、秦优 3 号、秦优 7 号、黔油 12 号和黔油 14 号等品种。

(2)精准施药　发病初期可选用 15%三唑酮可湿性粉剂 1500～2000 倍液、50%硫黄悬浮剂 200 倍液、400 g/L 氟硅唑乳油 7500～10000 倍液、30%烯唑醇悬浮剂 5000 倍液、430 g/L 戊唑醇悬浮剂 5000 倍液、29%石硫合剂水剂 200 倍液喷雾。严重时施药 2 次,施药间隔为 7～10 d。

(3)生物防治　采用 100 亿 CFU/g 枯草杆菌可湿性粉剂 300～600 倍液、100 万孢子/g 寡雄腐霉菌 600 倍液等生防菌剂喷雾防治。

(4)农业措施　①合理轮作,与禾本科作物轮作等。②健康栽培,深沟窄畦,清沟防渍。

③科学施肥,增施磷钾肥。④清洁田园,及时清理病残体。

(5)注意事项　白粉病仅在叶片和茎秆上发生时,一般很少对其进行防治。在角果上发生时,使千粒重显著降低,严重影响油菜产量,因此易感地区和发病严重时需要进行防治。

4.应用区域

适用于全国油菜主产区。

5.依托单位

中国农业科学院油料作物研究所,刘胜毅、任莉,027-86812896。

(七)油菜病毒病防灾减灾技术

1.发生特点

该病主要发生在长江中下游冬油菜区,其他地区虽有发生,一般都比较轻。油菜病毒病为间歇性流行病害,大流行年份发病率一般为20%～60%,严重时可达70%以上,产量损失可达10%～30%。此外,病株易感染菌核病、霜霉病和软腐病,引起植株枯死,造成绝收。

2.典型症状

(1)苗期及抽薹期症状　白菜型和芥菜型油菜苗期受害后,通常先从心叶的叶脉基部开始显症,沿叶脉两侧褪绿呈半透明状的"明脉",其后逐渐发展为花叶状(图12-16),叶片皱缩畸形,严重时植株矮化僵死。轻病株虽能抽薹,但植株明显矮化,茎薹缩短,叶片和花器丛集,花色失去光泽,不能正常开放,病株角果稀少、畸形,大多不能正常结籽或结籽很少。甘蓝型油菜苗期受害主要表现为黄斑型和枯斑型两种症状。病株叶片先产生近圆形的黄褐色斑点,略凹陷,中央有一黑褐色枯点。抽薹期感病,新生叶片多出现系统性褪绿,小斑点、圆斑点较多,看上去呈花叶状,严重时叶片皱曲(图12-17)。

图 12-16　油菜病毒病引起的芥菜型油菜(a)和白菜型油菜(b)花叶症状

(2)成株期症状　白菜型和芥菜型油菜成株期发病,一般株型正常,叶片黄化,易脱落,果轴和角果弯曲,结实率低,且籽粒不饱满。甘蓝型油菜成株期感病植株茎秆上的症状主要表现为条斑。病斑初为褐色至黑褐色梭形斑,后逐渐纵向发展成条形枯斑,病斑相互愈合连接后常导致植株半边或全株枯死,后期病斑纵裂。油菜抽薹后,在叶柄、叶脉、花薹和荚上也可表现为褐色条斑,荚常扭曲,叶片早枯脱落,病株易死亡。

图 12-17　油菜病毒病引起的甘蓝型油菜花叶坏死症状

3.防控措施

采取选用抗病良种、精准施药、物理防治和农业措施相结合的绿色防控技术。

（1）选用抗病良种　选用适合当地生产的抗（耐）病油菜品种。甘蓝型油菜比白菜型油菜抗病性强，但不同类型油菜品种间的抗性差异很大，如甘蓝型油菜中双 9 号、中油杂 19 等在湖北表现为较抗病。

（2）精准施药　有效消灭蚜虫或切断毒源是防治油菜病毒病的关键措施。密切注意田间蚜虫发生情况，及时喷药灭蚜。可选用 25％噻虫嗪、50％抗蚜威、10％吡虫啉等杀虫药剂喷雾防治。治蚜防病应统筹考虑，连片防治，早治、连续治。同时，加强对油菜田周围十字花科蔬菜上蚜虫的防治，以防带毒蚜虫迁飞到油菜苗上。

（3）物理防治　选用银灰或乳白色塑料薄膜平铺畦面周围，可以避有翅蚜虫；也可在油菜田插放黄色诱蚜板，诱集迁飞蚜虫。

（4）农业措施　培育壮苗，增强抗性。适当延迟播种，避开蚜虫迁飞高峰期。科学施肥，苗肥施足氮、磷、钾肥，早施追肥，避免偏施、迟施氮肥。适时灌溉，田间土壤干燥时，应及时灌溉，以控制蚜虫。有条件的地区可结合中耕除草、间苗、定苗时拔除弱苗、病苗。

（5）注意事项　注意关注天气情况，在油菜生长期间，若干旱天气持续时间较长，则有利于传毒蚜虫的繁殖与活动，尤其有利于有翅蚜的繁殖与迁飞，容易造成病害大发生，应及时防控蚜虫。

4.应用区域

适用于全国油菜主产区。

5.依托单位

中国农业科学院油料作物研究所，刘胜毅、程晓晖，027-86812896。

（八）油菜蚜虫防灾减灾技术

1.发生特点

在我国，为害油菜的蚜虫有桃蚜、萝卜蚜和甘蓝蚜，单发或混发，油菜整个生长期，均会受其为害。蚜虫体小，繁殖速度快，容易从中心株向四周扩散。蚜虫的成蚜和若蚜以刺吸式口器在油菜叶、茎、花梗上吸食,严重时造成植株萎缩。不同栽种区,虫害盛期略有差异。冬油菜区,幼苗期最猖獗;春油菜区,盛花期最猖獗。暖冬年份,春冬油菜受此虫害威胁大。防治不当可导致油菜产量损失 10%～20%,严重的可达 30%以上。

2. 典型症状

桃蚜又称烟蚜、桃赤蚜,体长 2 mm 左右。有翅胎生雌蚜,头、胸部黑色,腹部黄绿、褐、赤褐色;腹部背面有一黑斑;腹管长于尾片 1 倍以上,长圆筒形,端部黑色。无翅胎生雌蚜长卵圆形,头部色深,体色多样,有全绿、黄绿、枯黄、赤褐色,不被白粉;腹部背面无色带和背斑。

萝卜蚜又称菜缢管蚜。有翅胎生雌蚜体长 1.6 mm 左右,被少量白粉,头、胸部黑色,腹部黄绿至绿色,两侧具黑斑,背部有黑色横纹;腹管短,稍长于尾片,圆筒形,中后部略膨大,末端收缩如瓶颈。无翅胎生雌蚜卵圆形,黄绿至深绿色,被少量白粉;腹部各节背面有浓绿色横带。

甘蓝蚜又名菜蚜。有翅胎生雌蚜体长 2.2 mm 左右,头、胸部黑色,腹部黄绿色,体被白粉;腹背有几条暗绿横纹,两侧各具 5 个黑点,腹管短黑。无翅胎生雌蚜呈纺锤形,体长 2.5 mm 左右,暗绿色,厚被白粉;腹部各节有断续横带纹。

甘蓝蚜和萝卜蚜活动性相对较弱,趋嫩,喜欢为害嫩叶、心叶和花蕾等。桃蚜活动较强,多在老叶背面为害。萝卜蚜最爱为害有毛的寄主。蚜虫都喜群集为害,以成蚜和若蚜群集于油菜叶背、心叶、茎枝和花轴为害,刺吸汁液(图 12-18)。叶片受害,初期形成褐色斑点,后卷缩变形,生长缓慢,严重的慢慢卷缩枯死;油菜枝茎和花轴受害,生长缓慢或停止,发生畸变,开花结角明显减少,角果发育缓慢或停止,受害严重的枝茎会枯死。同时,蚜虫还能传播病毒病,排出的蜜露还会感染霉菌,诱发煤污病。

| a.桃蚜 | b.萝卜蚜 | c.甘蓝蚜 | d.为害症状 |

图 12-18　油菜蚜虫及其为害症状

3. 防控措施

预防为主,综合防治。生产上以农业措施和生物防治为主,辅以化学防治措施,确保生态农业的可持续发展。

(1)预测预报　在油菜苗期,当查到有蚜株率达 10%～20%或有蚜株平均每株有无翅蚜 20 头或有翅蚜 5 头时,应立即施药防治。当油菜苗期平均百株蚜量达到 500 头、抽薹现蕾期百株蚜量达到 1000 头,即预示为害始盛期来临。个别花枝出现 3.3 cm 左右的蚜虫蜡棒时,即应进行防治。开花结角期有蚜枝率达 15%时,如日均温在 14 ℃以上,7 d 内无中等以上降水,预示蚜量将迅速上升。

(2)农业措施　在油菜大田或苗田悬挂或覆盖灰色塑料薄膜,可有效驱除蚜虫。合理规划栽种时间,如遇干旱、高温、少雨等天气,推迟栽种 1～2 周,对蚜虫预控效果较好。

(3)生物防治　使用生物农药,高浓度选鱼藤酮,中低浓度选苏云金杆菌。保护和利用天敌,如七星瓢虫、食蚜蝇、蚜茧蜂等。

(4)精准施药　用噻虫嗪种衣剂进行种子包衣,对油菜蚜虫防治效果较好。用70%吡虫啉可湿性粉剂4 g或50%烯啶虫胺水溶性粒剂25 mL,兑水60 kg喷雾防治;或用30%高效氯氟氰菊酯＋戊唑醇微囊悬浮剂,每公顷用20～30 g有效成分喷雾防治。

(5)注意事项　油菜花期尽可能不用杀虫剂,如果必须用药,一定要保护好蜜蜂。

4.应用区域

适用于全国油菜主产区。

5.依托单位

安徽省农业科学院作物研究所,侯树敏、郝仲萍,0551-65148126-506。

(九)油菜菜青虫防灾减灾技术

1.发生特点

菜青虫分布于全国各地,主要为害十字花科植物,包括甘蓝、白菜、油菜等。菜粉蝶1年发生多代,全国各地发生世代数由北向南逐渐增加,各地均以蛹越冬。越冬场所是在为害地附近的墙壁、篱笆、树干、土缝、杂草等处。每年一般有春、秋两个为害高峰期,常年暴发成灾,严重为害时损失可达20%～40%。

2.典型症状

菜粉蝶以幼虫为害作物,幼虫共有5龄,主要在油菜苗期啃食叶片。1～2龄期在叶背啃食叶肉,残留表皮呈小形凹斑,3龄以后吃叶成孔洞或缺刻(图12-19)。4～5龄幼虫进入暴食期,为害最重,占幼虫总食叶面积的85%～90%。严重时,只残留叶脉和叶柄,同时排出大量粪便,污染油菜叶片和心叶;虫伤可为软腐病菌提供入侵途径,导致油菜发生软腐病,加速全株死亡。

图12-19　菜青虫为害症状

3.防控措施

(1)预测预报　对菜粉蝶发生期的预测,以田间成虫出现高峰期推算卵的发育历期或橙黄色卵粒数占总卵量数的30%后2～3 d为该幼虫的发生盛期。

油菜幼苗期至移栽前,每亩有虫1000头以下为轻发生,有1000～3500头为中等偏轻或中等程度发生,此时可发出黄色预警;每亩有3501～5000头为中等偏重程度发生,此时可发出橙色预警;每亩有5000头以上为大发生,此时可发出红色预警。油菜移栽后或直播油菜大田间苗后的成株期,当每百株有虫20头以下为轻发生,有20～40头为中等偏轻或中等程度发生,此时可发出菜青虫发生的黄色预警;有 41～50 头为中等偏重程度发生,此时可发出菜青虫发生的橙色预警;有 50 头以上为大发生,此时可发出菜青虫发生的红色预警。在发出橙色预警时,即需对菜青虫进行防治。

(2)农业措施　收获后,及时清除残株、老叶;深翻土地,消灭田间残留的幼虫和蛹;合理布局,尽量避免与十字花科植物轮作。

(3)生物防治　保护利用天敌,如广赤眼蜂、螟黄赤眼蜂、松毛虫赤眼蜂、中华微刺盲蝽、三突花蛛、黄褐新圆蛛等;使用生物农药,低龄幼虫发生初期,喷洒苏云金杆菌 800～1000 倍液或菜粉蝶颗粒体病毒每公顷 300 幼虫单位,对菜青虫有良好的防治效果,喷药时间最好在傍晚;也可用 10% 烟碱乳油 800～1000 倍液喷雾。菜青虫发生数量较多时,在低龄幼虫期,可交替选用 3% 除虫菊素乳油 800～1000 倍液,或 2.5% 鱼藤酮乳油 800～1000 倍液,或 0.2% 苦皮藤素乳油 1000 倍液,或 5% 藜芦碱醇溶液 500～800 倍液,或 0.5% 川楝素乳油 800～1000 倍液,或 1% 苦参碱醇溶液 800～1200 倍液,或 0.65% 茼蒿素水剂 400～500 倍液,或 0.4% 蛇床子素乳油 800～1000 倍液,或 27% 皂素烟碱可溶性浓乳剂 2000～2500 倍液,或 1.2% 苦参碱·烟碱乳油 800～1000 倍液,或 0.84% 马钱子碱·烟碱水剂 500～800 倍液,或 9% 辣椒碱·烟碱微乳剂 800 倍液,于阴天或晴天傍晚均匀喷洒油菜叶片的正、背面。

(4)精准施药　化学药剂防治适期是成虫产卵高峰后 1 周左右或幼虫 2 龄高峰期以前,可以选用以下药剂进行喷雾防治:2% 阿维菌素乳油 1000～1500 倍液,或 20% 氰氟虫腙乳油,或 1% 甲氨基阿维菌素苯甲酸盐乳油 6000～8000 倍液,或 20% 抑食肼悬浮剂 500～600 倍液。

(5)注意事项　杀虫剂需交替轮换使用,避免多次使用同一种杀虫剂。

4. 应用区域

适用于全国油菜主产区。

5. 依托单位

安徽省农业科学院作物研究所,侯树敏、郝仲萍,0551-65148126-506。

(十)油菜小菜蛾防灾减灾技术

1. 发生特点

小菜蛾以幼虫为害十字花科蔬菜的整个生育期叶片,发生面积大。成虫迁飞能力强,为害时间长,易躲避敌害;生活周期短,繁殖能力强,世代重叠严重,生态适应性及抗药性强。一旦暴发,如果防治不到位,极有可能造成绝收。

2. 典型症状

小菜蛾识别特征:成虫体长 6～7 mm,翅展 12～16 mm,前后翅细长,缘毛很长,前后翅缘呈黄白色三度曲折的波浪纹,两翅合拢时呈 3 个接连的菱形斑,前翅缘毛长并翘起如鸡尾,触角丝状,褐色,有白纹,静止时向前伸。雌虫较雄虫肥大,腹部末端圆筒状,雄虫腹末圆锥形。卵椭圆形,稍扁平,初产时淡黄色,有光泽,卵壳表面光滑。幼虫有 4 龄。初孵幼虫深褐色,后变为绿色。末龄幼虫体长 10～12 mm,纺锤形,体上生稀疏长而黑的刚毛,头部黄褐色,前胸背板上有淡褐色无毛的小点组成两个"U"形纹,臀足向后伸超过腹部末端,腹足趾钩单序缺环。蛹长 5～8 mm,初化蛹时为绿色,渐变为淡黄绿色,最后为灰褐色,近羽化时,复眼变深背面出现褐色纵纹。茧呈纺锤形,灰白色丝质薄如网,可透见蛹体。

成虫将卵产在叶的背面,初孵幼虫只取食叶的背面,留下表皮,在叶片上形成一个个半透明的斑,3～4龄幼虫可将叶片食成孔洞和缺刻,严重时全叶被吃成网状,影响蔬菜的正常生长,降低蔬菜的产量和质量。小菜蛾幼虫以油菜角果、花器、茎枝以及叶片的表层为食。在油菜处在苗期时,刚孵化的小菜蛾幼虫会半潜藏在油菜花苗叶上对叶肉进行啃食;当小菜蛾生长到2龄后,其幼虫就会从潜叶状态转化到其他状态,大部分都会在叶子的背面或心叶部分啃食叶肉,导致油菜叶只留下透明斑块状的表皮;当小菜蛾生长到3龄和4龄时期,该时期的幼虫会加大啃食叶片的程度,导致油菜苗叶片出现缺刻和空洞现象,虫害严重时甚至会啃食整个叶片,只留下叶片的主脉(图12-20)。当油菜花生长到角果期及开花时期,小菜蛾的幼虫会严重为害油菜花的籽粒、角果、花梗以及叶片,经常导致油菜花角果出现籽粒空壳现象。

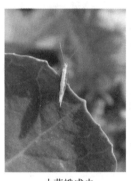

a.小菜蛾成虫　　　　　　　b.小菜蛾幼虫　　　　　　　c.小菜蛾为害症状

图12-20　小菜蛾及其为害症状

3.防控措施

在预测预报的基础上,采取结合农业措施、生物防治、精准施药等多种措施的小菜蛾可持续防控技术。

(1)预测预报　田间百株虫量达到20～200头时,为中等偏轻、中等程度发生,此时可发出黄色预警;百株虫量达到201～400头时,为中等偏重程度发生,此时可发出橙色预警;百株虫量超过400头时为大发生,此时可发出红色预警。

(2)农业措施　避免与其他十字花科蔬菜和油菜邻作种植或连作种植。小菜蛾在早春时期开始活动,可以在其活动之前对水渠、种植区的杂草进行清理,破坏其栖息环境,从而进一步降低小菜蛾的发生数量。

(3)杀虫灯诱杀　频振式杀虫灯对小菜蛾具有较好的防治效果,平均每日诱蛾量可高达800头;结合小菜蛾雌性性外激素诱杀雄蛾,可以达到很好的防治效果。

(4)生物防治　植物杀虫剂如多杀菌素、阿维菌素,病原微生物如玫烟色棒束孢、绿僵菌、白僵菌、苏云金杆菌等防治效果比较好。保护和利用天敌,种植利于天敌昆虫繁衍的蜜源植物等,为八斑球腹蛛、草间小黑蛛、异色瓢虫、菜蛾啮小蜂、半闭弯尾姬蜂等天敌提供生存环境。

(5)精准施药　要抓住小菜蛾的孵化期和2龄期,其中孵化期可以应用20%菊杀乳油2000～3000倍液或2.5%功夫乳油2000倍液喷雾防治;在2龄幼虫时期,可以将10%高效氯氰菊酯40 mL和80%敌敌畏乳油15 mL进行混合,然后再加入30 kg水喷雾防治;或每亩用5%氯虫苯甲酰胺40 mL、6%乙基多杀菌素30 mL、2.5%多杀菌素50 mL或100 g/L三氟甲吡醚60 mL喷雾防治。

(6)注意事项 喷药过程中避免出现喷透、喷湿等现象,防止农药的大量浪费。在小菜蛾发生高峰期,其世代重叠严重,如在这一块地打药,它的成虫又飞到另一块地产卵。所以在一个自然村应采取集中防治的方法,集中全体种植户统一时间逐片地块进行喷打,在3～5 d全部打过一遍。这样就能达到既杀幼虫也赶走成虫在田间产卵的目的,打一次药能维持15 d左右。在小菜蛾发生严重的年份,喷打3～4次就能有效地控制其为害,防治效果可达90%以上。

4.应用区域

适用于全国油菜主产区。

5.依托单位

安徽省农业科学院作物研究所,侯树敏、郝仲萍,0551-65148126-506。

(十一)猿叶甲防灾减灾技术

1.发生特点

猿叶甲包括大猿叶甲和小猿叶甲,两者常常混合发生,主要为害大白菜、芥菜、萝卜、青菜、花菜、油菜等十字花科蔬菜及油料作物。小猿叶虫还会为害胡萝卜、莴苣、洋葱、葱等。大猿叶甲1年发生代次由北到南为1～6代,以成虫在土壤中滞育越冬和越夏。小猿叶甲1年发生代次由北到南为2～8代,以成虫在5 cm表土层越冬,少数在枯叶、土缝、石块下越冬,翌春开始活动。近年来猿叶甲在部分地区为害逐年加重,以4—5月和9—11月为为害高峰期,秋季重于春季。

2.典型症状

大猿叶甲成虫体长4.5～5.2 mm,椭圆形,暗蓝黑色,略有金属光泽,前胸背板及鞘翅上有刻点,后翅发达能飞行;幼虫体长约7.5 mm,头黑色,体灰黑带黄色,各体节有大小不等的黑色肉瘤20个左右(图12-21a,b)。在长江流域一年发生2～3代,以成虫在枯叶、土缝、石块下越冬,次年春季开始为害和繁殖,夏季高温时成虫潜入土中或阴凉处夏眠。

小猿叶甲成虫体长2.8～4 mm,近圆形,蓝黑色,有明显金属光泽,鞘翅上有细密点刻,后翅退化不能飞行,靠爬行迁移觅食;幼虫体长6～7 mm,各体节具黑色肉瘤8个,其上有刚毛(图12-21c,d)。习性与大猿叶甲相近。

猿叶甲成虫和幼虫均取食菜叶,使菜叶成缺刻或孔洞,严重时吃成网状,导致绝收。其排泄物也可污染受害蔬菜等作物,严重影响蔬菜的产量和品质(图12-21e)。

3.防控措施

采取农业防治、物理防治与化学防治相结合的办法进行防控。

(1)农业措施 选择地势较高、周围无大量作物种植、田园比较清洁的地方作为油菜苗床地。如果选择不到适宜的苗床地,应特别注意将苗床地翻耕,清除田间杂草杂物,杀灭隐匿其中的跳甲、猿叶虫,降低害虫的基数。合理施肥,培育壮苗。苗床地要增施磷钾肥,不要偏施氮肥,使油菜苗生长健壮,提高抗虫性。当油菜苗生长到一定阶段,及时间苗匀苗,协调生长,以改善苗床生长的小气候,提高其抗虫性、抗病性。改撒播为育苗移栽,有利于培育健壮大苗。苗床生态条件好,则不利于猿叶甲的生存。

(2)利用假死性 猿叶甲具有假死性,可用浅口容器接于叶下,然后击打,集中杀死。

(3)生物防治 使用生物农药0.6%苦参碱,防治猿叶甲效果较好。

a.大猿叶甲成虫；

b.大猿叶甲幼虫；

c.小猿叶甲成虫；

d.小猿叶甲高龄幼虫；

e.猿叶甲为害症状。

图 12-21　猿叶甲及其为害症状

（4）精准施药　①抓好苗床的药剂防治。当苗床油菜苗生长转绿时，就要及时调查猿叶甲发生情况，达到防治指标时适时用药喷施。特别是在移栽前，抓住时机对苗床喷施一次农药，可选用 2.5％溴氰菊酯（敌杀死）1500～2000 倍液，喷施一次后移栽，不带虫、不带卵移栽入大田。②抓好大田防治。对于直播或移栽后的大田油菜，要经常临田观察，当成虫盛发期出现时，必须立即用药防治。可选用的农药有 3％鱼藤精 500～600 倍液，或 90％晶体敌百虫 800～1000 倍液加 0.25％洗衣粉，或 10％三氟氯氰菊酯乳油，或 50％辛硫磷乳油，或 40％丙溴磷乳油 1000～1500 倍液；也可用 20％丁硫克百威（好年冬）乳油 800～1000 倍液喷雾防治。当在田间发现猿叶甲幼虫为害油菜根系时，可以进行灌根处理。可用 90％晶体敌百虫 1000～1500 倍液淋苑灌根，每株灌药液 100～150 mL；也可以用 3％氯唑磷（米乐尔）颗粒剂均匀撒施在近根处或穴施于根颈旁。③早晚用药，结合大田抗旱进行效果更好。或在移栽油菜苗时用 90％晶体敌百虫1000 倍液浸油菜苗根部 10～12 min，以杀灭侵入油菜根部的猿叶甲幼虫。④防治时喷药要重喷心叶、根部，地表也不能忽视。在油菜田喷药时要成排走喷，不能漏喷，对田边的杂草要清除并喷药防治。

（5）注意事项　杀虫剂需交替轮换使用，避免多次使用同一种杀虫剂。

4.应用区域

适用于全国油菜主产区。

5.依托单位

安徽省农业科学院作物研究所，侯树敏、郝仲萍，0551-65148126-506。

（十二）油菜跳甲防灾减灾技术

1.发生特点

油菜跳甲在全国油菜产区均有发生，西北春油菜种植区为害较重。春油菜田发生的跳甲主要有 3 种，即黄宽条跳甲、黄曲条跳甲和油菜蚤跳甲。青海春油菜区海拔 2400 m 以下主要以黄宽条跳甲为优势种,海拔2400~2600 m以黄宽条跳甲、油菜蚤跳甲混合发生,海拔2600 m以上黄宽条跳甲、油菜蚤跳甲、黄曲条跳甲3种混合发生。油菜跳甲一般危害指数为70%,造成油菜减产20%左右,受害植株生育期推迟7~10 d,对机械收获造成严重影响。一般油菜跳甲危害直接损失+机械收获损失总损失达28%~30%,干旱年份达100%。

2.典型症状

成虫体长约2 mm,长椭圆形,黑色有光泽,前胸背板及鞘翅上有许多刻点,排成纵行。鞘翅中央有一黄色纵条,两端大,中部狭而弯曲,后足腿节膨大。卵长约0.3 mm,椭圆形,初产时呈淡黄色,后变乳白色。老熟幼虫体长4 mm,长圆筒形,尾部稍细,头部、前胸背板淡褐色,胸腹部黄白色,各节有不显著的肉瘤。蛹长约2 mm,椭圆形,乳白色,头部隐于前胸下面,翅芽和足达第5腹节,腹末有1对叉状突起。

跳甲的成虫、幼虫均可为害油菜,以成虫为害最重。成虫咬食叶片成无数小孔,影响光合作用,严重时致整株菜苗枯死。幼虫在土中为害菜根,蛀食根皮等,咬断须根,严重者造成植株地上部叶片萎蔫枯死。成虫喜食油菜幼嫩部分,尤其喜食油菜生长点,造成田间缺苗、毁种,使油菜大幅度减产(图12-22)。

a.成虫　　　　　　　　　b.为害幼苗

图12-22　油菜跳甲及其为害症状

3.防控措施

(1)预测预报　当田间每株油菜上平均有虫0.5~1.0头时,为轻度发生,发布黄色预警;当每株平均有虫1.0~2.5头时,为中度发生,发布橙色预警;当每株平均有虫2.5~3.0头时,为中偏重度发生,可以发布红色预警。

(2)农业措施　合理轮作,尽量避免十字花科作物之间的轮作,可选择非十字花科作物如马铃薯、青稞、小麦等进行轮作换茬。彻底铲除油菜地周边杂草,清除油菜地残株败叶,保持田间清洁,消灭成虫越冬场所和食料基地。消灭越冬成虫,减少田间虫源。

(3)黄板诱虫　跳甲成虫具有趋光性,利用黄色诱虫板(黄色诱虫板+诱剂)诱杀成虫,具有很好的防治效果。具体方法:油菜出苗后,油菜子叶期在田间按每亩20片的黄板量设置规格为20 cm×40 cm的黄色诱虫板。随着油菜长高,不断调整诱虫板高度使诱虫板的底边始终与油菜苗平行。

(4)精准施药　①土壤处理。在耕翻播种时,每亩均匀撒施3%辛硫磷颗粒剂2~3 kg,可杀死土壤中的幼虫和蛹,持效期一般在20 d以上。②药剂拌种。播种前用35%毒氟种衣剂或70%噻虫嗪种衣剂拌种,按药剂与种子质量1:10的比例搅拌均匀,晾干后播种。③加强幼防治,油菜子叶期油菜跳甲虫口基数达每株 0.5～1.0 头时及时进行油菜叶面喷施防虫,可用 48%毒死蜱乳油 1000 倍液、50%马拉硫磷乳油 800 倍液或 40%辛硫磷乳油 500 倍液防治。

(5)注意事项　杀虫剂需交替轮换使用,避免多次使用同一种杀虫剂。

4. 应用区域

适用于全国油菜主产区。

5. 依托单位

青海省农林科学院,杜德志,0971-5366520。

（十三）油菜茎象甲防灾减灾技术

1. 发生特点

我国各油菜产区均有分布,西北地区为害重。严重时受害茎达 70%,造成植株倒折。油菜茎象甲一般危害率在 20%～30%,造成油菜减产 20%左右。受害植株由于虫害过早干枯死亡,对机械收获造成严重影响。由于油菜成熟期不一致,机械收获产生的损失率为 8%～10%,油菜茎象甲危害直接损失＋机械收获损失之和达 28%～30%。

2. 典型症状

成虫体长 3～3.5 mm,灰黑色,密生灰白色绒毛。头延伸的喙状部细长,圆柱形,不短于前胸背板,伸向前足间(图 12-23a)。触角膝状,着生在喙部前中部,触角沟直。前胸背板上具粗刻点,中央具一凹线,前缘稍向上翻,每个鞘翅上各生纵沟 9 条,中胸后侧片大。卵长 0.6 mm,椭圆形,乳白色至黄白色。末龄幼虫体长 6～7 mm,纺锤形,头大,无足,黄褐色(图 12-23b)。裸蛹长 3.5～4 mm,纺锤形,乳白色或略带黄色。土茧椭圆形,表面光滑。

幼虫在茎中钻蛀为害,成虫为害叶片和茎皮(图 12-23c)。为害严重时,茎髓被蛀空,茎秆崩裂,分枝丛生,生育期推迟,遇风易倒折,受害茎肿大或扭曲变形,提早黄枯,籽粒不能成熟,或全株枯死且主茎不能正常抽薹。

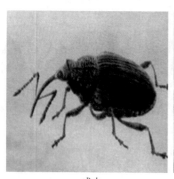
a.成虫

b.幼虫

c.为害植株

图 12-23　油菜茎象甲形态及为害症状

3. 防控措施

(1)预警预报　当田间每株油菜上平均有虫 0.26～0.5 头时,为轻度发生,发布黄色预警;当每株平均有虫 0.51～1.0 头时,为中度发生,发布橙色预警;当每株平均有虫 1.1～1.25 头时,为中偏重度发生,可以发布红色预警。

（2）农业措施　合理轮作。尽量避免十字花科作物之间的轮作，可选择非十字花科作物如马铃薯、小麦、青稞等作物进行轮作换茬，中断害虫的食物供给，进而减轻危害。彻底铲除油菜地周边杂草，清除油菜地残株败叶，保持田间清洁，消灭成虫越冬场所和食料基地。消灭越冬成虫，减少田间虫源。

（3）黄板诱杀　茎象甲成虫具有趋光性，利用黄色诱虫板诱杀成虫，对油菜茎象甲防效非常理想。具体方法：油菜出苗后，3 叶期按田间每亩 20 片的黄板量设置规格为 20 cm×40 cm 的黄色诱虫板。随着油菜长高，不断调整诱虫板高度使诱虫板的底边始终与油菜苗平行。

（4）精准施药　①土壤处理。在耕翻播种时，每亩均匀撒施 3％辛硫磷颗粒剂 2～3 kg，可杀死土壤中的幼虫和蛹，持效期一般在 20 d 以上。②药剂拌种。播种前用 35％毒氟种衣剂或 70％噻虫嗪种衣剂拌种，按药剂与种子质量 1∶10 的比例搅拌均匀，晾干后播种。③加强幼虫防治，菜苗出土后及时调查，3 叶期油菜茎象甲危害率达 5％时及时进行叶面喷施防虫，可用 48％毒死蜱乳油 1000 倍液、50％马拉硫磷乳油 800 倍液或 40％辛硫磷乳油 500 倍液喷雾防治。

（5）注意事项　杀虫剂需交替轮换使用，避免多次使用同一种杀虫剂。

4. 应用区域

适用于全国油菜主产区。

5. 依托单位

青海省农林科学院，杜德志，0971-5366520。

（十四）油菜软体动物（蜗牛、蛞蝓）防灾减灾技术

1. 发生特点

油菜软体动物主要有蜗牛和蛞蝓，均属杂食性软体动物，取食范围非常广泛。蜗牛发生地块分布不均匀，呈现区域性特点：一是靠近沟、渠、河、塘的地块发生严重；二是实行小麦秸秆还田的地块发生严重；三是地势低洼地块发生严重；四是与蔬菜、果树间作或邻作地块发生严重。蜗牛在环境条件不适时可在土壤中越夏和越冬，在环境条件适宜的春秋季节出土为害。蜗牛晴天或白天不活动，隐藏在作物根系下、土缝中，在夜间或阴雨天气在农作物上或木本植物上取食。

2. 典型症状

蜗牛为软体动物，有贝壳，头可缩。蜗牛一般可存活 2～3 年，雌雄同体，既可异体受精繁殖，也可自体受精繁殖。每只成虫可产卵 50～300 粒，每年产 2 次，产卵呈堆状，孵化整齐。

蜗牛用齿舌舐食嫩叶、新梢、嫩茎及果实，造成叶片缺刻，果实出现孔洞，严重时能吃光叶片，咬断茎秆。成虫食量大，具有暴食性，边吃边排泄白色胶质和青色绳状粪便，其爬过的土表及植株表面会出现一条光亮痕迹（图 12-24a），其分泌的黏液、污染物等易引发有害菌侵染导致腐烂病。

蛞蝓俗名鼻涕虫，在我国主要分布在西南部、东部及南部地区，分布较为分散，主要种类是黄蛞蝓、野蛞蝓、双线黏液蛞蝓。蛞蝓可为害油菜根部以上的所有部位，喜食植株内部新鲜部位，其食量随虫体的增大而增加。在食物不足时蛞蝓背部出现凸出的包囊，且爬出土面四处觅食。随着温度的升高，蛞蝓的食量减少，6—8 月成虫每天取食菜叶 20 g/头，而 4 月和 9 月每天取食菜叶可达 50 g/头。被害作物幼苗常因生长点受害形成秃顶，叶菜类因叶片残缺和粪便污染造成蔬菜腐烂而影响商品价值（图 12-24b），花卉类失去观赏价值。

a.蜗牛　　　　　　　　　　b.蛞蝓

图 12-24　蜗牛、蛞蝓为害油菜典型症状

3. 防控措施

（1）农业措施　经常清洁田园，及时中耕，破坏栖息地和产卵场所，减少虫源；秋冬深翻地，可把卵或越冬成虫翻至地表，使其被晒死或被天敌吃掉。

（2）物理措施　人工捕捉，利用蜗牛和蛞蝓昼伏夜出、黄昏为害的习性，在早上和傍晚进行捕捉并杀死。诱集处理，利用瓦片、树枝、杂草等诱集蜗牛和蛞蝓聚集栖息，然后统一处理，也能收到良好的效果。隔离保护，在油菜植株周围均匀撒上一层生石灰粉，可显著减轻危害。虫害发生严重时，可在油菜田地面撒施干草木灰，防治效果好，施用时注意不要将草木灰撒到植株叶面、嫩芽上，以免对植株造成损害。撒施后如遇下雨，需要进行补施；积肥锄草，及时铲除田边、沟边、坡边、塘边的杂草，在杂草上撒施石灰沤制堆肥，消除蜗牛和蛞蝓的滋生场所。利用蜗牛雨后大量出来活动的特性，久雨天晴时抓紧锄草松土，可减少蜗牛和蛞蝓的发生数量，减轻为害。

（3）精准施药　用 6% 密达颗粒剂诱杀软体动物效果良好。具体防治方法：在油菜田每亩用 6% 密达颗粒剂拌细沙土，均匀撒施于油菜株周围。

（4）注意事项　密达颗粒剂对已爬上植株为害的蜗牛和蛞蝓引诱力差；施用密达颗粒剂后，不要在田中践踏，以免影响药效；温度低于 15 ℃ 或高于 35 ℃ 时，因其活动能力减弱，不取食药粒而影响药效，施药时间宜在雨后或傍晚；施药后 24 h 内如遇大雨，药粒易被冲散，需酌情补施。

4. 应用区域

适用于全国油菜主产区。

5. 依托单位

安徽省农业科学院作物研究所，侯树敏、郝仲萍，0551-65148126-506。

（十五）油菜鸟害防灾减灾技术

1. 发生特点

油菜鸟害主要发生在丘陵、山地、树林及水源丰富的周边地区。农田中输电线路也往往成为鸟类的栖息地，附近的油菜容易受到鸟害。一些零星种植的田块，如房前屋后等不能连片大面积种植的田块也易发生鸟害。油菜出苗至成熟期都会受到鸟类危害，最常见时期是出苗期、初花期和角果成熟期。

2.典型症状

（1）苗期及抽薹期症状　在油菜出苗至抽薹期为害的鸟类主要有八哥、灰喜鹊及野鸽等较大的鸟类,啄食油菜的幼苗,造成幼苗折断,甚至整株连根拔起,导致缺苗断垄。在油菜抽薹期主要是啄食叶片,妨碍植株正常生长,造成生长迟缓甚至死亡(图 12-25a)。

（2）开花至成熟期症状　这一时期鸟害多由麻雀等小型鸟类造成,以为害花蕾和角果为主,初花期和成熟期是鸟害发生最严重的时期。初花期鸟类会啄食油菜主花序及分枝上较大的花蕾,使植株花序上残留长短不一的花柄,看不到花,或在顶部留有少量花和蕾。

（3）角果期症状　鸟类会啄食油菜鲜嫩角果,留下果柄或残破的角果;角果成熟时,鸟类会啄破角果皮,啄食其中籽粒;角果被啄破后,加快了水分流失,角果皮易发白干枯,残存的籽粒也会因裂荚掉落,严重影响油菜的收获产量(图 12-25b)。

图 12-25　油菜鸟害症状

3.防控措施

采取合理规划种植区域、选用适宜品种、加强田间驱鸟等防控技术。

（1）选用抗鸟害良种　在树林、堰塘周边和丘陵山地等易发生鸟害的地区种植油菜应选择硫苷含量稍高的品种。研究表明,油菜硫苷含量高于 23 μmol/g 时,受鸟类为害程度明显降低。

（2）置物驱鸟　在田间放置假人、假鹰或在田块上空悬浮画有鹰、猫等图形的气球等物品可短期惊吓鸟类,防治鸟害。或在田块四周悬挂彩条带或镜面,通过光面反射驱赶鸟类,防治鸟害。但该方法初期驱鸟效果较好,长期使用后鸟类对此不再恐惧,需要不定期更换悬置物品类型。

（3）驱鸟器驱鸟　选用语音驱鸟器、超声波驱鸟器、电子炮驱鸟器等,通过声响驱散鸟类。也有一些新型太阳能智能系统驱鸟器,使用方便,防治效果较好。

（4）化学驱鸟　采用化学驱鸟剂兑水喷雾,可缓慢释放出一种影响鸟类中枢神经系统的气体,促使其飞离喷药区域,达到驱鸟效果。喷施驱鸟剂应选晴好天气下午 4:00—5:00 喷施,药效一般能保持 1～2 周,如遇雨天,需再次喷施,以保证驱鸟效果。

（5）架设防鸟网　角果成熟期在田间铺设专用防鸟网,大面积覆盖油菜植株防止鸟类啄食,可以起到非常好的防治效果。但因操作麻烦且费用高,比较适用于小面积种植田块防治鸟害。

（6）人工驱鸟　油菜花期和角果成熟期,在清晨和黄昏鸟类为害较严重时段,采取人工敲盆、挥杆、放鞭炮等驱散鸟群。此种办法驱鸟效果很好,但人力成本较高,费时费力。大面积种植的地方,可以结合无人机进行驱鸟。

4. 应用区域

适用于全国油菜主产区。

5. 依托单位

中国农业科学院油料作物研究所,胡琼,027-86812729。

(十六)油菜草害防灾减灾技术

1. 发生特点

油菜田杂草的种类和危害,随着土壤、气候、耕作制度、栽培措施以及除草剂使用情况的变化而不断变化。冬油菜区(长江流域和黄淮流域)草害发生高峰主要在冬前,一般在 10—11月;春油菜区[青海、西藏、新疆、甘肃、内蒙古和黑龙江等省(自治区)]杂草在春季油菜播种后随油菜出苗出土,前期因温度低而生长慢,后期随温度升高,杂草生长加快,对油菜造成危害。

2. 典型症状

冬油菜区油菜田间杂草主要有禾本科的看麦娘、日本看麦娘、棒头草、稗草、千金子、早熟禾、野燕麦、硬草等,阔叶杂草有牛繁缕、繁缕、猪殃殃、野老鹳草、阿拉伯婆婆纳、雀舌草、碎米荠、播娘蒿、荠菜、大巢菜、通泉草、藜、扬子毛茛等,以及莎草科杂草牛毛毡、香附子等。冬油菜区不同省市、不同区域,由于土壤、耕作制度、栽培措施及气候因素不同,杂草发生种类及杂草优势种群差异大。通常情况下,稻茬油菜以禾本科杂草为优势种,阔叶杂草为辅(图 12-26a)。旱茬油菜以阔叶杂草为优势种,禾本科杂草为辅(图 12-26b,c,d)。

a.禾本科杂草看麦娘为优势种为害油菜田

b.阔叶杂草牛繁缕为优势种为害油菜田

c.阔叶杂草猪殃殃为优势种为害油菜田

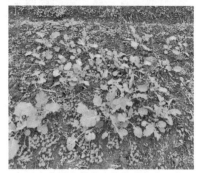

d.阔叶杂草野老鹳草为优势种为害油菜田

图 12-26　油菜主要杂草为害症状

春油菜区油菜田间杂草主要有野燕麦、薄蒴草、香薷、藜、灰绿藜、萹蓄、遏蓝菜、微孔草、苣荚菜、苦苣菜、地肤、刺儿菜、苍耳、芦苇、田旋花、苘麻、野西瓜苗、反枝苋和凹头苋等。

3. 防控措施

油菜田杂草的防除以综合防治为基础,化学防治为重点。采用合理轮作、深沟窄厢、合理密植、秸秆覆盖、科学施肥等农业措施及化学除草等措施综合治理,达到安全、经济、有效地控制草害。

(1)农业防控　铲除田埂、沟渠、路边杂草,减少田间杂草发生量;深耕翻土,开挖深沟,减少杂草出苗数量;合理密植,稻草秸秆覆盖。

(2)化学防控　具体如下:

①土壤封闭除草。在直播油菜播种后出苗前或移栽油菜移栽前 3 d 内,喷施精异丙甲草胺、乙草胺、异噁草松、吡唑草胺,或复配剂异松·乙草胺(异噁草松＋乙草胺)、精喹·乙草胺(精喹禾灵＋乙草胺)、草噁酮·乙草胺(噁草酮＋乙草胺)、异丙·异噁松(异丙草胺＋乙草胺)、扑·乙(扑草净＋乙草胺)进行封闭除草。例如:喷施 96％精异丙甲草胺(金都尔)乳油 50～70 mL/亩,兑水 45 kg,防治一年生禾本科杂草及部分阔叶杂草;或喷施 90％乙草胺乳油 80～100 mL/亩,兑水 45 kg,防治一年生杂草,效果好,但施药后若遇大雨和低洼渍水易出现药害;或喷施 36％异噁草松悬浮剂 30～40 mL/亩,兑水 45 kg,防治一年生杂草;或喷施 50％吡唑草胺悬浮剂 80～100 mL/亩,兑水 45 kg,防治一年生杂草。

②油菜苗后茎叶除草。油菜出苗后如果草害较重可选用合适的茎叶除草剂防除杂草。一般在油菜 3～5 叶、杂草 2～4 叶期喷施。防治禾本科杂草的除草剂主要有高效氟吡甲禾灵、精喹禾灵、烯草酮、精吡氟禾草灵、精噁唑禾草灵等;防治阔叶杂草的除草剂有草除灵、二氯吡啶酸等;兼防禾本科杂草和阔叶杂草的复配除草剂有精喹·草除灵(精喹禾灵＋草除灵)、噁唑·草除灵(精噁唑禾草灵＋草除灵)、烯酮·草除灵(烯草酮＋草除灵)、氟吡·草除灵(氟吡甲禾灵＋草除灵)、二吡·烯草酮(二氯吡啶酸＋烯草酮)、氨氯·二氯吡(氨氯吡啶酸＋二氯吡啶酸)、二吡·烯·草除灵(二氯吡啶酸＋烯草酮＋草除灵)等。例如:10.8％氟吡甲禾灵乳油亩用量 20～30 mL,或 10.0％精喹禾灵乳油亩用量 25～40 mL,或 24％烯草酮乳油亩用量 20～40 mL,或 15％精吡氟禾草灵亩用量 50～70 mL,或 6.9％精噁唑禾草灵水乳剂亩用量 50～60 mL,兑水 30～40 kg,均匀喷施,防治禾本科杂草;50％草除灵悬浮剂亩用量 30～50 mL,30％二氯吡啶酸水剂亩用量 35～60 mL,兑水 30～40 kg,均匀喷施,防治阔叶杂草。

③"一杀一封"除草。在前茬作物收获后油菜播种或移栽前,每亩用 41％草甘膦水剂 100～150 mL,或用 20％克无踪乳油 100～150 mL,或 25％克瑞踪乳油 100～150 mL,兑水 30～40 kg 喷雾,杀灭已出土的杂草及残茬。油菜播种或移栽前,再用封闭除草剂进行土壤封闭,防治未出苗的杂草。

(3)注意事项　封闭除草时要注意喷药时土壤干湿度,土壤过干或过湿,均会影响对杂草的封闭效果;注意喷施除草剂的时间和喷施浓度,防止出现除草剂药害;另外加强草情监测,防止新的恶性杂草出现,预防外来恶性杂草的入侵和传播。

4. 应用区域

适用于全国油菜主产区。

5. 依托单位

中国农业科学院油料作物研究所,方小平,027-86600020。

第十三章

花生体系防灾减灾技术

一、花生非生物灾害防灾减灾技术

　　(一)花生高温热害防灾减灾技术

　　(二)花生洪涝灾害防灾减灾技术

　　(三)花生低温冷害防灾减灾技术

　　(四)花生季节性干旱防灾减灾技术

　　(五)花生阴雨寡照灾害防灾减灾技术

二、花生生物灾害防灾减灾技术

　　(一)花生叶斑病防灾减灾技术

(二)花生青枯病防灾减灾技术

(三)花生白绢病防灾减灾技术

(四)花生果腐病防灾减灾技术

(五)花生蛴螬防灾减灾技术

(六)花生蚜虫防灾减灾技术

(七)花生鳞翅目害虫防灾减灾技术

(八)花生田杂草防灾减灾技术

一 花生非生物灾害防灾减灾技术

（一）花生高温热害防灾减灾技术

1. 发生特点

花生高温热害常发生在黄淮海、长江中下游、四川盆地等花生产区春花生的开花下针期和结荚期，黄淮海花生产区夏花生的苗期和开花下针期，以及华南花生产区春花生的饱果成熟期和秋花生的苗期，具有受害范围广、防控难度大、损失严重等特点。

2. 典型症状

苗期和开花下针期遭遇高温热害会造成植株矮小、叶片萎蔫、开花下针量减少，结荚期和饱果成熟期发生高温热害会使荚果不饱满、种仁发芽，植株干枯（图 13-1）。

a.苗期

b.开花下针期受害症状

c.饱果成熟期受害症状

图 13-1　花生不同生育期高温受害症状

3. 防控措施

采取抗旱耐热品种应用、科学灌溉、喷施叶面肥和农业措施相结合的绿色防控技术。

（1）选用抗旱耐热品种　选用适合当地栽培的抗旱耐热花生品种，有利于提高花生的抗旱耐热能力。例如，豫花 37 号、豫花 93 号、冀花 19 号、中花 215、航花 2 号、桂花 1026、仲恺花 1 号等。

（2）科学灌溉　在播种出苗期、开花下针期等敏感时期，出现高温热害时，应及时采用喷灌、滴灌、沟灌、浇灌等方式，在每天清晨灌溉，保持土壤湿润，防止形成"卡脖旱"。

（3）喷施叶面肥　在高温热害发生前，及时追施叶面肥，结合病虫害防治，喷施钼酸铵增强根瘤固氮，喷施硼砂减少花荚脱落，喷施磷酸二氢钾防止叶片早衰，促进根系生长。

（4）农业措施　在高温热害常发地区，花生宜采用黑膜覆盖和膜下滴灌栽培，合理间作有利于提高花生的抗旱耐热能力，如华南区花生与甘蔗间作可显著提高花生的抗旱耐热能力。

(5)注意事项　地膜覆盖应在土壤湿润的情况下覆膜,采用膜上压土等方式使花生苗自主破膜出土;避免中午高温灌溉引起伤苗;饱果成熟期避免干湿交替引起花生发芽,具备上市条件的花生及时收获上市销售。

4.应用区域

适用于全国花生主产区。

5.依托单位

广西壮族自治区农业科学院,唐荣华,0771-3244260。

（二）花生洪涝灾害防灾减灾技术

1.发生特点

黄淮海区域花生整个生育期均有可能遇到大雨、暴雨或持续降水而引起土壤渍涝,但大多会出现在7月和8月。在长江中下游地区,由于花生生育期的降水量普遍较大,渍涝灾害十分普遍。华南区域花生渍涝灾害主要出现在6月、7月、8月台风多雨季节,正值春花生收获期和秋花生播种期。西南地区属长江水系,洪涝灾害频繁,特别是云南省雨季和四川盆地花生生育期间降水普遍偏多,受洪涝渍害影响较大。

2.典型症状

发芽出苗期间遇渍涝危害,会严重影响土壤通透性,种子呼吸困难,易引发种子霉烂,造成缺苗断垄;即使出苗,幼苗长势也弱,还易引起根腐病、茎腐病的发生。苗期遇渍涝危害,可造成根系发育不良,苗弱苗黄,甚至死苗。开花下针期遇渍涝危害,会造成茎叶徒长,分枝少,植株瘦弱,甚至倒伏,开花下针数量减少。荚果发育成熟期遇洪涝渍涝危害,加之光照不足,土壤水分过多,通气不良,引起植株徒长、根系早衰,导致秕果、烂果、芽果增多,渍涝严重时会造成植株死亡、绝收。收获后不能及时干燥,造成种仁发芽、发霉,严重影响花生品质。秋花生播种季节如遇渍涝危害,则会导致播种延迟,造成秋花生减产(图13-2)。

图13-2　洪涝灾害对花生生产的影响

3. 防控措施

(1)选用耐渍涝品种 选用适合当地生产的耐渍涝花生品种,如远杂 9102、宛花 2 号、山花 9 号、宇花 18 号、桂花 37、云花生 13 号等。

(2)改善农田基本条件,及时排水散墒 建设排灌体系,改善排灌条件,做到旱能供水、涝能排水。挖好主排水沟渠和田间三沟(垄沟、田间排水沟、地头沟),以保证三沟相通,排水入渠。洪水或暴雨过后要及时采取机械排水或人工方式疏通排水沟渠,抢排田间积水。

(3)农业措施 改良土壤,黏土掺沙,对土壤进行深耕。采用起垄种植,有利于田间排水。洪涝过后可以补充肥料,一般每亩可追施尿素 5～10 kg。同时,增施一定量的钙肥,促进荚果膨大。加强病虫害防控,及时清除杂草。洪涝灾害发生后花生容易徒长,要及时进行化学调控。注意适期收获,花生收获阶段,要关注天气预报,避开连阴雨天气收获,早收或推迟收获。对于重灾地块,及时改种一些生育期短的作物,降低灾害造成的损失。

(4)注意事项 华南区域春花生区,鲜食花生销售市场前景十分广阔,本区域可增置冷库配套设施,遭遇水灾或连续降水时,可抢收入库。有条件的地区可配套花生果干燥设施。

4. 应用区域

适用于全国花生主产区。

5. 依托单位

河南省农业科学院,刘娟,0371-61317913。

(三)花生低温冷害防灾减灾技术

1. 发生特点

花生低温冷害发生的原因主要是来自极地的强冷空气及寒潮入侵,造成连续多日气温下降,使花生因环境温度过低而受到损伤,以致减产。花生低温冷害发生时的日平均温度大多在 0 ℃ 以上,有时甚至可达 20 ℃ 左右,受害后其生理活动会受到抑制,但不会立即表现在外观形态上,形成有灾而不知灾的错觉,故有"哑巴灾"之称。低温冷害现象在我国多个花生产区都有发生,例如东北地区的"早春低温"、长江流域的"倒春寒"、华南地区的"秋季冷害"以及两广地区的"寒露风"等,但主要发生于高纬度和高海拔地区。

2. 典型症状

花生属于喜温作物,其生长发育进程受温度影响较大,尤其是高油酸花生种子,与普通油酸花生种子相比,发芽和出苗对温度的要求更高。花生种子萌发的最低温度为 12～15 ℃,最适温度为 28～30 ℃,若播种后遭受低温冷害,种子发芽速度减慢,迟迟无法出土,且易受土壤中各种真菌、线虫和地下害虫等的危害,从而引起缺苗烂种(图 13-3)。花生苗期生长的最低温度为 14～16 ℃,最适温度为 28～30 ℃,当环境温度低于 14 ℃ 时,植株生长发育迟缓,苗期缩短,叶片甚至出现脱水、萎蔫、黄化、枯死等症状。花生开花的最适温度为 23～28 ℃,若环境温度低于 21 ℃,开花数量将会明显下降,若环境温度降至 19 ℃ 以下,则不能形成果针。花生荚果发育的最适温度为 25～33 ℃,此温度范围内荚果发育速度最快,增重幅度最大。若环境温度低于 20 ℃,荚果生长发育缓慢,籽粒不饱满,收获时果针易断折,对产量和品质都有较大影响。

3. 防控措施

防控原则是预防为主、防控结合、精细管理、综合防控,通过耐低温花生品种的选择、种子

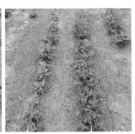

图 13-3　低温冷害对花生出苗的影响

精选与包衣处理、适期播种、合理轮作、平衡施肥、合理中耕、科学化控、适时收获等农业技术措施,培育花生壮苗,促进其生长发育,进而增强花生耐低温冷害能力。

(1)选择耐低温品种　根据花生对低温冷害的适应性,一般将栽培花生分为 3 种类型,即冷敏感型、中间型和耐冷型,选择耐低温花生品种可有效提高花生耐低温冷害能力。在生产上应选择所需有效积温较当地有效积温少 100～150 ℃的花生品种,防止花生越区种植,提高花生抵御低温的能力,促进花生早发快生。例如,花育 33 号、吉花 23、扶余四粒红等。

(2)种子处理　具体有如下措施:①发芽试验。先选取净度不低于 98%、纯度不低于 99% 的色泽正常、饱满无损伤且大小整齐一致的 100 粒花生种仁,再选一容器,用 3 份凉水、1 份开水兑到一起,将种仁投放到温水中浸泡 12～14 h,然后滤去水,用温热湿毛巾(30 ℃之内)包起来,或放入带有湿润滤纸的培养皿中,置于 25～28 ℃恒温环境中发芽,3 d 后测发芽势,5 d 后测发芽率,要求发芽率在 95% 以上。

②晒种。一般在播种前 10～15 d 带壳晒种,选择晴朗天气,于上午 9:00 至下午 3:00,将花生荚果平铺在干燥的土场地上,厚 10 cm 左右,每隔 2～3 h 翻动 1 次,连续晒 2～3 d。晒过的种子一般会提前出苗 1～2 d,出苗率提高 31% 以上,种子的抗病性显著增强。

③科学剥壳。最好在播前 7～10 d 剥壳。有些农户耕作土地负担重,担心农活忙起来没时间,提前 20 d 甚至更早就剥好了花生种子,这样做其实是不科学的:一是剥壳后的种子代谢加速、呼吸加快、养分消耗加剧;二是容易受潮霉变,还容易受到机械伤害,降低种子发芽率;三是干燥后种子易脱皮,造成播种时种子破碎率增加,难以保证花生一播全苗。

④种子精选。播种前需要精选花生种子。挑选网纹清晰、籽粒饱满、色泽正常、整齐度高的种子,剔除虫食粒、病粒以及不完整籽粒。精选后种子质量达到大田用种标准以上,即净度不低于 98%、纯度不低于 99%、含水量不高于 10%、发芽率不低于 95%,保证后期苗齐、苗壮。

⑤药剂拌种及种子包衣。使用药剂、药肥、菌肥等进行拌种。一方面可有效提高花生幼苗的耐冷性,另一方面可通过预防影响花生正常生长发育的病虫害,确保苗齐、苗壮。目前生产上以药剂拌种为主,一般采用杀虫、杀菌性悬浮种衣剂或其复配剂、混合液进行拌种处理。每亩地常用拌种杀虫剂用量:600 g/L 吡虫啉悬浮种衣剂 30～40 mL、30% 噻虫嗪悬浮种衣剂 40～50 mL 等。每亩地常用拌种杀菌剂用量:200 g/L 萎莠灵、200 g/L 福美双复配种衣剂 50～75 g,或 37.5 g/L 精甲霜灵、25 g/L 咯菌腈复配种衣剂 30 mL,或 11% 精甲·咯·嘧菌种衣剂 30～40 g,或 22.2% 噻虫嗪＋1.7% 精甲霜灵＋1.1% 咯菌腈复配种衣剂 50～60 mL。对于部分缺素明显田块,可以在药剂拌种的同时,加入适量的复合微肥如硼、铁、锌、钼、镍肥等,在防治病虫的同时,壮苗增产效果更好。拌种时一般每亩地用量的药剂用 200～250 mL 清水进行稀释,以便拌种均匀,拌好的种子要避免阳光直射和堆闷发热,应即拌即播。

（3）适期播种　普通小粒花生品种要求 5 cm 耕层平均地温连续 5 日内稳定在 12 ℃以上，普通大粒花生品种要求 5 cm 耕层平均地温连续 5 日内稳定在 15 ℃以上，高油酸花生品种要求 5 cm 耕层平均地温连续 5 日内稳定在 18 ℃以上，且保证播种后连续 5 d 是晴朗天气。在采用地膜覆盖的情况下，一般可提前 3～5 d 进行播种，且雨后 1 d 内不得播种，抗旱补墒需隔 1 d 后再播种。播种深度结合土质、气温和地下水位情况灵活掌握，一般将播种深度控制在 5 cm 之内。中等肥力以上的种植地，可适当降低播种密度，充分发挥单株生产优势；中等肥力以下的地块应适当增加播种量，发挥花生群体的增产增效优势。

（4）地膜覆盖　合理使用地膜覆盖栽培，能够为花生创造温度适宜、湿度合适、养分充足的土壤生存环境。在地膜选择上，地膜尺寸应当适宜耕作地的面积，并具有不易碎裂和抗老化的品质。覆盖地膜的宽度应当以垄宽为标准，如垄宽为 90 cm，则地膜宽度也应该为 90 cm 左右。花生地膜的颜色以透明为最佳，透光率≥90％的覆盖地膜能够有效提高春花生所处生长环境的温度，保障春花生的健康生长。

（5）平衡施肥　花生是需肥类作物，在整个生长发育过程中对养分的需求量较大。花生施肥应以底肥为主、追肥为辅，同时确保氮、磷、钾肥料的科学施用。播种前需结合整地起垄，每公顷施完全腐熟的有机肥或土杂肥 7.5 万 kg、尿素 375 kg、氯化钾 270 kg、磷酸二铵 300 kg 或过磷酸钙 450～600 kg。将肥料混合均匀后，包施在垄体内。

（6）合理轮作　花生忌重茬和迎茬，重茬和迎茬不利于培育花生壮苗，特别是长期重茬严重影响花生产量及品质。为适应不同生态区产业需求，目前已经建立了花生与玉米、棉花、谷子、高粱、油葵、甘蔗、木薯等作物带状轮作技术。

（7）中耕灌溉　一般进行两次中耕，第一次中耕在苗期进行，中耕不能过深，避免茎部有过多的土，对侧枝发育产生不利影响，只需对表土疏松，除掉杂草即可。第二次中耕则在开花期进行，此次中耕深度可以深一些，但要特别小心，不能损伤到果针，中耕完成后还需将周围的土壤推压至花生根系附近，促进下针结果。结合中耕，合理灌溉。

（8）科学化控　在花生生产上，通过施用化学调节剂改善花生耐低温冷害能力已成为一种行之有效的技术途径。例如，用 0.15 mg/L 脱落酸和 100 mg/L 水杨酸浸泡花生种子；出苗后每亩用磷酸二氢钾 100 g＋0.01％芸苔素内酯可溶性粉剂 15 g＋1.8％复硝酚酸钠水剂 15 g，兑水 30 kg 叶面均匀喷施；开花期，叶面喷施 0.3％硼砂或硼酸溶液＋0.3％磷酸二氢钾溶液，每次间隔 7～10 d，一般喷施 2 次。

（9）及时补救　播种后如遇下雨或 8～10 ℃以下 1 d 及以上时间的低温天气，土壤相对含水量不低于 60％时，3 d 内查看种子萌发情况，如遇花生籽仁软化、萌发的花生芽尖坏死等情况，表明花生发生冷害。播种半月后田间陆续出苗，及时查看田间出苗情况，当出苗率在 51％～70％时，建议进行补苗。出苗率在 50％以下时，如果生育周期充足，建议进行毁种；当生育周期不足时，建议进行改种。

（10）适时收获　高纬度花生产区在收获前或收获阶段易遭遇初霜，发生霜冻危害。当日最低温度为 2～3 ℃时，易发生轻霜危害；当日最低温度为 1～2 ℃时，易发生中霜危害；当日最低温度为 0 ℃及以下时，易发生重霜或霜冻危害。因此，应根据当地多年初霜的来临情况及天气预报，及时收获，保证霜前收获完毕，花生收获 3 d 内最低温度不能低于 3 ℃。一般收获后的花生在晴朗的天气里晾晒 3 d 以上，即离骨后花生壳和籽仁之间形成一个真空间隔，就不易遭受冻害。收获后尽快晾晒至荚果含水量降到 15％左右时摘果。

(11)注意事项 有以下 4 点:

①引子叶出土。地膜花生出苗后,检查幼苗破膜情况,若窝于膜下无法自行破膜出苗,应用手或炉钩将幼苗抠出膜外引子叶出土。作业时间避开上午 10:00 至下午 2:00 时段,以免阳光折射产生的高温灼烧幼苗。当幼苗生长至具有 4 片真叶时,加强检查的频率和力度,将膜下侧枝扶出,便于花生幼苗更好地生长。

②种衣剂的选择及使用。应选用在花生上登记的种衣剂,包衣后的花生应避免阳光直射,晾干后装袋;尽量减少包衣后的种子翻动,避免种皮脱落,影响出苗;包衣时间在播种前 1 d 完成或播种当天包衣晾干后播种。

③喷施生长调节剂。喷施药剂时要进行二次稀释,并喷施均匀。

④补种。在发生冷害补种过程中,要确保土壤相对含水量达到 60% 以上,即用手握紧土壤、不易松散时进行补种,并且应注意底肥与花生种子的间距,避免烧苗现象。

4.应用区域

适用于全国花生主产区。

5.依托单位

沈阳农业大学,农学院于海秋、越新华、张鹤,024-88487135。

(四)花生季节性干旱防灾减灾技术

1.发生特点

花生季节性干旱主要发生在降水缺乏的地区或季节,如北方春播花生区,由于冬季降水稀少,若春季长时间无雨或雨量明显偏少,极易发生春旱;华南冬花生产区除春旱外,也常遭受冬旱危害;长江流域春夏花生交错区,如四川、安徽、湖南、江西等花生产区常出现夏秋旱。

2.典型症状

花生干旱的症状有叶片萎蔫(表现为从顶端向下萎蔫)、衰老、卷叶等。花生在生长发育过程中受旱后,根系和叶片萎蔫皱缩,节间缩短,节数减少,叶片变小,根系活力下降,干物质积累减少,花芽分化和开花期延迟,花量减少,生育期延长,产量降低。轻度干旱会抑制花生生长发育,造成减产;中度和重度干旱会对花生植株造成不可逆的损伤,导致产量、品质显著下降,甚至绝收(图 13-4)。

3.防控措施

采取以抗旱品种应用、及时补水灌溉、合理化控和追肥为核心的应急防控技术。

(1)选用抗旱品种 因地制宜选用适合当地生产的抗旱花生品种。例如,豫花 37 号、山花 7 号、花育 25 号、中花 16、桂花 1026、仲恺花 1 号、天府 33 等。

(2)及时补水灌溉 开花下针到结荚初期是花生的水分敏感期,此时,当花生土壤相对含水量低于 50% 或出现清晨叶片萎蔫状况时,要及时灌溉;籽仁充实期花生对水分也较敏感,当土壤含水量低于 40% 且晴天上午花生出现萎蔫、嫩叶颜色变暗、下部叶退黄较快时,宜及时灌溉。旱时灌溉宜早晚补水,且小水灌溉,宜喷灌、沟灌、滴灌,禁大水漫灌,切忌在高温环境下使用大量低温水浇灌。同时,有条件的受旱地区应抓住一切有利天气,积极开展人工增雨作业。

(3)喷施抗旱化学药剂 在没有灌溉条件或灌溉条件较差的地块,应及时叶面喷施抗旱保

a.轻度干旱　　　　　　　　　　b.中度干旱　　　　　　　　　　c.重度干旱

图 13-4　花生不同程度旱害症状

水剂 1～2 次,抑制蒸腾,减缓水分消耗;如有间歇降水,在雨后及时喷施效果更好。如每公顷用黄腐酸粉剂 1.0～1.2 kg,兑水 750 kg,均匀喷洒于受旱植株;或每公顷使用 0.02％二氢卟吩铁可溶粉剂 40～50 g,兑水 250 kg,均匀喷洒于受旱植株。另外,当花生株高达到 45 cm 以上时,要及时采取化学防控,防止植株旺长,提高花生植株抗旱力。

（4）及时追肥补充养分　花生遇旱时,及时补充氮肥、磷肥、钾肥和硅钙肥等,可提高花生植株抗氧化能力,提高抗旱性。每公顷可使用尿素 150～20 kg、磷酸二氢钾 4～6 kg、硅钙肥 4～6 kg,兑水1500～1800 kg,叶面喷施。

（5）农艺综合防控措施　地膜覆盖栽培可保水保墒,易旱区建议推广地膜覆盖栽培;深耕或深翻地,可打破"犁底层",加厚活土层,耕深以 30～40 cm 为宜,提倡冬前深耕;合理密植,可降低土壤水分蒸发,减少水分无效消耗;花生齐苗后合理控制水分,可促进根系下扎,增强幼苗抗旱和吸收水分的能力;在干旱发生规律性强的区域,还可采用调整播期的方式,避免花生在水分敏感期遭受干旱胁迫。

4.应用区域

适用于全国花生主产区。

5.依托单位

青岛农业大学,邹晓霞,0532-58957447。

（五）花生阴雨寡照灾害防灾减灾技术

1.发生特点

花生主产区雨季降水量比较大,经常会出现连续几天的阴雨天气,连阴雨天气多,光照弱,日照时数少,干物质积累慢,徒长现象和病虫害严重,影响花生生长。

2.典型症状

结荚期、饱果期连续阴雨寡照对花生的影响主要有四个方面。一是造成田间积水引起渍害,导致烂根和植株生理性失水而萎蔫、死亡。二是影响光合作用和植株生理功能,呼吸消耗增加,干物质积累减少,导致荚果不充实,饱满度低,产量品质下降。三是由于植物的向光性,花生徒长以获取足够的光源,植株变得高、纤细,容易而倒伏。四是引起花生叶斑病、白绢病、果腐病等病虫害暴发,导致早衰早枯。收获期持续阴雨寡照对及时收获和干燥晾晒影响很大,增加了收获难度和落果数量,导致无法及时晾晒的荚果霉变、休眠期短的品种发芽等(图13-5)。

a.花生徒长　　　　b.病害多发　　　　c.虫害严重　　　　d.影响收获

图13-5　花生阴雨寡照受害症状

3. 防控措施

针对连续阴雨寡照天气造成的不利影响,建议采取以下措施缓解。

(1)选用高光效花生品种　根据灾害发生区域及特点,选用耐阴、高光效的花生品种。例如,豫花22号、豫花23号、开农71、山花9号、冀花19等。

(2)及时排除田间积水　及时排水,降低田间土壤湿度,提高土壤的透气性,减轻烂根烂果发生。

(3)叶面施肥促进干物质积累　对于叶色褪淡田块,及时进行叶面喷肥,补充营养,增强光合作用,延长叶片功能期,促进干物质积累与运输,提高荚果饱满度。叶面施肥可选用0.1%～0.3%磷酸二氢钾溶液＋0.5%尿素稀释液＋芸苔素内酯,间隔5～7 d,连喷2～3次。对于缺铁性叶片黄化,可叶片喷施硫酸亚铁或者螯合铁。

(4)控制徒长　连续阴雨寡照天气会导致营养生长和生殖生长失调,花生植株容易出现徒长现象。若盛花期后期株高超过35 cm,可以亩施50%矮壮素水剂10～15 mL或15%多效唑50～60 g或5%烯效唑45～55 g,兑水15～20 kg喷雾控制,保证花生收获时株高不超过60 cm,防止倒伏。

(5)病虫害防治　阴雨寡照天气下,植株活力和抵抗力下降,易导致多种病虫害发生。常见的病害有叶斑病、锈病、白绢病、果腐病等,虫害有棉铃虫、斜纹夜蛾、甜菜夜蛾等食叶害虫。针对病害,可以亩施50%多菌灵可湿性粉剂或65%代森锌可湿性粉剂500～600倍液,或70%甲基托布津可湿性粉剂800倍液;针对虫害,可以用20%氯虫苯甲酰胺悬浮剂3000倍液,或15%茚虫威乳油2500倍液。防治病虫害均采用喷雾形式,要连续喷施2～3次,间隔7～10 d。

(6)适时收获,及时晾晒　根据花生成熟情况和气候条件,掌握最佳收获时期。收获前实时跟踪天气变化,抢晴好天气收获晾晒。用分段收获机收获的,花生果实晾晒至含水量为20%～30%时,用摘果机或捡拾摘果机摘果。用联合收获机收获的,要及时将花生果摊薄晾晒,最好与干燥设备配套,防止堆捂导致霉变,干燥后及时入库。

4. 应用区域

适用于全国花生主产区。

5. 依托单位

山东农业大学,张昆,0538-8241540。

二 花生生物灾害防灾减灾技术

（一）花生叶斑病防灾减灾技术

1. 发生特点

花生叶斑病包括黑斑病和褐斑病，是我国发生区域最广、发病面积最大的花生病害。褐斑病最早可在花生初花期开始发生，黑斑病主要发生在后期。两种叶斑病一般在生长中后期达到发病高峰。

2. 典型症状

病原菌可侵染花生的叶片、叶柄、茎秆、托叶和果针，在花生叶片上形成近圆形或圆形的病斑，在托叶、叶柄、茎秆和果针上形成长形的病斑。黑斑病的病斑比褐斑病小，大小为 1～5 mm，病斑呈黑褐色至黑色，叶片正、反两面的颜色相近；一般病斑周围无晕圈，少数品种病斑周围有明显的黄色晕圈；在叶片背面的病斑上，通常会产生许多黑色（或深褐色）的分生孢子座，紧密排列成同心轮纹状。褐斑病病斑大小为 1～10 mm；病斑在叶片正面呈黄褐色至深褐色，在背面呈黄褐色；病斑周围一般有黄色晕圈；分生孢子在叶片正面和背面都能产生，但以叶片正面为主，在潮湿条件下叶片正面病斑上产生灰色霉状物，即为分生孢子梗和分生孢子（图 13-6）。

a.褐斑病叶片正面症状　　　　b.黑斑病叶片正面症状　　　　c.褐斑和黑斑病造成的落叶

图 13-6　花生叶斑病典型症状

3. 防控措施

采取抗病和耐病品种应用、农业措施、精准施药相结合的绿色防控技术。

（1）选用抗病和耐病的花生品种　选择适合当地生产的抗病品种，合理进行品种轮换，避免单一品种的长期种植。例如，豫花 37 号、开农 71、花育 23 号、仲恺花 1 号、吉花 7 号等。

（2）农业措施　花生与甘薯、玉米、水稻等作物轮作 1～2 年，可有效减轻病害发生和危害程度。使用有病株沤制的粪肥时，要使其充分腐熟后再施用，以减少病原数量。通过适期播种、合理密植、施足基肥、保持田间通风、注意排渍防涝等，可促进花生健壮生长、提高抗病力、减轻病害发生。

（3）精准施药　可选择叶面喷施以下药剂：50% 多菌灵可湿性粉剂 800～1500 倍液、75% 百菌清可湿性粉剂 500～800 倍液、70% 甲基托布津可湿性粉剂 1000 倍液、12.5% 烯唑醇可湿性粉剂 1500～2000 倍液、12.5% 氟环唑悬浮剂 2000 倍液、10% 苯醚甲环唑 1000 倍液、30% 苯甲·丙环唑乳油 2000 倍液、25% 吡唑醚菌酯 1500～3000 倍液、20% 氟酰羟·苯甲唑 750～

1000 倍液悬浮剂等,共施用 2～3 次,具有较好防控效果。

4.应用区域

适合于全国花生产区。

5.依托单位

中国农业科学院油料作物研究所,廖伯寿、晏立英、陈玉宁,027-86712292。

（二）花生青枯病防灾减灾技术

1.发生特点

该病害在花生整个生育期都可发生,开花结荚期是发病高峰期,具有发病速度快、危害程度严重的特点。高温、连续大雨骤晴时容易引发病害流行。

2.典型症状

一般植株主茎顶梢叶片最先失水萎垂,早晨叶片张开晚,傍晚提前闭合,1～2 d 后全株叶片自上而下急速凋萎,叶色暗淡但仍呈绿色,故称"青枯"(图 13-7a)。发病植株根与茎不易断裂,容易整株拔起,拔起的主根没有须根而呈光滑的鼠尾状。病株主根尖端呈褐色湿腐状,纵切根茎部,可见导管呈黑褐色(图 13-7b)。挤压切口处,有白色的菌脓溢出(图 13-7c)。病株上的果柄和荚果后期呈黑褐色湿腐状。

a.植株枯萎症状　　　　b.纵切可见根部腐烂　　　　c.根部菌脓溢出

图 13-7　花生青枯病典型症状

3.防控措施

采取以抗病品种应用、轮作和土壤改良为核心的绿色防控技术。

(1)选用抗病品种　选用适合当地生产的抗青枯病花生品种。如泉花 551、粤油 256、桂花 41、中花 21、中花 29、天府 11、远杂 9102、远杂 9307、日花 1 号等抗病高产品种。

(2)农业措施　合理轮作,包括水旱轮作、与其他禾本科作物轮作、花生不同抗病品种间轮作等,一般轮作 2～3 年。科学管理水肥,严防串灌、漫灌、深灌、水淹,健全排灌系统;多施生物有机肥,减少氮肥施用。

(3)注意事项　花生青枯病疫区一定要选用抗病品种。

4.应用区域

适用于全国花生青枯病发生区域。

5.依托单位

中国农业科学院油料作物研究所,廖伯寿、晏立英、陈玉宁,027-86712292。

（三）花生白绢病防灾减灾技术

1.发生特点

该病害在花生整个生育期都可发生，主要发生在封垄后的中后期，具有发病速度快、危害程度严重的特点。连续高温、高湿容易引发病害流行。

2.典型症状

病菌多从近地面的茎基部侵入，受害部位初期形成浅褐色到深褐色的病斑。条件适宜时，菌丝迅速扩展，植株茎基部和周围的土壤表面都被白色绢丝状菌丝覆盖，故称白绢病。受侵染侧枝或全株叶片萎蔫，后期部分茎秆或者全株枯死。干旱严重时，仅为害花生地下部分，茎基部和土壤表面菌丝层不明显。病菌在受侵染的植株组织表面（茎秆、果柄、荚果等）或土表形成近球形菌核（菜籽状），初始为白色、淡黄色，最后变成褐色或者黑色（图13-8）。

a.花生植株茎基部白色菌丝　　　　　　　b.为害荚果　　　　　　　c.病部和土表的菌核

图13-8　花生白绢病典型症状

3.防控措施

采取抗（耐）病品种应用、农业措施、种子处理和精准施药等技术进行综合防控。

（1）选用耐病品种　选用适合当地生产的抗（耐）病花生品种。如桂花836、泉花7号、泉花9号、中花16等。

（2）农业措施　花生收获后及时清除病残体；将上茬作物收获后的秸秆收集饲用，减少田间秸秆量。收获后深翻土壤，减少田间越冬菌源。合理轮作，选择与非寄主作物或禾本科作物实行3～5年轮作，可在一定程度上减轻危害。在南方，花生与水稻轮作效果更好。施用腐熟的有机肥。注意防涝排渍，改善土壤通气条件。春花生适当晚播，苗期清棵蹲苗，提高抗病力。

（3）种子处理　利用24％噻呋酰胺或18％噻呋酰胺·咯菌腈悬浮种衣剂拌种。

（4）精准施药　连年发病的田块，花生未封垄前，选用24％噻呋酰胺悬浮剂、25％苯醚甲环唑乳油、25％吡唑醚菌酯乳油、25％醚菌酯悬浮种衣剂、25％咯菌腈悬浮种衣剂、5％戊唑醇悬浮种衣剂、25％咪酰胺水乳剂等喷施，可有效降低病害发生率；发病初期，对发病中心进行重点防治，用24％噻呋酰胺可湿性粉剂或噻呋酰胺与嘧菌酯、吡唑醚菌酯的复配杀菌剂进行全田喷雾，7～10 d喷1次，连续喷2～3次。使用除草剂除草既能除草又能防病，播种时喷洒对花生白绢菌菌核具有毒力的除草剂（如三氟羧草醚和乙氧氟草醚），可有效减少田间初侵染源。

4.应用区域

适用于全国花生白绢病发生区域。

5.依托单位

中国农业科学院油料作物研究所,廖伯寿、晏立英、陈玉宁,027-86712292。

（四）花生果腐病防灾减灾技术

1.发生特点

该病害发生在花生荚果膨大期和成熟期,土壤长期高温、高湿可导致病害迅速发生。

2.典型症状

发病初期荚果果皮上或者果针上形成黑褐色大小不一的斑点,根部及地上部分正常。随着病情发展,斑点逐渐扩展,后期整个荚果和种子腐烂,出现空腔,荚果表皮只剩纤维组织,根部外表皮正常或发黑,成熟植株地上枝叶部分不变或深绿(俗称"老来青")。果柄感病后,病部呈黑褐色,果柄与荚果结合不牢固,荚果易脱落于土壤中(图13-9)。

图13-9 花生荚果腐烂典型症状

3.防控措施

采取选用抗病良种、精准施药、种子消毒和农业措施相结合的绿色防控技术。

(1)选用抗(耐)病品种　不同花生品种间感病性存在差异,选用具有抗(耐)性的花生品种。如花育20、花育23、青花6号、花育9115、唐花9号、豫航花7号、中花6号、泉花551等。

(2)农业措施　与单子叶作物、红薯合理轮作;结荚期和荚果成熟期,遇涝要及时开沟排除田间渍水;遇旱要小水润浇,切忌大水漫灌,提倡喷灌,以地面湿润为止。喷灌时间宜在上午8:00前和下午6:00后,避免高温下灌水;预防地下害虫,地下害虫如蛴螬、金针虫、地老虎等啃咬荚果,伤口处容易遭受病原菌侵染;增施生物有机肥,或生物有机肥与钙肥联合施用;增施钙肥,减少钾肥使用量。

4.应用区域

适用于全国花生果腐病发生区域。

5.依托单位

中国农业科学院油料作物研究所,廖伯寿、晏立英、陈玉宁,027-86712292。

（五）花生蛴螬防灾减灾技术

1.发生特点

蛴螬是金龟子的幼虫,花生蛴螬发生一般1年1代,或2～3年1代,其活动主要与土壤的理化特性和温湿度等有关,初孵幼虫先取食土壤中腐殖质,后食作物的地下部分。春季一般不产生危害,7月中下旬花生开花结荚时开始为害,8月中下旬进入为害盛期。花生重茬地、与林木间作田以及施用未腐熟有机肥的地块发生严重。

2.典型症状

蛴螬潜伏在地下为害花生的根、果柄、幼果和荚果。苗期可取食花生种仁,根茎被平截咬断,造成缺苗断垄。生长期至荚果期,可取食果针、幼果,果柄被咬断后,常造成幼果发芽、腐烂;幼果被咬伤后导致荚果发育停滞,甚至全部嫩果被吃光,仅留果柄;荚果被害后,外壳被咬成黑窟窿,严重时果仁全部被吃光,仅留下果壳,形成"泥罐"(图13-10)。

图 13-10　花生蛴螬为害症状

3.防控措施

采用包衣拌种、药剂灌根技术,结合物理防治、生态优化等措施综合防控。

(1)包衣拌种　播种前选种、晒种,蛴螬发生严重的地区,应在播种前进行药剂拌种。可选用25%噻虫·咯·霜灵悬浮种衣剂、60%吡虫啉悬浮种衣剂+40%萎锈·福美双悬浮剂或30%辛硫磷微囊悬浮种衣剂,用适量水(种子质量的3%~5%)稀释后拌种,阴干后播种。

(2)药剂灌根　花生开花下针期前使用35%辛硫磷微囊悬浮剂进行灌根,或将150亿孢子/g球孢白僵菌均匀撒入花生根际附近土中或将菌粉混于水中,将菌水泼入根部,浅锄入土。

(3)害虫诱杀　金龟子具有较强的趋光性,在成虫期使用黑光灯进行诱杀,能有效降低金龟子的数量,减少金龟子的交配及产卵量,压低花生田蛴螬基数。每40~50亩安装1盏诱虫灯,灯管下端距地面1.5~2 m,每天黄昏时开灯,次日清晨关灯。或利用人工合成的金龟子性引诱剂,在害虫成虫发生前架设田间诱捕器,安装专用性诱剂诱芯,诱杀雄成虫;每60~80 m设置1个诱捕器,诱捕器应挂在通风处,离地面高度2~2.2 m,以便有效降低金龟子种群数量。

(4)生态优化　在花生田边、地头间隔或零星种植蓖麻、红麻等植物。蓖麻可有效诱杀金龟子。红麻叶分泌的花外蜜可为蛴螬的天敌土蜂提供营养,增强土蜂对蛴螬的寄生效果。

(5)农业措施　合理轮作,与非豆科作物轮作,如连续2年以上种植玉米等可破坏蛴螬的生存环境,减轻危害。深耕细耙,可将土壤深层的蛴螬翻到地表,使之死亡或被鸟类啄食;细耙也可使部分蛴螬因机械碰伤而死,从而有效降低虫口基数。

4. 应用区域

适用于全国花生主产区。

5. 依托单位

河北农业大学植物保护,赵丹、郭巍,0312-7528178。

(六)花生蚜虫防灾减灾技术

1. 发生特点

花生从出苗至收获,均可受蚜虫危害,以初花期前后受害最为严重,通常以成蚜、若蚜群集在嫩茎、幼芽、顶端心叶、嫩叶背后和花蕾、花瓣、花萼管及果针上为害。

2. 典型症状

花生蚜虫为害可导致叶片卷缩、变黄,荚果不饱满,秕果多,进而影响生长发育和产量。受害严重时,蚜虫排出大量蜜露,引起霉菌寄生,使叶片卷曲,生长停滞,影响光合作用和开花结实,荚少果秕,甚至枯萎死亡(图 13-11)。

图 13-11　花生蚜虫为害症状

3. 防控措施

采取物理防治、化学防治、生物防治、农业防治等措施进行综合防控。

(1)种植抗虫品种　种植适宜当地条件且综合性状优良的抗虫花生品种,合理进行品种轮换以避免单一品种的长期种植。如中花 215、花育 19 号、豫花 22 号、冀花 19 号、冀农花 6号等。

(2)农业措施　冬季和早春铲除花生田四周的杂草,可减少越冬蚜虫的基数;花生地周围不种或少种油菜、蔬菜和果树等作物,可减少蚜虫的迁入量;实行双膜覆盖并适当提早播种,可趋避蚜虫和避开敏感期。

(3)物理防治　利用蚜虫对黄色的趋性,在花生田间放置黄色粘虫板诱蚜,也可在田间挂银灰色塑料膜条,驱避蚜虫。

(4)生物防治　保护和利用天敌。花生蚜虫的天敌种类多,控制效果比较明显,有条件的产区每年可统一集中在花生田释放天敌,包括蚜茧蜂、食蚜蝇、七星瓢虫等。

(5)科学用药　包衣拌种对幼苗期花生蚜虫有一定的防治效果。可选用内吸性药剂,如25%噻虫·咯·霜灵悬浮种衣剂、22%苯醚·咯·噻虫悬浮种衣剂或 30%噻虫嗪悬浮种衣剂,将药剂加干种子量3%～5%的水稀释后拌种,勿使种皮破裂,阴干后播种。当有蚜株率达30%、平均每穴花生蚜量达20～30头时,可选用600 g/L吡虫啉可湿性粉剂、70%啶虫脒可溶性粉剂、25%噻虫嗪水分散粒剂等叶面喷雾防治。还可选用植物源农药进行防治,如喷洒20%苦参碱可湿性粉剂、1%印楝素水剂、5%鱼藤酮乳剂、1%蛇床子素、0.65%茼蒿素水剂、15%蓖麻油酸烟碱乳油等。

(6)注意事项　早期密切监测花生蚜发生动态,要尽早防治。一般化学药剂防治每次间隔10～15 d,喷药1～2次。

4.应用区域

适用于全国花生主产区。

5.依托单位

河北农业大学植物保护学院,赵丹、王倩,0312-7528178。

(七)花生鳞翅目害虫防灾减灾技术

1.发生特点

花生鳞翅目害虫种类主要有棉铃虫、甜菜夜蛾、斜纹夜蛾、造桥虫等。通常以幼虫取食花生的叶片和花蕾,取食多在夜间,有世代重叠现象。南方花生产区全生育期均能为害,北方花生产区以开花下针期、荚果膨大期受害严重。

2.典型症状

幼虫以食叶为主,也咬食嫩茎、叶柄和花,低龄幼虫期钻食花生心叶和花蕾,或啃食叶片下表皮及叶肉,使叶片仅剩叶膜呈透明状。3龄后幼虫食量增大,可将叶片食成缺刻或孔洞,严重时可食光叶片,仅留主脉,影响花生光合作用和干物质积累,导致严重减产(图13-12)。

3.防控措施

采取物理防治、化学防治、生物防治、农业防治等措施综合防控。

(1)生物防治　根据棉铃虫等夜蛾科害虫的为害程度,释放姬蜂、茧蜂、赤眼蜂等寄生性天敌,以及瓢虫、草蛉、蜘蛛等捕食性天敌,具有明显控制作用。还可使用32000 IU/mg苏云金杆菌G033A或80亿孢子/ mL金龟子绿僵菌CQMa421可分散油悬浮剂在食叶害虫低龄幼虫始发期喷雾,间隔1周,防治2～3次。

(2)物理防治　利用夜蛾科害虫的趋光性,可用频振式杀虫灯诱杀成虫,以50亩地左右花生田安装1盏灯为宜,可明显减轻田间落卵量。利用性诱剂诱杀,在田间悬挂性诱剂诱捕器,安装专用性诱剂诱芯,有效诱杀成虫。利用食诱剂诱杀,或利用持续释放植物芳香物质和昆虫信息素,引诱靶标害虫至混有少量快杀型杀虫剂的诱饵中。采用吸引害虫至某一特定范围集中诱杀以代替传统全田喷洒的方式诱杀。

(3)科学用药　当棉铃虫等夜蛾科害虫达到50头/百墩时,开始进行药剂防治,应注意抓住低龄幼虫的防控最佳时期。施药时间最好选择在清晨或者傍晚,可用15%甲维·茚虫威、4.5%高效氯氰菊酯乳油、5%氯虫苯甲酰胺或10%虫螨腈悬浮剂等药剂及其复配制剂兑水叶面喷雾防治。

(4)农业防治　除选择抗虫性强的花生品种外,可在花生田边穿插种植一些春玉米、高粱

a.棉铃虫　　　　　　　　　b.甜菜夜蛾　　　　　　　　　c.斜纹夜蛾

d.鳞翅目害虫为害状

图 13-12　花生主要鳞翅目害虫及其为害症状

作为诱集带,引诱成蛾产卵,再集中消灭。

(5)注意事项　应采取定点监测和田间普查的方式及时监测害虫发生动态,及时发布预报预警,抓住低龄幼虫防治关键时期施药。避免长期单一使用某种农药,轮换使用的品种应尽可能选择作用机制不同的农药,延缓抗药性的产生。

4. 应用区域

适用于全国花生主产区。

5. 依托单位

河北农业大学植物保护学院,赵丹,0312-7528178。

(八)花生田杂草防灾减灾技术

1. 发生特点

田间杂草可与花生争夺光照、养分、水分等资源,严重影响花生生长,可造成减产 5%～30%,严重者可导致绝收。在常年除草剂的选择压力下,花生田杂草群落呈现向恶性杂草、抗性杂草发展的趋势(图 13-13)。

2. 杂草种类

我国花生田杂草种类多,发生量大,分布因地区不同而有差异。

(1)北方地区　禾本科杂草马唐、稗草、牛筋草及阔叶杂草马齿苋、反枝苋、藜发生普遍;香附子、铁苋菜、狗尾草、小飞蓬、小马泡、青葙、圆叶牵牛、田旋花、苘麻等分布不均匀,各地发生情况不一;斑地锦、蒺藜、地黄等发生很轻,对花生生产危害不大。

a.香附子为害　　　　　　　　b.杂草防除失败　　　　　　　c.花生–玉米间作杂草为害

图 13-13　花生田杂草为害症状

（2）南方地区　阔叶杂草种类多,危害重,主要阔叶杂草有空心莲子草、马齿苋、反枝苋、藜、打碗花、田旋花、鸭跖草、饭包草等;莎草科杂草香附子在福建、广东、广西等地区发生严重。与北方地区相比,该区域禾本科杂草发生相对较轻,主要杂草为马唐、稗草、牛筋草、白茅、狗牙根、芦苇等。

3.防控措施

化学除草因其高效、便捷、成本低等优势成为花生田除草的主要方式。根据施药方式不同可分为苗前土壤处理及苗后茎叶处理。我国花生田全生育期除草通常需要进行 1 次土壤处理,1～2 次茎叶处理。

常用土壤处理除草剂有:50％乙草胺乳油 100～160 mL/亩,防除禾本科杂草及大部分小粒阔叶杂草,过量应用、高温高湿环境下应用易产生药害;960 g/L 精异丙甲草胺乳油 45～60 mL/亩,杀草谱与乙草胺类似,安全性较乙草胺高;450 g/L 二甲戊灵微囊悬浮剂 110～150 mL/亩,杀草谱与乙草胺、精异丙甲草胺类似,但对反枝苋、马齿苋等阔叶杂草除草活性较上述两种药剂更高;48％仲丁灵乳油 225～300 mL/亩,杀草谱与二甲戊灵类似,对花生安全性高,但用量大;40％扑草净可湿性粉剂 125～188 g/亩,防除阔叶杂草及部分禾本科杂草,安全性欠佳,有机质含量低、气温过高易致药害;240 g/L 乙氧氟草醚乳油 40～60 mL/亩,对阔叶杂草的防效优于禾本科杂草;250 g/L 噁草酮乳油 115～192 mL/亩,杀草谱宽,可防除多种阔叶杂草及部分禾本科杂草;50％丙炔氟草胺可湿性粉剂 4～8 g/亩,可防除多种阔叶杂草,对禾本科杂草抑制作用明显,该药剂活性高,用量低,降水、积水等因素易导致药害。

常用的防除禾本科杂草的茎叶处理除草剂有:5％精喹禾灵乳油 50～80 mL/亩、108 g/L 高效氟吡甲禾灵乳油 20～30 mL/亩、15％精吡氟禾草灵 50～67 mL/亩、20％烯禾啶乳油 66.5～100 mL/亩等。常用的防除阔叶杂草的茎叶处理除草剂有:10％乙羧氟草醚乳油 20～30 mL/亩、250 g/L 氟磺胺草醚水剂 40～50 mL/亩、240 g/L 乳氟禾草灵 15～30 mL/亩、480 g/L 灭草松水剂 150～200 mL/亩。另外,花生田专用高效茎叶处理除草剂 240 g/L 甲咪唑烟酸水剂,田间推荐剂量为 20～30 mL/亩,防除禾本科及阔叶杂草,对香附子高效,施用后花生会出现矮化、黄化症状;土壤残留时间较长,对下茬黄瓜、菜心、辣椒、豆角等蔬菜不安全。

实际生产中,对于禾本科、阔叶及莎草科等杂草混生的田块,常采用杀草谱互补的 2～3 种除草剂复配,达到扩大杀草谱、提高防除效果的目的。土壤处理可使用扑草净(或乙氧氟草醚、噁草酮)与乙草胺(或精异丙甲草胺、二甲戊灵)混配,茎叶处理可以使用精喹禾灵(或高效氟吡甲禾灵、精吡氟禾草灵)与乙羧氟草醚(或氟磺胺草醚)混配。对于香附子较多的田块,可以使用精喹禾灵、灭草松与甲咪唑烟酸三元混配进行茎叶喷洒。另外,市面上可见涂布除草剂(如乙草胺、扑草净)的除草地膜,也可用于花生田除草,此法省去了膜下除草剂喷施,简化了农事操作。

4. 应用区域

适用于全国花生产区。

5. 依托单位

山东省花生研究所,曲明静,0532-87628320。

第十四章

特色油料体系防灾减灾技术

一、向日葵防灾减灾技术

  （一）向日葵非生物灾害防灾减灾技术

  （二）向日葵生物灾害防灾减灾技术

二、芝麻防灾减灾技术

  （一）芝麻非生物灾害防灾减灾技术

  （二）芝麻生物灾害防灾减灾技术

三、胡麻防灾减灾技术

  （一）胡麻非生物灾害防灾减灾技术

  （二）胡麻生物灾害防灾减灾技术

四、油棕、椰子防灾减灾技术

一 向日葵防灾减灾技术

（一）向日葵非生物灾害防灾减灾技术

1. 向日葵旱害防灾减灾技术

1）发生特点

向日葵基本在旱地种植，播种期干旱是向日葵生产面临的主要自然灾害，普遍发生于向日葵所有产区。干旱对向日葵的危害最直接的表现就是植株出现枯萎现象。干旱本身的危害性并不是一成不变的，其受到时间长短、干旱季节的影响。比如，春旱不仅会对向日葵播种期带来危害，弱化了发芽势，延迟了发芽时间，还会导致缺苗现象。夏旱可分为初夏旱和伏旱，初夏旱会阻碍向日葵抽穗，抑制生长，伏旱会严重影响向日葵生长发育，造成蕾铃脱落。秋旱不仅会影响作物的灌浆和产量，更严重的是导致土壤底墒不足而使来年的春旱情况更加恶劣。总体来说，干旱对向日葵的危害主要集中在 3 个阶段：播种期和苗期、生长需水的临界期、灌浆成熟期。

2）典型症状

水分亏缺抑制向日葵茎叶细胞的伸长，根系有效吸水面积减少，细胞分裂速度减慢，导致植株细弱矮小，叶片数量减少，叶片失绿变黄，表皮细胞木质化，角质层增厚。严重干旱情况下，向日葵花盘直径缩小，着花数和结实率降低，花朵分泌的花蜜量减少，从而影响蜜蜂采蜜，降低蜜蜂授粉率，导致空壳秕粒增多，籽实干缩，子仁瘦小（图 14-1）。

图 14-1　不同田间持水量的向日葵长势

3）防控措施

（1）精细整地　土壤的良好理化性质，可为向日葵生长提供良好的水、肥、气、热等环境条件，因此种植向日葵必须深耕，并精细整地。向日葵主要种植在北方地区，春季风大，为避免土壤表层土流失，最好在播种前进行整地，并做到翻、耙、压连续作业，一般翻地深度超过 25.0 cm，盐碱地块深度要达到 30.0 cm 以上。

(2)播前浸种　要使种子充分萌发,首先必须使它吸足水分。播种前用清水或各种溶液浸泡种子,可促进种子较早发芽,还可以杀死一些虫卵和病毒。同时应选用抗旱品种,播种前用冷水或20 ℃左右的温水,在18～20 ℃的室温下浸种8～12 h,可有效改善或缓解底墒不足的环境,提高出苗率。

(3)生物钾肥拌种　采用生物钾肥拌种,能明显增强向日葵抗旱、抗倒伏能力。此外,用SAI吸水剂拌种,拌入种子质量1.5%～2%的吸水剂,晒干后播种,防治干旱效果突出。

(4)坐水播种　如土壤墒情不能满足种子萌发的需求,应采取坐水播种的方式,通过向播种穴(沟)注水来提高种子周围土壤含水量,促进种子萌发出苗。

(5)播前灌溉　6月初到播种前的7～8 d进行灌溉。春灌水量不要太大,否则影响适时播种,同时易发生板结。播种前把表层干土铲入垄沟内,种子播种在湿土中。

(6)科学施肥　合理施肥是提高作物抗旱性简单易行的有效措施。适当控制氮肥,增施磷、钾肥,促进植物根系生长,提高植物保水能力,从而提高植物的抗旱性。施用微量元素也能有效促进植物抗旱。硼能促进糖类合成,增强细胞保水能力,促进糖类运输。铜能改善蛋白质、糖类代谢,在土壤缺水时效果更为明显。

(7)合理耕作,蓄水保墒　耕作保墒的重点是适时耕作,优化耕作方法和质量,注意耕、耙、压、锄等环节的配合。底墒不足的时候,播种后踩墒使种子与湿土紧密相接,利于种子吸水,也有提墒作用。

(8)地膜覆盖　目前应用较广的是采用地膜覆盖技术。地膜覆盖可以涵养土壤水分,增加土壤水的贮蓄量,抑制土壤水分的蒸发;可以提高农田水分的利用率;可以改善土壤物理性状,降低土壤容重,增加土壤孔隙度,从而提高土壤的蓄水保墒能力;此外,还可以抑制杂草的生长,减少土壤水分的消耗。地膜覆盖栽培在农业生产上已发展成一项重要的生产技术,但要注意覆盖薄膜前要有较好的土壤墒情,同时要注意揭膜纳水。

(9)化学措施　施用保水剂和抗蒸腾剂也能提高植物的抗旱性。保水剂是具有较强吸水功能的高分子化合物,它能迅速吸收比自身重数百倍甚至上千倍的去离子水,吸水后膨胀为水凝胶,然后缓慢释放水分供种子发芽和作物生长利用,从而增强土壤保水性能,减少水的深层渗漏和土壤养分流失,提高水分利用率,减轻干旱对植物的伤害。植物受到干旱胁迫时喷洒醋酸苯汞、羟基磺酸、脱落酸等,能有效促进气孔关闭,减缓水分蒸腾,有利于减少水分损失。喷洒长链醇类、硅酮在叶片上能形成单分子层薄膜,阻止叶片的水分散失。

4)应用区域

适用于我国东北、华北向日葵主产区。

5)依托单位

①内蒙古自治区农牧业科学院,段玉、张君,0471-5220293。

②吉林省农业科学院,何中国,0434-6283355。

③辽宁省农业科学院,崔良基,024-31029886。

④乌兰察布市农林科学研究所,贾海滨(无固定电话)。

⑤鄂尔多斯市农牧业科学院,王占贤、史学芬,0477-8588163。

⑥宁夏农林科学院农作物研究所,王平,0951-6882385。

2. 向日葵渍涝灾害防灾减灾技术

1）发生特点

我国向日葵主要集中在北方地区种植,而北方地区的雨季主要集中在7月下旬至8月上旬,降水集中,暴雨频发,易形成内涝渍害,造成植株倒伏、花盘霉烂,导致严重减产。

2）典型症状

田间发生渍害后,向日葵根系输导组织受损,根毛逐渐变黑,叶片出现萎蔫、下垂症状,新叶形成受阻,老叶发黄,叶面积减少,影响向日葵生长发育,导致减产,严重时造成绝收。淹水后,植株遇风极易倾斜或倒伏。田间高温、高湿,植株生长衰弱、抗逆性差,极易被真菌、细菌感染,适于向日葵菌核病、黑斑病、锈病等多种病虫害发生(图14-2)。

a.涝害过后遇风易倾斜或倒伏　　　　　　b.易感染真菌、细菌病害

c.感染菌核病,果盘霉烂、大量脱落　　　　d.长时间水涝植株枯黄致死

图14-2　向日葵渍害典型症状

3）防控措施

(1)开沟排除田间积水　渍涝灾害后,最紧急的工作就是排除积水。应尽快挖掘排水沟,排除田间渍水。对于低洼地块,应及时利用潜水泵抽水,加速表土干燥,减轻洪涝灾害损失。

(2)及时整理田间植株　植株经水淹后根系受到损伤,植株易发生倒伏,排水后应及时扶正、培直,将邻近几株捆在一起互相支撑以增强抗灾能力。

(3)中耕培土,适时松土　涝灾过后土壤板结,通气不良,水、气、热严重失调,应及早中耕,以破除板结,散墒通气,提高地温,活化养分,防止沤根。同时,进行高培土至茎基部,可使根系生长稳定,防止倒伏。

(4)合理施肥,调节作物生长　植株受灾后根系的吸收功能减弱,最好采用根外施肥的方法来补充植株营养,可进行叶面喷施磷酸二氢钾、尿素、氨基酸、生长调理剂等,以提高作物涝灾后抗涝、抗寒、抗病虫的能力。

(5)补种 对于灾害发生在 6 月 20 日前、受灾程度达 50% 以上的地块,建议农户重新补种;对于灾害发生在 7 月 1—10 日,受灾程度在 80% 以上的地块,建议农户改种极早熟向日葵品种(生育期 80 d 左右)。

(6)及时防治病虫害 及时采取农业措施、生物防治、喷施农药等方法防治田间病虫草害,增强向日葵抗逆性。

(7)适时收获 由于雨涝,温度持续偏低,积温不足,使作物收获期推迟,向日葵达到生理成熟后,应及时收获,尽量减少水灾损失。

(8)制订应急预案,提前做好应对措施 制订向日葵涝害、病害防控应急方案,做好向日葵涝害、病害发生监测。灾情发生后,及时深入灾区开展应急性技术指导和培训工作,切实减轻灾害损失。

4)应用区域

适用于全国向日葵主产区。

5)依托单位

辽宁省农业科学院,崔良基,024-31029886。

3.向日葵低温冷害防灾减灾技术

1)发生特点

向日葵温度适应性十分广泛,但其生长发育的每个时期都有最适温度。在生育期间遭遇低温冷害,会使整个植株的生长发育速度明显降低,抗逆性下降,各生育阶段需要的时间延长,从而推迟品种的成熟期,使后代向晚熟方向转变。

2)典型症状

向日葵在受到冷害后在外观上表现为部分叶片边缘受冻,呈暗绿色,并逐渐干枯。冷害常使地温降至根系生长的下限温度,此时将造成根系生长速度减缓,部分老根发黄并萎蔫,严重时根系停止生长,不能增生新根,并造成沤根、烂根。如根系受害严重,即使温度回升,植株也很难恢复生长。向日葵开花期和成油期对温度反应敏感:开花期遭遇低温冷害,会造成花器官受损,花粉发育延迟,温度较低时昆虫授粉受抑制,易形成大量空秕粒;成油期遭遇低温,将使油分积累减少,从而降低含油率。

3)防控措施

(1)选择抗寒品种 各地区冷害出现日期和频率的年际变化较大,可根据低温气候规律,考虑回避低温冷害的影响,选择适合当地积温条件的耐寒品种,避免出现盲目、过度的越区种植现象。黑龙江积温偏差在 ±300 ℃ 左右,属于积温不稳定型。在种植品种选择上,宜选所需有效积温较当地积温少 100~200 ℃,在低温早霜年份也能正常成熟的耐低温高产优质品种。大面积种植时要选用耐寒性强的品种,以降低低温冷害造成的危害。重视对作物生长期天气预报的关注,及时调整冷、暖年间品种安排和栽培措施。

(2)加强田间管理 根据作物品种的特性调整播期,避开低温冷害的危害,提高抗逆性,从而达到防御冷害的目的。提倡多铲多蹚、深铲深蹚、放秋垄、冻前浇水等措施,这些管理措施能有效提高地温、促进早熟,又能蓄水保墒,促进土壤养分的转化,有利于作物的生长发育。加强播种到开花阶段水肥管理,可使生长发育加速,花期提前。种子成熟期加强水肥管理,可以提高光合速率,加快灌浆速度,提高油分含量,使种子在秋霜来前成熟,对减轻低温冷害的影响有很大作用。

(3)改善小气候,改善生态环境　搞好农田基本建设,改造低产田,兴修水利,扩大农田灌溉面积,健全排灌系统,排除积水,改善通气状况,提高地温,建成稳产高产农田。营造防护林,设置防风纱网,可以降低风速,减少农田水分蒸发,提高地温,改善生态环境,是建设稳产高产农田、防御作物冷害的重要措施。覆盖地膜,能有效增加地温,抵制土壤水分蒸发,保持土壤水分,明显改善土壤水分收支和热量平衡,提前满足向日葵生育期间所需的有效积温,从而使生长发育加快,供作物生长的有效期延长,增产效果明显。有条件的地区可采取根外施磷、喷洒化学保温剂等方法,争取把冷害危害降低到最小程度。

4）应用区域

适用于东北向日葵主产区。

5）依托单位

黑龙江省农业科学院经济作物研究所,王文军,0451-86650370。

4. 向日葵阴雨寡照灾害防灾减灾技术

1）发生特点

向日葵一般在8—9月进入开花期和灌浆期,此时北方进入雨季,若遇连续阴雨天气,空气及土壤湿度过大,气温较低而光照不足,会对向日葵的生长发育造成不良影响。

2）典型症状

连续阴雨易造成开花期延迟,管状花开花数量减少,花粉量不足,或花粉湿润结块,从而导致授粉不良,空秕粒增多。灌浆期阴雨寡照,光合效率下降,光合产物累积少,造成向日葵籽粒饱满度差,不利于增加粒重和含油量。阴雨寡照还会使花盘湿度过大,易诱发叶斑病、锈病和菌核病等,最终影响产量(图14-3)。

a.盘腐型菌核病　　　　　　　　　　　　　　　b.根腐型菌核病

图14-3　向日葵阴雨寡照下发病症状

3）防控措施

(1)联合气象部门做好天气预警预报工作。

(2)适时晚播,在保证品种能够正常成熟的前提下适当推迟播种时间,以避开雨季及田间菌核的萌发高峰期。

(3)选择抗病品种,如抗黑斑病、褐斑病、锈病及耐菌核病的向日葵品种。

（4）加强田间管理，培育壮苗；轮作倒茬，推荐深翻地，增强田间通透性；合理密植，建议采用大小行种植模式，有利于植株间通风透光；及时除草，科学排灌，防止发生渍害。

（5）优化施肥技术，降低氮肥总量，增加磷钾肥用量，推广测土配方施肥，增强植株的整体抗性水平；叶面喷施硼肥，提高向日葵籽粒结实率。

（6）采取积极措施防控菌核病的发生，在始花期采用 75% 肟菌·戊唑醇（田间用量为 20～30 g/亩）田间喷雾 1 次，之后间隔 5～7 d 再施药 2～3 次。

4）应用区域

适用于内蒙古中东部及东北向日葵生产区。

5）依托单位

赤峰市农牧科学研究所，谭丽萍，0476-5680064。

5. 向日葵高温热害防灾减灾技术

1）发生特点

向日葵高温日灼常在现蕾期至开花期发生，主要表现为在高温、强光照条件下出现受到伤害的异常叶片，属于生理性病害之一，不具有传播性，危害程度不严重。在连续高温、强光照的作用下，向日葵叶片蒸腾和呼吸失常，叶绿体蛋白质变性，致使叶组织尚未成熟就出现众多黄斑，并很快变褐。日灼斑的产生除与高温、强光照有关外，还与品种、水肥管理有关。

2）典型症状

高温灼伤是向日葵生产中常见的生理性病害之一，主要发生在夏季。向日葵叶片被强光长时间照射后，出现大小不等的水渍状褪绿斑或斑块，一般多发生在植株中上部叶片，受害叶片边缘卷曲，并逐渐变褐枯死（图 14-4）。

图 14-4　向日葵高温热害症状

3）防控措施

采取以抗病品种应用和农业措施为核心的绿色防控技术。

（1）选用抗病良种　选用适合当地生产的耐高温品种，加强品种轮换，避免单一品种的长期种植。

（2）农业措施　合理轮作，避免多年连作，导致土壤严重缺乏某种单一元素，因补充量不足造成缺素引起的抗性降低，病害发生严重。精准施肥，播种前进行土壤检测，根据土壤中营养元素的丰缺,合理施用种肥,提高肥料利用率;在向日葵苗期至现蕾期增施叶面肥(含氨基酸水溶肥和中量元素水溶肥),促使植株健壮生长,提高抗性。

4)应用区域

适用于全国向日葵主产区。

5)依托单位

巴彦淖尔市农牧业科学研究所,李军,0478-2611035。

6.向日葵盐碱危害防灾减灾技术

1)考察所要改良的田块基本状况

(1)观察田间上年内涝的发生情况,设置、开挖排水沟渠,防止洪涝渍害发生。

(2)在田间邻近路边打井,使其具备水肥一体化(滴灌)条件。

(3)查看上茬种植的作物以及田间杂草情况,了解土壤肥力及田间杂草种类、数量。

(4)分别在田边、作物较多处、杂草较多处、低洼碱斑处、田间垄上、田间垄沟等处采集土壤样品,测定田块 pH、全盐量及有机质含量等数据。

2)防控措施

(1)整地 春季播种前土壤化冻25 cm以上进行。灭茬深度≥15 cm,碎茬长度≤5 cm,漏茬率≤2%。

(2)播种与铺滴灌管 向日葵一般适时晚播,以躲避开花期的高温多雨。一般年份北方春播可在6月10日左右。播深以2~3 cm为宜。播种可采用宽窄行种植方式,宽行间距80~90 cm,窄行间距40~50 cm。采用机械播种,平作不起垄。一次完成铺滴灌管、播种、苗带覆土、镇压等作业。滴灌管铺放在窄行中间,用窄开沟器开深2~3 cm的沟,滴灌管铺到沟内,利用坐犁土把滴灌管盖上即可,滴灌管位置在地下1~3 cm。

(3)化学除草 应严格按照标签标注的用药时期和注意事项使用除草剂,以免发生药害。在土壤墒情较好的地块以苗前封闭除草为宜,在土壤墒情较差的区域以苗后除草为宜。

(4)水分管理 总体原则是向日葵生长前期控水,如遇干旱及时滴水,滴水在开花前完成,开花期不宜滴水。

(5)肥料管理 根据目标产量与土壤肥力情况,确定肥料施用量。有条件的地区可以施优质农家肥40~45 m³/hm²。优质农家肥可以结合旋耕灭茬施入。中微量元素、磷肥、钾肥、有机肥全部作底肥,氮肥总量40%作底肥。追施肥料应选用水溶性肥料或液体肥料,采用旁通施肥罐或施肥器施入。滴施肥料前先滴清水10 min,待滴灌管得到充分清洗,土壤湿润后开始滴肥。滴肥期间及时检查,确保田间滴头滴水正常;滴肥结束后,继续灌溉20~30 min。

(6)田间管理 及时清除田间弱苗、病株、无效株及田间地头杂草。勤检查管道接头,防止漏水。

(7)主要病虫害防治 坚持"预防为主,综合防治"的植保方针,科学合理地使用化学防治技术。药剂选择和使用应符合 GB/T 8321、NY/T 1276规定,严格按照标签标注的使用范围、使用方法和剂量使用农药。

(8)注意事项 为了防止滴灌管被风吹走,滴灌管铺设位置在地下1~3 cm较适宜,滴灌管位置不宜太深,否则影响滴灌管的出水压力和滴灌管的管理和维护。

3)应用区域

适用于北方向日葵主产区。

4）依托单位

吉林省白城市农业科学院,李慧英,0436-6990021。

7. 向日葵倒伏灾害防灾减灾技术

1）发生特点

向日葵现蕾以后,植株快速生长,花盘变大,整体质量增加,遇急降水并伴有大风,极易出现向日葵倒伏,增大机收难度,造成向日葵减产,进而增加成本。

2）典型症状

向日葵整株倾斜、倒伏,花盘与地面接触后,花盘腐烂或发霉;向日葵在水中浸泡时间过长,易导致向日葵根部呼吸受阻、发生腐烂,整株枯萎(图14-5)。

图 14-5 向日葵倒伏

3）防控措施

选择抗倒伏、抗逆性强的向日葵品种,选择合适的播种时间,根据品种生育期进行播种、合理密植、避开病害多发季节和开花期高温多雨天气。与农业气象部门紧密联系,实时监测预警预报,选择绿色精准施肥技术。

(1)选用抗逆性强的优质高产品种 选用适合当地生产的优质高产抗倒伏向日葵品种,例如,食用向日葵 SH361、HZ2399 品种,油用向日葵"矮大头"系列品种。

(2)选地 选择排灌方便的中等肥力沙壤土地,前茬以小麦、大麦等禾谷类作物为宜,切忌重茬种植。

(3)合理密植 在高密度种植向日葵条件下,应选择植株紧凑、叶片小而上举、倒伏较轻、对产量影响较小的品种,如油用向日葵品种"矮大头"、S606 和食用向日葵品种 SH361;如果选择叶片大而平展的品种,则应稀植,能够减少倒伏发生。

(4)浇水 在向日葵生长期内,降水可满足对水分的部分需要,应视情况控制浇水次数。后期浇水应注意防风,及时查看天气预报,以免发生倒伏。采用漫灌或滴灌方式,减少每次灌水量可有效防止倒伏。苗期应控水,推迟灌头水时间,能有效地控制植株高度。

(5)施肥 现蕾到开花期是向日葵需要营养物质的主要时期,应及时追肥,花盘形成至开花期一般每亩追施尿素 20 kg,同时叶面喷施磷酸二氢钾,追肥距根 10 cm 左右。基肥不足,地力较低、植株瘦弱,追肥应大用量沟施。干旱天气可以采取中耕除草后灌水,中耕一定要选择在封垄之前进行,深度在 20 cm,同时结合培土,以防后期雨水多造成倒伏。

在现蕾期以后,如出现大量降水天气,无法直接中耕施肥,可采用无人机喷施液体氮肥配合适量生长调节剂,可以进一步提高产量;在减少劳动力投入、节约成本的同时,可有效解决中度以上盐碱地种植区生长期灌水易出现的返盐造成向日葵死苗问题。

（6）注意事项　及时关注天气变化,提前准备好排灌设施;如出现洪涝灾害,立即排干田水,施用速效氮肥和磷肥,使向日葵快速恢复生长。

4）应用区域

适用于河套灌区向日葵主产区。

5）依托单位

内蒙古自治区农牧业科学院,于海峰,0471-5294358。

（二）向日葵生物灾害防灾减灾技术

1.向日葵黑斑病防灾减灾技术

1）发生特点

该病害在我国向日葵产区均有发生,尤以东三省、内蒙古自治区等地危害严重。向日葵在籽粒的乳熟至腊熟期最易感染此病害,如遇雨季易造成病害的迅速流行,严重影响向日葵籽实产量和油分含量。

2）典型症状

叶片发病初期,病斑为褐色斑点（图14-6a）,逐渐扩大呈圆形,病斑呈暗褐色且中心灰白,边缘有黄绿色晕圈,相邻病斑易扩大汇合。叶柄、茎部染病后病斑呈黑褐色,圆形、椭圆形或梭形,由下向上蔓延,天气潮湿时病斑上生出一层淡褐色霉状物,为菌的分生孢子梗及分生孢子。发病严重时,叶柄上布满病斑,叶片上病斑联合成片,叶柄和叶片一起干枯;茎部病斑连结成片,染病后期茎秆全部变成褐色（图14-6b）。葵盘（花盘）染病后病斑呈圆形或梭形,具同心轮纹,褐色、灰褐色或银灰色,中心灰白色,病斑扩大汇合,全葵盘呈褐色,病斑上长一层灰褐色霉状物（图14-6c）。

a.叶部症状　　　　　　　b.茎秆症状　　　　　　　c.花盘症状

图14-6　向日葵黑斑病典型症状

3）防控措施

（1）选用抗病品种　向日葵品种对黑斑病的抗性存在差异,可选用CY101、赤葵2号、甘葵2号、龙食葵2号、龙食杂1号、SH361、科阳2号、LJ368、龙葵杂8号等向日葵品种。

（2）农业措施　合理轮作,实行与禾本科作物轮作,一般间隔5年以上。加强田间管理,向日葵生长后期进行培土、精细管理,增强土壤透气性,提高根系的吸收能力,及时排除田间积水,防止黑斑病病菌滋生。清除田间菌源,在向日葵收获后及时清除茎秆或进行深翻,可以清除菌源或减少次年菌源传播。在发病初期将下部发病叶片摘除,对黑斑病扩散有一定控制作用。适当调整播期,使向日葵易感病阶段避开阴雨连绵的季节,达到防病的目的。

(3)物理防治　用 50～60 ℃热水浸种 20 min,可有效杀灭种子带菌。

(4)化学防治　①种子处理。可用 50%福美双或 70%代森锰锌可湿性粉剂按种子质量的 0.3%拌种,或用 2.5%适乐时种衣剂包衣处理,药与种子的比例为 1∶50。②田间喷雾。在植株发病初期及时喷洒化学药剂,可有效控制病害造成的危害。可用 25%嘧菌酯悬浮剂 1500 倍液,或 70%代森锰锌可湿性粉剂 400～600 倍液,或 75%百菌清可湿性粉剂 800 倍液,或 50%异菌脲可湿性粉剂 1000 倍液,隔 7～10 d 喷 2～3 次防治。

4)应用区域

适用于全国向日葵主产区。

5)依托单位

黑龙江省农业科学院植物保护研究所,孟庆林,0451-86668730。

2.向日葵菌核病防灾减灾技术

1)发生特点

该病可在向日葵整个生育期发生,造成根腐、茎腐、叶腐和盘腐。在我国西部干旱地区以根腐型菌核病为主,东部湿润地区以盘腐型为主。该病是向日葵生产的主要风险因素之一,经常流行暴发,造成严重产量损失。

2)典型症状

(1)根腐型　苗期发病时幼芽和胚根腐烂,幼苗不能出土或幼苗萎蔫而死。成株期发病,茎基部出现褐色病斑,湿度大时在病斑处密生白色菌丝,后形成黑色菌核。重病株萎蔫枯死,剖开茎内腔有白色菌丝,并有黑色粒状菌核(图 14-7a)。

(2)茎腐型　病斑多在茎干中上部,椭圆形、褐色,病部以上的叶片萎蔫,易从病部折茎(图 14-7b)。

a.根腐型　　　　　　　　b.茎腐型　　　　　　　　c.盘腐型

图 14-7　向日葵菌核病典型症状

(3)盘腐型　花盘背面局部或全部出现水渍状病斑,变褐腐烂,多雨时病斑迅速扩大至整个花盘,长出白色菌丝。花萼中菌丝密生,黑色菌核间隔其间,或形成网状菌核。病斑可扩大延伸至连接花托的茎部,最后呈灰白色纤维状。由于花盘发病腐烂脱落,从而对产量造成严重的影响(图14-7c)。

3)防控措施

(1)选用抗耐病品种　根据当地积温,合理选择抗耐病品种。可选用龙葵杂4号、龙葵杂7号、赤葵2号、晋葵7号、龙食葵2号、龙食葵3号、甘葵2号、科阳2号、JK102、S18、巴葵138、丰葵杂1号等。

(2)农业措施　合理轮作,与禾本科作物实行4年以上轮作。深翻,采用深翻耕作措施,可降低地表菌核量。适当调整播期避病。调整密度,通透栽培。取品种种植密度的低限,也可采取与矮秆作物间作或采用二比空种植模式;吉林、内蒙古东部地区可采用与西瓜、小麦、大豆等作物套种。科学施肥,控施氮肥,配合磷钾肥或施用向日葵专用肥,培育壮苗。合理灌溉,及时排涝。及时收获,以减少损失。

(3)生物防治　播种期施用40亿孢子/g盾壳霉ZS-1SB可湿性粉剂,用量为100~133 g/亩,施用方式为土壤喷雾。

(4)化学防治　①种子处理。使用25 g/L咯菌腈悬浮种衣剂10 mL/kg种子包衣,能有效防治苗期菌核病。②花期防治。在向日葵始花期,在花盘正面喷施48%肟菌·戊唑醇悬浮剂,用量20~25 g/亩,间隔5~7 d再次施药,共施药2~3次。

4)应用区域

适用于全国向日葵主产区。

5)依托单位

①黑龙江省农业科学院植物保护研究所,孟庆林,0451-86668730。
②甘南县向日葵技术服务中心,杨丽艳,0452-5621179。
③宁夏农林科学院农作物研究所,王平,0951-6882385
④甘肃省农业科学院作物研究所,卯旭辉,0931-7616562。
⑤华南农业大学,李永涛,020-38604958。

3.向日葵黄萎病防灾减灾技术

1)发生特点

该病常在成株期发生,大多在现蕾期开始发生,开花期后逐渐变得严重。发病植株发育不良,花盘变小,籽粒不饱满,对产量影响较大,严重的可减产50%甚至绝产。在一些地区发病率达10%左右,严重地区最高可达100%。

2)典型症状

病症从植株下层叶片开始显现,发病初期后叶尖叶肉部分开始褪绿,后整个叶片的叶肉组织褪绿,叶缘和侧脉之间发黄,后转褐,被侵染一侧的叶片表现出萎蔫,俗称"半身不遂"(图14-8a)。后期病情逐渐向上位叶扩展,全部叶片都显著病变,干枯焦枯,稍矮化(图14-8b)。横剖病茎观察,维管束褐变。发病重的植株下部叶片全部干枯死亡,中位叶呈斑驳状,严重的花前即枯死,湿度大时叶两面或茎部均可出现白色霉层(图14-8c)。

3)防控措施

(1)选择前茬是禾本科作物如玉米、燕麦或荞麦的地块种植向日葵。

(2)播种前用化学药剂如10%氟硅唑水分散颗粒剂或杜邦法砣,按照种子质量的0.3%进行拌种;同时还可以和10亿芽孢/g萎菌净可湿性粉剂按照种子质量的15%进行拌种处理。

(3)针对黄萎病的发生,建议在保证向日葵籽粒成熟的前提下适当地推迟播期。巴彦淖尔

a.发病初期

b.发病后期

c.病株茎切面

图 14-8　向日葵黄萎病典型症状

地区可以将播期推迟到 6 月上旬。

（4）选择高抗黄萎病的向日葵品种,食葵品种可选择 SH363、SH361、科阳 1 号、JK601、JK108、3638C、3939、龙食杂 5 号、科阳 7 号等。油葵品种可选择 S606、S18、S31、S67、赤CY102、F08-2、美葵 562、TO1224、龙葵杂 4 号等。

（5）西部地区建议采用大小行种植。膜外大行行距 80～120 cm,膜上小行行距 40～50 cm,株距 50～70 cm。东北垄作种植地区可以采用二比空（种 2 行空 1 行）或大垄双行种植。小行行距 60 cm,大行行距 120 cm,株距 40～60 cm。

（6）提倡扩行降密种植。食葵品种建议每亩留苗 1500～2200 株为宜,油葵植株建议每亩留苗 3500～5000 株。

4）应用区域

适用于全国向日葵主产区。

5）依托单位

①内蒙古农业大学,赵君、张键,0471-4308736。

②张家口市农业科学院,白苇,0313-7155774。

4. 向日葵白锈病防灾减灾技术

1）发生特点

白锈病病原菌主要以卵孢子在病残体和土壤中休眠越冬,引起初感染。在温暖地区,菌丝体和孢子囊也可能越冬。向日葵的种子带菌传病,其果皮和种子中有卵孢子。白锈病菌侵染和发病的适温是 10～20 ℃,较冷凉和湿润的天气适于白锈病的流行,降水或者重露天气尤其适宜。比如在新疆特克斯,从 6 月初开始发病,6—7 月为发病的高峰,8 月以后雨量减少,发病减轻。

2）典型症状

油葵白锈病主要为害油葵和食葵的叶片、茎秆、叶柄和花萼,从苗期到成熟期均可发生。发病叶片正面产生淡黄色或淡绿色的疱斑,疱斑突起,大小变化较大,有时几个疱斑聚生。在叶背面与疱斑对应的部位,产生黏质状白色疱状斑或点,病斑多时可连接成片,造成叶片发黄枯死并脱落。疱斑在叶片上的数目和分布也不一致,有的散生,有的沿叶脉密集分布,还有的疱斑紧密聚集,形成大的斑块。到了后期,病叶疱斑邻近叶组织坏死,最后全叶褐变干枯(图14-9)。

a.叶片正面疱斑	b.叶片背面大斑块
c.疱斑散生	d.正面密集疱斑

图 14-9　向日葵锈病典型症状

3）防控措施

向日葵白锈病流行性很强,发病后很容易造成大面积感染,应采取"预防为主,综合防治"的方针,重点放在前期监测上。根据具体情况,采用药剂和栽培管理相结合的综合防治措施及时防病治病,把白锈病消灭在流行之前。

(1)加强植物检疫　向日葵白锈病病原菌是我国植物检疫性有害生物,应实行严格的检疫,防止病原菌随种子传入。

(2)加强田间管理　合理灌溉,增施磷钾肥。及早摘除发病枝叶和拔除重病株带出田外销毁。收获后清理大田,收集田间残枝枯叶,带出田外集中处理,以减少田间病源。

(3)轮作倒茬　发病田与小麦、玉米等禾谷类作物进行3～5年的轮作。

(4)化学防治　拌种,用25％三唑醇可湿性粉剂按种子质量的0.2％拌种;喷雾防治,在发病初期,用15％三唑醇可湿性粉剂1000～1500倍液、50％萎锈灵乳油800倍液、50％硫黄悬浮剂300倍液喷雾防治,可有效控制白锈病的发生和扩散蔓延。

4）应用区域

适用于全国向日葵产区。

5）依托单位

新疆农业科学院,雷中华,0991-4505158。

5.向日葵金针虫危害防灾减灾技术

1）发生特点

金针虫为鞘翅目叩头甲科昆虫的幼虫，因虫体黄褐色、细长光滑而得名（图 14-10）。金针虫为害向日葵幼苗情况时常发生，前茬所有作物都有可能发生，但尤其以豆科作物发生最为严重。

图 14-10　金针虫

2）典型症状

金针虫食性较杂，主要以幼虫在土壤中蛀食种子、生长的幼苗、幼苗的根系，使寄主作物萎蔫枯死，造成缺苗断垄，严重时全田毁种，经济损失严重。

3）防控措施

（1）栽培防治　调整茬口，合理轮作，严重地块实行水旱轮作；要精耕细作，春、秋播前实行深翻，休闲地伏耕，以破坏金针虫的生境和杀伤虫体；要清洁田园，及时除草，减少金针虫早期食料；合理施肥，施用充分腐熟的粪肥，施入后要覆土，不能暴露在土表；适时灌水，淹死上移害虫或迫使其下潜，减轻危害；适当调整播期，减轻危害。

（2）药剂防治　常用药剂为辛硫磷、敌百虫等有机磷制剂，可采用药剂拌种、土壤处理、喷雾或灌浇药液等施药方式，兼治其他地下害虫。拌种可用 50％辛硫磷乳油，拌种时先将适量药剂加水稀释，再用喷雾器将药液均匀喷洒在种子上，边喷药边翻动种子，待药液被种子吸收后，摊开晾干即可。

土壤处理时每亩用 5％辛硫磷颗粒剂 2 kg，与干细土 30～40 kg 混合拌匀，制成药土，播前将药土撒施于播种穴中或播种沟中（不要直接接触种子），或苗期顺垄撒施于地面，然后浅锄覆土。在金针虫为害期，于发生严重的地块用 80％敌百虫可溶性粉剂 1000 倍液或 50％辛硫磷乳油 1000 倍液顺垄喷施，或将喷雾器去掉喷头，顺至灌根。隔 8～10 d 灌 1 次，连续灌 2～3 次。

4）应用区域

适用于全国向日葵主产区。

5）依托单位

吉林省农业科学院（中国农业科技东北创新中心），王佰众，0434-6283326。

6.向日葵列当危害防灾减灾技术

1）发生特点

向日葵列当是一种寄生性杂草，在向日葵苗期至成株期均可发生，其借助假根寄生在向日葵根部，吸收向日葵植株的营养和水分，造成向日葵减产甚至整株死亡。向日葵列当具有产种量大、传播扩散快、寄生能力进化迅速、危害程度严重等特点，在含水量低的偏碱沙壤土上发生为害严重。

2）典型症状

向日葵被列当寄生后，首先表现出叶片失水萎蔫的症状，随着植株的进一步发育，向日葵列当直立的肉质茎干从向日葵茎基部的土壤中突出地表，开花结籽，被寄生的向日葵植株生长矮化、茎秆变细、叶片失绿枯萎、正常光合作用和籽粒灌浆受到影响，最终导致百粒重降低、籽粒短小,含油率下降。如在向日葵苗期寄生,严重时向日葵不能形成花盘甚至干枯死亡(图14-11)。

a.向日葵列当寄生在向日葵根部的情况　　　　b.向日葵列当田间发生情况

图 14-11　向日葵列当为害症状

3)防控措施

采取以品种抗性为基础、农业防治为辅助、喷施诱抗剂为重要手段的绿色防治技术体系。

(1)合理选择抗(耐)性强的向日葵列当品种　根据各地向日葵列当优势生理小种和危害程度的差异,合理选择不同抗性级别的向日葵品种。其中在以 F 小种为主的发生区域可选择商品性较好、对当地列当群体抗性较好的食葵品种(如 HZ2399,三瑞、同辉、双星等系列抗性品种)和油葵品种(如 TO12244、T562 等)。也可选用耐性较好的品种,结合水肥或诱抗剂减轻列当危害。

(2)农业防治　具体如下:

①水肥调控。秋灌浸泡土壤,降低土壤中列当种子的存活率;寄生阶段合理增施水肥改善向日葵自身的生长状况,抑制向日葵列当的萌发和寄生;播种时在种肥中增加可改善土壤 pH的偏酸性土壤调节剂,同时在向日葵现蕾之前漫灌 1 次。

②人工铲除。在向日葵列当密度较低的地块,可在向日葵列当出土后至种子成熟之前,连续铲除 3~4 次,避免列当产生种子。

③适时播种。在内蒙古巴彦淖尔市 6 月上旬播种、新疆阿勒泰地区 5 月 12 日前播种,均可降低向日葵列当的寄生率;其他地区需结合各地生产实际推行适时播种,以降低或推迟列当对向日葵的寄生。

④与诱捕作物轮作。与玉米、亚麻、胡萝卜、青椒、豌豆等具有诱导萌发作用的非寄主农作物进行复种或轮作,降低土壤中向日葵列当有效种子的库存量。

(3)植物诱抗剂 IR-18　在向日葵 8~10,14~16 叶期,选择植物诱抗剂 IR-18,配制成 600~800 倍液对向日葵进行茎叶喷雾处理,施药 2~3 次(每次间隔 7~10 d),对向日葵列当具有较好的抑制作用。

(4)抗除草剂品种　种植新世 1 号等抗除草剂(咪唑啉酮类)的向日葵品种,在向日葵 4~8叶期使用 5%咪唑乙烟酸水剂 50~100 mL/亩对向日葵进行定向喷雾处理。

4)应用区域

适用于全国向日葵主产区。

5)依托单位

内蒙古自治区农牧业科学院,云晓鹏,0471-5954565。

二 芝麻防灾减灾技术

（一）芝麻非生物灾害防灾减灾技术

1.芝麻渍涝灾害防灾减灾技术

1）发生特点

渍害是严重危害我国芝麻生产的第一逆境因素。渍害频繁导致我国芝麻产量大幅度减少和品质下降,一般造成减产 30%以上,严重时减产 50%～90%,甚至绝收。尤其是在江淮芝麻主产区,6—8 月降水量较集中,芝麻花期对渍害较为敏感,加之农户种植粗放,沟厢不配套,更容易发生渍害。

2）典型症状

渍害对芝麻生长发育造成不利影响,通常表现为僵苗、心叶发黄、花蕾脱落、中下部叶片感染疫病、叶斑病等,并造成芝麻根系生长及发生受到抑制,根系总量减少、根系体积变小、根尖变成褐色、韧皮部腐烂脱落,导致植株生长缓慢。渍害发生严重的田块,在雨后晴天会出现大面积植株萎蔫,甚至死亡,还易诱发茎点枯病或枯萎病(图 14-12)。

a.叶片黄化　　　　　　b.植株萎蔫　　　　　　c.根系腐烂　　　　　　d.诱发茎点枯病

图 14-12　芝麻渍涝灾害典型症状

3）防控措施

采取以耐渍品种应用、加强田间管理和喷施耐渍诱抗剂为核心的综合防控技术。

(1)选用耐渍品种　选用适合当地生产的耐渍、抗病芝麻品种,加强品种轮换,避免单一品种的长期种植。

(2)加强田间管理　连续阴雨使土壤含水量长时间处于饱和状态,芝麻根系活力大大下降,严重者根系腐烂,导致植株地上部分出现萎蔫等症状。因此,加强田间管理,保持"三沟"配套,及时清沟排渍,降低土壤含水量,是防止或减轻渍害危害的主要措施。

(3)喷施耐渍诱抗剂　芝麻发生渍害后,体内代谢能力下降,根系吸收养分和叶片光合作用能力下降,这时需要及时补充外源物质保根保叶,改善根系和叶片的功能,以增强耐渍抗病能力。推荐配方:芸苔素内酯(硕丰 481 或天丰素)＋氮素(0.5%尿素)＋含锌微肥(叶面肥)＋杀菌剂(苯甲·吡唑酯或苯甲·嘧菌酯或井冈·多菌灵),每种按照说明书用量混合施用,现配现用。

(4)注意事项　喷施耐渍诱抗剂宜在雨前 6～24 h 或雨后待叶片上无水时喷施,如果持续阴雨,间隔 7 d 可喷施第 2 次。

4）应用区域

适用于全国芝麻主产区。

5）依托单位

①中国农业科学院油料作物研究所,张艳欣、张秀荣、赵应忠、王林海,027-86733625。

②江西省农业科学院土壤肥料与资源环境研究所,魏林根,0791-82728036。

③驻马店市农业科学院,张少泽,0396-2908169。

④漯河市农业科学院,张仙美,0395-3131169。

⑤南阳市农业科学院,刘焱,0377-63313685。

2.芝麻旱害防灾减灾技术

1）发生特点

从水分短缺的角度,可将旱害分为土壤干旱和大气干旱两种类型,通常讲的旱害,一般均指土壤干旱。在长期无雨或少雨的情况下,土壤中含有的有效水分差不多消耗殆尽,使芝麻生长发育得不到正常水分供应,将对芝麻生产造成严重影响。南方地区芝麻主要种植于丘陵旱地,由于灌溉条件有限,受旱情况较黄淮海等主产区更为严重。

大气干旱指空气极度干燥,加之高温,有时还伴有一定风力的情况。发生大气干旱时,土壤水分可能还不少,但由于空气极度干燥,芝麻蒸腾耗水剧增,而根系从土壤中吸收的水分来不及供应蒸腾的需要,致使芝麻体内水分平衡遭受破坏。大气干旱常常是土壤干旱的前兆,土壤干旱往往是大气干旱的延续。黄淮海地区在7月(入伏时)易发生伴有高温和一定风力的大气干旱。总体上,我国芝麻旱害发生相对较少。

2）典型症状

芝麻生育期土壤持续干旱,往往造成生长发育迟缓,叶片萎蔫、发黄和脱落,开花结蒴减少,花蕾脱落,植株矮小,产量降低,品质下降。高温干旱天气引起芝麻生长发育速度减慢,节间缩短,叶片变小,叶色暗绿,叶毛泛白,叶脉纹路加深,叶片萎蔫,下部叶片最先变黄;落蕾、落花、落蒴或蒴果停滞发育,表现为3～5节位不结蒴或少结蒴,严重者可影响至6～8节位(图14-13)。

图14-13 芝麻干旱田间表现

3）防控措施

采取及时灌溉、合理补肥、科学使用抗旱剂和农业措施相结合的绿色防控技术。

(1)因地制宜,及时灌溉 密切监测天气情况和土壤含水量,及时灌溉,满足芝麻现蕾开花和蒴果种子发育期水分需要,使芝麻冠层温度和湿度得到调控,有利于开花授粉和蒴果种子发育,达到增产的目的。灌溉应采用沟灌和喷灌,忌大水漫灌。

①沟灌或畦灌。引水入畦沟,进行浸润性灌溉,即畦沟有明水,而畦面无明水,使水渗透到耕层内的土壤中。它具有无地表冲刷、不造成板结、减少水分蒸发、保持土壤透气性、节约用水的作用。水从高处顺沟往下流,用草把子或泥土堵畦沟,分段灌溉;并依据地形、水势,辅以人工泼浇,以防漏灌和灌水不匀的现象;最后灌到低处时,畦面渗透,水也排完。

②喷灌。用水少,喷水匀,且叶面喷水,充分发挥根、茎、叶的吸收作用,又可起到降低冠层温度、加湿改善小气候的作用,增产效果显著。除此之外,具备条件的还可使用滴灌,更节水,效果更好。

③灌水时间。芝麻灌水选择下午 5:00 以后最好。一是避开高温灌水对芝麻的上蒸下煎;二是下午 5:00 前气温高,人难受,操作慢,效率低。灌溉完后,一定要清沟,以免积水造成渍害;下雨之前不灌,以免灌水、雨水对芝麻造成危害;水顺沟流时或辅助浇水时不碰伤芝麻,并防止泥水浇到嫩叶上。

(2)追施肥料,防衰促发 芝麻植株受旱后,叶小、株矮、细胞老化,输导组织收缩,对养分吸收慢,利用率低。因此,要结合灌水追施速效肥料。追肥要"少食多餐"。若处于苗期和初花期,可按每亩 5 kg 尿素加 5 kg 复合肥,灌水后趁潮或开沟追肥。同时,叶面喷施有机肥或多元微肥,可促进苗情转化升级。

(3)科学使用抗旱剂,提高抗旱能力 抗旱剂能够控制叶片开展度,抑制叶片蒸腾作用,缓解土壤水分消耗。抗旱剂用于种子拌种,能提高出苗率。生长期遇旱,可叶面喷施 0.1～0.3 mg/kg 或 0.01～0.05 mg/kg 芸苔素内酯,可起到抗旱作用,植株表现叶色变绿变厚,抗逆性增强;也可选用 FA 旱地龙抗旱营养剂 400 倍液喷施,有效缓解旱情。

(4)适时打顶,减少损耗 芝麻盛花后期 7～10 d,主茎顶端叶节簇生,近乎停止生长时,摘除顶端 3～4 cm。打顶可减少养分和水分消耗,促进蒴果生长充实,减少花器脱落,从而增加粒数和粒重,提高产量和改善品质。

4)应用区域

适用于全国芝麻主产区。

5)依托单位

①江西省农业科学院,乐美旺、魏林根、孙建,0791-80728036。

②河南省农业科学院,高桐梅,0371-65739047。

③襄阳市农业科学院,唐雪辉,0710-3085087。

④山西农业大学经济作物研究所,刘文萍,0351-7639165。

(二)芝麻生物灾害防灾减灾技术

1.芝麻枯萎病防灾减灾技术

1)发生特点

该病在芝麻整个生育期均可发生,重茬地通常发病严重。苗期发病可引起缺苗断垄,成株期发病则对芝麻籽粒产量和品质有较大影响。黄淮芝麻产区以麦茬芝麻为主,降水集中在7～8月,有利于病害发生;华北和东北地区以春芝麻为主,降水量偏低,枯萎病常发。

2)典型症状

芝麻枯萎病发生时,叶片、茎秆和根部均可表现病症。苗期发病,叶片萎蔫卷曲或褪绿变黄;有时根茎交接部出现明显缢缩;根红褐而短,最终幼苗整株枯萎死亡(图 14-14a)。成株期发病,叶片半边变黄,呈镰刀状卷曲;茎部半边或全部维管束变褐。严重时病株表现出半边或半株叶片萎蔫,植株矮小,甚至整株枯死。在潮湿环境下,病株茎秆一侧常出现纵向扩展的褐色或暗褐色长条斑;后期茎秆干枯,表面有粉红色霉层;蒴果常过早干枯、炸裂,种子发褐,多不能正常成熟(图 14-14b)。

a.苗期芝麻枯萎病　　　　　　　　　　　　　b.成株期芝麻枯萎病

图 14-14　芝麻枯萎病典型症状

3）防控措施

以抗病品种应用为基础,综合采用农业、生物及低毒化学药剂防治措施进行绿色高效病害防控。

（1）选用抗病良种　选用适合当地生产的抗病芝麻品种,如发现长期种植品种抗性减弱或丧失时,及时将其更替为最新选育的抗病品种。

（2）农业防治措施　与禾本科作物轮作倒茬。加强田间管理,严防串灌、漫灌;合理施肥,以底肥为主,轻追氮肥,多施磷钾肥及微量元素肥料。在田间一旦发现病株,应及时拔除;当年收获后,应彻底清除田间芝麻残株。健全排水系统,在降水较多地区起垄种植或开挖沟渠,淹水后及时排干田水,防止渍害后病害高发。

（3）药剂防控措施　重茬地可选用多菌灵等药剂进行土壤处理;播种前用 25 g/L 咯菌腈或 25% 噻虫·咯·霜灵悬浮种衣剂进行种子处理。

芝麻出苗后 1~2 对真叶期,可用 0.01% 芸苔素内酯 3000~3500 倍液、NEB 菌肥 2500~3000 倍液或 1000 亿 CFU/g 枯草杆菌可湿性粉剂 200~250 g 或 50% 多菌灵可湿性粉剂 500 倍液喷雾或灌根。2~3 周后,可再施用 1 次 NEB 菌肥。

初花至盛花期,根据病害预测预报情况,及时喷施低毒、低残留、广谱的安全性化学杀菌剂。可采用 40% 苯甲·吡唑酯悬浮液、32.5% 苯甲·嘧菌酯悬浮剂、40% 苯醚甲环唑悬浮剂、70% 甲基硫菌灵可湿性粉剂等,每间隔 10 d 喷雾 1 次,连续施用 2~3 次。如遇连阴雨天气,应在雨后及时补喷药剂。病害防治过程中严禁使用高毒、高残留、高污染化学农药,禁止频繁、过量使用农药。

4）应用区域

适用于全国芝麻主产区。

5）依托单位

河南省农业科学院芝麻研究中心,苗红梅、段迎辉,0371-65720744。

2.芝麻茎点枯病防灾减灾技术

1）发生特点

该病害在我国芝麻产区发生广泛,以江淮、长江中下游和华南地区发病最为严重。初侵染主要发生在苗期,在芝麻整个生育期均有发生,显症高峰期在苗期和花蒴期。

2）典型症状

该病主要为害芝麻的根、茎及蒴果，也能侵染叶片。播期和苗期主要表现为烂种、烂芽，发病苗根部先变褐腐烂，随后地上部萎蔫枯死，最终多呈黑化腐烂状。成株期植株由根部和茎基部向上变褐腐烂，有时病菌也可直接侵染茎秆中、下部，根部感病后，主根和侧根逐渐变褐枯萎（图 14-15a）。茎秆发病初期感病部位初呈黄褐色水渍状，条件适宜时，病部绕茎发展为大斑，逐渐变为黑褐色，茎秆干枯。轻病株仅部分茎秆或枝梢枯死，发病越早，病害越重，病株矮小，结蒴少，严重时整株枯死，髓部中空，易于折断（图 14-15b 和 c）。蒴果感病后呈黑色或褐色枯死状。感病种子表面有许多小黑点。

a.开花期整株萎蔫　　　　b.成株期茎秆上病斑　　　c.茎秆变褐干枯

图 14-15　芝麻茎点枯病典型症状

3）防控措施

采取以农业防治（如轮作、选用抗病品种、种子消毒和加强栽培管理）与化学防治相结合的综合防治措施。

（1）农业防治

①轮作。芝麻可以与小麦、玉米、谷子、高粱、棉花和甘薯等作物进行 3～5 年轮作，降低重茬危害。

②抗病品种。因地制宜地选用抗病良种，是防治该病经济有效的措施。

③加强田间管理，做好田间排水。地势平坦的地块宜采用高畦栽培，畦沟、腰沟、环田沟三沟配套，降水后及时排水。基肥多采用菌肥和有机肥，改良土壤的物理和化学性质，增加有益菌的数量，生长期追施磷钾肥，及时除草和间苗。

④合理密植，降低田间湿度。建议采用 40 cm 等行距或 60 cm/20 cm 宽窄行播种，株距 15～17 cm，种植密度在 12000～13000 株/亩为宜。

⑤做好田园清洁。清除田间病株，降低病原菌在土壤中的数量；收获前从无病田或无病株选留种子。

（2）生物防治和化学防治　播前包衣采用 30％苯醚甲环唑悬浮种衣剂 333～400 mL/100 kg 种子或 25％噻虫·咯·霜灵悬浮种衣剂（迈舒平）使用量 2 L/100 kg 种子。定苗后可用 10％苯醚甲环唑 15～20 mL/亩或 28％井冈·多菌灵 180～200 mL/亩或 32.5％苯甲·嘧菌酯悬乳剂 40 mL/亩,兑水 30 kg,结合喷施解淀粉芽孢杆菌可湿性粉剂 50 g/亩或枯草杆菌可湿性粉剂 50 g/亩进行苗期防治。芝麻生长中后期如降水量大或病情严重,使用苯醚甲环唑或吡唑醚菌酯或苯甲·吡唑酯喷雾防治 1～2 次,建议多种药剂轮换使用,降低农药残留和病原菌的抗药性。

4）应用区域

适用于全国芝麻主产区。

5）依托单位

河南省农业科学院植物保护研究所,刘红彦、赵辉、倪云霞,0371-65730166。

3.芝麻青枯病防灾减灾技术

1）发生特点

该病在芝麻苗期至成株期均可发生,是我国南方芝麻生产中危害严重的土传病害之一。随着全球气候变暖,该病害呈现逐渐北扩的趋势,北方产区的河南、吉林、新疆等省(自治区)也有发生,且局部危害较重。高温、多雨有利于病害发生。

2）典型症状

幼苗期发病,整株叶片失水萎蔫,遇多雨天气,大多病株最终呈黑褐色湿腐状枯死。花蒴期初发病株顶端及病茎部位叶片先出现萎蔫,继而整株叶片萎蔫,有的病株半边叶片萎蔫,但病叶通常不凋落。下部叶片有时会出现长形水渍状病斑或叶脉呈墨绿色。发病后期茎秆上出现暗绿色水浸状纵向条斑,继而迅速呈褐色或黑褐色条斑并上下扩展。病茎顶部常有 1 个至数个溃疡状纵裂。纵切茎部,可见维管束变褐色。在湿润条件下,横切茎部,用力挤压,常有污白色菌脓溢出。发病严重植株最后呈黑褐色枯死(图 14-16)。

图 14-16　芝麻青枯病导致芝麻整株萎蔫和茎秆纵裂

3）防控措施

（1）农业防治

①合理轮作。实施水旱轮作,轮作 1 年即可取得明显的效果。无水旱轮作条件地区和田块,与甘蔗、棉花等非寄主作物轮作,重病田要实行 4～5 年以上的轮作,轻病田可实行 2～3 年

的轮作。发现零星病株时,及时连根拔除,带到田外晒干烧毁。

②选用抗病品种。

③加强栽培管理。及时开沟排水降低田间湿度,防止渍涝灾害发生;遇旱小水轻浇,切忌大水漫灌,避免流水传播病菌。合理施肥,增施有机肥料,合理施用氮、磷、钾肥,避免偏施氮肥。及时除草,清除青枯病菌杂草寄主。芝麻生长中后期停止中耕,以免伤根。

(2)生物防治　发病初期可选用中生菌素或春雷霉素进行喷雾防治。

(3)化学防治　发病初期可选用40%噻唑锌悬浮剂或20%噻菌铜悬浮剂500倍液进行喷雾防治,施药间隔7～10 d,连续防治2～3次。

4)应用区域

适用于全国芝麻主产区。

5)依托单位

①河南省农业科学院植物保护研究所,刘红彦、倪云霞,0371-65730166。

②江西省农业科学院植物保护研究所,华菊玲,0791-82728112。

4. 芝麻叶斑病防灾减灾技术

1)发生特点

7月中旬是芝麻叶斑病的始发期,8月中下旬达到盛发期。此时芝麻产区正值雨季,高温高湿有利于病害发生,因此往往呈暴发性流行。田间常常是棒孢叶斑病、黑斑病等多种真菌性叶斑病混合发生。

2)典型症状

该病主要侵染芝麻叶片,也可侵染茎秆、根茎及蒴果。病害初期症状为圆形、近圆形或不规则形点状病斑,后期点状病斑融合成大片病斑,有些病斑因受叶脉限制而呈不规则形。病斑颜色有褐色、暗褐色、黑褐色以及黑色,干燥条件下多个病斑愈合导致叶片发黄、穿孔、干枯,严重者导致后期叶片脱落(图14-17)。在茎秆上形成褐色、不规则长形或长椭圆形病斑。蒴果上病斑先呈圆形,后延长呈凹陷斑点。

图14-17　芝麻叶斑病为害叶片形成不同颜色病斑

3)防控措施

采取以农业防治(如轮作、选用抗病品种、种子消毒和加强栽培管理)与化学防治相结合的综合防治措施。

（1）农业防治　种植抗病品种；芝麻与辣椒、冬瓜等作物间作，可降低发病程度；合理密植，减少行间郁蔽，可减轻叶斑病发生；雨季及时排水，降低田间和土壤湿度；增施有机肥料，提高植株抗性。

（2）化学防治　播前用 25％噻虫·咯·霜灵悬浮种衣剂（迈舒平）进行种子包衣处理，使用量为 2 L/100 kg 种子；病害初发时，可选用 40％苯醚甲环唑悬浮剂 12.5 mL/亩、25％吡唑醚菌酯悬浮剂 20～40 g/亩或 32.5％苯甲·嘧菌酯悬浮剂 40 mL/亩喷雾，间隔 10 d，连续喷 2～3 次。为减少农药残留和防止病原菌产生抗（耐）药性，不同药剂应交替轮换使用。

4）应用区域

适用于全国芝麻主产区。

5）依托单位

河南省农业科学院植物保护研究所，刘红彦，0371-65730166。

5. 芝麻主要虫害防灾减灾技术

（A）小地老虎

1）发生特点

该害虫主要在芝麻苗期为害，管理粗放、杂草丛生地块发生严重。

2）为害症状及生活习性

以幼虫咬食芝麻幼苗近地面的嫩茎或在土中截断幼根，致使幼苗萎蔫；或者将幼苗茎基部咬断，造成缺苗断垄，甚至毁苗重播（图 14-18）。

a.小地老虎幼虫咬断芝麻幼苗　　　　　　　　　b.幼虫

图 14-18　芝麻小地老虎及为害症状

1～3 龄幼虫栖息在表土或芝麻的叶背和心叶里，昼夜活动，群集为害。1～2 龄幼虫主要取食幼芽，吃空芝麻籽，仅留空壳，造成缺苗；2～3 龄幼虫为害芝麻生长点和嫩叶，咬成无数小孔或缺刻。3 龄以后的幼虫分散为害，白天潜于土下 2～3 cm 或杂草附近，夜出活动为害。幼虫具有假死性，遇到惊动就缩成环形，3 龄后有自残性，食料不足时可迁移为害。

3）防控措施

小地老虎的防治应根据各地为害时期，采取以农业防治和药剂防治相结合的综合防治措施。

（1）农业防治

①除草灭虫。杂草是小地老虎产卵的场所,也是幼虫向芝麻转移为害的桥梁,及时中耕除草可消灭部分虫、卵。

②诱杀成虫。安装黑光灯或频振式杀虫灯诱杀成虫,或利用糖醋液诱杀成虫。糖醋液配制比例为:糖 6 份、醋 3 份、白酒 1 份、水 10 份、90% 敌百虫 1 份,调匀。

③诱捕幼虫。傍晚在田间放置泡桐叶或莴苣叶诱捕幼虫,于每日清晨到田间捕捉;对高龄幼虫也可在清晨到田间检查,如果发现有断苗,拨开附近的土块,进行捕杀。

(2)化学防治　对不同龄期的幼虫,应采用不同的施药方法。幼虫 3 龄前用喷雾,或撒毒土进行防治;3 龄后,田间出现断苗,可用毒饵或毒草诱杀。

幼虫 3 龄前用 50% 辛硫磷乳油 1000 倍液,或 2.5% 溴氰菊酯乳油或 5% 高效氯氟氰菊酯微乳剂 2000 倍液均匀喷雾,注意防早、防小。

3 龄后可采用毒饵诱杀。选用 90% 晶体敌百虫 0.5 kg 或 50% 辛硫磷乳油 500 mL,加水 2.5~5 L,喷在 50 kg 碾碎炒香的棉籽饼、豆饼或麦麸上,于傍晚在芝麻田间每隔一定距离撒一小堆,每亩用 5 kg。毒草可用 90% 晶体敌百虫 0.5 kg,拌鲜草或新鲜蔬菜 5~6 kg,每亩用 15~20 kg,傍晚撒在芝麻行间。

4)应用区域

适用于全国芝麻主产区。

5)依托单位

河南省农业科学院植物保护研究所,倪云霞、刘红彦,0371-65730166。

(B)棉铃虫

1)发生特点

芝麻整个生育期均可为害。我国芝麻产区主要为第 2 代、第 3 代棉铃虫为害严重。

2)为害症状及生活习性

该虫为钻蛀性害虫,主要蛀食茎秆、花蕾和蒴果,其次食害嫩尖和嫩叶(图 14-19)。取食嫩叶后形成孔洞或缺刻;取食嫩尖后形成无头芝麻;茎秆被蛀后形成孔洞,甚至折断;现蕾开花期,食害柱头和花药,使其不能受粉结蒴;蒴果被害后蛀出孔洞,影响芝麻产量和品质。

初孵幼虫在心叶、叶背栖息。随着龄期的增加,逐渐进入暴食期。幼虫有转株为害的习性。棉铃虫卵分布在嫩尖、嫩叶等幼嫩部位,以及植株的中、上部位。

图 14-19　棉铃虫幼虫蚕食芝麻叶片、钻蛀蒴果、咬断茎秆

3）防控措施

（1）农业防治　及时清除田边杂草，清除的杂草不要堆放在地头。麦收后及时中耕灭茬，可降低成虫的羽化率。

（2）物理防治　在规模化种植的产区，可安装黑光灯或频振式杀虫灯，或利用性引诱剂诱杀成虫。

（3）生物防治　保护自然天敌，应尽量减少农药的施用和改进施药方式，减少对天敌的杀伤，发挥自然天敌对棉铃虫的控制作用。喷洒生物农药，如 16000 IU/kg 苏云金杆菌可湿性粉剂 100～150 g/亩、10 亿 PIB/g 棉铃虫核型多角体病毒可湿性粉剂 80～120 g/亩、0.5％苦参碱水剂 80～90 mL/亩等。棉铃虫成虫发生高峰初期，设置赤眼蜂放蜂器（≥4500 寄生卵）4～5 个/亩，释放 2 次，间隔 7～10 d。

（4）化学防治　防治 3 龄以下幼虫可选用 20％氯虫苯甲酰胺悬浮剂 4000 倍液、10.5％甲维·氟铃脲乳油 1500 倍液、150 g/L 茚虫威 2000 倍液、5％啶虫隆乳油 1000 倍液喷雾防治。对 3 龄以上的幼虫，可用 10％溴虫腈 1000 倍液、20％虫酰肼 1000～1500 倍液喷雾防治。对抗药性棉铃虫用溴虫氟苯双酰胺进行防治。

4）应用区域

适用于全国芝麻主产区。

5）依托单位

河南省农业科学院植物保护研究所，倪云霞、刘红彦，0371-65730166。

（C）蓟马

1）发生特点

温暖、持续干旱天气有利于该虫害发生。

2）为害症状及生活习性

该害虫主要吸食芝麻的茎、花。叶片上会形成灰白色或灰褐色不规则斑块（图 14-20）。蓟马具有昼伏夜出的特性，阴天、早晨、傍晚和夜间在芝麻叶片表面活动。

图 14-20　蓟马刺吸芝麻叶片形成失绿斑点

3）防控措施

（1）农业防治　早春清除田间杂草和枯枝残叶，集中烧毁或深埋，消灭越冬成虫和若虫。加强肥水管理，促使植株生长健壮，减轻危害。

（2）物理防治　可采用蓝板＋诱芯诱杀，蓝板设置高于植株 10 cm。

（3）生物防治　可选用 25 g/L 多杀霉素 65～100 mL/亩或 150 亿孢子/g 球孢白僵菌

160～200 g/亩进行喷雾。

(4)化学防治　可选用 60 g/L 乙基多杀菌素 40～50 mL/亩、40％氟虫·乙多素 10～14 g/亩、22％氟啶虫胺腈 20 mL/亩、10％溴氰虫酰胺 33.3～40 mL/亩、40％呋虫胺 15～20 g/亩喷雾防治(注意叶背面喷药)。

4）应用区域

适用于全国芝麻主产区。

5）依托单位

河南省农业科学院植物保护研究所,刘红彦、倪云霞,0371-65730166。

(D)芝麻天蛾

1）发生特点

在湖北省属偶发性害虫,个别年份局部发生较重。芝麻天蛾体色灰褐色,芝麻鬼脸天蛾多为黄绿色,腹部 1～8 节侧面有黄色斜纹。幼虫腹部末端均具尾角,成虫体长 50 mm 左右,深棕褐色,胸部背面有骷髅状斑纹。

2）典型症状

以幼虫食害叶部,食量很大,严重时可将整株叶片吃光,有时也为害嫩茎和嫩蒴,发生数量多时,对产量有很大影响(图 14-21)。

图 14-21　芝麻天蛾为害症状

3）防控措施

(1)农业防治　芝麻应与豆科等其他寄主植物隔离种植;加强田间管理,清除田间及地边杂草;收获后及时清洁田园,深翻耕地,可消灭部分越冬蛹。

(2)人工捕捉　大发生地块,幼虫已超过 3 龄,可以进行人工捕捉。

(3)物理防治　成虫盛发期可用灯火诱杀。

(4)化学防治　幼虫发生时,可用 2.5％溴氰菊酯 24～40 mL/亩或 3％甲氨基阿维菌素苯甲酸盐 3～5 mL/亩或 4.5％高效氯氰菊酯 30～40 mL/亩进行喷雾防治。

4）应用区域

适用于全国芝麻主产区。

5）依托单位

襄阳市农业科学院,唐雪辉,0710-3085087。

（E）蟋蟀

1）发生特点

杂食性害虫,主要为害作物的根、茎、叶及果实等。湖北省蟋蟀主要有油葫芦、黑油葫芦、棺头蟋。其中以油葫芦最多,危害也最大,约占70%。近年来,随着耕作制度的不断改变,田间小气候也发生了很大改变,这种改变对蟋蟀的生长和繁殖较为有利,致使蟋蟀的危害逐年加重。

2）典型症状

喜在夜间活动取食,食性杂。新出的苗子叶被吃光,细茎被咬断,造成缺苗断垄,甚至全田被毁重播;成株期啃食茎、叶、果实(图14-22)。

图14-22 蟋蟀为害芝麻典型症状

3）防控措施

(1)播种前和出苗后清除田间地头杂草,消灭害虫的卵和幼虫。田间清除的杂草不要堆放在地头;麦茬芝麻,在采用免耕栽培时,不要留高茬,田间地头不要堆积麦秸,以防蟋蟀滋生和匿藏。

(2)根据蟋蟀成虫、若虫均喜食炒香麦麸的特点,先用60～70 ℃温水将90％晶体敌百虫溶解成30倍液,每亩地取100 mL药液,均匀地喷拌在3～5 kg炒香的麦麸或饼粉上(拌时要充分加水),拌匀后于傍晚前顺垄在田间撒成药带。由于蟋蟀活动性强,防治时应注意连片统一防治,否则难以获得较持久的效果。

(3)初孵幼虫盛发期用20％氰戊菊酯乳油2000倍液、2.5％溴氰菊酯乳油2000倍液喷雾防治。

(4)利用成虫趋光性特点,可用黑光灯诱杀。

4）应用区域

适用于全国芝麻主产区。

5）依托单位

襄阳市农业科学院,唐雪辉,0710-3085087。

6.芝麻田杂草防灾减灾技术

1）发生特点

芝麻田间杂草种类较多,整个生育期都伴有杂草。特别是苗期30～40 d,芝麻生长缓慢,而杂草生长速度快,如果不能及时清理,芝麻很快就会被杂草包围,可能会导致大幅度减产,甚至绝产(图14-23)。芝麻田杂草主要分为禾本科杂草、阔叶杂草和莎草。播后苗前和出苗后芝麻苗期是防治杂草的关键时期。

2）防控措施

芝麻田杂草防治方法包括农业防治、化学防治等方法。目前,采用多种防控手段联合进行芝麻田杂草防除。

(1)农业防治　在播种前精选种子,以减少外来杂草种子;秋季深耕翻,消灭杂草繁殖体,并结合芝麻生长期浅中耕进行机械除草。加强肥水管理,提高芝麻种植密度,可在一定程度上控制杂草生长。实行轮作倒茬也是改变杂草生

图14-23　芝麻苗期杂草为害症状

态环境、防除杂草的一种有效方式。实行宽窄行种植,宽行间采用机械除草。

(2)化学除草　芝麻播种前若田间有杂草可用乙氧氟草醚喷雾除草。播后苗前封闭除草,用96%精异丙甲草胺乳油65 mL或50%乙草胺乳油150 mL,兑水30～40 kg,均匀喷雾于地表,进行土壤封闭处理,防除杂草。出苗后可使用15%精喹禾灵乳油40 mL/亩或108 g/L高效氟吡甲禾灵乳油45 mL,兑水30～40 kg喷施,防除禾本科杂草和自生麦苗。采用人工和机械方式清除阔叶杂草。

3）应用区域

适用于全国芝麻主产区。

4）依托单位

①河南省农业科学院植物保护研究所,刘红彦、倪云霞,0371-65730166。

②安徽省农业科学院作物研究所,张银萍,0551-65149814。

③周口市农业科学院,高树广,0394-8588248。

 胡麻防灾减灾技术

（一）胡麻非生物灾害防灾减灾技术

1. 胡麻旱害防灾减灾技术

1）发生特点

甘肃省的中部和西北部地区地处我国的西北干旱半干旱地区,年降水量在400 mm以下,越往西北降水量越少,很多地区年降水量在200 mm以下,气候特征表现为冬冷夏热,降水稀少,气温年较差大。春季干旱是危害胡麻生长的主要阶段,导致旱作农业区胡麻播种受阻,播期延迟,易出现缺苗断垄现象。

2）典型症状

春旱导致胡麻苗期根系发生自疏现象,大量毛细根、侧根脱落,导致根系吸收功能下降,植株出现萎蔫,严重时脱水死亡。同时,降低植株光合作用,气孔不能正常开张,抑制叶绿素形成,造成植株生长势下降,后期易遭受病害侵染(图14-24)。

a.正常植株　　　　　　　　　　　　　b.干旱后植株枯死

图 14-24　胡麻旱害典型症状

3）防控措施

采取以保墒抢播、抗旱品种应用和精准补灌为核心的防控技术。

（1）保墒抢播技术　胡麻播前整地尤为重要，在干旱年份可提高产量 30％左右。秋季深松整地，以深松 30 cm 以上、打破犁底层为好。秋雨后，立刻耙糖平整，以减少水分蒸发，为春天播种胡麻做好准备。这不仅有利于胡麻根系的生长发育，也是实现胡麻苗全、苗壮的基础，更为胡麻的正常生长创造了良好的耕作层，是一项保证胡麻苗全、苗齐、苗壮的最基本措施。在坡耕地上采取等高耕作和沟垄耕作进行胡麻种植，可有效地拦截地表径流，增加土壤水分渗透率，起到抗旱作用。以增加地面覆盖为主的覆盖耕作和少免耕等均可减轻水分散失，起到抗旱作用。

采用地膜覆盖保墒蓄水技术可有效减少土壤水分的蒸发，覆盖地膜比不覆盖地膜的土壤含水量高 5.0％～6.5％。同时，覆盖地膜后，地表温度增高，加大了土壤的热梯度，使土壤水分的上移量增加，既增加了耕作土壤的含水量，又抑制农田土壤水分蒸发，保持土壤水分，达到节水抗旱的目的。

（2）选用抗旱品种　甘肃中部地区多数无灌溉条件，在播种胡麻时，应种植以耐旱、抗旱性强的中晚熟胡麻品种为宜，如陇亚 10 号、陇亚 11 号、陇亚 14 号、定亚 23 号和定亚 26 号等。

（3）精准补灌技术　根据胡麻的需水特点、需水规律和当地的气候特点，在有条件的区域进行补灌。一般在胡麻分茎期灌水 1200 m³/hm²、盛花期灌水 1800 m³/hm²，可以起到抗旱、节水、增产作用。

4）应用区域

适用于全国胡麻主产区。

5）依托单位

①甘肃农业大学，高玉红，0931-7631145。

②中国农业科学院油料作物研究所，严兴初、谭美莲，027-86813343。

③乌兰察布市农林科学研究所，贾海滨（无固定电话）。

④鄂尔多斯市农牧业科学研究院，王占贤、史学芬，0477-8588163。

2. 胡麻强降水天气防灾减灾技术

1）发生特点

7—8月华北地区胡麻进入黄熟期后，由于降水较为集中，容易出现返青（胡麻蒴果中再次出现青果）、倒伏现象，从而造成胡麻减产。

2）典型特征

胡麻倒伏在地，不能直立，蒴果中出现青色蒴果，成熟不一致，长时间高温高湿还会造成胡麻种子萌发，病虫害滋生，进而加大收获难度，造成胡麻减产（图14-25）。

图 14-25　强降水导致胡麻易倒伏和出现返青

3）防控措施

采取选用抗倒伏品种、采用气象预报系统、增加植株支撑、及时收获、加强田间管理等综合措施进行防治。

（1）选用抗倒伏品种　结合当地气候特点，选择抗倒伏强的品种，加强品种轮换，避免单一品种长期种植，可选用茎秆强度大、株高低的材料进行轮换。

（2）采用气象预报系统　建立气象预警系统，在雨季来临前提前通知农户及时采取相应应急预案措施。农业科技人员也要加强与气象部门联系，密切关注天气变化，同时结合当地农时，组织开展培训，提高农户应对极端天气的能力。

（3）增加植株支撑　在雨季来临前可以采取支撑措施来增加植株的稳定性。可以使用竹竿、木杆等支撑物将茎秆固定，避免茎秆因水分过多而软化导致倒伏。

（4）及时采收　如果降水量持续增大，导致胡麻已经出现明显的倒伏现象，可以考虑提前采收胡麻。及时收获可以减少倒伏造成的损失，同时可以避免茎秆过度软化导致后续病虫害的滋生。

（5）加强田间管理　合理控制胡麻的施肥量，加强水分管理，避免过度施肥和过度灌溉，以防止茎秆生长速度过快，降低茎秆软化的风险。适度调整施肥和灌溉的时间和量，保持土壤湿润但不过湿。通过合理的土壤改良措施，如增加有机质、改善土壤结构等，可以提高植株的抗倒伏能力，降低胡麻返青倒伏的风险。

4）应用区域

适用于华北地区胡麻主产区。

5）依托单位

内蒙古自治区农牧业科学院，贾霄云（无固定电话）。

3.胡麻雹害防灾减灾技术

1）发生特点

冰雹灾害是由强对流天气系统引起的一种剧烈的气象灾害,一般多发生在5—8月,其中以5—7月居多。冰雹灾害具有出现范围小、发生时间短、来势猛、强度大、机械损伤重,呈线状分布并伴有狂风暴雨等特点,常造成胡麻叶片破碎、断头断枝、蒴果脱落,严重者形成光秆,对胡麻产量造成较大影响,甚至导致绝产。

2）典型症状

冰雹灾害依据发生的时段、冰雹体积大小、降雹时间长短等造成的危害程度各不相同。另外,即使在同一场雹灾中,因冰雹密度、大小、时长等分布不均匀,对农作物造成的危害程度也有轻有重,有时对相邻地块造成的损失程度也存在较大差异。因此,科学及时地判定农作物受害程度,是有效采取应对措施的前提。对于胡麻而言,一般可以将其受害程度分为5个等级。

一级(轻度危害)。受灾处在苗期、枞形期、开花期和青果期前期,叶片破损,主茎顶尖完好,果枝砸掉不足10%,蒴果脱落不严重,生育进程处于初花期以前,能很快恢复长势,基本不减产。

二级(中度危害)。落叶严重,果枝断枝率30%以下,生育进程处于初花期前后。若加强管理,能较快恢复长势,减产较轻。

三级(重度危害)。叶片脱落严重,果枝断枝率60%以上。在现蕾开花中前期,若加强管理,能恢复生长,一般减产20%～30%。

四级(严重危害)。叶片脱落,无果枝、光秆。在现蕾期和花期,若加强管理,能长出一定数量的果枝和花蕾,有一定收获,但减产幅度较大。

五级(特重危害)。在青果期和成熟期,光秆,虽然能恢复生长,但是生育期严重延迟,后期热量不够,基本上不能够成熟。

3）防控措施

(1)苗期和现蕾期遭受雹灾后的应对措施　胡麻个体较小,分茎和分枝能力强,恢复能力好,而且剩余生育期较长,不建议翻种。灾后应及时中耕,破除土壤板结,提温散湿,增强根系的活力,同时进行杂草的防除。由于恢复生长需肥量大,要及时追施速效氮肥和少量钾肥,时间越早越好。应在冰雹过后天气好转时,趁墒抓紧时间抢施,旱地结合地墒,每亩可追施尿素5～10 kg。

(2)青果和成熟期遭受雹灾后的应对措施　如果危害程度达到五级,由于胡麻产区积温普遍偏低,建议及时清理翻耕土地,为后茬作物做准备。其他危害程度下,及时中耕除草,可在灾后3～4 d内,每亩用赤霉素1～1.5 g＋尿素150 g＋磷酸二氢钾150 g进行喷施,促进受灾胡麻恢复生长。受冰雹后,抗逆性下降,易受病虫危害和侵染而引发其他病虫害,应及时使用72%农用链霉素3000倍液或5%菌毒清水剂500倍液整株喷雾,以减少侵染。

4）应用区域

胡麻主要分布在甘肃、宁夏、内蒙古、晋西北、河北张家口等地,属于我国雹灾严重的区域之一。

5）依托单位

甘肃省农业科学院,张建平,0931-7614942。

4. 胡麻倒伏防灾减灾技术

1）发生特点

胡麻倒伏现象经常发生在籽实期和成熟期,此时胡麻蒴果和籽粒逐渐饱满,胡麻茎秆所承受自身重量有所增加,外加胡麻根部入土较浅,如遇大风、暴雨等恶劣天气,极易发生胡麻倒伏现象,给机械化收获带来困扰。

2）典型症状

胡麻倒伏有连片倒伏和局部倒伏等,倒伏方向也有所不同,有些呈同一方向,有些呈漩涡状,倒伏方向主要由所受大风或暴雨天气风向决定(图14-26)。倒伏发生后外边缘胡麻植株遮挡内部胡麻植株,光照条件差,内部胡麻植株容易发生根部腐烂、茎秆和蒴果发霉变质等现象。

a.连片倒伏　　　　　　　　　　　　　　b.漩涡状倒伏

图 14-26　胡麻倒伏症状

3）防控措施

采取以抗倒伏品种应用和精准播种为核心的绿色防控技术。

(1)选用抗倒伏良种　选用适合当地生产的抗倒伏胡麻品种,同时应具有抗病性和抗旱性等特性,如陇亚 10 号、陇亚 14 号、定亚 26 号等。加强品种轮换,避免单一品种的长期种植。

(2)精准播种　多采用机械化精量播种技术,机具播种方向的确定参考当地常年风向与多发暴雨灾害数据统计结果,尽可能使播种方向与风向一致。同时,采用密植技术增强胡麻植株间相互作用力,避免大株距大行距种植后带来的倒伏现象。

(3)采用防缠绕倒伏割台联合收获　胡麻成熟期倒伏后给机械化收获带来困扰,此时应采用防缠绕倒伏割台进行联合收获(图14-27)。防缠绕倒伏割台拨禾轮采用柔性弹齿,拨禾轮弹齿后倾,拨禾轮整体前移,收获时拨禾轮高度最低可降至弹齿接触地面,拨禾轮转速和收割速度不宜过快。在输送搅龙上可加装 2 块防缠绕板,防止胡麻植株缠绕割台搅龙,堵塞喂入通道。搅龙转速可适当提高,加快胡麻植株流动性,提高喂入

图 14-27　配有防缠绕倒伏割台的丘陵山地胡麻联合收割机田间作业

效率。收获时应顺着胡麻倒伏方向进行收获,或与胡麻倒伏方向垂直收获。

4)应用区域

适用于全国胡麻主产区。

5)依托单位

甘肃农业大学,赵武云,0931-7632472。

(二)胡麻生物灾害防灾减灾技术

1.胡麻白粉病防灾减灾技术

1)发生特点

该病在胡麻生育中后期侵染胡麻地上部器官。病原菌借流水、灌溉水、农具以及耕作活动等传播蔓延,其分生孢子还可借风雨进行传播侵染。阴天、降水量大和相对湿度高,胡麻白粉病发生重、流行快。

2)典型症状

病原菌一般先从下部叶片开始侵染,逐渐往上部叶片和茎秆扩展。受侵染后,茎、叶及花器表面上出现白色绢丝状有光泽的斑点,随着病斑不断扩大,呈现圆形或椭圆形,放射状排列。病菌侵染扩展到一定程度,在叶片的正面出现白色粉状薄层(菌丝体和分生孢子),之后粉状层可扩大至叶片背面和叶柄,最后覆盖全叶(图 14-28)。病菌粉状层随后变成灰色或浅褐色,上面散生黑色小粒(病原菌子囊壳)。发病的叶片提前变黄,卷曲枯死。

图 14-28 胡麻白粉病典型症状

3)防控措施

胡麻白粉病病原菌有较强的寄主专化性,不同品种的白粉病抗性差别显著,但我国主栽品种都不抗白粉病,所以目前主要采用化学方法防治白粉病。

(1)杀菌剂及用量 可选用 40% 氟硅唑乳油 7.5 g/亩、43% 戊唑醇悬浮剂 15.0 g/亩或 50% 啶酰菌胺可湿性粉剂 36.0 g/亩进行喷雾防治。

(2)防治时期及方法 白粉病始发时(始发后 1～3 d),选择晴朗无风或微风天气,选择上述任一种杀菌剂,每亩兑水 30～45 kg 喷雾防治。初防之后 7 d 左右重复喷药防治,重病田块增加用药次数,直至控制住病害。喷药要细致,防止漏喷,保证下部分叶片附有药液。

(3)注意事项 一是要早防,二是要重复防,三是杀菌剂要交替使用,以降低抗药性的产生。

4)应用区域

适用于全国胡麻主产区。

5)依托单位

①内蒙古自治区农牧业科学院,周宇(无固定电话)。

②平凉市农业科学院,张素梅,0933-8221968。

2. 胡麻苜蓿盲蝽防灾减灾技术

1)发生特点

苜蓿盲蝽是胡麻主产区的重要害虫,雌虫在胡麻茎秆上啄出小孔将卵产在其中。每年都有不同程度的发生,对胡麻生产造成严重危害,由于其在为害期繁殖快,种群数量大,可造成胡麻减产15%~20%。苜蓿盲蝽每年发生3~4代,多数以卵在豆科作物(苜蓿或其他豆科作物)的茎秆或残茬中越冬。第2年大约在5月中下旬第1代成虫出现。第1代为害苜蓿,6月上旬第2代成虫出现,以害胡麻为主,也为害豆类和马铃薯等作物。

2)典型症状

苜蓿盲蝽在天气晴朗的情况下比较活跃,在春夏繁殖时期好集居在植株顶端的幼嫩部分吸吮汁液。成虫、若虫均能为害胡麻,以刺吸式口器刺入植株体内吸收汁液,受害植株叶片出现褐色斑点,生长点枯萎,被害的植株嫩梢往往凋枯而死,顶芽枯死形成无头苗。生长停止一段时间,之后枝条丛生,形成多头苗。花蕾受害,被害的花蕾和子房变黄脱落。也为害胡麻尚未成熟的蒴果造成蒴果提前干枯,影响胡麻种子收成(图14-29)。

a.为害蒴果 b.为害植株

图14-29 苜蓿盲蝽为害胡麻典型症状

3)防控措施

(1)农业防治 秋耕冬灌,清除田间地边杂草,减少苜蓿盲蝽的越冬寄主植物,降低越冬基数。

(2)化学防治 该虫成虫具有一定短距离迁飞的习性,一定要坚持统防统治才能取得较好的防治效果,否则防治难度加大,危害程度更严重。一直以来,化学防治是主要的防治措施。当虫害发生时可以从以下几种农药中选择任何一种进行喷雾防治:4.5%高效氯氰菊酯乳油1500~2000倍液、20%氰戊菊酯乳油2000倍液、10%二氯苯醚菊酯乳油3000倍液,以及有机磷和菊酯类复配剂,均可收到较好防效。

（3）注意事项　最后一次施药距离收获的时间（安全间隔期）为 14 d。

4）应用区域

适用于全国胡麻主产区。

5）依托单位

宁夏农林科学院固原分院,曹秀霞,0954-2032678。

3.胡麻虫害（草地螟）防灾减灾技术

1）发生特点

草地螟（*Loxostege stictialis* L.）又称黄绿条螟、甜菜网螟等,俗称罗虫,属鳞翅目（Lepidoptera）螟蛾科（Pyralididae）。草地螟是一种重要的迁飞性、突发性、间歇性、暴发性害虫,在胡麻枞形期至青果期都会造成危害,如不及时防控,可造成毁灭性灾害。我国主要发生在华北、西北、东北"三北"地区。

2）为害症状

幼虫食叶成缺刻或孔洞,大发生时叶片或蒴果全部被吃光（图 14-30）。

图 14-30　草地螟幼虫为害胡麻典型症状

3）防控措施

防治草地螟须根据当地实际发生情况采取综合防控措施。

（1）防治时期　2 龄幼虫期为最适防期。有效峰日蛾量（3～4 级雌蛾）超过 50%,向后推迟 10～14 d。一般胡麻田防治指标为 15～30 头/m²,对达到防治指标田块应立即先防治后中耕除草。

（2）农艺防控　采取有效的秋耕春翻、耙糖措施,破坏越冬场所和恶化越冬环境,可显著增加越冬虫源死亡率,降低越冬虫源基数,减轻一代幼虫发生量。采取中耕除草措施,彻底铲除田间、地埂、渠旁、道边杂草,破坏草地螟成虫产卵场所,可起到理想的避（灭）卵作用。

（3）生物防控　保护和利用天敌资源,草地螟天敌资源种类多、寄生率高、控害作用明显。草地螟天敌主要有寄生性天敌、捕食性天敌和鸟类等。

（4）化学防治　2 龄幼虫是开展化学防治的最佳龄期。于幼虫 3 龄前开展防治,可有效防止幼虫迁移为害。在防治上采取专业化防治措施,"围圈"施药,集中歼灭。防治中应实行交替用药,合理轮用,科学混用,提倡选用低毒、低残留、生物源农药,保护天敌,达到科学用药、延缓抗性、提高防效、持续控制的目标。可使用药剂:有机磷、菊酯类、植物源和生物源等高效、低毒农药品种;推荐使用 4.5%高效氯氰菊酯乳油 1500～2000 倍液、2.5%高效氯氟氰菊酯乳油 2000～2500 倍液、1%甲氨基阿维菌素苯甲酸盐乳油 1500～2000 倍液。

4)应用区域

适用于全国胡麻主产区。

5)依托单位

张家口市农业科学院,乔海明,0313-7155779。

4.胡麻田杂草防灾减灾技术

(A)多年生恶性杂草刺儿菜、苣荬菜

1)发生特点

随全球气候变暖,干旱年份或季节出现频次呈增加态势。多年生恶性杂草如刺儿菜、苣荬菜、乳苣、芦苇等由于根系深而发达,耐受不良环境条件能力强,在干旱或极端干旱年份仍能正常生长发育,对胡麻造成严重危害,可致胡麻减产 20%以上,严重地块减产 50%以上。鉴于此,做好胡麻田多年生恶性杂草的防控工作,对确保胡麻高产稳产具有重要意义。

2)典型症状

多年生恶性杂草如刺儿菜、苣荬菜、乳苣、芦苇等根系深而发达,植株高大,可对胡麻苗期至成株期造成持续性危害,与胡麻争夺肥、水、光、热资源,严重影响胡麻正常生长发育,降低胡麻产量和品质。这类杂草均可通过根状茎和种子繁殖,导致翻地次数越多危害越严重。

3)防控措施

(1)背负式电动喷雾器苗期茎叶喷雾 多年生恶性杂草刺儿菜、苣荬菜、乳苣全部出苗后,每亩可选用 30%二氯吡啶酸水剂 100～120 mL,或 90%二氯吡啶酸钾盐可溶粉剂 20～25 g,或 75%二氯吡啶酸可溶粒剂 40 g,兑水 30～45 kg(双圆锥雾喷头),进行苗期茎叶喷雾防控。车载喷雾机械兑水量为 15～20 kg。多年生恶性杂草芦苇株高长至 20 cm 左右,每亩可选用 108 g/L 高效氟吡甲禾灵乳油100～120 mL,兑水 30～45 kg(双圆锥雾喷头),进行茎叶喷雾防控。车载喷雾机械兑水量为15～20 kg。

(2)植保无人机苗期茎叶喷雾 多年生恶性杂草刺儿菜、苣荬菜、乳苣全部出苗后,可选用新型高效施药器械植保无人机施药防控。

①防控药剂。30%二氯吡啶酸水剂 100 mL/亩或 90%二氯吡啶酸钾盐可溶粉剂20 g/亩、75%二氯吡啶酸可溶粒剂 40 g/亩＋飞防专用助剂"迈飞"30 mL/亩。

②作业参数。飞行高度 1.5～2 m(距离胡麻顶端)、飞行速度 3.5 m/s、喷液量 2 L/亩、工效 2 min/亩。

多年生恶性杂草苇株高长至 20 cm 左右,也可选用植保无人机施药防控。

①防控药剂。108 g/L 高效氟吡甲禾灵 100 mL/亩＋飞防专用助剂"迈飞"30 mL/亩。

②作业参数。同上。

植保无人机施药是一种安全、高效、经济、轻简化新技术,宜推广应用。

(3)利用时间差防除多年生恶性杂草 在干旱年份,胡麻出苗时间推迟,而多年生恶性杂草可正常出苗,可在胡麻出苗前,每亩选用 41%草甘膦异丙胺盐水剂 250～300 mL 或 200 g/L

草铵膦水剂 500～750 mL,兑水 30～45 kg,进行茎叶喷雾防除。草甘膦异丙胺盐和草铵膦接触土壤后很快分解失效,因而对胡麻出苗无影响。草铵膦速效性优于草甘膦,可用于防除对草甘膦产生抗性的杂草种类。

4)应用区域

适用于甘肃、内蒙古、宁夏、河北、山西、新疆等胡麻主产区。

5)依托单位

甘肃省农业科学院,胡冠芳、牛树君、王玉灵,0931-7614842。

(B)新疆胡麻田杂草

1)发生特点

新疆伊犁胡麻田间杂草种类多,数量大,人工除草费时费力,是影响胡麻产量提高的主要因素。近年来随着农业综合开发的进行,水浇地胡麻种植面积不断扩大,杂草为害问题显得越来越重,水浇地胡麻田的藜、苋、臭芥、稗草、野燕麦为害尤其严重,造成胡麻田草荒、草害,减产严重。

2)典型症状

新疆伊犁胡麻田里杂草主要有两大类:一是一年生阔叶杂草,包括藜、卷茎蓼、野油菜、反枝苋、田旋花、苣荬菜、小蓟、红根苋菜等;二是一年生禾本科杂草,包括稗草、野燕麦、狗尾草等(图14-31)。

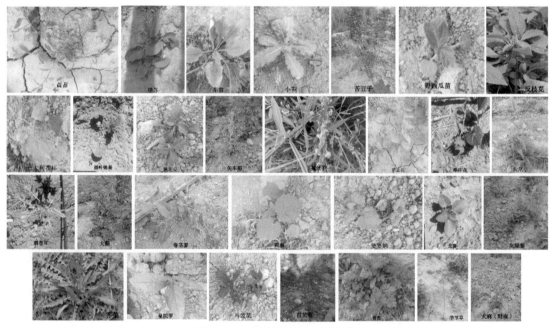

图14-31 新疆胡麻田主要杂草

3)防控措施

(1)土壤封闭处理防治技术 播前可选用90%乙草胺乳油剂 120～150 mL/亩进行土壤表面喷雾,施药后浅耙土处理;播后苗前可选用 72%异丙甲草胺乳油 150～200 mL/亩、40%野麦畏乳油剂 150～200 mL/亩,均匀喷施于土壤表面。

(2)苗期至枞形期茎叶处理防治技术 阔叶杂草可选用 48%灭草松水剂 80～100 mL/亩

或 30％二氯吡啶酸水剂 100～120 mL/亩进行茎叶喷雾；禾本科杂草可选用 10％高效氟吡甲禾灵 30～40 mL/亩或 24％烯草酮乳油 50 mL/亩进行茎叶喷雾。

4）应用区域

适用于新疆胡麻主产区。

5）依托单位

伊犁哈萨克自治州农业科学研究所，崔新菊，0999-8090866。

（C）河北省胡麻田杂草

1）发生特点

河北省胡麻田杂草共有 16 科 38 种，属于禾本科、菊科、藜科、蓼科、苋科的有 21 种；一年生、两年生、多年生杂草类型互生，最大群落为 22 元，最小群落为 6 元。胡麻苗期是杂草发生高峰期，杂草生长速度是胡麻的 10 倍以上，严重影响胡麻生长。杂草控制不及时，往往造成草荒，甚至绝收。

2）典型症状

河北省胡麻田突出优势杂草有禾本科杂草狗尾草、野燕麦、野糜子、稗草和阔叶杂草苦荞、藜、反枝苋、苣荬菜、萹蓄等（图 14-32）。

图 14-32　胡麻苗期杂草为害症状

3）防控措施

（1）以狗尾草、野燕麦、野糜子、稗草、苦荞、藜等为优势杂草的胡麻田，采用二元复配药剂防控，在胡麻苗高 7 cm 左右，每亩选用 40％2 甲·辛酰溴乳油（或 30％辛酰溴苯腈乳油）100 mL 和 10％精喹禾灵乳油 70～80 mL，人工背负式喷雾兑水 30～45 kg，车载机械喷雾兑水 20～30 kg，进行茎叶喷雾。植保无人机施药，剂量减半，兑水 2 kg。

（2）反枝苋较多的地块，采用三元复配药剂防控，在反枝苋 3～5 叶期，每亩选用 30％苯唑草酮悬浮剂 15 mL 和 40％ 2 甲·辛酰溴乳油 40 mL 和 10％精喹禾灵乳油 40 mL 或 30％苯唑草酮悬浮剂 15 mL 和 48％灭草松水剂 125 mL 和 10％精喹禾灵乳油 40 mL，人工背负式喷雾兑水 30～45 kg，车载机械喷雾兑水 20～30 kg，进行茎叶喷雾。

4）应用区域

适用于河北省胡麻主产区。

5）依托单位

张家口市农业科学院，李爱荣，0313-7155774。

四 油棕、椰子防灾减灾技术

（一）椰心叶甲防灾减灾技术

1. 发生特点

椰心叶甲成虫和幼虫在椰子心部的未展开叶片上取食,周年发生,受气温和降水影响,每年 3—5 月和 9—11 月有两个明显的发生高峰期。近距离传播靠自然飞行,远距离主要通过交通工具和苗木调运传播。

2. 典型症状

受害椰树未完全展开心叶早期会形成一道道食痕,随着为害加重,食痕渐渐成片变褐色;心部叶片展开后一片焦枯,严重时成片椰树心部全部干枯(图 14-33)。

a.典型为害状　　　　　　　　　　　　b.成片为害状

图 14-33　椰心叶甲为害症状

3. 防控措施

采取以物理防治、精准施药和生物防控为核心的绿色防控技术。

(1)物理防治　针对植株较矮的椰树,早期发现心叶受害后,用刀割掉心叶受害部位,即可减少椰心叶甲田间种群密度,降低对椰树的危害程度。

(2)精准施药　椰园个别椰树受害时,可在受害心部悬挂杀虫剂药包,利用自然降水稀释药液防治;或者利用喷枪对椰树心部施药,从而达到防治局部、控制全部的防效。

(3)生物防控　在成片椰树分布区,每公顷椰园悬挂 15 个放蜂器,释放即将羽化的椰心叶甲幼虫寄生蜂,即椰甲截脉姬小蜂和蛹寄生蜂椰心叶甲啮小蜂,每公顷的释放量分别为 3 万头和 0.9 万头,每年视受害程度轻重情况释放 1～3 次。

(4)注意事项　利用寄生蜂防治椰心叶甲时,释放前 1 个月需停止使用化学杀虫剂,释放寄生蜂后要禁用化学杀虫剂。

4. 应用区域

适用于全国椰子种植区。

5. 依托单位

中国热带农业科学院椰子研究所,李朝绪,0898-63330684。

（二）油棕、椰子红棕象甲防灾减灾技术

1.发生特点

红棕象甲除成虫期在寄主体外活动,其他发育阶段在寄主内部。雌成虫多产卵于寄主心部幼嫩组织或伤口处。初孵幼虫进入寄主幼嫩组织内钻蛀取食,老熟幼虫在寄主体内化蛹,最终将寄主生长点附近破坏,最终导致寄主死亡。每年有3～4个发生高峰期,世代重叠。传播近距离靠自然飞行,远距离主要通过交通工具和苗木调运实现。

2.典型症状

受害寄主因红棕象甲钻蛀取食,早期心叶出现嚼食状纤维,后期心叶脱落,树干出现钻蛀孔或流出液体或心部叶片倾倒(图14-34)。

a.为害初期症状　　　　　　b.心部倾倒症状　　　　　　c.心部蛀孔状

图14-34　红棕象甲为害症状

3.防控措施

采取以农业防治、精准施药和理化诱控为核心的绿色防控技术。

(1)农业防治　清除椰子和油棕园中因感染红棕象甲而死亡的受害植株并销毁,减少田间红棕象甲自然种群,降低其田间为害率。

(2)精准施药　对早期发现受害的椰子、油棕植株,利用啶虫脒或者噻虫啉等杀虫剂,稀释后灌淋受害植株;或者在受害植株茎秆上钻孔,塞入敌敌畏、啶虫脒等棉花塞,并用泥封,胶带包扎。

(3)理化诱控　在每公顷椰园或油棕园悬挂红棕象甲诱捕器1个,利用红棕象甲聚集信息素诱捕红棕象甲成虫,降低田间红棕象甲成虫种群。每3个月添加1个信息素诱芯。

(4)注意事项　防治红棕象甲要尽早,中后期受害植株多无法挽救;红棕象甲诱捕器应悬挂在椰子或油棕园周边,减少周边红棕象甲进入园中机会。

4.应用区域

适用于椰子、油棕等棕榈植物分布区。

5.依托单位

中国热带农业科学院椰子研究所,李朝绪,0898-63330684。